BOLI FENXI CESHI JISHU

玻璃分析测试技术

王振林　编著

化学工业出版社
·北京·

内 容 简 介

本书将现代仪器科学、物理学、化学与玻璃科学相结合，重点介绍了现代测试技术在玻璃测试中的应用及其原理和数据分析方法，在保留部分重点玻璃物化性能常规检测分析的基础上，主要介绍了玻璃结构、性能、组成相关的现代分析测试技术。具体内容包括热分析、红外光谱分析、拉曼光谱分析、核磁共振谱、高能射线衍射分析、电子显微镜分析、光学光谱分析、电性能测试、微纳米压痕/划痕试验以及玻璃缺陷检测分析等。本书主要特色在于将现代仪器分析测试技术应用于玻璃的结构和性能表征，注重这些技术应用于玻璃这种无定形材料测试中的特殊性、个性化特色，强调测试原理的理论分析和实际运用的可操作性，并结合实例介绍测试过程的基本经验和数据分析方法。

本书适合从事玻璃制造、科学研究的人员在测试实践中应用与借鉴，也适合材料科学与工程专业的教师和学生参考使用。

图书在版编目（CIP）数据

玻璃分析测试技术/王振林编著. —北京：化学工业
出版社，2020.10
ISBN 978-7-122-37930-6

Ⅰ.①玻… Ⅱ.①王… Ⅲ.①玻璃-分析-技术培训-
教材②玻璃缺陷-测试-技术培训-教材 Ⅳ.①TQ171.6

中国版本图书馆 CIP 数据核字（2020）第 202528 号

责任编辑：韩霄翠 仇志刚 加工编辑：陈 雨
责任校对：宋 夏 装帧设计：刘丽华

出版发行：化学工业出版社（北京市东城区青年湖南街 13 号 邮政编码 100011）
印 装：北京盛通商印快线网络科技有限公司
787mm×1092mm 1/16 印张 21¼ 字数 485 千字 2021 年 7 月北京第 1 版第 1 次印刷

购书咨询：010-64518888 售后服务：010-64518899
网 址：http://www.cip.com.cn
凡购买本书，如有缺损质量问题，本社销售中心负责调换。

定 价：128.00 元 版权所有 违者必究

前言

玻璃不仅作为传统建筑材料，而且作为现代高新技术产业的基础材料广泛应用于现代制造业各领域。玻璃的工业化生产、科学研究、产品研发都依赖于准确、快捷的测试分析，不断发展的现代测试技术为玻璃的表征创造了良好的条件。然而作为非晶态无机非金属材料，玻璃的分析测试技术与其它材料相比有其自身的规律和特殊性，其它材料的分析测试方法不一定适用于玻璃，在借鉴其它材料测试方法的同时需要有针对性地进行改进。

玻璃材料及其分析测试历经多年的发展已经出现了很多更先进的前沿技术，本书将现代仪器科学、物理学、化学与玻璃科学相结合，重点介绍现代测试技术在玻璃材料中的应用及其原理和数据分析方法，在保留部分重点玻璃物化性能的常规检测分析基础上，本书主要介绍玻璃结构、性能、组成相关的现代分析测试技术。具体内容包括热分析、红外光谱分析、拉曼光谱分析、核磁共振分析、高能射线衍射分析、电子显微镜分析、光学光谱分析、电性能测试、微纳米压痕/划痕试验以及玻璃缺陷检测分析等。本书主要特色在于将现代仪器分析测试技术应用于玻璃结构和性能的表征，注重这些技术应用于玻璃这种无定形材料测试中的特殊性、个性化特色。强调测试原理的理论分析和实际运用的可操作性，结合实例介绍测试过程的基本经验和数据分析方法。本书顺应传统玻璃产业改造升级背景下的新材料产业发展需要，力求体现推陈出新、交叉融合的特色优势。

本书适合从事玻璃制造、科学研究的人员在测试实践中应用与借鉴，也可作为教材供材料科学与工程专业的教师和学生在本专业的讲授和学习中使用和参考。

本书在编著过程中参考了大量的国内外相关著作、教材和学术论文，在此向有关作者、出版机构一并致谢。同时，重庆市基础研究与前沿探索项目（cstc2018jcyjAX0045）课题组提供了部分实验数据材料。由于编著者学术水平有限，恳请各位读者和专家对本书存在的缺点和疏漏之处给予批评指正。

谨以此书献礼重庆理工大学八十周年华诞！

王振林

2020 年 9 月

目录

2　玻璃红外光谱分析　/ 56

5 玻璃高能射线衍射分析 / 140

6　玻璃电子显微镜分析　/ 166

7　玻璃的光学光谱分析　/ 188

8 玻璃的电性能测试 / 233

9 玻璃微纳米压痕/划痕试验 / 263

10 玻璃的缺陷检测 / 313

0 绪 论

玻璃是人类历史上最重要和最具影响力的材料之一，玻璃制造的历史可以追溯到5000多年以前。历史上对玻璃的理解大多采取的是基于试错试验的严格经验主义。18世纪罗蒙诺索夫第一次系统地研究了玻璃的组成-性质关系，这可能是有关玻璃的首次现代科学研究。早期的玻璃研究还包括1827年格里菲斯关于玻璃在水中溶解的研究，以及迈克尔·法拉第发表在《玻璃技术》上的几篇论文。此后的近两个世纪里，人们对玻璃材料的了解大大加深，玻璃科技的进步已经成为现代社会的重要组成部分。玻璃家族十分庞大，并且品种在不断地增加，许多具有新性能的新型玻璃不断扩展着其应用领域。玻璃在工程设计中的应用领域是多方面的，包括建筑、交通、医药、能源、科学研究以及信息通信、显示技术在内的玻璃应用领域在不断扩大：从普通的玻璃或玻璃瓶到耐核辐射容器；从建筑和结构玻璃到用于机器控制的感光玻璃装置；从食品包装物到最新的光纤。

玻璃态是指从熔体冷却到室温下还保持熔体结构的固体物质状态。广义的玻璃是指具有转变温度的非晶态材料，狭义的玻璃是指无析晶的无定形无机物质，具体包括氧化物玻璃、非氧化物玻璃、元素玻璃（如硫系非晶半导体）。物质要形成玻璃必须满足玻璃形成的动力学条件、热力学条件、结晶化学条件。玻璃的结构决定玻璃的性能，而玻璃的结构与玻璃的组成密切相关。玻璃的非晶态结构是不规则的三维网络结构。许多材料如有机聚合物和金属合金都能在特殊条件下形成非晶态结构，无机无定形或玻璃状固体是一种高速冷却的液体（过冷液体）。

0.1 玻璃组成、结构、性能的相互关系

0.1.1 玻璃的组成

材料的组成、结构、性能及工艺构成材料科学四个彼此相互联系、相互制约的四面体关系。玻璃按玻璃形成体物质的不同可以分为硅酸盐玻璃、硼酸盐玻璃、磷酸盐玻璃、硫系玻璃、卤化物玻璃、金属玻璃等。硅酸盐玻璃是重要的建筑材料和日用品材料。如今，硅酸盐玻璃成为制造高科技产品的重要材料，如智能手机屏幕或用于处理有害放射性废物的固化材料。天然和工业硅酸盐玻璃的组成范围很广，各种元素都不同程度地影响玻璃的

结构和性能。通过引入网络改性体金属阳离子或铝质网络中间体，可对硅酸盐玻璃的 $[SiO_4]$ 四面体骨架结构进行不同程度的改性。工业和建筑硅酸盐玻璃还含有变价元素（如 $Fe^{2+/3+}$）、稀土元素和挥发性元素（H、C、S、Cl、F、I），这些组分在玻璃结构和性能中起着不同的作用。

硼酸盐玻璃具有实用和科学意义。作为硅酸盐玻璃的添加成分，硼对玻璃的形成及性能改变作用很大。硼酸盐玻璃的中短程原子结构可通过核磁共振、中子散射和振动光谱等各种波谱技术来确定。含硼玻璃在适当的条件下会发生著名的硼反常现象。在许多研究中，硼酸盐玻璃形成范围相对较宽，熔制温度相对较低，但存在吸湿性，这导致硼酸盐玻璃在大气中存在降解的可能。

磷酸盐玻璃的广泛应用越来越多地引起了人们的重视，其复杂结构使其成为玻璃科学重要的研究领域。此外，磷酸盐玻璃大规模制备比较困难，促使人们开发了特殊的制备方法，如用于熔化 Nd-激光玻璃的方法。磷酸盐玻璃的化学稳定性低，通过成分优化可使其成为具有竞争力的玻璃品种，广泛应用于封接玻璃、激光玻璃、生物医用玻璃、固体电解质以及废物固化。

硫系玻璃是一种以硫、硒或化学物质碲为基料的玻璃材料。它们具有广泛的红外透明度、稀土离子发射的高量子效应、高非线性折射率等独特的光学特性。

以氟、氯、溴或碘为基础形成的卤化物玻璃是一种很特别的材料，因为它们的透明度范围可以从光谱的紫外区域一直延伸到红外区域。一般来说，卤化物是在特定条件下才能形成玻璃的物质，制备卤化物玻璃的条件非常苛刻。由于离子键更多，卤化物玻璃比其它玻璃对湿度更为敏感。

众所周知，金属合金也可以以非晶态存在，特别是从液态通过快速淬火得到的无定形金属固体，即金属玻璃。金属玻璃具有巨大的工业应用潜力，与普通材料相比，金属玻璃具有高强度、高弹性极限、优异的耐腐蚀性和热塑成型性。金属玻璃独特的结构和性能使其成为普通材料达到使用极限时的潜在替代材料。

0.1.2　玻璃的结构理论

近代玻璃结构的假说有：晶子学说、无规则网络学说、凝胶学说、五角星对称学说、高分子学说等，但能够最好地解释玻璃性质的是查哈里阿森的无规则网络学说。查哈里阿森的经典论文从未使用过"无规则网络"这个术语，也并不是要讨论结构模型，而是要解释玻璃的形成趋势。不过，查哈里阿森的玻璃形成规则，已经通过广泛的应用发展成一套构建玻璃结构模型的常用规则。表0.1中总结了这些规则以及用于更复杂玻璃组成体系的3条修正规则，它们只是简单地陈述了形成连续三维网络的条件，而没有表明该网络长程有序的程度和范围。事实上，这些规则还是沿用了许多晶体的结构特征，特别是硅酸盐体系。本质上讲，查哈里阿森的结构模型提供了一种描述网络结构的方法，无论它们是否是玻璃结构。为了解释玻璃的形成，查哈里阿森补充了一个条件，即这些网络以某种方式被扭曲，从而破坏了长程周期性，以至于形成玻璃。这里所说的扭曲可以通过改变键长、键角和结构单元绕其轴旋转来实现。

表 0.1 查哈里阿森的玻璃形成规则

简单氧化物玻璃形成规则	复杂玻璃的修正规则
每个氧原子与不超过两个阳离子相连	材料中必须含有高百分比的网络阳离子,这些阳离子被氧包围成四面体或三角体
网络阳离子的氧配位数较小	四面体或三角体彼此只共角
氧多面体只共角而不共棱或共面	有些氧只与两个网络阳离子相连,并不再与其它阳离子成键
为形成三维网络,每个氧多面体至少有 3 个角与相邻多面体共用	

目前文献中的大多数结构模型实际上只涉及网络的形成,很少直接讨论键角分布、键的旋转和键长变化等无规则网络模型本身的问题。这些模型中有许多只试图解释一种性质或一种光谱的变化趋势,而忽略了同样组成系统的其它大量数据,这些数据通常无法用所提出的模型加以解释。因此,读者在讨论任何玻璃结构模型时都应该非常谨慎,而且要完全了解该模型存在的局限性。

从历史上看,玻璃"结构"模型都是为了解释玻璃性质变化的趋势。最初查哈里阿森提出的"无规则网络模型"仅仅基于玻璃的性质数据,即玻璃的形成行为。虽然瓦伦等人很快提出了无规则网络的概念支持这个模型,但瓦伦等人的工作并不是这个模型的最初来源。事实上,氧化物玻璃结构的所有基本模型最初都是为了解释观察到的简单体系玻璃的性质随组成变化的趋势。尽管目前研究人员只需根据现代波谱分析数据(拉曼和红外光谱、核磁共振、中子衍射、电子自旋共振、EXAFS、XPS 等)就可提出新型玻璃的模型,但在该模型可被接受为真正代表此类材料的结构之前,采用该模型解释玻璃性质的变化趋势还必须经过时间的检验。还应该认识到,虽然这些波谱方法非常适合考察离子周围的局域结构,并可适当扩展至中程有序,但一般来说,不适用于那些性质由微结构控制而不是由中短程有序结构控制的非晶态材料。

0.1.3 玻璃的主要性能

玻璃的性能是其结构的外在表现,玻璃的性能主要包括热性能(如熔体黏度、析晶动力学性能、热膨胀系数、比热容、热导率、热稳定性等)、光学性能(如折射率、光学常数、透光率、反射率、吸收系数、光学带隙、荧光光谱等)、电性能(电导率、电阻率、介电性等)、力学性能(如机械强度、硬度、弹性模量、断裂韧性、脆性指数、摩擦磨损性能等)、表面性能(润湿角、表面张力、吸附性能等)、化学稳定性等。

图 0.1 所示为根据文献调查得到的玻璃相关性能研究的占比。总体上讲,光学性能和力学性能是一直以来关注最多的问题,而其中力学性能近年来最受关注。无论是在过去还是在当前,玻璃热性能和流变性始终是研究者使用最频繁的关键词。由于金属玻璃领域的热度不减,这些关键词中晶化作用也占据主要份额。另外玻璃成型能力、玻璃化转变以及其它与热力学性质有关的问题也成为研究较多的内容。以下总结了玻璃的这几类主要性能。

(1)光学性能

玻璃是为数不多的透射可见光的固体之一,它提供了几乎所有光学仪器的基本视觉元

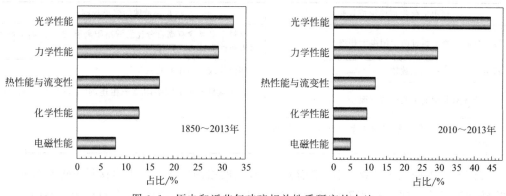

图 0.1　历史和近些年玻璃相关性质研究的占比

件，例如基于光通过玻璃光波导传输的电子通信系统。玻璃中掺入过渡金属离子会呈现颜色，在吸收光谱中呈现特征吸收峰。玻璃中掺入稀土离子可能会呈现光的发射。玻璃的吸收光谱和发射光谱都与玻璃中发光中心的能级跃迁有关。玻璃的光学性质可细分为三类。首先，玻璃的许多应用是基于与体积相关的光学性质，如折射率和光色散。其次，玻璃包括颜色在内的许多性质是源于与波长高度相关的光学效应。最后，光敏性、光致变色、光散射、法拉第旋转等属于玻璃的非传统光学效应，现代玻璃技术越来越依赖于这些非传统光学性质的应用。

　　（2）热性能

　　玻璃化转变温度、析晶温度、热力学参数等是玻璃最重要的热力学性能，它关系到玻璃的热力学稳定性和玻璃形成能力。从玻璃工艺的角度来看，黏度是最重要的流变学性能之一，它会随着温度的变化而急剧变化。黏度决定了熔融条件、成型、退火和回火的温度制度以及避免反玻璃化的最高温度。此外，玻璃的质量还取决于其均化的方式，这也与黏度有关。黏度是玻璃液抵抗剪切变形的度量，黏度越高，流动阻力越大。此外，热膨胀系数也是玻璃重要的热学性质，它对玻璃的成型、退火、钢化、封接以及热稳定都有重要影响。玻璃还有一些其它热学性质，如比热容随温度的升高而增加，热导率亦随温度的升高而增大。玻璃的热稳定性是玻璃经受剧烈的温度变化而不破坏的性能，其大小用试样在保持不破坏条件下所能经受的最大温差来表示。

　　（3）力学性能

　　玻璃是易碎材料。因此，它们的断裂行为通常是由环境因素决定的，而不是由形成玻璃网络的本身化学键强决定的。玻璃的断裂强度随表面处理、化学环境和强度测量方法的不同而变化。玻璃作为脆性材料，在热冲击下也很容易失效。玻璃的其它力学性能是这种材料固有的性质，如弹性模量由材料中的各类化学键和网络结构共同决定，玻璃的硬度与键强和结构中的原子堆积密度有关。

　　（4）扩散与输运性能

　　玻璃的许多特性是由原子或离子通过玻璃网络的扩散或传输控制的。例如，几乎所有含单价离子的无机玻璃的电导率都是由这些单价离子在外加电场作用下的传输所控制的；介电损失和机械损失往往是由于移动离子在反向电场或应力场影响下的运动产生的；和许多扩散控制的反应过程一样，气体在玻璃中的渗透是由原子或分子穿过玻璃网络的迁移运动控制的。

0.2 玻璃结构的研究方法

0.2.1 玻璃结构表征的要素

玻璃的研究很大程度上依赖于实验技术的不断发展和新技术的不断出现。玻璃材料的非晶态性质一直是研究人员面临的一个特别的挑战，一直到技术足以提供其结构和行为的清晰图像，人们才有了深入了解的可能。自从查哈里阿森发表了具有里程碑意义的关于无规则网络结构的论文以来，人们对玻璃基本性质和微观结构的了解更多了，但尽管如此，先进实验技术发挥的重要作用仍然是毋庸置疑的。玻璃的完整结构模型包含许多要素，主要包括：

（1）网络阳离子的配位数

玻璃网络中的阳离子通过与阴离子以一定的配位数构成网络结构单元，因此网络阳离子配位数成为玻璃结构模型的最基本要素。由于这些结构单元通常是具有明确定义的结构，如四面体或三角体，它们在几个相关原子或离子的水平上表现出有序性，即短程有序。由此可见，玻璃材料结构模型的出发点必须是确定高场强阳离子的配位数，这些阳离子在材料中充当网络形成体。传统做法是用离子半径比或根据其它材料中观察到的这些阳离子的配位数来估计玻璃中阳离子的可能配位数。在此基础上，我们可以说硅在硅酸盐玻璃中几乎总是四面体配位，硼可能以 3 配位或 4 配位的形式存在，氧化物玻璃中铝和锗可能是 4 配位或 6 配位。任何离子的可能配位状态几乎都可以通过类似的方法来确定。目前不再仅靠几何分析和与晶体材料的类比来确定玻璃中网络阳离子的配位状态，许多现代波谱方法可以直接测定配位状态。魔角旋转核磁共振（MAS-NMR）的出现，在确定玻璃中 Si^{4+}、Al^{3+}、B^{3+}、P^{5+} 和其它离子配位状态方面特别有用，例如已经证实铝在玻璃中的配位数不仅存在传统的 4 配位和 6 配位，而且也经常存在 5 配位。

（2）键角分布

在确定了结构单元之后，接下来要确定这些结构单元是如何连接的，包括导致结构无规则性的键角分布和键的旋转。然而，实验测定这些分布规律非常困难，目前只测试了极少数玻璃。因此，虽然键角分布的概念仍然是玻璃结构模型的重要组成部分，但可用的定量信息非常少。

（3）网络连接程度

描述玻璃结构总要涉及连接每个结构单元与相邻结构单元的桥接键和非桥接键的数量及排列，即网络的连接程度。大多数玻璃网络模型只考虑连接程度，如非桥氧的浓度和分布，即不连接网络多面体的氧的多少。波谱技术如核磁共振、拉曼光谱和 XPS 已被证明在确定玻璃中硅氧、铝氧四面体中非桥氧的分布方面非常重要。

然而，网络连接程度不应该仅仅从非桥氧浓度的角度来考虑。网络阳离子的配位数也是决定网络连接程度的一个重要因素。例如，一般认为，在碱硼酸盐玻璃中加入少量的碱金属氧化物可以使硼离子从 3 配位转变为 4 配位，而不至于形成非桥氧。网络多面体因此从三角体转变为四面体，同时将这些多面体连接到网络的键数也随之增加。不过，在讨论玻璃结构模型时，虽然认识到网络连接程度的重要性很容易，但用定量的方式来描述则很困难。

（4）维度

由于玻璃网络结构可以以二维和三维形式存在，因此还必须明确网络的维度，维度将极大地影响结构空间扭曲的难易程度。网络的维度与连接程度有关，但又与后者不同。连接程度只考虑每个网络结构单元桥接阴离子的平均数量，而不考虑它们的排列方式。例如，氧化硼玻璃由硼氧三角体网络组成，而氧化硅玻璃由硅氧四面体网络组成。可以认为氧化硼玻璃是平面结构，存在于三维空间中，就像一张纸上的画被揉成球后变成三维的一样。而氧化硅玻璃是真正的三维网络。其它玻璃甚至可能以长链聚合物的缠绕结构存在，它们基本上只有一个维度，并且同样以纱线球一样的方式占据了 3 个维度。当类似于聚合物结构的玻璃被拉制成玻璃纤维时，其维度显得尤为重要，因为纤维的结构可以定向而不是随机的。

维度也很难用定量的方式表达，显然，连接程度并不能很好地描述维度。如果还要表示某些可能的取向效果，这个问题会进一步复杂化。由于目前还没有描述维度的定量方法，这对玻璃研究者来说是一个挑战，尚需创建一种恰当的方法来描述这些结构特征。

（5）中程有序

维度概念可能有助于找到玻璃中比基本结构单元范围更大的有序性。这些结构单元可以连接成稍微大一点的单元，它们的排列比纯无规则连接所预测的更为有序。我们可能会发现以类似于晶体的连接方式构成的结构单元环或链，但它在结构中却没有延伸到很远的距离，不过。这样的结构单元提供了一定程度的中程有序结构。

虽然人们建立了某些玻璃系统的中程有序结构模型，但对于其他一些体系，更多只是推测。近年来倾向于在各类波谱数据中寻找中程有序的证据，但多数情况下，找到这些证据所需使用的测试技术条件还很有限。预先假设存在中程有序来进行谱线的近似拟合，并不能证明这些结构单元确实存在。即使拟合与实验数据非常相符，也不能完全证明中程有序单元存在，除非能证明再没有其它模型能进行相同或更好的拟合，然而，证明中程有序模型唯一性的问题一直没有得到很好解决。因此，如果提出的中程有序模型不能给出独特的结构，而仅仅是可能的结构，那么所有这些模型都只能视为对玻璃网络结构的可能性描述，而不是完整的玻璃结构。

（6）形貌

人们提出玻璃结构模型时，常常忽略玻璃分相形貌的影响。波谱分析中通常允许忽略形貌的影响，因为波谱数据对形貌并不敏感，也就是说，结构分析得到的谱图只不过是玻璃中存在的所有相的综合表现。不过，人们在研究高度依赖于相组成和网络连接程度的玻璃性质时（如玻璃化转变温度、转变温度范围、黏度、电导率、化学稳定性等），也常常忽略形貌的影响。然而，许多玻璃系统存在较大的不混溶区，如果忽略形貌的影响而导出玻璃的结构模型，这实际上是不准确的。

（7）特定离子的性质

讨论玻璃性质及其各种谱图的细微变化，必须将玻璃结构的其它元素考虑在内。在分析玻璃性质随组成变化的趋势时，必须考虑网络形成体和网络改性体阳离子的场强。由于许多研究涉及连接网络结构的各类阴离子，因此它们的场强和离子半径也很重要。解释输运特性的结构模型时，必须考虑迁移阳离子、阴离子的离子半径及其原子和分子大小。

（8）间隙体积

在结构模型中，配位单元在空间上排列形成的间隙常被忽略。了解玻璃的间隙体积（或自由体积）对于理解基于扩散的过程至关重要，对于与体积相关的性质，如密度、折射率和热膨胀系数的详细解释也与间隙大小有关。然而，研究间隙体积比较困难，波谱分析通过考察网络中可能的环结构，可以解决这个问题。当然，环结构只构成间隙的表面，因此，并不能直接解决间隙体积大小的问题。也许解决这一问题的最佳方法是研究惰性气体在玻璃中的溶解度和扩散，惰性气体原子可用来探测玻璃的间隙区。玻璃结构计算机模拟也可能有助于了解存在于网络结构中的间隙区。

（9）微量成分

对玻璃结构的完整研究还必须包括微量成分、杂质和缺陷的影响。这些位点周围的局部结构对玻璃的某些性能起着重要的作用，然而，大多数玻璃结构的研究忽略了微量成分和杂质的可能影响。这个问题对特殊玻璃形成系统的研究尤其明显，因为这类玻璃体系中玻璃液与坩埚（或耐火材料）之间可能会发生未知的反应。对于给定的玻璃组成体系，能否形成玻璃可能取决于某些坩埚材料（或耐火材料）是否会熔化到玻璃熔体中，特别是在用氧化物坩埚熔制玻璃时。一般来说，对于用氧化物坩埚（如陶瓷、石英坩埚）熔制的玻璃，可以认为其组成是不准确的，除非有证据表明坩埚（或耐火材料）的组分不是形成该玻璃的成分。由于提出的该系统的结构模型假设了玻璃中不存在明显的杂质，这样可能会产生误导。

当杂质是水时，杂质的作用尤其显著。水通常以羟基的形式存在，由于羟基对氧化物玻璃的性能有很大的影响，因此一个完整的结构模型中必须考虑水的存在。尽管水在这种模型中通常被忽略，组成变化的一系列样品中的不同羟基含量可能是决定玻璃性质的控制性因素，特别是当这一系列玻璃试样的羟基含量相同，而性质变化很小的时候。由于羟基含量通常是不确定的，所以大多数研究选择完全忽略它。

0.2.2 玻璃结构的基本研究方法

要建立符合玻璃真实结构的模型，必须知道玻璃中原子间的距离、排列状态（键角、配位数）；原子外层电子在构成玻璃时的变化（极化程度）；各种原子团在结构中的分布；参与玻璃结构的元素价态；各组分在玻璃中的分布状况；玻璃表面的结构；在热、光、电、磁、辐射、机械作用、化学反应等外界条件下的结构变化等，这些信息必须借助近现代研究方法才能得到。表 0.2 为玻璃结构的近现代研究方法及其应用范围。

表 0.2　玻璃结构的近现代研究方法及其应用范围

研究方法	已研究的玻璃系统和对象	应用
穆斯堡尔效应谱	硼酸盐、硅酸盐、磷酸盐凝聚态溶液、元素玻璃	配位数、位置对称性、价态、微细相互作用扩散动力学、玻璃化转变温度
X 射线发射谱和扩展的 X 射线吸收精细结构分析谱	硅酸盐、硼酸盐、磷酸盐、Se、Ge、GeO$_2$ 等玻璃	配位数、键、有效电荷、局部有序化程度、径向分布函数
中子射线衍射谱	硅酸盐、硼酸盐、磷酸盐、硼硅酸盐、硫系玻璃	元素的原子序数、配位数、径向分布函数

研究方法	已研究的玻璃系统和对象	应用
紫外光谱	硅酸盐、硼酸盐、磷酸盐、GeO_2、元素玻璃①、薄膜	桥氧、非桥氧、杂质离子的氧化态、能带阈值、玻璃碱度、玻璃化转变温度
可见光谱	硅酸盐、硼酸盐、磷酸盐、玻璃态盐类和凝聚态溶液(辐射产生的缺陷和色心)	配位数、掺杂离子或缺陷的位置对称、价态平衡、氧化物离子活性、玻璃的碱度
红外光谱、拉曼光谱	硅酸盐、硼酸盐、锗酸盐、磷酸盐、铋酸盐、砷化物、元素玻璃、薄膜	振动动力学、键、配位数、红外透过性能、化学成分、热历史
俄歇电子能谱	硅酸盐、硼酸盐、锗酸盐、磷酸盐、元素玻璃	玻璃表面、表面吸附的、吸收的、离子注入的元素分析、玻璃表面镀膜测定
顺磁共振谱	硼酸盐、磷酸盐、硅酸盐和元素玻璃	局部结构和顺磁离子的配位数、玻璃化和反玻璃化产生的缺陷
核磁共振谱	主要是硼酸盐、磷酸盐、硅酸盐和元素玻璃	四极耦合常数、硼配位数、铝配位数、修饰阳离子对阴离子网络的键、阳离子扩散运动
X 射线光电子能谱	硼酸盐、硅酸盐、硼硅酸盐、磷酸盐、元素玻璃、薄膜等	固态电子价的研究与内层电子的结合能、化学位移能、薄膜厚度
电子显微镜	硼酸盐、硅酸盐、硼硅酸盐、磷酸盐、元素玻璃、薄膜	显微结构及表面显微结构、晶粒大小形状等

① 玻璃按组成可分为元素玻璃、氧化物玻璃和非氧化物玻璃三大类。元素玻璃是指由单质元素构成的玻璃,如硫玻璃、硒玻璃等。

研究固体结构的经典方法是 X 射线衍射。布拉格等人利用 X 射线广泛研究了晶态硅酸盐,证明了硅原子被四个氧原子包围形成四面体结构,硅氧间距约为 0.16nm。如果 Si∶O 比值为 1∶2,则形成三维空间网络,其中[SiO_4]四面体通过四个角相互连接。瓦伦及其同事在玻璃上进行了相应的测量。氧化硅玻璃的 X 射线与硅溶胶 X 射线衍射非常相似。硅溶胶结构与晶体相反,是无序的,因此 X 射线研究证实了玻璃具有无序结构。X 射线测量可以得到原子或电子密度的径向分布函数,瓦伦等测得了 Si—O 键长和键角等参数。一方面,X 射线衍射图样对结构相对不敏感,另一方面,这样的图谱不能完全代表结构证据。尽管如此,X 射线衍射还是能对构建结构模型发挥有价值的作用。小角 X 散射可作为测量玻璃分相区大小的有用方法。

电子衍射属于粒子束衍射过程,但到目前为止,其使用仍受到限制,特别是由于存在电子辐射导致结果更难以分析。相比之下,中子衍射在玻璃上的应用大大扩展。到目前为止,它基本上用来对 X 射线衍射数据进行对比确认。中子衍射虽然实验成本较高,但具有原子距离分布曲线更清晰、显示的细节更多、对较轻元素的响应更好等优势。中子衍射的检测信号来自共振过程中的各个原子,而衍射过程中的信号则来自原子组群。前者的信号依赖于原子的能态,而原子的能态反过来又受到实时环境的影响,因此这些方法可以获得短程有序的证据。

核磁共振(NMR)只能测试那些原子核具有磁矩的同位素元素,利用各能级磁场中的核偶极取向有利于测量。有些原子核增加了四极相互作用,其中适合于核磁共振研究的有:^1H、^7Li、^9Be、^{11}B、^{19}F、^{23}Na、^{27}Al、^{29}Si、^{31}P、^{73}Ge、^{75}As、^{125}Te、^{133}CS、^{207}Pb。自 1951 年以来,核磁共振(NMR)谱被应用于玻璃的结构研究,随后的大部分工作集中于硼酸盐玻璃中的硼氧键合和构型的研究。硼的平面结构[BO_3]基团和[BO_4]四面体之间存在巨大差异,NMR 谱线呈现出显著不同,从而可获得硼酸盐和硼硅酸盐玻璃重要的结构信息。此外,核磁共振测试使获取其它同位素的环境信息成为可能,例如碱硅酸盐玻璃中碱金属与非桥氧成对形成的信息。核磁研究也有利于获取网络形成体 Si 和 Al 对结构影响的重要数据。另外，核磁共振测试也能用于研究输运过程。与核磁共振类似的电子自旋共振（ESR）测量的则是未成对电子在磁场中的各种自旋取向概率，也就是说，这种方法仅适用于含顺磁离子或含处于激发态离子的玻璃。例如顺磁离子 Fe^{3+}、Mn^{2+}、Cr^{3+} 或 V^{4+} 的研究，以及玻璃中高能辐射产生的色心的测量。

穆斯堡尔（Mössbauer）效应也被用于玻璃的结构研究。该过程利用了伽马射线与某些原子核的相互作用，而这些原子核同样受到核所处环境的影响，因此根据得到的穆斯堡尔谱可以获得价态和配位数。该方法仅适用于某些同位素，如^{57}Fe 和^{119}Sn，而且玻璃的灵敏度较低。

X 射线光电子能谱（XPS）是基于 X 射线与某些原子的电子壳层的相互作用。由于电子的能态受到环境的影响，从而有可能据此得到电子环境的结构信息。采用这种方法可以非常准确地测量电子的动能，并可以计算 K 能级的电离能。由于能级取决于成键态（"化学位移"），这种方法也称为化学分析电子光谱法（ESCA）。一般来说，该测试是根据出现的俄歇电子得到的结果，即电子从 L 壳层回落到 K 壳层，释放的能量被用来发射另一 L 壳层中的电子。俄歇电子能谱（AES）就是以此为基础的。

ESCA 法可用于区分玻璃结构中的桥氧和非桥氧。然而，需要指出的是，使用该方法需要非常谨慎，特别是涉及待测样品所处的状态时。因为玻璃中电子的发射深度非常小，只有大约 2nm，因此，必须避免事先对试样表面进行任何处理，并且只有对试样在仪器真空中破碎获得的新鲜表面进行测试才能得到准确无误的结果。因此，ESCA 和 AES 被认为是研究玻璃表面的最佳方法。此外，还有一些其它测试技术适合表面分析，一方面，可以根据其激发类型（如光子，用 X 射线、紫外线、红外线、电子、离子或中性粒子进行辐照）进行选择；另一方面，根据固体的反应类型（例如光子、电子或离子的发射）进行选择。另外，质谱仪也可以用作玻璃测试仪器，玻璃受到激光束的轰击出现表面蒸发，从所产生的离子中可以获得玻璃结构中相应基团的信息，这种激光微探针也被称为 LAM-MA（激光显微探针质量分析）或 LIMA（激光诱导质量分析）。

X 射线发射谱［不要与 X 射线荧光分析（XRFA）相混淆］特别适用于 Al-K_α 线的研究，该线根据最邻近的氧原子数显示不同的位置，从而可以区分配位数为 4 或 6 的 Al。对不同元素的 K 电子吸收边的高能侧进行更精细的研究，得到吸收系数谱，吸收系数受到环境中原子发射的光电子衍射的限制。这种扩展的方法，即 EXAFS 方法（扩展 X 射线吸收精细结构），可以分析环境的径向分布函数以及结构的相应信息。与此相关的另一种方法是 X 射线吸收近边结构（XANES）。

借助于红外和拉曼光谱，可以对玻璃结构进行更深层次的描述，因为两者都是基于原子振动（原子基团）。通常 1mm 厚的硅酸盐玻璃对 2000cm^{-1} 的红外射线实际上是不透过的，这是由于 Si—O 吸收峰很强，最强吸收在 1000cm^{-1} 处。这个吸收峰随着成分的变化而变化，据此可以推断玻璃的结构。然而，试样必须是非常薄的薄片（厚度约为 2μm）或者粉末。另外固体红外峰的理论分析比较困难，峰的半峰宽相当大，这也是一个缺点。尽管如此，这些方法依然比较适合于配位数的确定，例如 B、Al 或 Si 的配位数。拉曼光谱对这些配位数的确定也非常有效。拉曼光谱应用强激光作为主要辐射源，得到了越来越多的应用，可用来对玻璃熔体进行测试。另外，红外光谱可以用于分析玻璃中的水，包括玻璃中的水含量及其各种可能的影响。红外反射光谱（IRRS）是一种特殊的应用形式，顾名思义，用它来测量试样反射的红外辐射。

IRRS 在研究不透明试样方面具有优势，但也存在缺点，即只能获得穿透深度有限（1～25μm）的样品信息，因此该方法被列为表面分析方法之一，特别适合于腐蚀研究。

电子显微镜（EMI）测试的试样区域相对较大，其中高分辨率电子显微镜（HREM）的分辨率可达到纳米级范围。采用不同的复型技术对玻璃断口进行电子显微镜测试，成功地发现了各种不混溶现象（5～10nm 量级），从而得到了玻璃结构的证据。电子显微镜分析也显示了玻璃中存在的亚晶和微粒对结构的影响。而以透射电子显微镜（TEM）为主的更先进的技术进一步强化了测试能力。有报道称即使是石英玻璃，其结构域直径也可达到 5nm。然而，对于石英玻璃这样的单一组分玻璃，这样的结构域是很难想象的。进一步研究表明，测试受到的影响实际上主要来源于制样过程，即石英玻璃本来并不包含这样的非均匀性结构域，而用电子显微镜却观察到了。文献报道的这一结果主要是因为制样过程对电镜分析产生了影响。电镜试样主要通过产生断口来制备，但必须注意到，这些表面显示的是断口的结构，而不是一个贯穿玻璃的精确切面。断口不会完全均匀地穿过玻璃，而是倾向于出现在化学键较弱的地方。玻璃中的团簇结构呈现出统计分布，团簇结构也会出现在易断裂的化学键较弱的地方。在每个这样的团簇周围都会出现电子显微镜下可见的区域，然而，这个区域本质上要比单个团簇大。因此，通过电子显微镜只能断言团簇最有可能位于哪个区域，而不能给出它的大小。因此，只有谨慎地对电子显微镜照片进行具体分析，才可以获得有价值的信息。随着电子显微镜仪器的进一步发展，出现了从扫描电子显微镜（SEM）到扫描透射电子显微镜（STEM）以及测量电子通过薄膜的电子能量损失谱（EELS）等仪器在玻璃测试中的应用。

除了物理方法外，玻璃的结构分析还包括化学方法。通过将玻璃溶解并用色谱法分离阴离子，确定了磷酸盐玻璃的结构单元。这种方法也被应用于硅酸盐玻璃，首先将玻璃与三甲基氯硅烷 $[(CH_3)_3SiCl]$ 和少量水反应，即每个非桥氧与 $(CH_3)_3Si$ 基团达到饱和。以这种方式产生的分子在大小上相当于反应前玻璃本身阴离子大小。它们比较稳定，并可以用气相色谱和质谱进行分离，从而鉴定出玻璃中的结构基团及其分布。

图 0.2 显示了各种结构研究方法在历史上和近年来的普及程度。从过去到现在一直首选的表征技术仍然是 X 射线、热分析、电子显微镜、几种类型的光学光谱和几类计算机模拟方法（如分子动力学模拟）。

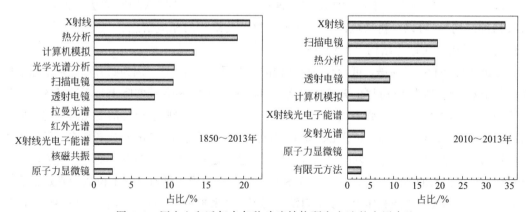

图 0.2　历史上和近年来各种玻璃结构研究方法的应用占比

当今玻璃研究方法在不断地增加和扩展，这无疑是因为玻璃结构单元的组成和排列具有较高程度的复杂性和无规则性。与晶体化学的情况不同，单纯用傅里叶红外光谱分析很难得到一个完整的玻璃结构模型。通常情况下，人们结合采用各种测试技术、依靠多种指标的相互印证来获得最可能结构的间接证据。

0.3 玻璃性能主要测试技术

热分析方法用于测定玻璃的一些重要热性能。玻璃的形变和玻璃的假想温度通常用差示扫描量热计（DSC）来测量。结晶动力学可以用许多不同的方法来测量，但是最快和最常用的方法依赖于使用 DSC 的各种测试技术。成核速率随温度的变化曲线也可以用 DSC 进行测定。

玻璃电性能的测试主要依据电性能参数的定义，然后设计合适的电路和器材进行检测。例如玻璃导电性能测量是依据伏安法原理以及电阻率、电导率等物理量的相关定义，可采用直流、交流等多种手段进行测定，介电常数则依据平行板电容的定义进行测定。测量过程中的温度、湿度、电极、频率、电压等都会对实验结果产生影响，因此对实验方法、器材、实验条件的选择都需要根据玻璃材料的组成、状态、应用领域合理确定，数据要结合载流子传输理论、能带理论以及玻璃的结构理论进行正确分析。

玻璃光学性能的测试包括紫外、可见、红外光区域的不同波长光的光学常数的测定和光谱的扫描测试。紫外光区域为 190～390nm，包括 UVC(190～280nm)、UVB(280～320nm)、UVA(320～390nm)，可见光区域为 390～780nm，红外光谱区域主要为近红外区（780～1500nm）和中红外区（1500～6000nm）。测量吸收光谱、透过光谱、反射光谱采用的光谱测量仪器为紫外-可见-红外分光光度计，也可以是单机光谱仪，发射光谱和激发光谱采用荧光光谱仪进行检测。用于光学光谱分析的光源有钨灯、氘灯、氙灯、激光光源等。普通光学常数的测定采用棱镜分光，光谱扫描采用单色器分光。积分球被用作均匀辐射源和测量总功率的输入光学元件。光子信号通过光电倍增管进行检测。

玻璃的力学性能测试通常执行相应的国家标准。微纳米压痕划痕是近年来发展较快的材料力学性能测试技术，适用于接触法的力学性能测试。在过去的二十年中，随着仪器设备的发展，它们的应用范围得到了扩展，这些仪器设备可以连续测量加载下的压头的压入深度。微纳米压痕划痕试验仪的位移分辨率可达到纳米级，载荷分辨率最高可达到纳牛（nN）级。这为玻璃等脆性材料的显微力学性能的表征提供了强大的工具，特别是对于玻璃的断裂行为以及镀膜玻璃材料的力学性能测试，微纳米压痕划痕试验仪发挥着越来越重要的作用。

玻璃的常规性能测定可按相应的国家标准进行。例如：GB/T 14901—2008《玻璃密度测定 沉浮比较法》、JC/T 675—1997《玻璃导热系数试验方法》、JC/T 676—1997《玻璃材料弯曲强度试验方法》、TC/T 678—1997《玻璃材料弹性模量、剪切模量和泊松比试验方法》等。

0.4 玻璃分析测试数据的可靠性

开展玻璃的理论研究和实际应用，有效地使用实验数据在很大程度上取决于数据的正确性。实验数据可能产生误差的因素有很多。首先，最重要的因素之一是玻璃的成分估计存在误差。一般来说，在所有被研究的玻璃中，只有对大约 10% 的玻璃进行了这方面的分析。还应该注意到，真正可靠的组成分析结果只是那些所谓的湿化学分析法所得到的结果。如果用现代仪器分析方法来研究那些成分与标准组成有本质偏差的玻璃，则可能会导致相当大的误差。如果实验者使用氧化铝坩埚、二氧化硅或瓷坩埚而不是铂或金坩埚时，应特别引起注意。然而，在实验过程中使用这种价格低廉的坩埚熔制玻璃试样的现象已经越来越普遍。另一个因素是检测玻璃的性质时，广泛使用高级精密的自动化设备。这类设备虽然使测量速度更快、检测成本更低、使用更方便，然而，有一种倾向是实验人员往往过分信赖这种设备的自动化程度，而没有足够注意各种实验因素对测量结果的影响，例如试样的热历史和其它具体特征、试样的平均温度与仪器记录温度之间的对应关系等。第三个因素是人为因素，例如实验数据使用者倾向于将玻璃的制备、分析测试委托给其他具体技术人员，而往往对技术人员的制样、测试活动没有适当的控制，测试人员与数据使用者对测试要求的理解存在偏差。这种做法可能产生的后果是检测目的、检测侧重点与检测具体过程脱节，实验结果没有针对性。最后一个因素是测试人员对玻璃这种材料检测分析的特殊性与其它材料等同对待，或者因为检测熟练程度不够导致结果产生误差。

误差可以分为两大类：随机误差和系统误差。通过增加实验次数，可以大大降低随机误差的水平。通过在相似条件下进行多次测量并使用公认的数据处理方法，研究人员可以很容易地确定所选置信概率的测量值的置信区间。另一方面，预测仪器的系统误差要困难得多，不确定性也大得多。系统误差取决于很多因素，而只有部分因素被实验人员了解，因此这些因素影响的具体程度通常是未知的，测量结果的使用者也很难确定其测量结果的总误差。因此，确定可靠的玻璃性能值的正确方法是对众多独立公布的数据进行统计分析。

参考文献

［1］ John C. Mauro，Edgar D. Zanotto. Two Centuries of Glass Research：Historical Trends，Current Status，and Grand Challenges for the Future. International Journal of Applied Glass Science，2014，5（3）：313-327.

［2］ Horst Scholze. Glass：nature，structure，and properties. New York：Springer-Verlag New York，Inc.，1991.

［3］ J. E. Shelby. Introduction to Glass Science and Technology. 2nd edition. Cambridge：The Royal Society of Chemistry，2005.

［4］ J. David Musgraves，Juejun Hu，Laurent Calvez（Editors）. Springer Hand Book of Glass. Gewerbestrasse：Springer Nature Switzerland AG.，2019.

［5］ 武汉建筑材料工业学院等编. 玻璃工艺原理. 北京：中国建筑工业出版社，1981.

［6］ 田英良，孙诗兵主编. 新编玻璃工艺学. 北京：中国轻工业出版社，2009.

［7］ Eric Le Bourhis. Glass mechanics and technology. Weinheim：WILEY-VCH Verlag GmbH & Co. KGaA，2007.

［8］ Jürn W. P. Schmelzer，Ivan S. Gutzow. Glasses and the glass transition. Weinheim：WILEY-VCH Verlag GmbH & Co.，2011.

［9］ Werner Vogel. Glass Chemistry. Berlin：Springer-Verlag Berlin Heidelberg，1994.

1

玻璃的热分析

1.1 概述

材料科学研究广泛借助于热分析，对于玻璃研究热分析也是必不可少的工具。热分析就是用来测试材料热性能的实验技术。材料热性能的研究通常通过热诱导或温度测量进行，其中温度测量是表征材料热性能最简单、最常用的方法。热电偶和热敏电阻是用于测量物质温度的简便易行、相对经济的技术手段，尤其是热电偶更是得到了广泛的应用，它能够在较大温度范围内进行非常精确的温度测量。不同类型的热电偶用于不同范围的温度测量，最常见的热电偶能测量从远低于冰点到最高 1500℃ 的温度，如此大范围的温度测量能力使许多玻璃性能的表征成为可能。

仅靠温度本身往往不足以详尽揭示材料对非热力学诱导的热力学响应，也不能详细描述材料对热力学刺激的非热力学响应。如果将温度测量与热流测量相结合，就可以获得有关材料性质的大量信息，例如比热容、热导率、相变温度等参数都可以通过热分析进行测量和分析。

玻璃科学涉及的材料科学领域较宽，经常使用非热测试方法来确定材料的性能。例如，力学表征方法主要用于材料的硬度、弹性模量、断裂韧性等性能的测定，然而玻璃由于断裂机制不同，力学测试较为困难。晶态材料沿晶面断裂，材料的缺陷可以缓解断裂，因此用相似的工艺制备缺陷浓度相似的晶态材料常表现出一致的力学性能。然而，玻璃表面的微裂纹和缺陷通常是引起断裂的主要原因，这就意味着玻璃表面存在的微裂缝、缺陷或不均体（不均体是玻璃由于熔制时均化不完全产生的与主体玻璃不一致的部分）会导致机械方法测量的力学性能变化很大。因此采取机械测试的方法测定玻璃的力学分析比较困难，一般只有准备大量的样品并进行大量的测试才能获得统计意义上较准确的结果，这也是玻璃研究者更多地依赖于热分析的主要原因之一。玻璃的机械测试相比热分析并不多见的另一个原因是玻璃除少数情况外一般只用于非结构应用，由于承重应用少，加上力学性能测量困难，热分析成为玻璃性能表征的一个更有吸引力的工具。

本章讨论的热分析方法大致可分为两大类。第一类热分析是热力学性质测定，如相变、玻璃化转变温度、熔化温度等。这些热性能的测定是通过对样品进行程序化温度调节并测量其热响应而进行的。热性能是材料对热力学形式的热变化作出的响应，当材料被加热至熔化时，除了需要额外的热能输入外，材料从固体变成液态还须经历从一种热力学状态到另一种热力学状态的转变。第二类热分析是测定材料对升温或降温的直观力学响应。例如，热膨胀性能和黏度就属于这一类。材料受热时平均键长的变化产生的表观热膨胀性是一种热力学变化现象，这种键长随温度的变化在固体和液体中表现为热膨胀。类似地，当玻璃态材料被加热时则会表现为黏度的变化，实质上是热力学意义上的变化，只不过这种变化可以用机械方法来测量。这样就有可能通过测定玻璃的键长来了解一种玻璃的膨胀特性和黏度特性是如何随温度变化的，但在玻璃热分析中，玻璃材料的宏观性能通常更受关注。此外，X射线衍射可用来测量固体的键长，然而由于这种测试方法的应用尚存在一些技术上的困难，在许多情况下仍无法使用，因此玻璃研究通常借助宏观热力学性能测试来获得有关玻璃膨胀和黏度随温度变化的数据。玻璃的热分析是玻璃科学中高度经验化的内容。现代计算机提供的强大计算能力能支持高级建模，然而没有具体的测量技术，建模计算只不过是游离于理论和事实之间的一种推论，这就需要有更多的测试实验来作为模拟计算假设和理论计算验证的基础。从工业玻璃基本性能的质量检测到对玻璃流变性能的深刻认识，热分析成为玻璃制造和研究不可缺少的工具。

1.2 差示扫描量热法理论

差示扫描量热仪（DSC）由差热分析仪（DTA）演化而来。DTA是人们基于Le Chatelier 1887年的研究，于1899开发的用于黏土鉴定的测量装置，当时用传统方法无法对黏土进行测定。DTA的概念较为简单，差示热电偶由两只连接在相反电极上的相同热电偶构成，热电偶被放置在电炉中，其中一只测量参比物质而另一只测量样品。整个装置受控加热（通常是线性升温），这样就可以测得参比物质与样品之间温差随温度的变化。如果参比物质与样品没有热差，差示热电偶的输出就为零。DTA在确定晶体的熔点及玻璃的转变温度和析晶温度方面很有用，然而DTA难以确定熔变和比热容变化的绝对值。此后在对DTA进行改造的基础上产生了许多仪器，不仅能灵敏地探测热现象的发生，而且能定量地确定这些热现象发生的程度。

现代DSC测试技术不但能获得热现象发生的温度，而且能测定伴随这些热现象的样品的熔变和比热容。热流型DSC使样品处于一定的程序温度（升/降/恒温）控制下，观察样品和参比物之间的热流差随温度或时间的变化过程。差示扫描量热仪包括两个匹配的电加热元件，这两个电加热元件在程序温度控制下以同样的加热速率同时给两个装有封闭盘的样品台加热。如果DSC中有热现象发生，如析晶放热、玻璃转变的比热容变化，相变过程中的吸热，各种化学反应热等，样品与参比物质的温度就会有差异，表明样品发生了变化（这里假定参比物质完全惰性，没有热现象发生）。一旦温升超过熔变范围，样品与参比物质的温差就回到零，得到的温差 ΔT 与温度 T 的关系曲线就显示有放热峰、吸热峰或由于样品比热容变化形成的基线偏移。

DSC测试获得热流-温度曲线图，热流图中有意义的曲线特征是相变。相变是指从一个物相到另一个物相的热力学转变（如从液体到气体，从固体到液体，从气体到等离子体等）。更具体地说，此类转变为一级相变，一级相变定义为熵和体积不连续的相变。材料特定相的熵随温度、体积随压力均表现出连续的变化。然而，当材料经历一级相变时就涉及潜热，潜热是材料发生相变所需能量的增减，但这种热量的吸收或释放并没有明显地改变材料的温度。能量有增减而温度或压力没有变化的热现象会在 DSC 测量曲线中出现明显的峰或谷。沸水就属于非常典型的一级相变，从液态水到水蒸气的一级相变会产生一个两相都处于 $100℃$ 的混合物，沸水在标准大气压下的温度不高于 $100℃$，其吸收的蒸发潜热被用于完成向蒸汽的转变。一级相变的数学定义是：作为温度和压力的函数的吉布斯自由能的转变是连续的，而吉布斯自由能对温度和压力的偏导数是不连续的。吉布斯自由能本质上是恒温和恒压下物质的热力学势能。对于一级相变，式(1.1) 是不连续的。

$$S = -\left(\frac{\partial G}{\partial T}\right)_p ; V = \left(\frac{\partial G}{\partial p}\right)_T \tag{1.1}$$

式中，G 为吉布斯自由能；T 为温度；p 为压力；V 为体积；S 为熵。

玻璃材料表现出所谓的玻璃化转变。这种转变发生在玻璃化转变温度（T_g）下，属于二级相变的范畴，二级相变的吉布斯自由能相对于温度和压力是连续的。其吉布斯自由能［式(1.1)］的一阶导数是连续的，而二阶导数是不连续的，即吉布斯自由能对温度和压力的二阶偏导数都是不连续的。式（1.2）为与 DSC 测量密切相关的吉布斯自由能对温度的二阶导数。

$$C_p = -T\left(\frac{\partial^2 G}{\partial T^2}\right)_p \tag{1.2}$$

式中，C_p 为比热容，简称比热，下标 p 表示定压。其它符号与式(1.1) 相同。比热容定义为使单位质量物质的温度升高 1K 需要输入的热量，其国际单位是 J/(kg·K)。测量材料的热流有两种方法，第一种是功率补偿法 DSC。功率补偿法 DSC 的工作原理是样品和参比物质的温度始终保持一致（即：$\Delta T = 0$）。要满足此条件，两者输入的功率不同，测定试样和参比物两端所需的能量差，并直接作为信号 ΔQ（热量差）输出，正是这种热流差异提供了 DSC 数据有关试验材料的基本信息。如果样品经历了相变（如熔化），这需要瞬时有大量的能量输入给样品，需要增加 DSC 的热流以保持样品和参比物质的温度相同，这个热流峰值就会出现在 DSC 读数中并可以确定为样品的熔点。另一种方法叫热流法。热流法的工作原理是保持样品的热流量恒定，测量其温度变化。也就是在给予试样和参比物相同功率的条件下，测定试样和参比物两端的温差 ΔT，然后根据热流方程，将 ΔT（温差）换算成 ΔQ（热量差）作为信号输出。DSC 的热流、升温速率与比热容的标准关系如式(1.3) 所示。

$$\frac{dH}{dt} = C_p\left(\frac{dT}{dt}\right) + f(T, t) \tag{1.3}$$

式中，H 为热焓，J；t 为时间，s；C_p 为比热容，J/K；T 为温度，K；$f(T, t)$ 为系统与温度和时间相关的函数。

1.3 测试原理

DSC 本质上是一种对比技术，即用仪器对参比物和样品同时进行检测，记录两者的

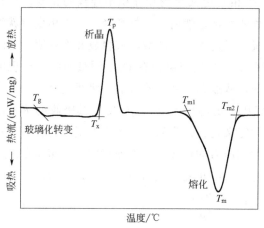

图 1.1　典型的玻璃 DSC 曲线图

差别以得到有关试样的信息。根据上述差示扫描量热理论，DSC 仪器的测定方法可分为功率补偿型和热流型两类。在程序温度（线性升温、降温、恒温及其组合等）控制下，当样品发生热效应时，在样品端与参比端之间产生了与温差成正比的热流差，通过热电偶连续测定温差并经灵敏度校正转换为热流差，即可获得 DSC 图谱。玻璃是晶态物质经高温加热熔融形成的，其典型的 DSC 曲线如图 1.1 所示。

绘制 DSC 热流曲线可以定义输入样品的热流（吸热）为正，也可以定义流出样品的热流（放热）为正，但在 DSC 图上应标明。本章所有图例规定放热向上，即从样品流出热量在图中显示为向上的峰，流入热量则显示为向下的谷。从图 1.1 中可以看出，该图表示了三个典型的热力学过程，图中出现的每一个热力学变化都对应有特定属性的温度值。DSC 曲线随温度从低到高首先出现一个比热容的变化（吸热峰），该变化被认为是典型的玻璃化转变，这一标志性热现象对应的温度称为玻璃化转变温度（T_g）。玻璃化转变的开始温度即热分析图中比热容变化最陡的部分与玻璃化转变发生前的基线相交的温度（具体确定方法后面章节介绍）。玻璃化转变是一个二级转变点，T_g 表示的是材料比热容的非连续性变化，它发生在玻璃转变区中固态向具有液体结构特点的黏性态转变的临界点处。T_g 处的比热容增加引起样品相对于参比物质出现热滞后，导致曲线基线出现偏移，从该偏移量可以确定材料比热容的大小。DSC 曲线中接着出现的第二个特征热现象是玻璃加热过程中因析晶释放熔融焓而形成的放热峰。材料受热析晶时，其结构将处于更为有序的状态，需要放出热量使体系能量降低。因此，当玻璃从能量相对较高的无序热力学状态转变为能量相对较低的有序热力学状态时，会释放出这两种状态之间的能量差的能量。一个放热峰通常只代表形成单一晶相的析晶过程，有些曲线会出现多个放热峰，这是由于形成了多个晶相，这些峰可以重叠也可以不重叠。图 1.2 所示的二硅酸锂玻璃陶瓷的 DSC 曲线就存在偏硅酸锂、二硅酸锂等多个析晶相。析晶温度常定义为析晶开始温度 T_x 或 T_{xh}，而 T_p 表示析晶过程放热峰的峰值温度。在多相玻璃或玻璃陶瓷中，每个相都可能发生析晶。如果这些结晶过程的析晶温度明显不同，那么它们就可能比较容易分辨。图 1.2 中比较容易分辨的析晶放热峰为 T_{p1}、T_{p4}，而放热峰 T_{p2}、T_{p3}、T_{p5} 重叠较大，不容易分

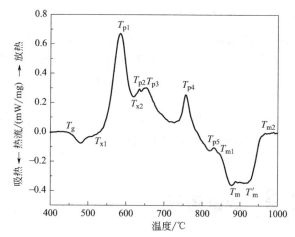

图 1.2　多相玻璃陶瓷 DSC 曲线的放热峰

辨。其中第一个析晶峰在 T_{x2} 时对应的反应热比 T_{p2} 处第二个析晶峰的反应热还要高，也有可能存在与第二个析晶峰 T_{p2} 重叠的第三个析晶峰 T_{p3}。最后 DSC 曲线出现一个吸热峰，这是由于加热过程中晶体的熔融形成的，也可能是因为熔体冷却过程中形成了晶体，或者是样品在 DSC 测定前预先进行了热处理。已经存在于样品中的晶体发生固-固转变，或者在加热过程早期形成的新相发生固-固转变都会形成吸热峰，如石英会发生 α-β 转变形成吸热峰，这在玻璃陶瓷的 DSC 曲线中很常见。同理可以确定熔融开始温度 T_{m1} 以及熔融结束温度 T_{m2}。曲线最后一个特征是在 T_m 处出现的谷，为玻璃的熔化点。这个谷显示了至少一个相的熔化，和析晶一样也可以通过计算曲线下的面积来测算反应热。在多相体系中可能有多个熔化峰，如图 1.2 中存在至少两个熔化吸热峰。

差示扫描量热法（DSC）是一种用于检测材料内部相变和其它热力学变化的技术。DSC 可以检测熔化、结晶和凝固等相变。此外，DSC 是测定玻璃结晶度、反应热和比热容的重要工具。DSC 不仅能够测定反应的温度和能量大小，而且还能够鉴定给定反应的热动力学参数（如析晶速率、玻璃形成稳定性参数等）。反应动力学有助于玻璃研究者确定反应发生的方式，这在研究加热反应和冷却反应的反应动力学的不同之处时特别有用。DSC 不仅检测这些转变发生的温度，而且能检测转变发生时吸收或放出的热能大小。如果知道样品的准确质量，就可以确定诸如熔化热、材料在不同阶段的比热容和其它重要性能。

1.4　仪器与测试方法

1.4.1　差示扫描量热仪

DSC 是在程序控制温度下测量样品和参比物的热流差的技术。DSC 按测试系统不同分为两类：热流型和功率补偿性。热流型差示扫描量热仪中，样品与参比物之间的热流率差是检测两者之间的温差，通过量热校准热流方程将温差换算为热流值作为信号输出。热流型 DSC 包括盘式和筒式两种检测系统，如图 1.3 所示。盘式 DSC 中样品坩埚放在盘上（金属或陶瓷等材质），样品与参比物之间的温差 ΔT_{SR} 通过集成在盘或与盘表面接触的温度传感器进行检测。筒式 DSC 的炉体分成两个筒体，底部封闭，样品直接放入筒体或放入合适坩埚中。空心筒体与炉体之间装有热电堆或半导体传感器用于检测筒体和炉体之间的温差，由热电偶的差分连接提供两个空心筒体间的温差并记录为样品与参比物之间的温差 ΔT_{SR}。两个空心筒体并排布置在炉体中并通过一个或多个热电堆直接连接，也有结构特点介于盘式和筒式之间的其它类型的 DSC 设备。DSC 装置的外壳通常用导热材料铬镍铁合金制成。

功率补偿型 DSC 的试样和参比物分放在两个小炉中，每个小炉配备有加热元件和温度传感器。测试过程中，两个小炉之间的温差通过加热功率的闭环控制保持在最小值，这主要是采用比例控制器使得试样和参比物之间始终存在残余温差。当检测系统存在热对称时，则残余温差正比于样品和参比物之间输入功率差。如果温差是因为样品和参比物的比热容不同产生的，或者是试样的吸热和放热转变产生的，为保持温差尽可能小而需要补偿的功率正比于样品和参比物之间的热流率之差 $\Delta\Phi_{SR}=\Delta C_p\beta$，或正比于转变热流率 $\Delta\Phi_{trs}$。

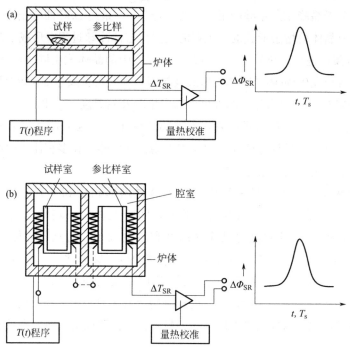

图 1.3 差示扫描量热仪结构示意图

(a) 盘式 DSC;(b) 筒式 DSC

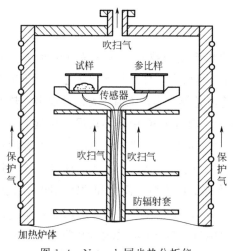

图 1.4 Netzsch 同步热分析仪
顶部装样结构示意图

图 1.4 为耐驰(Netzsch)同步热分析仪顶部装样结构示意图,顶部装样结构与其它结构相比,其特点在于操作简便。炉体采用真空密闭设计,炉体打开时即与称重系统脱离,有利于对称重系统的保护,吹扫气由下往上自然流动。

1.4.2 坩埚

1.4.2.1 坩埚的选用

坩埚的材质有多种,常见的坩埚材质有铝、铂、石墨、高温氧化铝等。坩埚可以加盖密封,也可以直接放在 DSC 仪器的加热腔内与外部大气环境相通,并在测试过程中往腔室内不断通入干燥惰性气体(吹扫气)。选用坩埚一定要考虑测试样品可能与坩埚发生的反应,由于玻璃熔融后会同时熔化氧化铝,使氧化铝坩埚破裂粘连支架,因此玻璃的热分析在高温下尽量选用铂金坩埚。

此外要考虑玻璃的组成与坩埚可能存在的反应,例如 Se 高于 320 ℃ 会挥发,玻璃中的 B_2O_3 加热时会溶解氧化铝坩埚的 Al_2O_3 生成硼酸铝和硼化铝、碱金属及碱土金属的硼酸盐。碱性及碱土性氧化物及其带可挥发性阴离子的盐类(尤其是氢氧化物、氮化物、硝酸盐、碳酸盐、过氧化物等）熔融生成铝酸盐或多羟基化合物。PbO 从 700℃开始与 Al_2O_3 反应，尤其是高铅氧化物及具有挥发性酸根的铅盐类物质。对于未知样品或不确定样品是否与坩埚反应的情况下，建议用其它的炉子预烧。在 DSC 单元中，两个平滑的平盘标记了样品和参比物的安放位置，将装有样品的坩埚放置在相应平盘上。含氟化物的玻璃要考虑铂金坩埚对 LiF 的抵抗力有限，金属玻璃的检测不能使用铂金坩埚，因为铂会与金属反应形成金属间化合物等。热分析用坩埚的选用见表 1.1。

表 1.1 热分析用坩埚的选用

适用样品	坩埚材质					
	Pt/Rh	Al_2O_3	Al（≤600 ℃）	Pt+Al_2O_3	Al_2O_3+IrO_2	石墨
黏土	√	?	√	?	?	×
矿物	√	?	√	?	?	×
盐类	√	×	√	×	×	×
玻璃	√	×	√	×	×	?
无机物	?	?	?	?	?	?
硅	×	×	√	×	×	×
氧化硼	√	×	√	×	×	×
氧化铁	√	×	√	×	×	×
氧化铅	×	?	?	?	?	×
氟化镁	√	×	√	×	×	?
氧化铜	√	×	√	×	×	×
石墨	?	?	?	?	?	√
碳酸盐	√	?	√	?	?	×
硫酸盐	√	?	√	?	?	×

注：√表示最佳选择，?表示可能在高温下发生反应，×表示不建议使用。

1.4.2.2 坩埚的清洗

铂坩埚可重复使用，每次测试用过的铂坩埚放在装有 40% 氢氟酸溶液的塑料容器中浸泡 24h 后，煮沸 3h，再用清水超声振荡清洗，然后用清水冲洗后放入蒸馏水中煮沸 1h，最后将坩埚加热到 900 ℃冷却后备用。氧化铝坩埚由于价值不高，一般不建议重复使用，如要回收使用，可采用下列方法清洗：将坩埚放入 40%~60% 的 HCl+10%HNO_3 和水（摩尔分数）的混合溶液中浸泡 24h 后煮沸 3h。冷却后用清水冲洗，必要的话使用超声波清洗。再将坩埚放入 2%~5%（摩尔分数）的氨水中煮沸后用清水冲洗，然后在蒸馏水中煮沸 1h，最后将坩埚加热到 1500 ℃后冷却备用。

1.4.3 测试方法

1.4.3.1 标准测试

生产和科研中最常用的 DSC 测量方法是一种简单的升温速率法。这个方法的基本做法是将已知质量的样品（通常是几毫克）放入坩埚中，相对位置上放置参比坩埚，参比坩埚内可放入参比物质，也可以不放。DSC分析的样品通常要用研钵研碎成粉末状，有时制样有更详细的要求，如要测量与质量相关的热性能，就需要粉末的颗粒尺寸一致。在DSC装置中，传热的主要方式是热传导，因此坩埚与样品之间良好的传导接触是获得准确结果的必要条件。颗粒尺寸越小，每个颗粒吸收和放出热能的速度越快，温度变化响应就越快。在测定表面结晶时，颗粒尺寸对结晶响应的检测有很大的影响。在DSC测量中，有时会使用块状样品，但样品必须平整光滑，以便使样品底部与坩埚之间尽可能无缝接触。玻璃研究中常见的低温玻璃可以在DSC坩埚中由原料元素合成，制备的样品与坩埚底部有着特殊的界面。

常用DSC温度可以达到800℃，升温速率可从0.1℃/min到100℃/min。冷却速率依所购买的DSC设备附件不同而有差别，环境冷却速率约10℃/min，气体（氮气、氩气等）强制冷却可达到较高的冷却速率20～50℃/min，而采用液氮可达到更高的冷却速率100℃/min。同样采用液氮可以在远低于室温下对材料进行DSC扫描。大多数无机玻璃不需要低温的DSC扫描，因为玻璃的 T_g 通常远远高于室温。然而，许多聚合物、塑料和橡胶具有低于室温的 T_g，可能需要液氮冷却附件。

1.4.3.2　等温DSC

等温DSC测试是DSC标准测试方法的一种变化形式。DSC标准测量的主要缺点是所有的样品响应都与加热速率相关，因此会对测试的性能产生人为影响。在所有类型的实验中，重要的是要尽可能消除测试的这些人为因素，把影响降低到可以忽略不计，或者足够准确地评估影响以便通过后处理调整测量数据，从而从根本上消除测量产生的不利影响。例如玻璃结晶热力学表征的测试方法对升温速率的影响就特别敏感。

DSC析晶性能测试涉及两个方面的问题。玻璃中的晶体长大之前，种子晶体必须先成核。成核与晶核出现和消失的概率有关，一个晶核是否能保存下来成为能够长大的晶体取决于它是否达到材料热力学状态决定的临界尺寸。玻璃具有成核的热力学范围，而一旦成核就有另一个晶体长大的热力学范围。确定玻璃的成核和长大行为可以通过构建特定玻璃的成核和长大曲线来实现，该方法也可用于对不同组成的同类玻璃进行分析比较。由Marotta等人提出的半定量类核曲线由式(1.4)确定。采用差热分析仪以一定升温速率在假定成核温度 T（即靠近疑似最大成核率的温度）处分别按保温一段时间和不保温两种情况下测定放热峰的峰值温度。

$$\ln(I_0) = \frac{E_c}{R}\left(\frac{1}{T_p} - \frac{1}{T_p^0}\right) + C \tag{1.4}$$

式中，I_0 为稳态成核速率；E_c 为析晶活化能；T_p 为一定升温速率下升温并在假定成核温度下保温后测得的析晶放热峰的峰值温度；T_p^0 为与 T_p 同样条件但不保温测得的析晶放热峰的峰值温度。更改假定温度 T 重复以上步骤。根据测定结果可绘出（$1/T_p - 1/T_p^0$）与疑似成核温度 T 的关系曲线，即为类成核曲线。

类似地，可用Ray等人的方法构建晶体长大曲线：首先用DTA将玻璃样品加热到可能的晶体长大温度 T 后恒温热处理一段时间。然后将样品冷却到 T_g 以下后保温一段时间，最后再升温至结晶温度以上，测出放热峰的面积 A_T。采用不同晶体长大温度 T 重复上述实验过程。绘制峰面积差 $\Delta A = A - A_T$ 与晶体长大温度 T 的关系曲线即为"类长大曲线"，其中 A 为保温热处理温度偏离可能的晶体长大温度 T 时测得的放热峰面积。

曲线描绘了给定玻璃的成核和生长速率。由于所有成核和长大实验都在相同的条件下（温度条件除外）进行，成核和长大曲线越高，成核速率和生长速率越大。通过热分析可获得给定玻璃达到最大成核和长大速率时的温度图。

典型的析晶热分析实验对升温速率特别敏感。例如，如果 DSC 或 DTA 测试以 10℃/min 将样品加热至晶体长大的峰值温度，可能要通过玻璃的成核区域。如果成核区域宽度有 40℃，需要 4min 通过，在这 4min 内，会发生明显的成核，这些额外的晶核会显著改变玻璃的成核条件，此时的玻璃状态与开始测试时假设的状态就不相同了，这个例子说明有限的加热或冷却速率会使玻璃结晶行为的表征变得困难、模糊甚至不可能。

等温 DSC 将升温/降温速率设置得尽可能高，这样几乎在瞬间就可以从一个温度升到另一个温度。给样品加热不容易控制的一个因素是样品材料本身的热导率，DSC 能解决仪器本身加热体材料出现的问题，但不改变材料自身吸收热量的能力。为了缩短坩埚内所有材料达到规定温度所需的时间，主要有两种途径：①减少样品质量可促进样品受热，但其缺点是降低 DSC 检测到的结晶信号强度，因此降低了测试灵敏度；②使材料的实际温度更接近控制温度的有效方法是减小粉末样品的粒度。即使是热导率低的材料，只要颗粒足够小也会迅速升温。但这样做的缺点是结晶行为可能由表面结晶而不是由体结晶控制主导，是否采取这种方法必须结合考虑测试目的。

调整这些影响测试的因素后，等温 DSC 的优势变得更加明显。例如要测定析晶活化能，可将 DSC 温度升到刚好低于成核范围的温度并保温至等温平衡，然后采用高升温速率如 100℃/min 快速通过成核区域，并直接到达结晶区域的目标温度。所得测试结果受升温速率和成核时间的影响要小得多，这是采用等温 DSC 技术测定玻璃性能的主要优点之一。研究材料给定温度下与时间相关的性质需借助于等温 DSC 技术。

等温 DSC 的快速升温在玻璃科学的其它领域也有应用。玻璃结构松弛的研究，即玻璃网络从初始网络结构向平衡状态松弛的过程是一个与时间和温度相关的过程，要求温度能尽快达到目标松弛温度。采用等温 DSC 测试玻璃结构松弛要将玻璃样品的温度从无松弛温度（$<T_g - 40℃$）升至测试温度（$>T_g - 40℃$）。例如，若松弛温度高于 T_g，缓慢升温经 T_g 达到该温度会引起一定的松弛，从而影响测定结果。使用等温 DSC 可以确保最快升温到达目标温度。升温速率的有效性仍然受到样品热导率的限制，但等温 DSC 消除了测试过程的限制因素，这是 DSC 等温测试的又一个优势所在。

1.4.3.3 调制式 DSC

包括玻璃在内的材料的标准 DSC 热流是由可逆和不可逆两种不同类型热流构成的总和。材料的流入和流出热流中的可逆部分由与热力学过程相关的热流构成。诸如玻璃化转变温度这样涉及比热容变化的二级相变表现为可逆热流，把玻璃先加热到玻璃化转变温度以上后再冷却回来，比热容变化（不包括任何动力学过程，如松弛）在升温和降温两个方向上是相同的。热流中的非可逆部分可以通过从总热流（传统 DSC 测定）中扣减可逆部分来确定，可逆部分反映了玻璃中的动力学过程，这些过程包括 DSC 升温至 T_g 以上时玻璃的松弛或黏性流动。需要指出的是不要把可逆和不可逆热流与玻璃转变的可逆性或不可逆性相混淆。

调制差示扫描量热法（MDSC）是一种调制升温技术，这种技术保持平均升温速率，但给控制温度施加一个周期性调制使系统处于轻微的扰动状态。由此产生的加热曲线通常表现为正弦或随机调制波动，其平均温度的变化与传统 DSC 加热或冷却的方式相同。正弦调制实例如图 1.5 所示，图中，程序控制的平均温度变化（实线，左轴）为 4℃/min，而程序控制的调制温度变化（虚线，右轴）为每 40s 正弦振荡 ±0.42℃。这样就可以分别分析热流的相关和独立分量。线性增加的温度分量提供类似于标准 DSC 的信息，而正弦分量同时测定材料的比热容，这使得动力学过程（如结晶）可以从比热容变化中分离出来（如 T_g，见图 1-6）。

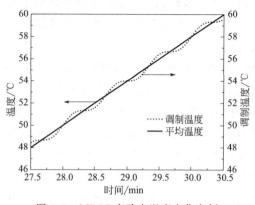

图 1.5　MDSC 实验中温度变化实例

调制式 DSC 方法有几个优点。它能分辨单个样品中重叠在一起的各种热力学转变。然而在研究玻璃陶瓷或玻璃复合材料（如玻璃纤维增强塑料）的性质时，可能出现一个或多个组成材料同时经历不同的相变或转变，DSC 可对含不同化学成分的材料进行检测。如果这些热力学过程在温度上重叠，那么标准 DSC 检测会忽略这些信息并只显示这些组成材料的平均热流响应。如果同时发生了相变，则平均热流可能不会显示玻璃化转变，而且会给出错误的相变活化能值。如果采用 MDSC，标准热流信息和比热容变化信息显示第一种组成材料的析晶特征的同时也可以显示另一组成材料的 T_g。MDSC 的另一个优点是能够检测非常微弱的变化过程，同时进行动力学和基于比热容变化的采样分析，可以提高该技术的灵敏度。

图 1.6 显示了如何使用 MDSC 来分离混合在一起的不同材料的热流行为，这一方法同样可用于玻璃材料检测。图 1.6 为聚对苯二甲酸乙二醇酯（PET）和聚碳酸酯（PC）复合材料的 MDSC 图谱，图中的曲线 a 为不可逆热流，曲线 b 为可逆热流，曲线 c 为总热流信号。需要注意的是，总热流（曲线 c）是标准 DSC 测定结果。在可逆热流曲线上可观察到的 PC 的玻璃化转变完全被非可逆热流和总热流曲线中的 PET 析晶峰所掩盖。正是由于 MDSC 能够通过线性升温与正弦或

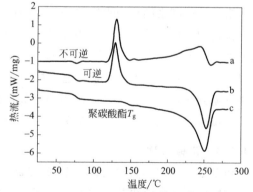

图 1.6　聚对苯二甲酸乙二醇酯（PET）和聚碳酸酯（PC）复合材料的 MDSC 图谱

随机温度调制的组合将可逆和不可逆热流分离出来，才使得这些信息能够被发现。由于 MDSC 是一种相对较新的技术，所有功能以及主要局限性还有待广泛的研究。该技术在复合材料的热分析以及弱热力学和动力学过程的热分析中都非常有用。MDSC 的未来应

用可能包括玻璃转变性质以及分相玻璃中多相间复杂关系的更深入研究。

1.4.3.4　校准

仪器校准对玻璃热分析来说至关重要。DSC 的校准主要有三类：基线、温度和比热容。新建 DSC 基线就是采用与样品测试相似或相同的升温速率在一定温度范围运行仪器。这个校准过程通常不需要任何坩埚，这是为了消除两个坩埚存在差异而产生的影响。通过仪器测量 DSC 室中的试样节点和参比样节点之间细微的热流差异。空室测量时，理论上应该有一条平直的热流-温度信号线，而实际情况并非如此。因此，采用 DSC 软件根据实测的空室热流信号的斜率将信号线旋转来纠正这种偏差。通过软件修正就应该获得一条平直的 DSC 热流-温度信号线，这个校准文件通常在 DSC 运行时的后台出现，允许软件不断地消除实测数据中热流差异，使显示的数据曲线没有基线漂移产生的偏斜。温度校正是将一种准确熔点已知的金属在 DSC 炉内加热直至熔化，用 DSC 测定的熔点与已知的纯物质熔点进行比较，用其差值来校准 DSC 温度读数。采取同样的方法分别用不同熔点的几种金属（In、Sn、Zn）在需要的温度范围内校准 DSC。校准就是对测定的温度作增减，调整 DSC 温度读数与已知的熔点一致。最后一类校准是校准 DSC 比热容。这种校准测试需采用一个已知比热容的块状晶体材料如蓝宝石标样，测定标样的比热容后并通过与已知比热容值对比进行校准调整。采用所谓的"DSC 仪器常数 K"对热容测量误差进行修正，计算 DSC 仪器常数的公式如式(1.5) 所示，也就是标准样品已知比热容与实测比热容之比：

$$K = \frac{C_p R_h}{F_{DSC}} \tag{1.5}$$

式中，K 为 DSC 仪器常数（无量纲）；C_p 为标样的已知比热容，J/(g・℃)；R_h 为 DSC 校准测试设定的程序控制加热速率，℃/min；F_{DSC} 为样品的实测热流，W/g。此校准考虑了 DSC 仪器的比热容，因此 DSC 仪器常数不变。如果旧 DSC 仪器已经更换为新的装置，必须进行校准以确定正确的仪器常数供样品测试使用。如果进行一系列分析测试或样品测试的温度范围变化大，也建议校准 DSC 仪器。

1.4.3.5　测试条件

与各种分析测试一样，测试结果的利用价值取决于测试目的。设置的 DSC 测试参数是否合适取决于测试人员对玻璃基本性质的了解程度。典型的 DSC 测试流程至少要确定如下测试参数：从室温升到的最高温度是多少，恒定升温速率是多少（℃/min）。最高温度取决于想要获得材料的什么信息。例如，如果只想测玻璃化转变温度（T_g），只需升温至高于预期的 T_g 温度 50℃ 就够了。很重要的一点就是测试中要注意样品和参比坩埚的材质，例如要研究 $As_{40}Se_{60}$ 玻璃的析晶行为，采用铝坩埚就能耐受所需的测试温度及与玻璃间的化学相互作用。但如果使用铂坩埚测定相同玻璃，虽然其熔点比铝坩埚高得多，但在相对较低的温度下坩埚也会很快被腐蚀。同样，如果铝坩埚用于普通氧化物玻璃（如 Schott N-BK7 玻璃），温度达到结晶温度就会把铝坩埚熔化，并可能造成 DSC 装置的损毁。另外要注意的是测试温度要低于材料分解出气体的温度。否则，一方面可能会弄脏甚至腐蚀 DSC 装置，另一方面玻璃放出有毒成分气体产生健康危害。

1.5 玻璃热力学参数的分析

1.5.1 假想温度

前已述及，玻璃化转变属于二级转变，玻璃转变区域是指玻璃被加热时网络结构重排获得热力学平衡的动力学温度范围。由于这种热力学和动力学之间的相互作用，玻璃保留了其经历的热历史信息。热历史是描述玻璃经历一定速率的加热和冷却及在特定温度下保温一定时间后形成的独特网络结构的一个通用术语。为了更准确地描述热历史，有必要定义一种叫做假想温度 T_f 的概念。由于玻璃是一种非晶材料，它的结构与同种晶体相比是非周期性和无规则的。固体玻璃的结构类似于液体在某一特定温度下的结构，这一温度被称为假想温度。图 1.7 显示了热历史的概念及其来源。横轴是温度，纵轴显示的玻璃内在性质 $P(T)$ 是温度的函数。曲线 1 代表一般玻璃材料，细实线为玻璃的液相线或液态平衡线。在高温 T_1 下玻璃为液态，玻璃的网络结构和内在性质在液态平衡线上（液相线）。然而，当玻璃冷却到接近 T_2 时，玻璃的黏度不断增加，直到玻璃结构的松弛速率小于冷却速率。材料行为偏离液相线的区域称为玻璃转变区。在较低温度下，玻璃表现为弹性固体而且性质与温度的关系本质上是线性的。将曲线 1 从线性部分延长至与液相线相交，其交点定义为假想温度 T_f。玻璃的冷却速率对假想温度值有影响，而假想温度决定了玻璃的热历史。图 1.7 中曲线 1

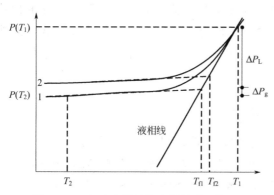

图 1.7　一般玻璃材料的本征性质（体积）
与温度关系曲线图

所示玻璃的冷却速率低于曲线 2 所示玻璃，这说明冷却速率对玻璃的结构和性质有影响。冷却速率越快的玻璃偏离液相线的温度越高，假想温度也就越高。因此，假想温度较高的玻璃比假想温度较低的同种玻璃的冷却速率要大，这样对它们同时检测就会获得它们不同的热历史和不同的测试结果。

Moynihan 等开发了用 DSC 直接测定玻璃假想温度的方法，提出了式(1.6)：

$$\int_{T^*}^{T_f} (C_{pe} - C_{pg}) \mathrm{d}T_f = \int_{T^*}^{T^\#} (C_p - C_{pg}) \mathrm{d}T \tag{1.6}$$

式中，T^* 为玻璃转变范围之上的某一温度；$T^\#$ 为玻璃转变范围之下的某一温度；T_f 为假想温度；某一温度下的比热容为 C_p；平衡液相比热容为 C_{pe}；原始玻璃比热容为 C_{pg}。由 DSC 曲线确定玻璃 T_f 如图 1.8 所示。矩形 $abcd$ 的面积代表式(1.6) 左边积分，面积 $aecd$ 代表式(1.6) 右边积分。定性来讲，DSC 曲线中玻璃与玻璃液之间的吸热峰越深的玻璃，其假想温度比同组分吸热峰越浅的玻璃假想温度明显要低。对于高淬冷玻璃，实际上会有一峰值温度低于曲线中 T_g 的小放热峰，通常称为预放热。

1.5.2 玻璃化转变温度

玻璃化转变是玻璃材料的独特性质之一，玻璃化转变温度通常也称作 T_g，该值可以通过玻璃的热膨胀曲线确定。玻璃在加热过程中由固态转变为黏弹态，其体积变化率随温度的关系即热膨胀系数会发生变化。图 1.9(a) 所示的膨胀曲线表示玻璃的线性热膨胀量随温度的变化关系，其斜率即为各温度下玻璃的线膨胀系数，发生玻璃化

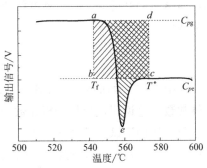

图 1.8 用 DSC 曲线确定假想
温度 T_f 的图示

转变（T_g）时，线膨胀系数有突变，发生玻璃化转变时的温度范围可以用玻璃膨胀曲线的延长线与黏流态玻璃膨胀曲线的外延线的交点确定。而采用 DSC 曲线确定 T_g 的原理与此类似［如图 1.9(b) 所示］，玻璃加热时比热容变化导致的体积变化也发生在 T_g 处。材料由固态转变为液态时比热容会发生显著变化，比热容变化的开始点通常作为转变温度范围的指标，这跟热膨胀曲线中膨胀系数的变化是一致的。

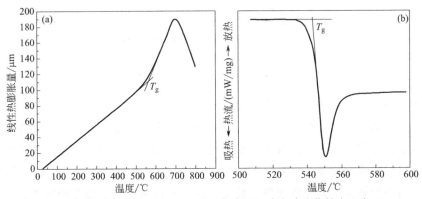

图 1.9 由热膨胀曲线 (a) 和 DSC 曲线(b) 确定玻璃化转变温度 T_g

采用 DSC 或 DTA 测定 T_g 相对于用热膨胀曲线有诸多优点。DSC 或 DTA 曲线采用恒定升温速率（通常为 10K/min 或 20K/min）进行测定。热膨胀曲线通常是以 3~5K/min 升温速率测定，因此热分析法要比热膨胀曲线法耗时短。热分析样品用量小，通常 5~50mg 试样就足够，而普通热膨胀曲线法的试样长度需 15~100mm，横截面尺寸需 1~5mm。另外，采用 DSC 可以直接确定 T_g 附近的比热容及玻璃假想温度。如果玻璃在加热过程中存在析晶，从热分析曲线中还可以获得材料的一些其它信息。

应该指出的是，采用 DSC 或 DTA 确定的 T_g 真实值与测定采用的加热速率有关。如果其它参数保持不变，升温速率提高，测定的 T_g 会偏高，结果 T_g 对应的黏度（η）也会因升温速率不同而变化（图 1.10）。根据 T_g 随升温速率发生移动的规律，可通过测定一系列不同温度下的 DSC 曲线来确定黏流活化能。以 T_g 为例，采用 10℃/min 的升温速率测得硫系红外玻璃 $As_{40}Se_{60}$ 的 T_g 约为 185℃。如果将升温速率调整为 100℃/min，则从

热流曲线观测到的 T_g 很容易超过 200℃。由 Moynihan 等人推导出来的这种温度依存关系如式(1.7) 所示：

$$\frac{\mathrm{d}\ln|q|}{\mathrm{d}(1/T_g)} = -\frac{\Delta h^*}{R} \tag{1.7}$$

式中，$|q|$ 为加热或冷却速率；Δh^* 为结构熵或体积松弛时间内的活化熵；R 为理想气体常数。这说明玻璃热分析在数据准确测定上仍存在一定的困难，文献报道的材料性能数据与具体的测试条件密切相关。多数情况下，除了行业内普遍接受的具体测试方法外，目前并没有真正的 DSC 标准测试方法。因此，在玻璃研究中使用或报告数据时必须说明 DSC 测试的实验参数和前提条件。

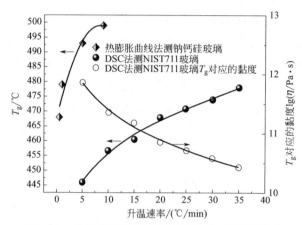

图 1.10　升温速率对玻璃转变温度 T_g 测定的影响

热历史几乎可以影响玻璃的所有热分析结果，如图 1.7 所示，ΔP_L 表示性质 P 在液相区的变化量，曲线 1 所示玻璃的 ΔP_L 高于曲线 2 所示玻璃。因为曲线 1 玻璃的冷却速率慢，该玻璃比冷却速率快的曲线 2 玻璃有更多时间使性质得到松弛，这就意味着室温下慢冷玻璃的结构比快冷玻璃更接近液相平衡。性质 P 距离平衡态越远，玻璃接近平衡线的热力学驱动力就越大。如果将这两种玻璃以相同升温速率从室温开始加热，离平衡态越远的玻璃会比慢冷玻璃更快到达平衡态，而且到达平衡态的温度比慢冷玻璃要低，这就是玻璃不同的热历史对热分析产生的影响。鉴于此，通常 DSC 测试采取的办法就是将玻璃加热到 T_g 以上某一温度以消除材料的热历史。这样，具有不同假想温度和热历史的玻璃会在足够高的温度松弛到液相平衡线。在测试多组试样时，采取这种办法对所有玻璃进行处理可以确保它们具有相同的热历史，从而消除实验结果可能存在的误差。当 DSC 温度下降到接近室温后再次升温至 T_g 之上，用同样的方法对所有待测样品进行处理以确保测定的玻璃性能不再受样品不同热历史的影响。可以发现，一次性将温度升到 T_g 以上与先升温至 T_g 以上冷却后再升温至 T_g 以上，两种测试的结果会存在差异，差异的大小取决于退火前后玻璃结构的不同程度。图 1.11 显示了一次升温及二次升温所测的表观玻璃化转变存在的差别。

图 1.11 中的一次升温处理玻璃的吸热峰明显高于二次升温处理玻璃。图中 y 轴正方向定义为放热。因此，一次升温曲线上 T_g 处吸收了更多的能量，玻璃从过冷的液态经过玻璃化转变达到平衡液态。由于玻璃一次升温至 T_g 显示出吸收的能量更高，温度升至

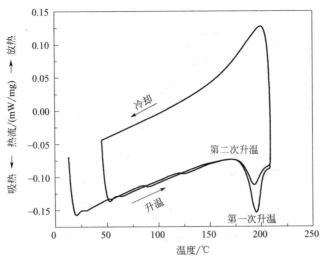

图 1.11　DSC 实例：一次升温退火玻璃 T_g 检测，二次升温退火玻璃 T_g 检测

T_g 之前玻璃离平衡态更远。二次升温曲线上 T_g 较小，表明这两种状态的表观热历史不同。玻璃化转变温度 T_g 是玻璃常测的最重要的热性质，当玻璃吸收能量从固态转变为液态时，玻璃化转变在热流图中一般应显示为凹谷。然而并不是所有测试的 T_g 特征表现相同，图 1.11 中所示的两个 T_g 曲线特征都是曲线先向下凹陷后再恢复或者接着出现其它峰，但某些情况下测定的 T_g 在 DSC 曲线上显示为的凹谷但不再恢复，只是停留在一个较低的热流基线上。这种差异是由于玻璃化转变温度 T_g 和玻璃的假想温度 T_f 不同造成的。如果某玻璃的 T_f 远高于 T_g（即远离平衡态），则玻璃化转变的速度和能量实际上会超越 T_f 所代表的平衡液态结构状态，当玻璃网络在玻璃化转变过程中（T_g）向平衡态松弛时，在转变过程中集聚的惯性过冲有时会使玻璃结构状态超越平衡态。在某温度点玻璃需要对这种结构超调进行调整，这一调整过程表现为 T_g 处的热流降低到最小值后再上升。如果 T_f 高出 T_g 不多，玻璃结构直接松弛到平衡结构而不出现超调现象，导致在 T_g 时热流曲线降至最低并保持在基线水平直到发生下一个相变。

不同于熔化或蒸发是一级相变，玻璃化转变是二级相变，其转变温度通常是一个温度/黏度范围，低于这个范围时玻璃表现得更像固体，而高于这个范围时玻璃表现得更像液体。只不过通常在这一温度范围人为地确定一个玻璃化转变温度 T_g 值。公认的 T_g 表示方法有三种，如图 1.12 所示。这三种方法都被学界和行业界的专业人士所使用，但是人们很少在相关数据资料和学术出版物上对 T_g 的确定方法进行说明。因此即便是相同的玻璃，不同机构报告的 T_g 值往往不同，这样人们就会把不同的 T_g 值当作是同一材料性质去使用，从而容易造成混乱。

第一种方法：起始值法。在玻璃转变开始前的曲线上作切线，在玻璃转变开始后的曲线斜率开始下降处作另一条曲线的切线，取两切线的交点作为玻璃转变开始温度。该方法有效地将温度定在玻璃化转变的开始转折处，该值用作玻璃的 T_g 时能更好地描述玻璃转变区域的开始或起始温度。

第二种方法：拐点法。该方法是三种方法中唯一依靠数学方法来确定 T_g 的方法。在

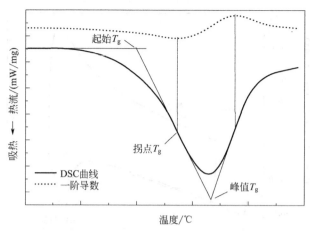

图 1.12　三种最常见的计算 T_g、开始 T_g、拐点 T_g、峰值 T_g 的方法示例

图中的起始点之后，热流曲线下降得越来越快，直到达到一个拐点。这个点就是当热流曲线趋近局部最小值时下降开始减缓的点。确定这一点最可靠的方法是对热流曲线求导数并找出该区域的最小值。导数的极值就是拐点或加速方向的变化点。拐点处的温度称为拐点 T_g。有些人喜欢用这种方法表示 T_g，因为它是一个数学上严格定义的点，而不是随意选择的切线的交点。然而，正如我们下面所讨论的，DSC 测试时使用的实验参数影响更大，所以在某种意义上，T_g 的确定方法并不是最重要的因素。拐点 T_g 最能代表玻璃化转变区域的中心温度。

　　第三种方法：峰值法。在热流曲线的玻璃化转变区域的凸段或凹段的末端，还有另一个与起始转折点相反的转折点。分别作出转折点前的上升曲线与转折点后的近似平直线的切线，切线交点即为峰值 T_g。这个值给出了玻璃转变区域末端的温度，不过这种方法在三种方法中最不常用。需要强调的是，T_g 宽度和数值本身不仅取决于 T_g 的确定方法，也同样取决于 DSC 测定的实验条件。

　　在用差示扫描量热法测定玻璃 T_g 时，值得注意的是，测得的 T_g 值与实验的升温速率密切相关。这是因为材料温度变化速率与玻璃从固态到液态的动力学变化速率之间存在差异。例如分别采用 1℃/min 和 10℃/min 升温速率测定具有相同热历史的两个相同样品，在较低升温速率下，玻璃结构通过 T_g 时向平衡状态松弛的速率更接近于 DSC 的实际升温速率，这意味着玻璃结构随着温度的升高而发生松弛。当 DSC 升温速率较大时，结构松弛的速率比升温速率相对慢一些，其结果是将表观 T_g 推到更高的温度。由于加热速率较高，玻璃结构的松弛实际上是滞后的，直至达到较高温度时才会在热流中明显表现出来，这是加热速率影响的一个方面。第二个方面在于玻璃化转变的能量（热流曲线 T_g 吸收峰大小）。较低的升温速率使玻璃随升温速率松弛，这样玻璃逐渐达到平衡并随着 DSC 温度的升高而保持平衡态。较高的升温速率，除了推高表观 T_g 温度外，还会扩大玻璃结构与平衡液态之间的差异。这使二级转变更为活跃，从而导致 T_g 特征吸收峰更大，而且在结构超调超过平衡态后恢复更显著。

1.5.3 析晶和熔化温度

玻璃的特点是缺少晶体的周期性排列结构，在某一温度或温度范围（T_x）玻璃将开始结晶。通常将玻璃再次加热到 T_g 以上时，玻璃的析晶动力学条件加快到足以在测试时间内发生结晶时，玻璃就会出现析晶现象，这是通过热力学驱动使材料体系获得最低能量状态即有序或晶体结构状态来实现的。实验室进行玻璃实验或者工业上生产玻璃，或是通过加热进行玻璃深加工，都须远离这个结晶温度或温度区域。

玻璃陶瓷是有一定程度结晶的玻璃，析晶是从无序的液体结构开始的一级转变，在不同温度下发生在不同的相中，析晶温度（T_x）定义为析晶峰的开始温度，其确定方法与 T_g 开始温度的确定方法类似，即对析晶峰前的曲线作切线，再对析晶开始后的曲线作切线，两切线的交点定义为析晶开始温度，如图 1.13 所示。结晶温度也可以定义为峰值最大温度，但在实际应用中并不常见，因为结晶一旦开始，材料就不能当作玻璃使用了。可以从析晶峰获得的另一信息是曲线下的面积，利用析晶峰的面积结合被测样品的质量可以计算单位质量玻璃的析晶活化能，该值可用于玻璃析晶和析晶驱动力的研究。图 1.13 中开始于 T_{x1} 的转变点是第一个析晶峰，这个放热过程的能量值称为反应热（J/mol 或 kJ/mol），其大小用析晶峰下的面积表示（如图 1.13 所示），也就是析晶过程的热流速率的积分即为反应热焓。放热过程放出的热量与样品的质量和析晶相组成有关，晶体在玻璃中的占比通常用体积百分比结晶度（%，体积分数）来表征。

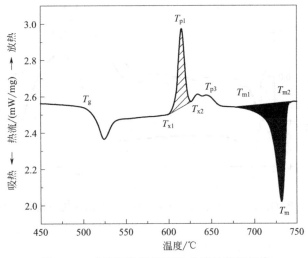

图 1.13 玻璃陶瓷样品 DSC 曲线的特征温度

观察图 1.13 所示的普通玻璃的 DSC 曲线可以分析玻璃的熔化特征。熔化显然是一个吸热过程，这意味熔化前材料为晶态，熔化这些物质必须吸收能量。如前所述，熔化温度（T_m）可以定义为它的起始值或最小值，同样地，熔化吸热峰的积分面积可用来计算熔化所需的能量。如果被测样品的质量已知，那么材料的熔化热（晶化热）可以按下式计算：

$$H_x = \frac{\int E \mathrm{d}T}{q} \tag{1.8}$$

式中，H_x 为本征晶化热，J/g；E 为 DSC 测定的热流，W/g；q 为 DSC 测定时的升温速率，℃/s；T 为温度，℃。用 H_x 乘以被测样品的质量也可以计算出总的晶化热。玻璃的结晶和熔化的特征参数主要用于玻璃研究，但从工业生产的角度来看，处理玻璃材料时温度最好保持在 T_x 或 T_m 以下。除了用 DSC 测定的玻璃特征温度进行计算外，也可以根据材料在不同温度下的比热容计算玻璃的本征晶化热或熔化热，不过，计算与质量有关的玻璃热性质需要精确测量样品的质量。

玻璃陶瓷是玻璃材料的一个子类，顾名思义，它是由一定体积分数的结晶材料和一定体积分数的玻璃态或非晶材料组成的混合物。玻璃陶瓷最常见的制备方法是先成型玻璃基材，然后对玻璃基材进行热处理，使其成核并使晶体在玻璃基质中长大。精确控制玻璃中晶体的体积分数需要知道玻璃的成核温度和析晶温度以及这些温度下的成核速率和析晶速率。标准的 DSC 测试并不是准确获得这些成核和结晶参数的最佳方法，因为玻璃的 DSC 热分析所观察到的现象本质上是玻璃的热力学性质，但受制于玻璃结构的动力学性质，这就是为什么上述所有重要的温度参数和材料热性能都依赖于 DSC 测试的升温速率。如图 1.14 所示为测得的 $70TeO_2$-$10Bi_2O_3$-$20ZnO$ 玻璃热性能随升温速率变化的情况，升温速率不同，由 DSC 曲线显示的析晶温度和玻璃化转变温度一样出现明显的漂移。

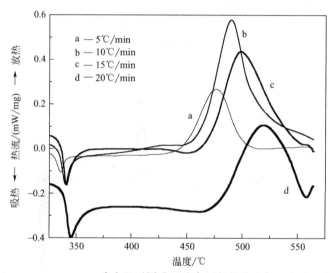

图 1.14 $70TeO_2$-$10Bi_2O_3$-$20ZnO$ 玻璃以不同升温速率测得的热流与温度关系曲线（差热分析）

1.5.4 比热容

使用热分析中的 DSC 功能，通过对已知比热容的标准样品与未知比热容的待测样品的测量结果做比较，能够计算未知样品的比热容值。

（1）测试原理

按照热物理学的定义，比热容 C（一般热分析中涉及的是定压比热容 C_p）为在一定温度下，单位质量的样品升高单位温度所需要吸收的能量。即：

$$C_p = \frac{1}{m} \cdot \left(\frac{\mathrm{d}Q}{\mathrm{d}T}\right)_p \tag{1.9}$$

式中，m 为样品质量；Q 为吸收的能量；T 为温度；p 表示定压。对该方程稍作变换后再对时间微分即得：

$$\frac{\mathrm{d}Q_p}{\mathrm{d}t}=mC_p\frac{\mathrm{d}T}{\mathrm{d}t} \tag{1.10}$$

式中，$\mathrm{d}Q_p/\mathrm{d}t$ 为样品在升温过程中的吸热功率（热流）；$\mathrm{d}T/\mathrm{d}t$ 为升温速率。使用热流型差示扫描量热仪（DSC），以动态升温的方式，在相同的升温速率下，分别测量未知比热容的样品与已知比热容的标准样品在一定温度下的吸热功率，可得：

$$\frac{\mathrm{d}Q_{p,\text{试样}}}{\mathrm{d}t}=K_T\cdot(\text{DSC}_{\text{试样}}-\text{DSC}_{\text{基线}})=m_{\text{试样}}\,C_{p,\text{试样}}\frac{\mathrm{d}T}{\mathrm{d}t} \tag{1.11}$$

$$\frac{\mathrm{d}Q_{p,\text{标样}}}{\mathrm{d}t}=K_T\cdot(\text{DSC}_{\text{标样}}-\text{DSC}_{\text{基线}})=m_{\text{标样}}\,C_{p,\text{标样}}\frac{\mathrm{d}T}{\mathrm{d}t} \tag{1.12}$$

其中，K_T 为热流传感器的灵敏度系数，通过该系数可将一定温度下的 DSC 原始信号（单位 μV）转换为热流信号（单位 mW）。DSC$_{\text{基线}}$为使用一对空白坩埚测得的基线漂移信号，在测量样品与标样的热流时需加以扣除。将上述两个方程相除，K_T、$\mathrm{d}T/\mathrm{d}t$ 相互约除，可得：

$$\frac{\text{DSC}_{\text{试样}}-\text{DSC}_{\text{基线}}}{\text{DSC}_{\text{标样}}-\text{DSC}_{\text{基线}}}=\frac{m_{\text{试样}}}{m_{\text{标样}}}\times\frac{C_{p,\text{试样}}}{C_{p,\text{标样}}} \tag{1.13}$$

从而求得待测试样的定压比热容为：

$$C_{p,\text{试样}}=C_{p,\text{标样}}\times\frac{(\text{DSC}_{\text{试样}}-\text{DSC}_{\text{基线}})m_{\text{标样}}}{(\text{DSC}_{\text{标样}}-\text{DSC}_{\text{基线}})m_{\text{试样}}}=C_{p,\text{标样}}\times\frac{\Delta Y_{\text{试样}}}{\Delta Y_{\text{标样}}} \tag{1.14}$$

（2）测定步骤

① 基线测试　在炉腔内放入一对空坩埚，使用"修正"模式进行基线测试。以 ASTM 方法为例，一般先在起始温度（通常略高于当前室温）下设置一 15min 的恒温段，随后以一定升温速率（常用的为 10K/min）升至目标温度以上，再转换为 10min 的恒温段。比热容测试常用的升温速率为 5～20K/min，其中最标准的是 10K/min。高温型耐驰 DSC 仪在测量温度范围较宽的情况下可使用 20K/min。一般并无必要使用 5K/min 以下的慢速升温速率，即对于比热容测量，并非升温速率越慢精度越高。

② 标样测试　在样品坩埚内加入标准样品，使用"修正＋样品"模式，在刚才的基线的基础上进行标样测试。标样最常使用的为蓝宝石，测试时应尽量保证标样的比热容与质量的乘积（$C_{p,\text{标样}}\,m_{\text{标样}}$）和试样的（$C_{p,\text{试样}}\,m_{\text{试样}}$）相近为佳。使用动态升温程序，标样与样品基于同一条基线进行测试，其起始温度、升温速率、采样速率均保持一致。

③ 样品测试　在样品坩埚内加入待测样品，同样使用"修正＋样品"模式，在基线基础上进行样品测试。在坩埚容积允许的情况下使用较大的样品量，有助于减小系统误差的影响，提高测试结果的准确性。样品形态方面，以规则的片状样品、与坩埚内底部保持较大面积的良好接触为佳。

测定比热容的坩埚必须加盖以屏蔽热辐射的影响，参比坩埚与样品坩埚建议质量相近。可选的坩埚材质可以是 PtRh、石墨、PtRh/Al$_2$O$_3$、Al（低于 600℃）等。不能使用氧化铝坩埚，因为氧化铝材料为半透明不能屏蔽热辐射，随着温度的升高热辐射因素会对基线造成较大影响。

（3）结果计算

测定比热容需要三次升温测量：第一次测试时样品坩埚不放样品，用空坩埚建立测试基线；第二次测试时样品坩埚中放入已知比热容和质量的标准物质（通常使用蓝宝石片）；第三次测试时样品坩埚中放入已知质量的待测样品。确定某一温度下标准物质及待测样品的测试曲线相对于空坩埚曲线的基线偏移量后，按下式计算待测试样的比热容：

$$\Delta Y_x (C_{px})(M_x) = \Delta Y_s (C_{ps})(M_s) \tag{1.15}$$

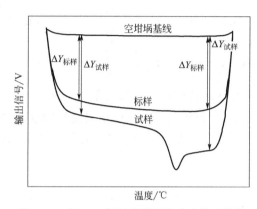

图 1.15　用 DSC 测试数据计算玻璃的比热容
（为清晰起见图中样品和标准物质在同一
温度处重叠的箭头线稍作偏移）

式中，ΔY_x 为给定温度下样品测试偏离基线的差值；ΔY_s 为给定温度下标准物质测试偏离基线的差值；C_{px} 和 C_{ps} 分别为样品和标准物质的比热容；M_x 和 M_s 分别为样品和标准物质的质量。试样在玻璃化转变温度前后的比热容计算如图 1.15 所示。温度低于 T_g 的玻璃以及高于 T_g 的平衡液态的比热容可通过 DSC 测试区间内的许多点来确定，并可用于建立各相的比热容与温度关系式。可通过比较 T_g 之上的玻璃和 T_g 之下的平衡液相的比热容值来判断玻璃转变区内比热容值变化程度。

1.6　玻璃热动力学分析

1.6.1　等温析晶速率

玻璃的析晶动力学可以采用许多不同的方法进行检测，但最通用、最快的方法是采用 DSC 测试技术，DSC 可用于测定玻璃成核速率与温度的关系曲线。采用 DSC 或 DTA 研究析晶速率的理论基础最初由 Johnson、Mehl 及 Avrami 分别提出。试样析晶的体积分数（x）为时间（t）的函数，可用单位体积内成核速率 I_v 和晶体长大速率 u 表示：

$$x = 1 - \exp\left[-g \int_0^t I_v \left(\int_0^t u\,d\tau\right)^m dt\right] \tag{1.16}$$

式中，g 为几何因子，取决于生长晶体的形状；m 为整数或半整数，取决于晶体的生长机理和维度。对于由界面控制的生长或由长大速率 u 与时间无关的扩散控制的晶体生长，m 可取 1、2、3，分别对应于晶体的一维、二维及三维生长。对于 u 与时间有关的扩散控制的生长 u 减少为 $t^{1/2}$，m 分别取 1/2、1、3/2，分别对应于一维、二维及三维的晶体生长。

玻璃相中析晶过程包括成核和晶体长大两个方面，该过程可表示为典型的 S 形时间-转变曲线，即经历开始缓慢到加速、再到减速的过程。假设起初玻璃基质中成核数为

N_0，晶核数 N 的变化率以比例速率 v 减少：

$$\int_{N_0}^{N} \frac{\mathrm{d}N}{N} = \int_0^t (-v)\mathrm{d}\tau \tag{1.17}$$

$$N = N_0 \exp(-vt) \tag{1.18}$$

假设晶核以速度 u 线性长大成球形晶体，在时间 $\tau \sim (\tau + \mathrm{d}\tau)$ 内形成的晶核经过时间 t 后长大成晶粒，其体积增加值可以表示为：

$$\mathrm{d}V = \frac{4}{3}\pi[u(t-\tau)]^3 \cdot N\mathrm{d}\tau \tag{1.19}$$

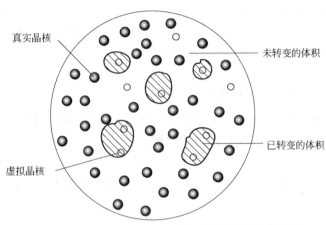

图 1.16　正发生转变的母相中的真实晶核和虚拟晶核

如图 1.16 所示，新相的生长只可能在还没有发生转变的母相中发生，因此发生转变的体积分数 x 的变化可表示为未发生转变的体积分数与晶核长大的体积增加值的乘积：

$$\mathrm{d}x = (1-x) \cdot \mathrm{d}V = (1-x) \cdot \frac{4}{3}\pi u^3 (t-\tau)^3 N\mathrm{d}\tau \tag{1.20}$$

$$
\begin{aligned}
x &= 1 - \exp\left\{\int_0^t \frac{4}{3}\pi[u(t-\tau)]^3 \cdot N_0 \exp(-v\tau)\mathrm{d}\tau\right\} \\
&= 1 - \exp\left\{-\frac{8\pi N_0 u^3}{v^3}\left[\exp(-vt) - 1 + vt - \frac{v^2 t^2}{2} + \frac{v^3 t^3}{6}\right]\right\}
\end{aligned} \tag{1.21}
$$

若 v 较小，成核数可近似为常数，这种情况下的体积分数可表示为：

$$x = 1 - \exp\left(-\frac{4}{3}\pi u^3 N t^4\right) \tag{1.22}$$

若 v 较大，成核位数量快速减少，式(1.21) 括号内的值主要由 t^3 项决定，其它项可省略。体积分数可表示为：

$$x = 1 - \exp\left(-\frac{4}{3}\pi N_0 u^3 t^3\right) \tag{1.23}$$

一般地，式(1.16) 作为 Johnson-Mehl-Avrami 的基本关系式（JMA）可表示为：

$$x = 1 - \exp[-(kt)^n] \tag{1.24}$$

式中，n 为 Avrami 参数；k 为有效总反应速率常数，依据阿伦尼乌斯方程表示为：

$$k = A\exp\left(\frac{-E}{RT}\right) \tag{1.25}$$

式中，A 为指前因子；R 为气体常数；T 为热力学温度；E 为总析晶过程（包括成核和晶体长大）的有效活化能。DSC 测试中将试样快速加热到所需温度，析晶过程中热效应随时间而变化，利用 JMA 方程式可确定某一恒定温度下的 k、n 值。将 JMA 方程改写为：

$$\ln(1-x) = -(kt)^n \tag{1.26}$$

通常也可以表示为：

$$\ln[-\ln(1-x)] = n\ln(k) + n\ln(t) \tag{1.27}$$

根据一系列温度下 DSC 数据对 $\ln[-\ln(1-x)]$-$\ln(t)$ 作图可得到一系列平行直线。每一条直线都有一相应温度下的斜率 n 及截距 $n\ln(k)$。对 $\ln(k)$-$1/T$ 作图可得到斜率为 $-E/R$ 的直线。x 值等于等温析晶峰各温度下的面积百分数（与该温度对应的时间相关），一般可用 DSC 热分析仪自带的软件求取。

1.6.2 动态（非等温）析晶速率

早在 1955 年研究黏土的热分解动力学时，Murray 和 White 就提出了标准速率方程。这可以归结为式(1.28) 分解反应的动力学问题：

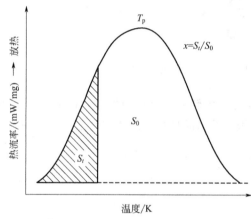

图 1.17 DSC 曲线求取析晶转化率

$$A(s) \longrightarrow B(s) + C(g) \tag{1.28}$$

分解率速率方程可表示为：

$$\frac{\mathrm{d}x}{\mathrm{d}t} = k(T)f(x) \tag{1.29}$$

式中，x 为 t 时刻物质 A 已反应的体积分数（转化率），对于 DSC 曲线来说，其值等于 S_t/S_0，其中 S_t 为物质 A 在某时刻的反应热，相当于 DSC 曲线下的一部分面积，S_0 为反应完成后物质 A 的总放热量，相当于 DSC 曲线下的总面积，x 的计算如图 1.17 所示。T 为温度，$f(x)$ 为微分形式的动力学函数，k 为反应速率常数，可用阿伦尼乌斯方程表示为：

$$k(T) = A\exp[-E/(RT)] \tag{1.30}$$

式中，A 为指前因子；E 为表观活化能；R 为气体常数。

利用以上两式的微分得：

$$\frac{\mathrm{d}}{\mathrm{d}t}\left(\frac{\mathrm{d}x}{\mathrm{d}t}\right) = \frac{\mathrm{d}^2 x}{\mathrm{d}t^2} = \frac{\mathrm{d}x}{\mathrm{d}t} \cdot \left[\frac{E}{RT^2} \cdot \frac{\mathrm{d}T}{\mathrm{d}t} + \frac{\mathrm{d}f(x)}{\mathrm{d}x} \cdot A\exp\left(-\frac{E}{RT}\right)\right] \tag{1.31}$$

在放热峰的峰值温度 T_p 下反应速率达到最大值的条件是反应速率函数的二阶导数即式(1.31) 等于 0。若升温速率恒定 $q = \mathrm{d}T/\mathrm{d}t$，上式可以写为：

$$\frac{\mathrm{d}x}{\mathrm{d}t} \cdot \left[\frac{E}{RT_p^2} \cdot q + \frac{\mathrm{d}f(x_p)}{\mathrm{d}x} \cdot A\exp\left(-\frac{E}{RT_p}\right)\right] = 0 \tag{1.32}$$

从而得到：

$$\frac{q}{T_p^2} = -\frac{\mathrm{d}f(x_p)}{\mathrm{d}x} \cdot \frac{AR}{E} \exp\left(-\frac{E}{RT_p}\right) \tag{1.33}$$

其对数形式即为著名的 Kissinger 方程：

$$\ln\left(\frac{q}{T_p^2}\right) = -\frac{E}{RT_p} + \ln\left[-\left(\frac{AR}{E}\right) \cdot \frac{\mathrm{d}f(x_p)}{\mathrm{d}x}\right] \tag{1.34}$$

对 $\ln(q/T_p^2)$-$1/T_p$ 作图可得一直线，由直线斜率可求得析晶活化能 E，若已知 $f(x)$ 的形式，则由截距可求得指前因子 A。根据反应级数微分型机理函数 $f(x) = (1-x)^n$ 以及 $\mathrm{d}f(x)/\mathrm{d}x = -n(1-x)^{n-1}$ 与 q 无关并约等于 -1［这等同于 JMA 方程中 Avrami 参数 $n=1$ 的情况，即 $f(x)=1-x$］，则升温速率与放热峰的峰值温度的最后关系式如下所示：

$$\ln\left(\frac{q}{T_p^2}\right) = \ln\left(\frac{RA\nu}{E}\right) - \frac{E}{RT_p} \tag{1.35}$$

式中，q 为加热速率；A 为指前因子；T_p 为放热峰的峰值温度。对 $\ln[q/(T_p)^2] - 1/T_p$ 作图得到斜率为 $-E/R$、截距为 $\ln(RA\nu/E)$ 的直线。该法常用于计算析晶全过程的活化能。应用实例如图 1.18 所示。如果将式(1.35)中放热峰的峰值温度 T_p 用玻璃化转变温度 T_g 替换，Kissinger 法也可以用于黏流活化能的计算。对于采用弯曲梁或纤维伸长法测试时制样困难的玻璃，采用该法特别有用。

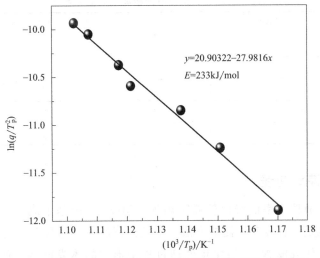

图 1.18　Kissinger 方程应用于玻璃析晶活化能计算的实例

上述方程只适用于主要结晶机制为表面结晶或者满足 $n=m$ 条件（n 为表示成核和晶体生长机制的 Avrami 参数，m 为晶体生长的维度。不同结晶机制的 n 和 m 值如表 1.2 所示）的情形。后者意味着在不同的升温速率下，从数量固定的晶核中产生析晶，因此，在 DSC 测试过程中不应该发生成核过程。如果 DSC 测试过程中晶核数目发生变化，则需要使用 Matusita 和 Sakka 提出的修正 Kissinger 方程来计算活化能：

$$\ln\left(\frac{q^n}{T_p^2}\right) = -\frac{mE_m}{T_p} + C \tag{1.36}$$

式中，E_m 为修正的结晶活化能；C 为常数；T_p 为放热峰的峰值温度；m 为依赖于晶体生长维数的数值因子，当以表面析晶为主时 $m=1$，当以体析晶为主时 $m=3$。不同的析晶机制中，m 和 n 的值相互关联，不同析晶机制的 n、m 值如表 1.2 所示。例如在不同的升温速率下，从固定数目的晶核中产生结晶（即晶核数量恒定，以不同的 q 值测试 DSC）时 $m=n$。如果 DSC 测试过程中成核、玻璃中晶核数量与 q 成反比，$m=n-1$。此外，如果表面结晶为主，$m=n=1$，式（1.36）实质上可简化为 Kissinger 方程，且 E_m 等于 E。体析晶的 E_m 不一定等于 E。比较式（1.34）、式（1.35）可知两者的关系：

$$E = \frac{n}{m}E_m - \frac{2(n-1)}{m}RT_p \tag{1.37}$$

对于大多数氧化物玻璃系统，$E \geqslant 20RT_p$，因此，式（1.37）中消除 $2[(n-1)/m]RT_p \leqslant 2RT_p$ 将导致 E 值的误差小于 10%。此误差在 DTA 测量的误差范围内，则得到式（1.38）关系式。对于 $m=n$，即当晶核数不变时的析晶，$E_m=E$。因此，对于表面结晶占主导或晶核数不变的晶体生长，采用 Kissinger 模型 [式（1.35）] 分析 DTA 数据可以得到 E 的正确值。如果 DTA 测试过程中晶核数发生变化，应使用式（1.35）或将式（1.36）确定的 E_m 值乘以（n/m）即可得到正确的活化能。

$$E \approx \frac{n}{m}E_m \tag{1.38}$$

表 1.2　在加热过程中不同析晶机制的 n 和 m 值

析晶机制	晶核数固定(与加热速率无关)的体析晶		晶核数目增加(与加热速率成反比)的体析晶	
	n	m	n	m
晶体三维生长	3	3	4	3
晶体二维生长	2	2	3	2
晶体一维生长	1	1	2	1
表面析晶	1	1	1	1

1.6.3　伪成核速率曲线

传统方法测定成核速率曲线比较耗时烦琐，Marotta 等基于成核玻璃 DSC 测试提出的伪成核速率曲线是一种较为快捷的方法。单位体积的晶核总数 N 等于表面成核 N_S、热分析测试过程中的体成核 N_B、核化预处理过程中形成的体成核 N_H 的总和：$N=N_S+N_B+N_H$。其中 N_S 和 N_B 分别与样品的比表面积、加热速率的倒数成正比。N_H 与成核热处理时间 t_n 有关：

$$N_H = I(t_n)^b \tag{1.39}$$

其中，b 是与成核机制有关的常数。过冷液体中的成核速率常数 I 可以表示为热力学温度 T 的函数：

$$I = A\exp\left(-\frac{w+E_n}{RT}\right) \tag{1.40}$$

式中，w 和 E_n 分别为成核的热力学势垒和动力学势垒；A 为指前因子。从上式可以看出成核速率对温度的变化应该非常敏感，因为成核速率与 w 存在指数关系，而 w 本身随温度变化很快。成核速率随着温度的降低而增加，直到动力学势垒开始发挥控制作用。随着结晶过程的进行，析晶放出的热量逐渐变化，在 DTA 曲线上出现放热峰。在时间 t 时的析晶度 x，可用 JMA 方程式(1.24) 和阿伦尼乌斯方程 [式(1.25)] 表示。玻璃在远高于高成核率温度下析晶，已经存在的晶核在析晶过程中不会有明显的变化（DTA 峰值）。结果，数目固定的晶核生长为晶体，用 E_c 代表结晶的动力学势垒。假设在 DTA 曲线中，每个温度 T 偏离基线的偏差 ΔT 与反应转化速率 $\mathrm{d}x/\mathrm{d}t$ 成正比，由峰值温度 T_p 处的 ΔT 在 $T = T_p$ 时对温度的导数为 0 可以得到：

$$\frac{\mathrm{d}\Delta T}{\mathrm{d}T} = \frac{\mathrm{d}}{\mathrm{d}T}\left(\frac{\mathrm{d}x}{\mathrm{d}t}\right) = 0 \tag{1.41}$$

根据 JMA 方程中结晶度 x 与时间和温度的关系，只有当 $T = T_p$ 时 $kt = 1$，上式才能成立。因此，当 JMA 方程的指数参数接近于 1 时，DTA 曲线出现峰值。假设在每个温度下加热时间 t 与加热速率 q 的倒数成正比，考虑式(1.25) 可得 $k \propto N\exp[-E_c/(RT)]$，则该式在 $kt = 1$ 时取对数得出：

$$\ln q - \ln N = -\frac{E_c}{R} \cdot \frac{1}{T_p} + C_1 \tag{1.42}$$

式中，C_1 为常数。如果对相同比表面积（N_S = 常数）的样品以相同的升温速率进行 DTA 测试（q = 常数，N_B = 常数），那么单位体积的成核总数是固定成核数 N_0 和预处理体成核数 N_H 的总和 $N = N_0 + N_H$，其中 N_H 与预处理的时间、温度相关，对淬火玻璃试样 $N_H = 0$。将 $N = N_0 + N_H$ 代入上式并考虑到 E_c 值与析晶机制无关，可得：

$$\ln(N_0 + N_H) = -\frac{E_c}{R} \cdot \frac{1}{T_p} + C_2 \tag{1.43}$$

该方法是直接依据 JMA 方程并假定成核速率与温度的关系符合阿伦尼乌斯方程，据此导出的最终表达式为：

$$\ln(I_v) = \frac{E_c}{R}\left(\frac{1}{T_p} - \frac{1}{T_p^0}\right) + C_2 \tag{1.44}$$

式中，E_c 为析晶动力学势垒；T_p 为给定条件下已核化过的玻璃样品测得的放热峰的峰值温度；T_p^0 为未核化过的骤冷玻璃样品测得的放热峰的峰值温度；C_2 为常数。由于核化过的样品晶粒生长较快，任何能产生晶核的预处理或热历史的变化都会降低放热峰的峰值温度。DSC 测试前对样品进行核化处理所测得的 $[(1/T_p) - (1/T_p^0)]$ 与温度的关系曲线与用传统方法获得的成核速率曲线具有相似的形状，即在成核速率最大的温度下存在最大值。

1.6.4 Avrami 参数的计算

1.6.4.1 Ozawa 线性拟合法

通常当温度略高于玻璃化转变温度时，玻璃中的晶核形成速率达到最大值，然后随着温度的升高，晶核形成速率迅速下降，而晶体生长速率达到最大时的温度远高于成核速率达到最大时的温度。当以恒定的速度加热玻璃时，晶核只在较低的温度下形成，而晶体颗粒在较高的温度下长大，数量没有增加。在不含晶核的淬冷玻璃中，从室温 T_r 加热到某

一温度 T 的过程中，单位体积内形成的晶核数量 N 与加热速率（$q=dT/dt$）成反比：

$$N = \int_0^t I(T)\mathrm{d}t = \frac{1}{q}\int_{T_r}^T I(T)\mathrm{d}T = \frac{N_0}{q} \tag{1.45}$$

如果事先用最大成核速率下的温度对玻璃保温足够长时间，玻璃中就已经存在有大量的晶核，晶核数量 N 与加热速率 q 无关。晶体长大速率 U 可表示为：

$$U = U_0 \exp[-E/(RT)] \tag{1.46}$$

式中，E 为晶体生长的活化能。晶体颗粒的半径 r 表示为：

$$r = \int_0^t U(T)\mathrm{d}t = \frac{U_0}{q}\int_{T_r}^T \exp[-E/(RT)]\mathrm{d}T \tag{1.47}$$

上式积分不能用初等函数表示，可以利用 Doyle 的 p 函数来近似地估计这个积分：

$$p(y) = \int_y^\infty \frac{\exp(-y)}{y^2}\mathrm{d}y \tag{1.48}$$

这个函数的求值可查数学用表，如果 y 大于 20，该函数的近似表达式为：

$$\lg p(y) = -2.315 - 0.4567y \tag{1.49}$$

令变量 $y = E/(RT)$，式（1.48）可以改写为：

$$p(\frac{E}{RT}) = \frac{R}{E}\int_0^T \exp(-\frac{E}{RT})\mathrm{d}T \tag{1.50}$$

由式（1.47）、式（1.49）、式（1.50）得到：

$$r = \frac{C}{q}\exp\left(-1.052\frac{E}{RT}\right) \tag{1.51}$$

式中，$C = 10^{-2.325} U_0 E/R$，当晶体颗粒以三维方向生长时，晶体体积分数 x 的变化表示为：

$$\frac{\mathrm{d}x}{\mathrm{d}t} = (1-x)N4\pi r^2 \frac{\mathrm{d}r}{\mathrm{d}t} \tag{1.52}$$

式中，$1-x$ 为晶粒接触以及玻璃相减少的修正因子，该因子也可用于推导 JMA 方程。对式（1.52）积分得到 $-\ln(1-x) = (4\pi/3)Nr^3$，将式（1.45）、式（1.51）代入得到：

$$-\ln(1-x) = C_0 N_0 q^{-4}\exp\left(-1.052\times\frac{3E}{RT}\right) \tag{1.53}$$

式中，$C_0 = \frac{4}{3}\pi C^3$。

更一般的表达式可写为：

$$-\ln(1-x) = K_1 q^{-n}\exp\left(-1.052m\frac{E}{RT}\right) \tag{1.54}$$

于是可以得到：

$$\left\{\frac{\mathrm{d}\ln[-\ln(1-x)]}{\mathrm{d}\ln q}\right\}_T = -n \tag{1.55}$$

采用不同升温速率 q 测定玻璃的 DSC 曲线，根据图 1.17 计算给定温度下的析晶转化率 x，作出 $\ln[-\ln(1-x)]$-$\ln q$ 的散点图，对散点进行线性拟合得到直线，根据直线的斜率即可确定 Avrami 常数 n。硫系玻璃 $Ga_{10}Se_{87}Pb_3$ 根据 $\ln[-\ln(1-x)]$-$\ln q$ 的线性拟合求 Avrami 参数如图 1.19 所示，求得的 Avrami 参数为 2.69，图中内插图为不同升温速率下的 DSC 曲线。

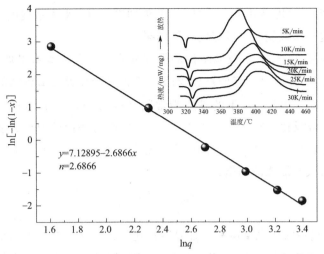

图 1.19　根据 $\ln[-\ln(1-x)]$-$\ln q$ 的线性拟合求硫系玻璃 $Ga_{10}Se_{87}Pb_3$ 的 Avrami 参数

1.6.4.2　放热峰单独计算法

令式(1.24) 中的 $kt=u=nE(T-T_p)/(RT^2)$，则放热峰的形状可由函数 $\mathrm{d}x/\mathrm{d}t = nEf(u)/(RT^2)$ 描述，而 $f(u)=\exp(u)\cdot\exp[-\exp(u)]$ 的峰形取决于 n 值，其半峰宽为 $\Delta u=2.5$，如图 1.20 所示。Avrami 参数 n 也可以按 Augis 和 Bennett 公式通过 DSC 放热峰单独进行计算：

$$n=\frac{2.5RT_p^2}{\Delta T_{FWHM}E} \qquad (1.56)$$

式中，ΔT_{FWHM} 为放热峰的半峰宽；T_p 为放热峰的峰值温度；E 为析晶活化能；R 为气体常数。析晶峰窄表明晶粒是体生长或三维生长，析晶峰宽则表明晶粒是面生长或者一维生长。

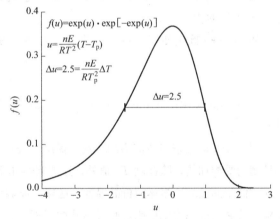

图 1.20　简化变量的 $f(u)$ 图，确定 Avrami 参数 n 的依据

1.6.5　玻璃形成能力和玻璃稳定性

玻璃形成能力或者玻璃稳定性通常用玻璃稳定性参数表征，可用差示扫描量热法测得的特征温度进行简单的代数计算得到，参与计算的 DSC 特征温度通常包括：玻璃化转变温度 T_g，放热峰的峰值温度 T_p，析晶开始温度 T_x，熔化温度（液相温度）T_m。

玻璃形成能力是玻璃形成的难易程度的度量，是对反玻璃化的抑制能力，通常用玻璃放热峰的峰值温度和玻璃化转变温度的差值来衡量。Dietzel 认为，用放热峰的峰值温度与玻璃化转变温度的差值 T_p-T_g 能够很好地表征玻璃的热稳定性。通常热稳定性高的玻璃，析晶放热峰的峰值温度靠近熔点，而稳定性差的玻璃，析晶放热峰的峰值温度靠近玻璃化转变温度，因此 $T_p - T_g$ 越高，成核过程延迟越长，热稳定性越强，越易形成玻璃。而 Hruby 等提出用析晶开始温度与 T_g 差值即 $T_x - T_g$ 来表示玻璃热稳定性，相关应用实例显示采用这一参数能获得较好的评价结果。

玻璃化转变温度 T_g 代表了玻璃结构的强度或刚度，但不能给出玻璃热稳定的信息。根据标准成核理论，T_g 和 T_m 之间黏度较高的玻璃液通常表现出较强的玻璃形成能力和较低的临界冷却速率。由于 T_g 下的黏度为常数（$\approx 10^{12}\,\mathrm{Pa}$），Turnbull 根据过冷玻璃熔体的成核数与黏度成反比，首先提出采用式(1.57)作为评价玻璃形成能力的参数，该参数称为折合玻璃化转变温度 T_{rg}。Turnbull 依据经典成核理论，认为要形成玻璃必须避免成核，以 T_{rg} 作为玻璃形成的判据：

$$T_{rg} = \frac{T_g}{T_m} \tag{1.57}$$

T_{rg} 值越高的过冷液体黏度越高，临界冷却速率也越低。在凝聚系统的广义成核理论提出之前，塔曼就注意到熔体在熔点（T_m）下的黏度越高，析晶能力越低。这一现象可以解释为熔体的基本结构单元的运动或分子重排受到的抑制作用随着黏度的增加而增强。Kauzman 和 Turnbull 指出 T_{rg} 大于 2/3 时，玻璃均匀成核受到抑制使析晶延迟，因此 T_{rg} 值最早被当作评价玻璃形成能力的指标。然而实验表明，许多情况下 T_{rg} 不能真实地预测玻璃形成能力。此后 Wakasugi 等提出了用析晶开始温度 T_x 与玻璃熔化温度 T_m 之比进行评价的方法。

Weinberg 首次使用另一个参数 K_w 来评价玻璃的稳定性：

$$K_w = \frac{T_x - T_g}{T_m} \tag{1.58}$$

但在实际应用中 Weinberg 使用了析晶峰的峰值温度 T_p 而不是析晶开始温度 T_x 来计算 K_w。

另一个反映玻璃形成能力的参数被提出。DSC 或 DTA 测试实质上是对玻璃进行类似于玻璃熔制的受控加热，除提供 T_g 值外，还能提供非平衡态玻璃析晶温度等数据，测定的该温度值通常低于同类玻璃熔体的析晶温度。这样，玻璃熔化温度 T_m 和放热峰的峰值温度 T_p 的温差就与玻璃形成能力成反比，而析晶开始温度 T_x 与玻璃化转变温度 T_g 的差值能直接反映玻璃形成能力。实验表明，这一差值随玻璃成分变化而变化，并且在成分能满足最优玻璃形成条件时达到最大值。著名的 Hruby 参数主要用于卤化物玻璃系统，这一参数与玻璃形成特点存在着更为密切的关系，特别适用于特定类型玻璃的物理制备评价。Hruby 参数可用下式计算：

$$K_H = \frac{T_x - T_g}{T_m - T_x} \tag{1.59}$$

Hruby 参数与 $T_x - T_g$ 的含义几乎相同，而如果析晶峰位置发生移动，该参数的变化会显得更大一些。该参数将玻璃的熔化温度考虑在内并没有体现太大优势，因为 T_g 和 T_m 通常是相互关联的。为了使该参数能更灵敏地反映玻璃稳定性，Saad 和 Poulain 将 DTA/DSC 的峰宽（即析晶开始温度 T_x 与放热峰的峰值温度 T_p）考虑在内，这样，玻璃的稳定性越强，等温线越宽，表明析晶耗费的时间越长，析晶速率越小。然而由于 T_p 与加热速率密切相关，这将使问题变得更加复杂。改进的参数为 K_S，如式(1.60)所示：

$$K_S = \frac{(T_x - T_g)(T_p - T_x)}{T_g} \tag{1.60}$$

式中，K_S 单位为 K，若分母用 T_g 的平方，则该式就可成为无量纲的量。而 Weinberg 则在此基础上提出了将式（1.60）的分母 T_g 换成玻璃熔化温度 T_m 的计算公式。

Lu 和 Liu 提出了如式（1.61）所示的新的玻璃稳定性参数计算方法：

$$K_{LL} = \frac{T_x}{T_g + T_m} \tag{1.61}$$

虽然典型的玻璃稳定性参数一般都采用热分析确定的基本特征温度进行简单的代数计算，但也有一些更为复杂的参数计算方法。例如 Duan 等提出将动力学与热力学联系起来计算，如式（1.62）所示：

$$K_D(T) = \gamma \exp[-ED/(RT)] \tag{1.62}$$

其中

$$D = \frac{T_x(T_p - T_x)}{T_m(T_m - T_g)}$$

式中，R 为气体常数；γ 为频率因子；E 为析晶活化能；D、γ 和 E 都可以通过以不同升温速率测定的 DSC 或 DTA 曲线求得。

利用热分析结果计算玻璃形成能力和玻璃稳定性参数的方法有很多，每种方法并不能对所用玻璃系统和所用组成的玻璃进行客观一致的评价，在采用这些方法时，应结合所研究玻璃的具体组成和特点进行合乎理性的判断。为进行分析比较，表 1.3 列举了文献报道的部分玻璃稳定性参数的计算公式。

表 1.3　各种玻璃稳定性参数的计算公式

玻璃稳定性参数 K	提出者	说明
$T_p - T_g$	Dietzel	T_g 为玻璃化转变温度；T_p 为析晶峰最大值处温度；T_x 为析晶开始温度；T_m 为玻璃熔化温度
$T_x - T_g$	Hruby	
T_g / T_m	Turnbull	
T_x / T_m	Wakasugi	
$(T_x - T_g) / T_m$	Weinberg	
$(T_x - T_g)/(T_m - T_x)$	Hruby	
$(T_x - T_g)(T_p - T_x)/T_g$	Saad 和 Poulain	
$(T_x - T_g)(T_p - T_x)/T_m$	Weinberg	
$T_x/(T_g + T_m)$	Lu 和 Liu	

1.7　黏度

1.7.1　玻璃黏弹性理论模型

玻璃形成体在高温下一般表现出与晶态材料不一样的独特性能。晶态材料加热时会在特定温度下熔化，而玻璃在经历熔化相变之前经历了从固态到液态的二级转变。一旦玻璃的温度超过 T_g，玻璃在某些方面很明显地表现出类似于液体的行为，而温度决定了玻璃液的黏稠度。从玻璃工艺的观点来看，玻璃最重要的性质之一是黏度，它随着温度的变化而急剧变化。黏度决定了玻璃熔制、成型、退火、钢化的温度制度以及避免玻璃失透的最高温度值。此外，玻璃质量好坏取决于其均化的方式，而玻璃的均化也与黏度有关。黏度度量黏性液体对剪切形变的阻力，黏度越高，流动阻力越大。考虑两个平面（面积 S）之间的液层，对上平面施加切向力 F（图 1.21），对于固体（黏度无限大）不会发生流动，而相反黏性液体则会流动。流动的液体中会出现速度梯度，假设在平板和液体之间没有相对位移，那么速度从底板处为零变化到距离底板 y 的上平面处的速度 v，则速度梯度可表示为 $\Delta v = (v-0)/y$，并随作用在上平面的力 F 或剪切应力（$\tau = F/S$）的增加而增加，速度梯度和剪切应力之间的关系可表示为式(1.63)。

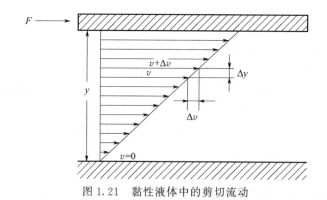

图 1.21　黏性液体中的剪切流动

$$\tau = F/S = \eta \frac{\mathrm{d}v}{\mathrm{d}y} \tag{1.63}$$

式中，η 为黏度，Pa·s；$\mathrm{d}v/\mathrm{d}y$ 为速度梯度。黏度的单位有两个，即泊（poise）和帕·秒（Pa·s），两者可以互相换算：10poise＝1Pa·s。黏度的单位通常用对数表示，对数黏度为 5 泊实际上是指黏度等于 10^5 泊。

玻璃黏性行为的一个显著特点是在接近玻璃化转变温度时表现出随时间变化的特性。事实上，如果观测的特征时间与玻璃的松弛时间一致时 $T_R = \eta/G$（其中 η 为黏度，G 为剪切模量），就会出现黏度随时间变化的现象，这样剪切应力-剪切应变方程就出现了时间相关性，而相比之下，弹性材料的应力-应变方程则表现出与时间无关的响应：

$$\sigma = \eta \mathrm{d}\varepsilon/\mathrm{d}t \tag{1.64}$$
$$\sigma = E\varepsilon \tag{1.65}$$

从上述方程中可找到一种唯象对应关系，即从弹性方程过渡到黏性方程，将稳定黏性运动与弹性变形进行类比，原来的弹性方程中的弹性常数被替换为一个与时间有关的运算符，就可以得到取代弹性理论的黏性流动方程。假设有两个各向同性且形状相同的均质物体，一个是纯黏性的，另一个是纯弹性且不可压缩的，两者加载方式相同。用剪切模量 G 代替弹性方程中的黏度 η，黏性固体拉伸应力表达式由 $\sigma = E\varepsilon = 2(1+\nu)G\varepsilon$ 转化为 $\sigma = 2(1+0.5)\eta \mathrm{d}\varepsilon/\mathrm{d}t = 3\eta \mathrm{d}\varepsilon/\mathrm{d}t$，黏性流体体积保持不变（前因子 1 和 3 分别对应剪切和拉伸）。这样拉伸黏度是剪切黏度的 3 倍。

详细地描述玻璃的流动更为复杂，因为玻璃对任何外加应力都会同时作出弹性响应和黏滞响应，即所谓的黏弹性。人们提出了几种描述黏弹性的模型。首先考虑用弹簧来表示弹性固体（$\sigma=E\varepsilon$），而黏性固体用一个黏壶（$\sigma=\eta\dot\varepsilon$）表示。这样将描述弹性液体的弹性系数进行替换，并考虑时间相关性，就能描述固体的黏性。把固体弹性和黏滞两种性质联系起来就可以考察其黏弹行为（介于纯弹性和纯黏性之间）。两个单元之间最简单的两种联结方式分别是并联（开尔文固体）和串联（麦克斯韦固体），如图 1.22 所示。

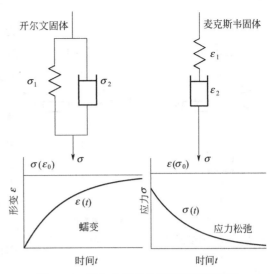

图 1.22　开尔文固体的蠕变和麦克斯韦固体的应力松弛示意图

对开尔文固体并联模型的应力关系可以表示为式(1.66)：

$$\sigma=\sigma_1+\sigma_2=G\varepsilon+\eta\,\frac{\mathrm{d}\varepsilon}{\mathrm{d}t} \tag{1.66}$$

式中，σ 为应力；ε 为形变；η 表示黏度。

对麦克斯韦固体的串联模型有：$\varepsilon=\varepsilon_1+\varepsilon_2$，$\sigma=G\varepsilon_1=\eta\mathrm{d}\varepsilon_2/\mathrm{d}t$。从而得到：

$$\frac{\mathrm{d}\varepsilon}{\mathrm{d}t}=\frac{\mathrm{d}\varepsilon_1}{\mathrm{d}t}+\frac{\mathrm{d}\varepsilon_2}{\mathrm{d}t}=\frac{1}{G}\cdot\frac{\mathrm{d}\sigma}{\mathrm{d}t}+\frac{\sigma}{\eta} \tag{1.67}$$

这些固体可以模拟成具有特征松弛时间 T_R 的蠕变和松弛。考虑麦克斯韦固体产生恒定形变 $\varepsilon(t)=\varepsilon_0$，这样 $\mathrm{d}\varepsilon/\mathrm{d}t=0$。剪切应力随着时间松弛的过程可以由下式解得：

$$\frac{\sigma}{\eta}+\frac{1}{G}\cdot\frac{\mathrm{d}\sigma}{\mathrm{d}t}=0 \tag{1.68}$$

设特征时间（松弛时间）$T_R=\eta/G$，可以得到：

$$\sigma(t)=\sigma_0\exp(-t/T_R) \tag{1.69}$$

从上式可以观察到对麦克斯韦固体施加应力产生恒定的形变，施加的应力逐渐消失。存在一个非常重要的参数：松弛时间 T_R。当 $t\ll T_R$ 固体表现为弹性行为，反之则表现为黏性行为。类似地考虑开尔文固体在恒定应力 σ_0 作用下的情形，可以有：

$$\sigma=\sigma_0=G\varepsilon+\eta\,\frac{\mathrm{d}\varepsilon}{\mathrm{d}t} \tag{1.70}$$

该方程的解为：

$$\varepsilon(t)=\frac{\sigma_0}{G}[1-\exp(-t/T_R)] \tag{1.71}$$

因此，可以发现开尔文固体在恒定应力下流动时间接近 T_R，开尔文 T_R 被称为滞后时间。开尔文固体产生滞后，麦克斯韦固体产生松弛，松弛时间反映了黏弹固体表现为弹

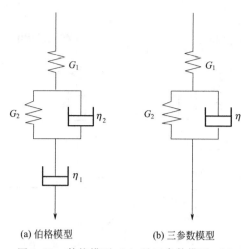

(a) 伯格模型   (b) 三参数模型

图 1.23 伯格模型 (a) 及三参数模型 (b)

性或松弛的时间范围。玻璃化转变的黏度为 $10^{12} \sim 10^{12.5}\,\mathrm{Pa \cdot s}$，而大多数玻璃的剪切模量为 $10^{10} \sim 10^{11}\,\mathrm{Pa}$，因此松弛时间约为 100s。这意味着在玻璃化转变温度下，应力松弛在几分钟后发生。

玻璃黏弹行为的模型需要几个麦克斯韦单元和/或开尔文单元的组合。最简单的模型为伯格（Burger）模型，该模型可以很好地表征无机玻璃的瞬态和滞后黏弹性流变行为。伯格模型如图 1.23(a) 所示，将麦克斯韦单元黏性（η_{m}，G_{m}）与开尔文单元（η_{k}，G_{k}）串联，初始形变为零时在恒定拉应力 σ 作用下的形变速率由牛顿黏性形变速率确定。

麦克斯韦固体和开尔文固体的形变速率分别为（下角标 m、k 分别表示麦克斯韦固体和开尔文固体）：

$$\frac{\mathrm{d}\varepsilon_{\mathrm{m}}}{\mathrm{d}t} = \frac{\sigma}{\eta_{\mathrm{m}}} \tag{1.72}$$

$$\frac{\mathrm{d}\varepsilon_{\mathrm{k}}}{\mathrm{d}t} = -\frac{\eta_{\mathrm{k}}}{G_{\mathrm{k}}} \frac{\mathrm{d}^2 \varepsilon_{\mathrm{k}}}{\mathrm{d}t^2} \tag{1.73}$$

从而得到：
$$\varepsilon_{\mathrm{k}} = \frac{\sigma}{G_{\mathrm{k}}} \left[1 - \exp(-tG_{\mathrm{k}}/\eta_{\mathrm{k}}) \right] \tag{1.74}$$

在任意时间
$$\frac{\mathrm{d}\varepsilon}{\mathrm{d}t} = \frac{\mathrm{d}(\varepsilon_{\mathrm{m}} + \varepsilon_{\mathrm{k}})}{\mathrm{d}t} = \frac{\sigma}{\eta_{\mathrm{m}}} \left[1 + \frac{\eta_{\mathrm{m}}}{\eta_{\mathrm{k}}} \exp\left(\frac{-tG_{\mathrm{k}}}{\eta_{\mathrm{k}}} \right) \right] \tag{1.75}$$

在恒定应力作用下，应变可写为：

$$\varepsilon(t) = \sigma_0 \left[\frac{t}{G_{\mathrm{m}} T_{\mathrm{R,m}}} + \frac{1 - \exp(-t/T_{\mathrm{R,k}})}{G_{\mathrm{k}}} \right] \tag{1.76}$$

式中，$T_{\mathrm{R,m}} = \eta_{\mathrm{m}}/G_{\mathrm{m}}$；$T_{\mathrm{R,k}} = \eta_{\mathrm{k}}/G_{\mathrm{k}}$。外应力 σ 与整个固体平衡弹性形变 ε 的关系符合胡克定律，$\sigma = G\varepsilon$。

则
$$\frac{\mathrm{d}\varepsilon}{\mathrm{d}t} = \frac{G\varepsilon_{\mathrm{m}}}{\eta} = \frac{\varepsilon_{\mathrm{m}}}{t^*} \tag{1.77}$$

其中，G 为玻璃的剪切模量；因此，当 $t \rightarrow \infty$（实际当 $t \gg \eta/G_{\mathrm{k}}$）时相当于牛顿流体；$t^*$ 为松弛时间。Burger 模型有四个参数，而 Hsueh 提出了一个三参数模型，如图 1.23(b) 所示。该模型将开尔文固体（G_2，η）与胡克弹性单元（G_1）串联，恒定应变速率和应力蠕变试验的应力应变速率关系可表示为：

$$\sigma(t) = \left(\frac{G_1}{G_2} \right)^2 \eta \varepsilon'(t) \left[1 - \exp\left(\frac{-Gt}{\eta} \right) \right] + \frac{G_1 G_2 t \varepsilon'}{G} \tag{1.78}$$

式中，$\varepsilon'(t) = \sigma \exp(-G_2 t/\eta)/\eta$，且 $G = G_1 + G_2$，需要指出的是只有当 $G_2 \rightarrow 0$ 且 $t \rightarrow \infty$

时才能获得恒应力，三参数模型表明在恒应力蠕变试验中应变速率是递减的。为了避免常规蠕变试验加载时间长以及恒应力测试对复杂仪器的要求，建议通过试验过程来确定 G_1、G_2、η 等参数。三参数方法适合测量弹性效应明显的高黏度。下面介绍一些简单、常用的玻璃黏度测定方法。

1.7.2 玻璃黏度测定方法

黏度的测定方法是基于对弹性变形和黏滞变形进行类比而建立的，剪切模量 G 被黏滞系数 η 代替，伸长 ε 被伸长率 $\varepsilon' = d\varepsilon/dt$ 代替。以矩形块体在剪应力作用下的变形为例（图1.24），可以看出这种类比关系。施加的应力 σ 与剪切角 γ 之间的关系为 $\sigma = G\gamma$，如果剪切角 γ 很小，$\gamma = d\varepsilon/dy$，则：

$$\sigma = G \frac{d\varepsilon}{dy} \tag{1.79}$$

其中，ε 为某点在施加应力方向上的位移，其形式与定义黏度的式（1.73）相同。这里应该强调的是：

$$G = \frac{E}{2(1+\nu)} \tag{1.80}$$

式中，ν 为泊松比；G 为剪切模量；E 为弹性模量。对于不可压缩液体，$\nu = 0.5$，因此 $G = E/3$。

玻璃黏度的测定通常也称为玻璃流变学测试，玻璃黏度的测定方法和仪器有许多种。高黏度液体（浓稠的液体）和低黏度液体的同一性质的测量手段并不完全相同，对玻璃研究来说只有真实的黏度数据才有价值。黏度是影响玻璃许多性能的因素之一，玻璃黏度对宏观性能的影响可分为三个温度段：T_g 以上、T_g 以下、略低于 T_g。玻璃在足够高的温度下保温一段时间，通常会出现

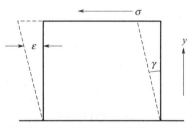

图1.24 剪切应力作用下的固体块

黏性效应。黏度如何随温度变化及其对其它性能的影响是玻璃基础科学研究的主要内容之一，对玻璃研究和生产有意义的黏度范围比较宽。玻璃科学研究或工业生产中，温度在 T_g 附近的黏度范围约为 $10^{13} \sim 10^{19} \mathrm{Pa \cdot s}$，拉丝黏度则为 $10^1 \sim 10^3 \mathrm{Pa \cdot s}$。由于玻璃加工和使用的温度范围很广，有必要在各种温度范围内对玻璃黏度进行测定。

人们根据所测玻璃黏度的范围不同设计开发了各种不同的仪器（表1.4），结合各种测试技术，各种测试方法相互补充可以获得玻璃的整体黏度曲线。表1.4是测量无机玻璃黏度最常用的方法及其检测范围。在中温区域，玻璃析晶可能会干扰检测，因此需要考虑析晶对测定结果的影响。黏度测定方法可按几种方式分类：应变控制型（检测应力，如转筒法）与应力控制型（检测应变，如纤维伸长法），纯剪切法（如转筒法）以及剪切和体应力结合法（如弯曲梁法、纤维伸长法）。通常黏度计要用已知黏度的标准液体进行校准，不经过校准直接测定的绝对黏度值需要谨慎对待。

表 1.4　无机玻璃黏度测定方法及测定范围

用途	测定方法	黏度范围/Pa·s
熔制	落球法	$<10^4$
	旋转黏度计法	$1\sim10^5$
软化及退火	平行板法	$10^5\sim10^9$
	渗透法	$10^9\sim10^{11}$
	纤维伸长法(吊丝法)	$10^9\sim10^{14}$
	弯曲梁法	$10^7\sim10^{12}$

1.7.2.1　旋转黏度计

该仪器（也称为 Couette 法）主要用于低黏度的测量。仪器包括同心圆筒，通过旋转内圆筒或外圆筒向液体传递应变。待测液体盛装在一个半径为 R 的圆柱形容器中（图 1.25），

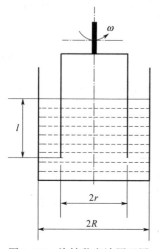

将半径为 r 的内筒（主轴可以是实心的，也可以是空心的）浸入待测黏稠液体中（深度为 l）。主轴以恒定转速 ω 快速旋转，施加恒定的扭矩 M。转筒保持转速恒定所需的扭矩 M 与角速度之间的相互关系可以用来计算黏度 η［式(1.81)］，式中 C 为比例因子，其值取决于仪器的几何特征以及液体与转筒之间的接触高度 l，并满足关系式(1.82)：

$$\eta = C\frac{M}{\omega} \tag{1.81}$$

$$C = \frac{1}{4\pi l}\left(\frac{1}{r^2} - \frac{1}{R^2}\right) \tag{1.82}$$

图 1.25　旋转黏度计原理图

该仪器主要用于玻璃低黏度的测定并在高温状态下使用，主轴和转筒需要用耐高温铂金制成。锥板黏度计的几何结构有利于通过坯体预加工来制备原料，这就避免了将材料倒入或熔化到圆筒中并在高温下将转筒浸入液体中的过程，该方法也可用于扩大黏度的研究范围。

1.7.2.2　落球黏度计

该黏度计可根据下落球体的速度状态来测定液体的黏度，球运动的动力学方程可以假设球受到的摩擦阻力符合斯托克斯定律通过经典力学方法得到。当一个半径为 r、密度为 ρ 的球体在重力作用下落入黏度为 η、密度为 ρ_1 的黏性液体中时，球落入液体中将受到 3 个作用力：重力 G、浮力 F 和阻力 R。

$$G = \frac{4}{3}\pi r^3 \cdot \rho g \tag{1.83}$$

$$F = \frac{4}{3}\pi r^3 \cdot \rho_1 g \tag{1.84}$$

$$R = \mu \cdot \pi r^2 \cdot \frac{\rho v^2}{2} \tag{1.85}$$

式(1.85)中的 μ 为阻力系数，是雷诺数（$Re = 2rv\rho/\eta$）的函数，对层流液体来说是

$\mu = 24/Re = 12\eta/(rv\rho)$，在经过一个瞬态过程后，速度趋于一个恒定值 v，受力达到平衡：$G = F + R$。则球体下沉速度为：

$$v = \frac{2r^2(\rho - \rho_1)g}{9\eta} \tag{1.86}$$

在测试之前先确定球和玻璃液在高温下的密度，记录球匀速地从玻璃液筒的某一刻度下沉某一距离 L 所用的时间 t，计算落球下沉速度 $v = L/t$。然后，根据球和液体的密度，就可以确定玻璃液的黏度。落球黏度测定法可用于高压测量，如在超压机上进行的测量，压力确实会改变黏度。据报道，硅酸盐和铝硅酸盐的黏度随压力的增加而降低。

1.7.2.3　纤维伸长黏度计（吊丝法）

这种方法在重力作用下（或高黏度状态下施加附加负载）测量纤维的伸长，可以测定玻璃的高黏度值。如图 1.26 所示，样品常使用直径 0.1～0.3mm、长度 10～18mm 的玻璃纤维。这可以在加热炉（或垂直安装的膨胀仪）中进行高温下的黏度测定。在重力（或施加外力）作用下，纤维在时间 dt 内从 L 延伸到 $L + dL$。由于黏性流动的体积保持不变，设 S 为纤维截面积，故有：

$$V = SL = (S + dS)(L + dL) \tag{1.87}$$

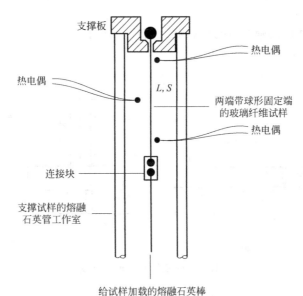

图 1.26　纤维伸长黏度计原理

相对膨胀可表示为：

$$dL/L = -dS/S \tag{1.88}$$

利用时间算符将不可压缩固体的弹性解 $\sigma = E\varepsilon = 3G\varepsilon$ 变形，可以用来确定黏度大小：

$$\sigma = \frac{F}{S} = 3\eta\bar{\varepsilon} = 3\eta \cdot \frac{1}{L} \cdot \frac{dL}{dt} \tag{1.89}$$

拉伸黏度是剪切黏度的三倍。需要指出的是表面张力会抵抗施加的应力（抵抗纤维伸长时的表面增加），此处忽略。分析表面张力对纤维伸长的影响是测定表面张力的一种方法。上式可改写为：

$$\eta = \frac{F}{3} \cdot \frac{L}{S(\mathrm{d}L/\mathrm{d}t)} \tag{1.90}$$

式(1.90) 中 $F = mg$（m 为纤维质量，g 为重力加速度）。待测玻璃拉成直径 0.55～0.57mm 的纤维，将纤维截成 23.5mm 长。纤维一端加热成球形，球的大小要能保证将样品垂直悬挂于炉中。炉加热到起始温度后将纤维样品置入，再升温直至激光检测到末端伸长速率，激光跟踪纤维末端并计算伸长速率。T_g 温度附近测量时需要给样品外加载荷以使样品能以被检测到的速率伸长。纤维伸长测试的结果具有独特意义，因为它常被用来确定标准玻璃黏度，对应的温度被定义为利特尔顿（Littleton）软化点，纤维伸长 1mm/min 时对应的温度为利特尔顿软化点，这相当于玻璃的黏度为 10^6Pa·s。某些玻璃达不到利特尔顿软化点标准，这意味着当满足上述试验条件时玻璃的黏度不是 10^6Pa·s。但这并不是说纤维伸长试验不能用来测定玻璃的黏度，而是指利特尔顿软化点作为黏度标准检测方法并不适合某些类型的玻璃。纤维伸长试验的缺点是必须拉制一根纤维作为样品，不仅制样过程费时费力而且设备成本较高，因此对许多企业和研究单位来说并不实用。此外，某些玻璃由于结晶或热冲击问题不能拉成纤维。

1.7.2.4 压痕法

（1）球形压头

若将一个半径为 R 的弹性球与试样相互挤压，则可以得到，从接触区域中心到 r 处的伸缩 u [图 1.27(a)] 为：

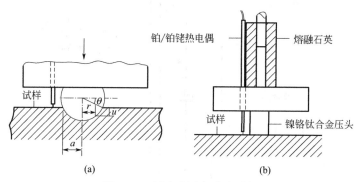

图 1.27 压痕法测定玻璃黏度

$$u(r) = \frac{\pi P_0(2a^2 - r^2)\left[\left(\dfrac{1-\nu_1^2}{E_1}\right) + \left(\dfrac{1-\nu_2^2}{E_2}\right)\right]}{4a} \tag{1.91}$$

式中，$P_0 = 3P/(2\pi a^2)$ 为压力最大值；a 为接触圆半径；P 为施加的载荷；E 为弹性模量；ν 为泊松比。如果其中球的刚度比试样大（如图所示的金属压头压在受热玻璃上），$E_1 \gg E_2$，则 $(1-\nu_1^2)/E_1$ 项省去，根据弹性模量 E 与剪切模量 G 的关系式 $E = 2E(1+\nu)$，当 $r \to 0$，式(1.91) 变为：

$$u(0) = \frac{3P(1-\nu)}{8aG} \tag{1.92}$$

玻璃在接近玻璃化转变温度时表现出一个重要黏性行为是性质随时间变化。事实上，该现象出现时，观察玻璃弛豫的特征时间 $T_R = \eta/G$，其中 η 是黏度，G 为剪切模量，于是根据 Trouton 类推可以得到：

$$\eta = \frac{3P(1-\nu)}{8au'} \tag{1.93}$$

式中，u' 为压入速度。压痕半径 a 与压入深度 $u(r=0)$ 有关且 $a^2 = u(2R - u)$。因为 $a = R\cos\theta$ 且 $u = R(1 - \sin\theta)$，代入式(1.93) 得：

$$\eta = \frac{9P(1-\nu)t}{16(2R)^{1/2}F(u)} \tag{1.94}$$

其中 $F(u) = (2R)^{3/2}(\pi - 2\theta - \sin\theta)$，式中 θ 用弧度可表示为：$\theta = \arcsin[1 - (u/R)]$。压入深度 h，$u \ll 2R$ 且 $F(u) \rightarrow u^{3/2}$。然而，压入深度 h（短时间内）可能主要还是弹性形变，因此是非牛顿流体，应该用更复杂的方程来描述。因此通过测定压入深度与时间的关系来计算 $F(u)$ 的值，得到的黏度值尽管更耗时，但比用 $u^{3/2}$ 计算更准确。

（2）圆柱形压头

Streicher 导出了刚性平面压头在半无限平板上产生的弹性收缩 u 为：

$$u = \frac{c(1-\nu^2)P}{\pi^{1/2}ER} \tag{1.95}$$

其中 R 为圆柱压头半径，$c = 0.96$。用 Trouton 类推特征时间 $T_R = \eta/E$，可以得到：

$$\eta = \frac{c(1-\nu)P}{2\pi^{1/2}Ru'} \tag{1.96}$$

圆柱压痕示意图如图 1.27(b) 所示。这个方法在所有黏度检测技术中能够覆盖的黏度范围最宽（$13 < \lg\eta < 6$），试样的几何形状非常简单（圆柱体或立方体，唯一要求是试样尺寸必须比压头直径大 5 倍左右），同一样品可以多次检测，可以使用商用的热机械性能测试仪进行检测。然而压痕法测黏度并不被 ASTM 或其它相关标准化组织认可。

1.7.2.5 平行板黏度计

平行板黏度计（PPV）检测的黏度范围通常在 $10^4 \sim 10^8$ Pa·s。PPV 用于黏度检测是基于简单的力学原理。PPV 测量的样品是一个平整圆片，最好表面抛光，试样高度与直径的比值大于 1 时测量灵敏度最高。样品被放置在炉内两个平行板之间。顶板与线性差动变压器（LVDT）相连，LVDT 可以精确地测量平行板垂直位置的变化。金属板一般由铬镍铁合金制成，即使在高温、高熔点和高传热系数的情况下也能保持刚性。样品被放置在两块板之间 [图 1.28(a)]，有时会在顶板上加上载荷，整个系统被封闭起来开始升温。精确控制温度和准确测量垂直高度是测定不同温度下的玻璃黏度的关键。随着样品的加热温度达到 T_g 和膨胀软化点 (T_d)，玻璃开始在自身的重量、顶板的重量以及顶板所加载荷作用下发生变形。假设在变形过程中，板和玻璃片会出现两种边界状态之一。第一种是不粘状态 [图 1.28(b)]，玻璃片变薄、变宽的边缘保持平行；第二种是无滑移状态 [图 1.28(c)]，玻璃片保留初始直径并与上下平板接触，但在中间快速移动。可以根据边界状态使用高度变化率及其它实验参数来计算黏度随温度的变化。最常见的情况是无滑移，其计算式为式(1.97)。

$$\eta = \frac{2\pi Mgh^5}{30V\left(\dfrac{\mathrm{d}h}{\mathrm{d}t}\right)(2\pi h^3 + V)(1+\alpha)} \tag{1.97}$$

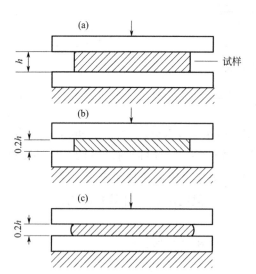

图 1.28　PPV 测量的不同状态：（a）初始状态，（b）无黏滞状态，（c）无滑移 PPV 状态

式中，η 是玻璃黏度，Pa·s；M 是施加载荷，g；g 为重力加速度，980cm/s^2；t 是时间，s，V 是样品体积，cm^3；h 是试样厚度，cm；$\mathrm{d}h/\mathrm{d}t$ 是压缩速率，cm/s；α 是玻璃从 25℃ 至测试温度 T 的平均热膨胀系数，1/℃。"无滑移"是最常见的假设条件，因为较高载荷下摩擦力增加是材料的一般特性。因此，实验设置更接近完全粘连或无滑移的状态，不至于出现完全不粘连的状态。在实际试验中，不能达到完全无滑移的状态。测定结果的准确性依赖于检测 $\mathrm{d}h/\mathrm{d}t$ 的准确性，$\mathrm{d}h/\mathrm{d}t$ 与玻璃内部抵抗体积变化的能力有关。如果玻璃的黏度是在假设无滑移的条件下计算的，那么任何可能发生的滑移量实质上都会使检测到的样品高度变化速率变大，从而导致误差，使计算出的黏度结果偏低。PPV 黏度测试的假设条件是：玻璃内部抵抗体积变化的阻力远低于材料表面沿上下板滑动的阻力。

　　为了保证试验设置及试验结果的可重复性，需要对相同玻璃样品进行多次测试。本试验各种不同的试样尺寸，前提是样品高度比直径足够大。另一个要考虑的因素是，铬镍铁板和样品在高温下可能会发生化学反应。为了防止样品对 PPV 板产生任何黏附或腐蚀，必须选用非常薄的箔片。对于氧化物玻璃试样，在平行板和玻璃之间的顶部和底部使用铂箔进行阻隔，可以减少玻璃在高温下的化学相互作用。其它玻璃如硫系化合物玻璃会腐蚀铂，如果测试温度不超过铝的熔点，可以使用铝箔。重要的是要使用箔或非常薄的缓冲材料，这样材料的热膨胀行为就不至于影响玻璃黏度的测量。很少单独使用 PPV 作为一种工具来完成玻璃的黏度测定，为了全面了解玻璃的整个黏度范围，还必须在较低的温度下如 T_g 附近的温度区域测量黏度。选用弯曲梁黏度计（BBV）可以完成玻璃黏度随温度变化的测定。

　　在以上介绍的各种玻璃液黏度的测定中，特别是在黏度随温度变化较快的高黏度区，温度的测量是非常重要的，测量中热电偶应尽可能靠近试样，最好与试样有热接触。黏度计炉必须设计合理以保证整个样品处于恒温区。应在每一测量温度下保持足够的时间以确保在试样测量前已达到平衡温度。另外，还需要准备一系列组成均匀的标准样品，随时测量其黏度以监测所使用的仪器性能是否发生了变化。还必须考虑玻璃的弹性滞后效应，特别是在 T_g 附近。在此情况下必须等待弹性响应的松弛直至玻璃处于牛顿力学行为状态。对于非牛顿型的液体，必须确定其黏度与剪切速率的关系。

1.7.3　黏度的拟合计算

Cohen 和 Turnbull 提出，体系中的分子运动限制在周围分子一定局域内，以一定概率发生的密度涨落会产生空穴，分子（或结构单元）只有在其邻近位置存在自由体积时才有跃迁的可能。设 V 为可容纳分子的空穴最小体积，根据统计热力学，局域内产生自由体积 V_f 的概率为：

$$P(V) = \frac{a}{V_f} \exp\left(-a\frac{V}{V_f}\right) \tag{1.98}$$

式中，a 为重叠修正因子（$1/2 \leqslant a \leqslant 1$），$a = 1/2$ 表示自由体积完全重叠，$a = 1$ 表示自由体积完全不重叠。分子能否扩散到空穴位取决于每个分子周围自由体积 V_f 大小，只有当 V_f 大于临界空穴体积 V^* 时才发生分子的扩散迁移。则分子处于临界空穴的概率为：

$$\int_{V^*}^{\infty} \frac{a}{V_f} \exp\left(-a\frac{V}{V_f}\right) dV = \exp\left(-a\frac{V^*}{V_f}\right) \tag{1.99}$$

于是分子发生扩散迁移的平均扩散系数 D 为：

$$D = D(V^*)P(V^*) = cdu \cdot \exp\left(-a\frac{V^*}{V_f}\right) \tag{1.100}$$

式中，c 为几何因子；d 为分子尺寸；u 为分子运动速度。根据分子扩散的斯托克斯-爱因斯坦关系有：

$$D = \frac{kT}{3\pi d\eta} \tag{1.101}$$

从而由上述两式可以得到，黏度不再符合阿伦尼乌斯方程，而应该写成 WLF（Williams-Landel-Frry）形式：

$$\eta = \eta_0 \exp\left(a\frac{V^*}{V_f}\right) \tag{1.102}$$

Cohen 和 Turnbull 进一步提出，自由体积可以从非晶和液相的热膨胀系数（高于玻璃化转变温度）得到。设液相和玻璃的热膨胀系数之差 $\Delta\alpha = \alpha_1 - \alpha_s$，在 $T > T_g$ 时玻璃中的自由体积为：

$$V_f = \Delta\alpha V_0 (T - T_0) \tag{1.103}$$

则玻璃在温度 T 的黏度为：

$$\eta(T) = \eta_0 \exp\left[\frac{aV^*/(V_0\Delta\alpha)}{T - T_0}\right] \tag{1.104}$$

PPV 和 BBV 是测定一定范围温度内玻璃黏度的主要工具。但只能通过样品的具体试验测量某温度下玻璃的黏度，有必要通过有限的试验采取计算的方法来推断或预测中间温度段的黏度。即首先试验取得 PPV 和 BBV 数据，对数据进行拟合，然后确定某些参数，用这些参数建立给定材料的黏度-温度曲线方程。根据式(1.104)建立了常见的 Vogel-Fulcher-Tamman（VFT）玻璃黏度拟合模型，该模型使用一个三参数方程来描述玻璃熔体在不同温度下的黏度：

$$\ln\eta(T)=A+\frac{B}{T-T_0} \tag{1.105}$$

其中，η 为玻璃黏度（Pa·s）；A 和 B 为拟合参数；T_0 为系统组态熵为零时的温度（K 或℃）；T 为温度（单位必须与 T_0 一致）。在玻璃参数已知的情况下，利用该方程可以构建玻璃的黏度-温度曲线。然而如果玻璃性质未知，则必须通过试验来确定。图 1.29 为利用 N-FK5 玻璃的 PPV 黏度数据和 BBV 黏度数据进行 VFT 拟合获得的黏度-温度关系曲线，如果试验数据正确就能获得正确的 VFT 拟合参数，这样就能得到温度处于两种试验温度之间的黏度近似值。VFT 方程较好地描述了从 T_g 到 T_m 的较大范围内的黏度值，可以满足生产和研究的需要。

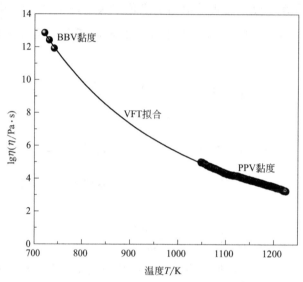

图 1.29 用 VFT 拟合获得的 N-FK5 玻璃的
黏度-温度关系曲线

玻璃的黏度不仅对玻璃的生产制备很重要，而且对玻璃的研究也很有用，因为玻璃性能随温度变化的方式与加热或冷却时的网络结构的变化密切相关。另一个与黏度相关的重要参数是玻璃的脆性，即黏度达到 10^{12} Pa·s 时黏度随温度变化的速率。例如，韧性玻璃的黏度对温度的变化相对不敏感，而脆弱玻璃的黏度随温度变化迅速。研究玻璃的脆韧性可以提供玻璃的结构信息。最近的研究试图将玻璃的黏度-温度关系式与材料内在物理性能联系起来，但在工业生产和科学研究的多数情况下，VFT 方程足以解释玻璃的许多行为特征。

Moynihan 等提出了一种通过 DSC 测试估算黏度与温度的关系曲线的方法。该方法指出：给定升温速率的各种玻璃，其 DSC 曲线上玻璃转变的开始温度和终止温度对应的黏度几乎相等。假定液体在非常高的温度下的黏度接近同一个值，升温速率为 10K/min 时可导出如下关系式：

$$\lg\eta=-5+\frac{14.2}{[0.147(T-T_g')/(T_g')^2\Delta(1/T_g)]+1} \tag{1.106}$$

式中，η 为黏度，Pa·s；T 为温度，K；T_g 为玻璃化转变温度；T_g' 为玻璃转变终止温度；$\Delta(1/T_g)$ 等于（$1/T_g-1/T_g'$）。多数情况下，用该式计算的黏度与真实黏度的误差小于一个量级，如图 1.30 标准 NIST 玻璃的黏度对比所示。采用 DSC 测试数据通过该方法估算未知玻璃熔体的黏度简便易行。

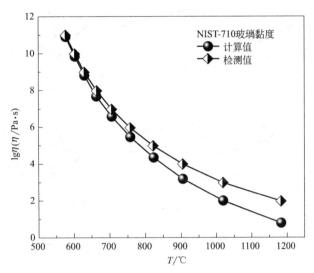

图 1.30　Moynihan 法用 DSC 数据估算 NIST-710 玻璃熔体的黏度

1.8　应用实例

　　将热分析方法与其它现代测试方法结合采用，有利于材料研究工作的深化，这是材料科学研究中不可或缺的方法之一。图 1.31 为不同成分的氟氧化物玻璃的 DSC 曲线图，测定采用德国耐驰（Netzsch STA 449F）同步热分析仪，样品坩埚和参比坩埚采用 Φ2.5mm 铂坩埚，玻璃试样用玛瑙研钵磨成细粉，测定用试样约 20mg，氩气气氛，升温速率 10K/min。五种玻璃在 600～1000℃都有一个吸热峰和两个放热峰。第一个吸热峰的下降部分的拐点处切线与基线的交点为玻璃化转变温度 T_g。中心在温度 T_{p1} 处的第一个放热峰与初晶相的析出有关，接着在温度 T_{p2} 处出现一个较强的放热峰，可能是某种硅酸盐矿物类次晶相。将 DSC 测试后留在铂金坩埚中的烧结产物回收，用玛瑙研钵磨成细粉后倒在无定形硅片上，用丙酮分散展平后自然晾干，随后可进行粉末 X 射线衍射实验。图 1.32 为 5 个 DSC 产物的 XRD 图谱，其中分别检测到 CaF_2（JCPDS♯65-0535）和钙长石 [$Ca(Al_2Si_2O_8)$，JCPDS♯41-1486] 的特征衍射峰。物相鉴定证明了 DSC 热分析显示的两个连续的热力学过程。结合 DSC 分析结果及其产物的 XRD 分析图谱，可以得出结论，初始放热峰是 CaF_2 的析出，后续放热峰是钙长石的析晶。应该指出的是，最初的放热峰显示为宽化的复合峰，实际上包含多个子峰，这些子峰被认为对应于依次发生的氟化物成核和晶核长大过程。

　　显然，表征 T_{p1} 附近 CaF_2 结晶的 DSC 曲线形状与玻璃成分有关。具体来说，比较 G2 和 G1 以及 G4 和 G3，后者是用 CaO 取代前者组成 5%（摩尔分数，下同）SiO_2，初

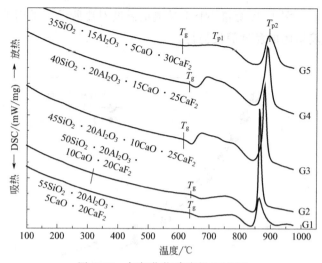

图 1.31　氟氧化物玻璃的 DSC 图

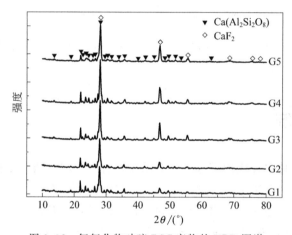

图 1.32　氟氧化物玻璃 DSC 产物的 XRD 图谱

始放热峰的宽度和面积变化很小。而对比 G3 和 G2 以及 G5 和 G4，5％的 CaF_2 替换 SiO_2 使初始放热峰变得更宽大。从 DSC 产物的 XRD 分析可以看出，玻璃组成中 5％ SiO_2 被 CaO 取代后，其衍射峰强度略有增加，而 SiO_2 被 CaF_2 取代的玻璃的衍射峰强度明显增大，直至取代 30％以上的 CaF_2 时，其衍射峰强度不再增加。XRD 的变化趋势与 DSC 曲线的放热峰的变化趋势相吻合，表明增加 CaF_2 含量相比增加 CaO 含量对 CaF_2 的结晶析出有更大的促进作用。

　　表征玻璃结构松弛的 T_g 与玻璃网络中的共价键断裂和重新成键所需要的能量有关，因此它与玻璃的成分密切相关。对比 G2 与 G1 以及 G4 与 G3，可以看出，用 CaO 逐渐取代 5％ SiO_2 会导致 T_g 增加。相反，逐步用 CaF_2 取代 5％ SiO_2 可以降低 T_g。这可以解释为：尽管减少 SiO_2/CaO 比值可能会降低玻璃网络连结程度，但因为每个 Ca^{2+} 必须与两个相邻非桥氧（NBO）相连，并且相对不容易移动，Ca^{2+} 与玻璃结构结合得更紧密。另一方面，CaO 引起 T_g 升高，这样会减少与初析晶温度 T_{p1} 的差距，玻璃稳定性降低，有利于初晶相的析出。对于 CaF_2，F^- 可以在玻璃结构中直接取代桥氧并优先与铝离子结合，玻璃黏度降低，玻璃网络结构破坏。因此，随着 CaF_2 含量的增加，T_g 降低。无论 SiO_2 逐渐被 CaO 取代还是被 CaF_2 取代，第二放热峰 T_{p2} 的温度不断升高，使次晶相的析出变得困难，则可以从相应 DSC 产物的 XRD 中钙长石衍射峰强度基本不变得到说明。硅酸盐矿物（即钙长石）的结晶受到抑制可能是由于 SiO_2 被取代引起的 Si-O 刚性网络无序程度增加所致。

参考文献

[1] J. David Musgraves，Juejun Hu，Laurent Calvez（Editors）. Thermal Analysis of Glass in Springer Hand Book of Glass. Gewerbestrasse：Springer Nature Switzerland AG，2019.

[2] J. E. Shelby. Introduction to Glass Science and Technology. 2ed. Cambridge：The Royal Society of Chemistry，2005.

[3] P. K. Gallagher（Editor）. Handbook of Thermal Analysis and Calorimetry. Amsterdam：ELSVEVIER SCIENCE B. V.，1998.

[4] M. Affatigato（Editor）. Modern Glass Characterization. New Jersey：John Wiley & Sons, Inc.，2015.

[5] Eric Le Bourhis. Glass Mechanics and Technology. Weinheim：WILEY-VCH Verlag GmbH & Co. KGaA，2007.

[6] Jaroslav Šesták，Peter Simon（Editors）. Thermal Analysis of Micro，Nano- and Non-Crystalline Materials. New York：Springer Dordrecht Heidelberg. 2013.

[7] J. Ma. Rincon，M. Romero（Editors）. Characterization Techniques of Glasses and Ceramics. New York：Springer-Verlag Berlin Heidelberg，1999.

[8] Jaroslav Šesták，Pavel Hubík，Jiří J. Mareš（Editors）. Thermal Physics and Thermal Analysis. Cham：Springer International Publishing AG，2017.

[9] 胡荣祖，史启祯. 热分析动力学. 北京：科学出版社，2001.

[10] M. Erol，S. Küçükbayrak，A. Ersoy-Meriçboyu. The application of differential thermal analysis to the study of isothermal and non-isothermal crystallization kinetics of coal fly ash based glasses. Journal of Non-Crystalline Solids，2009（355）：569-576.

[11] K. Matusita，T. Komatsu，R. Yokota. Kinetics of non-isothermal crystallization process and activation energy for crystal growth in amorphous materials. J. Mater. Sci.，1984（19）：291-296.

[12] F. A. Al-Agel，S. A. Khan，E. A. Al-Arfaj，A. A. Al-Ghamdi. Kinetics of non-isothermal crystallization and glass transition phenomenain $Ga_{10}Se_{87}Pb_3$ and $Ga_{10}Se_{84}Pb_6$ chalcogenide glasses by DSC. Journal of Non-Crystalline Solids，2012（358）：564-570.

[13] O. A. Lafifi，M. M. A. Imran. Compositional dependence of thermal stability，glass-forming ability and fragility index in some Se-Te-Sn glasses. Journal of Alloys and Compounds，2011（509）：5090-5094.

[14] M. L. F. Nascimento，L. A. Souza，E. B. Ferreira. Can glass stability parameters infer glass forming ability? Journal of Non-Crystalline Solids，2005（351）：3296-3308.

[15] Zhenlin Wang，Laifei Cheng. Effect of substitution of SiO_2 by CaO/CaF_2 on structure and synthesis oftransparent glass-ceramics containing CaF_2 nanocrystals. J. Mater. Sci.，2015（50）：4066-4074.

[16] A. Marotta，A. Buri，F. Branda. Nucleation in glass and differential thermal analysis. Journal of Materials Science，1981（16）：341-344.

2

玻璃红外光谱分析

2.1 概述

晶态固体由于具有远程有序的结构特征，采用衍射技术对其进行结构表征可能更有优势，采用 X 射线技术可以完全确定晶格中各原子的相对位置，其晶体结构可以得到清楚的界定，并能通过对称性和晶胞结构参数来描述。然而由于玻璃具有远程无序的特点，不能采用该方法研究其结构，尽管人们开发了利用 X 射线衍射确定特定原子中电子密度的径向分布函数技术，但此类技术因为不能充分解决对称性和短程有序程度的问题，其应用较为有限。衍射技术应用于玻璃研究的另外一个重要问题是不能区分微量缺陷中心的存在，因为缺陷中心的结构可能被隐藏在正常结构单元的键长和键角变化范围之内。

振动光谱也是研究玻璃结构的一种非常有效的技术，在过去的 50 年里得到了广泛的应用。仪器装置的发展在推广使用这一光谱工具方面发挥了重要的作用。特别是 20 世纪 80 年代以来傅里叶变换红外（FTIR）光谱仪的广泛使用，以及 70 年代以来气体激光强光源被应用于拉曼光谱仪中，对促进这些表征技术的广泛应用起到了决定性的作用。玻璃结构由于具有远程无序的特点，对其研究更适合采用振动光谱，振动光谱分析通过对数据进行全面理论分析可以提供玻璃的结构信息。过去几十年来，玻璃的振动光谱分析解决了玻璃应用研究和基础理论研究的许多问题，在应用研究方面，振动光谱可用来鉴定玻璃的组成或玻璃中存在的特殊基团。在理论研究方面，振动光谱分析可以获得决定玻璃外在性质的基本结构特征信息。红外光谱在研究玻璃的性质特别是金属氧化物改性的玻璃性质用处很大，这是因为玻璃对红外线具有较强的吸收，中红外光谱是玻璃形成体氧化物的特征波段，它能提供玻璃短程有序结构的详细信息，而分析玻璃中的金属离子的局域振动引起的远红外吸收光谱还能够提供玻璃中金属离子位点的相互作用信息。比较而言，振动光谱更适合用于识别玻璃中缺陷基团的存在。例如，R. Hanna 采用红外光谱推断了二氧化硅玻璃中三配位硅的存在。红外光谱和拉曼光谱已被用于鉴定玻璃中的低浓度杂质如水、羟基离子、碳酸根离子等，利用振动光谱鉴定玻璃中的这些杂质组成对于玻璃研究具有重要意义。

早期玻璃的红外光谱大多采取盐片法进行分析，即将玻璃粉分散在合适的基质材料

（碱金属卤化物）中压成盐片，检测盐片的透过率。然而，在玻璃研磨和压片过程中会发生离子交换和水解。水解会导致红外吸收峰的频移，甚至会出现不属于原始玻璃的红外吸收峰。另外，采用碱金属卤化物作为基质材料会引起光谱失真，而且吸收峰强度重现性差，因为这些光谱实际上来源于透射和反射的综合表现。结果，检测到的声子频率与实际红外活性横向光学振动频率不一致，实际检测的是介于横向和纵向光学振动之间的某个频率。该现象发生的程度取决于玻璃粉的颗粒尺寸、团聚状况及基质盐的介电常数。

与测定玻璃粉卤化物盐片的透过率相比，玻璃的红外反射光谱具有较大优势，因为反射光谱将抛光过的原始玻璃片用于数据采集，光谱具有的频率范围更宽，可以涵盖中红外和远红外区。这一优势与现代傅里叶变换光谱仪及反射数据分析软件相结合，能够定量地确定玻璃与频率相关的光学和介电性质，从而可以获得横向和纵向光学模式的真实振动峰图谱，并能对玻璃结构进行定量分析。这些特点使得红外反射光谱成为玻璃结构分析的一个强大工具。红外反射光谱由于具有无损检测特性而被广泛应用于玻璃分析测试，如评价各种玻璃形成体系的组成与结构的关系、探讨玻璃在物理化学过程中的结构演变。这些结构演变包括玻璃的表面侵蚀、溶胶凝胶玻璃的网络结构变化、玻璃的离子交换现象、假想温度和应力对玻璃结构的影响、玻璃表面结构随深度的变化、热极化引起玻璃亚阳极层结构重排表现出的非线性光学性质等。

除了块体玻璃，该技术对于玻璃薄膜也很重要。在半导体器件领域，介电玻璃薄膜不仅可作为硅中有源结的表面钝化层，而且可作为进入硅的扩散源用于 p-n 结的制备。固体电解质技术促进了离子导电玻璃膜的开发，并在固体电化学器件领域具有极大应用前景。玻璃薄膜也用于平面光子器件，通过稀土掺杂兼具低损耗、高放大倍数的特性，还可以通过热极化产生二阶非线性光学性质。用红外光谱分析玻璃薄膜比分析块体玻璃更为复杂。例如，如果膜很厚（$1 \sim 10 \mu m$）并与入射光线成 90°垂直射入就会形成干涉条纹，某些吸收段还会受到背景干涉波的影响而出现失真。如果红外光倾斜射入时还应考虑 Berreman 效应，倾斜入射自然光或水平偏振光检测薄膜的红外透射或反射光谱，横波振动模式和纵波振动模式都将产生该效应。尽管存在这些问题，薄膜红外透过率仍然是研究玻璃结构的一个很有用的技术手段。某些情况下，红外光谱应用于一些定量研究，如石英玻璃中的羟基含量的检测、离子玻璃薄膜短程有序结构单元含量的确定等。

2.2 红外光谱原理

2.2.1 玻璃结构单元的振动模型

光谱中紫外光和可见光的吸收是由于电子跃迁引起的。但对于玻璃，虽然在光谱的红外区域也存在一些较低能量的电子跃迁，但该区域的大部分光学吸收是由于振动跃迁引起的。这些光学吸收可分为三类：由气体或束缚氢同位素引起的杂质吸收、玻璃结构中阴阳离子间振动引起的红外截止或多声子边缘吸收、基本结构单元振动引起的吸收。我们知道，结构基团都处于一定的振动能级中，最简单双原子分子的振动类似于简谐振动，其吸

收频率 ν 由下式确定：

$$\nu = \frac{1}{2\pi}\sqrt{\frac{F}{\mu}} \tag{2.1}$$

式中，F 为键力常数；μ 为分子的折合质量，如式（2.2）所示：

$$\frac{1}{\mu} = \sum_i \frac{1}{m_i} \tag{2.2}$$

式中，m_i 是构成振动结构基团的各组成原子的原子量。键力常数与键强度成正比，而折合质量则由组成原子的原子量决定。根据该模型可以预测，如果化学键较弱或原子质量较大，振动吸收将向红外方向移动。因此，一个小的、高电荷、低原子序数的原子被一个大的、低场强、高原子序数的原子所取代，将导致吸收峰向低波数方向移动（红移）。玻璃中溶解的二氧化碳也会产生红外吸收带。在铝硅酸钠和重金属氟化物玻璃中存在溶解 CO_2 形成的 4260nm 窄吸收带。二氧化碳与氧化物熔体反应形成的碳酸盐也出现红外吸收峰。

振动光谱源于构成分子基团的原子核的振动，表现为 $10^4 \sim 10 cm^{-1}$ 波数段的红外和拉曼光谱。红外光谱中习惯用波数来表示吸收谱带的位置，波数即吸收波长的倒数，与频率成正向关系，代表每厘米距离中包含的电磁波的数目。振动模式在光谱中的波数值由各组成原子的质量、原子的排列构型以及基团中原子间作用力确定。对于给定的振动，原子被类似于弹簧的化学键连接在一起而起作用。每组原子都有其固有的特征振动频率。原子复杂的运动可分解为一组振动模式，所有原子彼此之间以一定相位作简谐振动。为了描述这些运动，需要引入本征振动模式概念。这种位置规律性变化可以简单地用键长和键角变化的线性组合来描述。

虽然振动光谱分为红外光谱或拉曼光谱，但这两种光谱的物理起源是不同的。红外光谱源于电子处于基态的分子的振动能级跃迁，振动能级跃迁应遵守选择定则。因此，如果一个分子被置于电磁场中，当满足玻尔频率关系时，能量就会从电磁场转移到分子中。根据量子力学原理，这是一个严格的吸收过程。要发生吸收，所涉及的两个稳态之间的跃迁概率不会为零，即振动模式必须与振荡偶极矩有关。如果偶极矩的频率和与之相互作用的电磁场的频率相同就会吸收能量。从量子力学的角度来说，振动吸收必须有一个非零的跃迁力矩 M：

$$M = \int \psi_{v'} \mu \psi_{v''} dT \tag{2.3}$$

式中，μ 为偶极子算子；$\psi_{v'}$ 和 $\psi_{v''}$ 分别是基态和激发态的波函数。从二氧化碳的正常振动模式可以看出，反对称 $C=O$ 的伸缩振动和两种简并弯曲模式都具有红外活性，因为它们在振动模式中都涉及偶极矩的变化。而 $C=O$ 对称伸缩模式在红外光谱中因为没有偶极矩的变化而不具有红外活性。

玻璃网络中的局域模型。玻璃的结构特点就是不存在晶格的长程有序和对称性。基于这一结构特点可以认为短程对称性成为影响振动光谱最重要的因素，并且有效的原子振动基团可局限在一个基本结构单元中。玻璃的这种近似方法类似于晶体中点阵近似，这种方法已用于硅酸盐玻璃和硼酸盐玻璃的研究，使用 $[SiO_4]$ 及 $[BO_3]$ 结构单元分析玻璃的光谱。使用的最简单模型就是将基本结构单元看作是孤立的且与玻璃网络的其它部分不相连接。然而，这种自由单元模型并不能完全对真实结构单元进行近似，因为忽略了结构单元与网络格子相连的影响。硅酸盐玻璃中采用束缚模型有助于解决这一问题，如图 2.1 所示，假设网络格子对四面体的影响是刚性的，四面体的顶角与质量无限大的固定壁相连。根据这一模型，完全可以解释红外光谱的高频段，但不能解释光谱诸如 $95cm^{-1}$ 及 $200cm^{-1}$ 的低频段。

另一种用于振动分析的结构模型是对简单束缚定域模型的改进。该模型假设通常的振动结构单元是 α 石英晶体的结构单元，这一结构单元可以认为是将玻璃的结构单元近似为晶体中的格子单元。理论分析计算的结构单元的振动波数与观测值吻合。氧化硅玻璃晶格模型的结构单元如图 2.2 所示，这种晶格模型的主要缺点在于需要选择结构单元，如氧化硅玻璃的结构单元可以是石英、磷石英、方石英，但最终需要看采用哪种结构单元才能使计算的波数和观测到的振动波数更吻合。

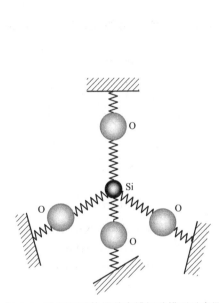

图 2.1 硅氧四面体简单束缚振动模型示意图

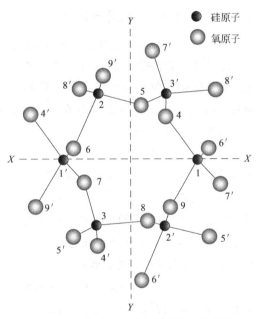

图 2.2 氧化硅玻璃晶格模型的结构单元

玻璃振动分析的另一个模型是将统计模型应用于玻璃态氧化硅的红外光谱。例如，根据［SiO_4］无规则排列构造几个由大约 500 个原子组成的玻璃态氧化硅模型，并计算了其振动谱。波数分布显示明显的峰，与观测到的红外峰存在相关性。然而，如果不进一步分析振动模式的偶极性，就不能对这种模型与测定的波数分布进行严格的比较。改进的统计学方法未来可能会成为玻璃网络振动模式分析的最佳理论方法。

结构基团中的原子相对位置一共有四类变化：键的伸缩，平面内角变形、扭曲及平面外弯曲，这些变化使结构基团处于一定的振动能级中。根据玻尔兹曼分布定律，一定温度下处于基态的分子数比处于激发态的分子数多，因此通常 $\nu=0 \rightarrow \nu=1$ 跃迁概率最大，所以出现的相应吸收峰的强度也最强，称为基频吸收峰，一般特征峰都是基频吸收，其它跃

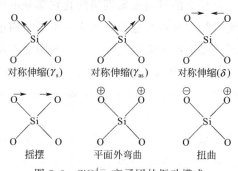

图 2.3　SiO_4^{4-} 离子团的振动模式
⊕表示从纸面向外运动；⊝表示从纸面向内运动

对称伸缩(γ_s)　对称伸缩(γ_{as})　对称伸缩(δ)

摇摆　平面外弯曲　扭曲

迁的概率较小，如倍频、合频、差频出现的吸收峰强度弱。一个由原子组成的基团基本振动数应该是 $3n-6$（或者对于线型分子为 $3n-5$），但是有的结构基团中的一些振动模式是等效的，特别是由于结构基团的对称性会产生相同频率的振动，于是会发生振动吸收峰的重叠，使得红外光谱中真正的基频吸收数目常小于基本振动形式的数目。这种现象称为振动的简并。如图 2.3 为 SiO_4^{4-} 的振动模式。SiO_4^{4-} 和 SiO_4^{2-} 除二重简并外还有三重简并，这种简并也会因为分子所处的环境不同而发生能级分裂，所以有时也可以利用简并谱带的分裂来判断分子结构基团或原子所处环境的变化。

2.2.2　傅里叶红外光谱原理

傅里叶光谱的基础是图 2.4 所示的迈克尔逊干涉仪。位于透镜 L1 焦点处的光源（LS）发出的白光被分束器分成两部分。反射部分经过定镜 M1 的反射和分束器（BS）的第二次分割后聚焦在检测器 D 上。透射部分在光线从动镜 M2 反射并再次被分束器分割后也聚焦在检测器 D 上。动镜 M2 是可移动的，可以滑行 Δx 距离。用这种方法在检测器上产生干涉条纹。其强度 $I(x)$ 取决于动镜 M2 的位置 x，$I(x)$ 称为干涉图函数。与用光栅或法布里-珀罗板的衍射产生的多光束干涉相比，这里的干涉只发生在两束光之间。

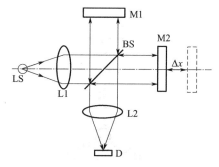

图 2.4　迈克尔逊干涉仪中的光程示意图
（LS：光源；L：透镜；M：反射镜；BS：分束器）

辐射强度常常用电场复数形式计算 $I=c_0\varepsilon_0 EE^*$，其中 c_0 为真空中光速，ε_0 为真空中的介电常数。对于平稳场，检测器在 $2T$ 时间段内测量的强度为：

$$I(T)=\varepsilon_0 c_0 \frac{1}{2T}\int_{-T}^{T}E(t)E^*(t)\mathrm{d}t \tag{2.4}$$

式中，$E(t)$ 为波的电场与时间的复数函数形式；$E^*(t)$ 为 $E(t)$ 的共轭复数形式。如果入射波是形如 $E(x,t)=E_0\cos(kx-\omega t)$ 的单色光，则检测器上的电场 E_D 为：

$$E_D=\frac{1}{2}\{E_0\cos(k_0 x-\omega_0 t)+E_0\cos[k_0(x+2\Delta x)-\omega_0 t]\} \tag{2.5}$$

式中，$2\Delta x$ 为两束光之间的光程差（动镜位移的两倍）。选择 $x=0$ 并用 $2x$ 替换 $2\Delta x$，由式(2.6)得到检测器强度：

$$I(x)=c_0\varepsilon_0\langle E^2\rangle=\frac{c_0\varepsilon_0}{4}E_0^2[1+\cos(4\pi\nu_0 x)] \tag{2.6}$$

这里把 k_0 替换成 $2\pi\nu_0$。利用光谱强度 $I(\nu)=\varepsilon_0 c_0 E_0^2\delta(\nu-\nu_0)/2$ 改写上式得到：

$$I(x) = \frac{1}{2}\int_0^\infty I(\nu)[1 + \cos(4\pi\nu x)]d\nu \qquad (2.7)$$

将这个方程推广到任意强度谱 $I(\nu)$ 得到傅里叶光谱的基本关系式：

$$I'(x) = I(x) - \frac{1}{2}\int_0^\infty I(\nu)d\nu = \frac{1}{2}\int_0^\infty I(\nu)\cos(4\pi\nu x)d\nu \qquad (2.8)$$

干涉图函数 $I(x)$ 或 $I'(x)$ 包含关于光谱 $I(\nu)$ 的全部信息。实际上，$I'(x)$ 是用余弦函数运算对 $I(\nu)$ 的傅里叶变换。观测到的强度 $I(x)$ 在平均强度 $\int I(\nu)d\nu/2 = I_0/2$ 附近振荡，这正好是光束原始总强度的一半。从式(2.8) 可以马上看出，当 $x=0$ 时，它达到 I_0 的最大值。这个位置对应于零光程差，称为白光位置。当 $x \to \infty$ 时，辐射相干性消失。根据图 2.4，检测器的强度变为 $I_0/2$。当 $x=y/2$ 时，由于对 y 积分得到 $\delta(\nu-\nu')$，对 $I'(x)$ 的傅里叶变换得到：

$$\int I'(y/2)\cos(2\pi\nu'y)dy = \frac{1}{2}\int_0^\infty I(\nu)d\nu\int\cos(2\pi\nu y)\cos(2\pi\nu'y)dy = \frac{I(\nu')}{2} \qquad (2.9)$$

这个方程表明，通过傅里叶变换直接从干涉图中得到光的光谱分量，而不存在任何光谱色散。与色散光谱法相比，该方法有两个基本优点，即能量优势和多倍仪优势。这意味着可在高信号水平进行检测以提高信噪比，特别是对弱辐射源。多倍仪的优点来源于在整个检测周期 T 内同时测量全光谱。比较而言，色散光谱依次检测频谱宽度 $\Delta\nu$ 的 N 部分，每个部分只有时间 $T' = T/N$ 可用，信噪比小到 $1/\sqrt{N}$。获取干涉图之后需要进行傅里叶变换的数学处理过程，这本身并不成为傅里叶变换光谱的缺点，因为即便是很大的数据组，计算机也能将这种变换在很短的时间内完成。傅里叶光谱仪的另一个优点是它的亮度（光学扩展量）更高。

2.3 傅里叶变换红外光谱仪

红外光谱仪分为两大类，色散型和干涉型。色散型又有棱镜分光型和光栅分光型。干涉型为傅里叶变换红外（FTIR）光谱仪，它没有单色器和狭缝，是由迈克尔逊干涉仪和数据处理系统组合而成的。色散型仪器扫描速度慢，灵敏度低，分辨率低，因此局限性很大。FTIR 仪与传统色散型红外光谱仪相比，具有两个明显的优势。第一个主要优势是单位时间内信噪比提高。由于 FTIR 光谱不需要使用狭缝或光栅分光器等限制装置，光源总输出可以连续通过样品，这使检测器上能量大量增加，从而转化为更强的信号改善信噪比。FTIR 光谱法的另一个优势是检测速度快。动镜移动速度快，加上信噪比的提高，使得获得光谱的时间可达到毫秒级。

快速扫描傅里叶变换光谱仪是目前最常用的红外光谱测量仪器。傅里叶变换红外光谱仪没有单色器和狭缝，是基于两个光束之间的辐射干涉的思想，利用迈克尔逊干涉仪产生干涉图。后者是由两束光之间的光程变化而产生的信号。利用傅里叶变换的数学方法，实现了位移域和频率域的相互转换，把干涉图变成红外光谱图。FTIR 光谱仪的基本组成如图 2.5 所示。从辐射源发出的辐射在到达检测器之前要经过一个干涉仪到达样品。信号放大后，通过滤波器消除高频贡献，通过模数转换器将数据转换成数字形式，并将其传输到计算机进行傅里叶变换。

图 2.5　FTIR 光谱仪的基本组成部分

2.3.1　迈克尔逊干涉仪

传统色散型光谱仪采用棱镜或光栅作为单色器（即单色仪）。FTIR 光谱分析仪则采用干涉仪，最常用的迈克尔逊干涉仪是 FTIR 分光计的核心部件。它由两个垂直的平面镜和一个相对于这些镜子成 45°安装的分束器组成，其中一个是静止的，称为定镜，另一个是运动的，称为动镜，动镜可以沿垂直于平面的方向匀速移动（图 2.4）。半反射膜，即分束器，将这两面镜子的平面一分为二。分束器材料根据要检测的光谱区域来选择。将锗或氧化铁等材料涂覆在透红外的衬底上（如溴化钾或碘化铯）就可以形成中红外或近红外区域分束器。较薄的有机薄膜，如聚对苯二甲酸乙酯则用于远红外区域。

如果波长为 λ(cm)的平行单色光束入射到一个理想的分束器上，50％的入射光将反射到其中一个镜面上，而 50％会透射到另外一个镜面上。这两束光将从这些镜面反射回到分束器并重新组合发生干涉。从定镜反射的 50％的光束透过分束器，而另外 50％沿光源方向反射回去。从干涉仪出来垂直于入射光的光束即成为被红外光谱仪检测到的透射光。动镜在干涉仪的两臂间形成光程差。当光程差为 $(n+1/2)\lambda$ 时，这两束光在透过时干涉相消，反射时干涉增强。获得的干涉图谱如图 2.6 所示，图 2.6(a) 为单色光源，图 2.6（b）为多色光源。前者是一个简单的余弦函数，但后者因为包含所有投射到检测器上的光谱信息而具有更复杂的形式。

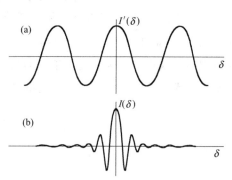

图 2.6　单色光源（a）和多色光源（b）获得的干涉图

2.3.2　光源与检测器

FTIR 光谱仪在中红外区域使用碳硅棒或能斯特光源。如果要检测远红外区域，可以使用高压汞灯，近红外光源采用钨卤灯。中红外区常用的检测器有两种，常规使用的检测器是一种热释电装置，它将氘代硫酸三甘肽（DTGS）置于耐高温的碱卤化物窗口中。要获得更高的灵敏度可以使用碲化汞镉（MCT），但必须将其冷却到液氮温度。在远红外区域，使用锗或铟锑检测器，在液氮温度下工作。对于近红外区域，一般采用硫化铅光电导体作为检测器。

2.3.3　动镜

动镜是干涉仪的重要组成部分，它必须准确对齐并通过扫描两个距离使光程差对应于一个已知值。干涉图是检测器上的模拟信号，必须将其数字化才能通过傅里叶变换转换为常规光谱。将干涉图上的数字信号转换成光谱时有两个特殊的误差来源。首先，转换实际上是有限距离而不是无限距离上的积分段，而傅里叶变换的数学处理则假定为无限边界。这种近似处理的后果是，一条谱线的形状可能如图 2.7 实线所示，其中峰形区有一系列振幅衰减的正、负侧叶（或旁瓣）。切趾处理是在进行傅里叶变换之前去除谱线边带的过程，通常是将干涉图乘以一个合适的函数以去除侧叶（或旁瓣），该函数必须使

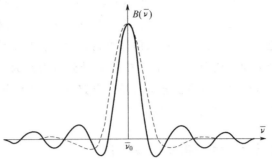

图 2.7　切趾与无切趾的仪器线形对比
（实线未切趾，虚线切趾）

干涉图的强度平滑地在其末端降为零。切趾处理后的谱线如图 2.7 中的虚线所示，虽然这个过程使分辨率有所降低，但是 $\sin x / x$ 曲线的边带被截去了。大多数 FTIR 光谱仪提供了切趾选项，常用切趾函数是如下式所示的余弦函数：

$$F(D) = [1 + \cos(\pi D)] / 2 \tag{2.10}$$

式中，D 为光程差，这个余弦函数在减少光谱图像振荡的前提下不至于降低分辨率，而要获得精确的峰形可能需要更复杂的数学函数。

另一个误差来源于零光程差极大值处的侧面采样间隔不完全相同。这需要进行相位校正，这个校正程序确保了第一个采样间隔对应于零光程差并且侧面采样间隔都是相同的。FTIR 仪器的分辨率受到两束光的最大光程差的限制，波数的极限分辨率（cm^{-1}）是光程差（cm）的倒数。例如，要达到 $0.1 cm^{-1}$ 的极限分辨率，需要 10cm 的光程差。根据这个简单的计算实现高分辨率似乎很容易，但情况并非如此，因为光学和镜面运动机构的精度在光路很长时更难以保证。

2.3.4　信号平均

快速扫描仪器的主要优点是能够通过信号平均来提高信噪比（SNR），信噪比与时间的平方根成正比。由于进一步改善信噪比需要花费更长的时间，因此信号平均的作用会变得越来越不明显，而要在相同条件下进行大量积累性的重复扫描对仪器提出了更高的要求。干涉仪中决定红外光谱波数精度的因素是扫描镜的定位精度。通常在连续光源的光束中引入激光参比干涉仪，加入激光单色光源。通过采用氦氖激光作为参照物，可以获得高精度的镜面位置。激光束产生的标准条纹可以精确地"排列"成连续扫描线，并可以随时确定和控制动镜的位移。

2.3.5　放大器和数字模拟转换器

干涉图被检测器转换成电信号，通过前置放大器、主放大器、电滤波器、取样保持电路、模拟数字转换器（AD）一并被计算机接收。放大器将干涉图信号原样放大到一定水平输入给 AD 转换器，电滤波器消除高频段不必要信号和噪声。这些组成元件的噪声水平

低于检测器噪声以保证检测器容量得到充分利用。

AD 转换器是将模拟信号转换成数字信号的电路，其主要类型有逐次近似型、三角积分（$\Delta\text{-}\Sigma$）型。逐次近似型 AD 转换器通过与标准电压逐次比较，将输入信号电压数字化。在此过程中，输入信号维持在取样保持电路状态，以保护信号不发生改变。该类型的最大动态范围（AD 转换中的信号分辨力）为 16 比特，可按计算机指令随时提取需要的输入信号。三角积分型由微分电路（Δ）和积分电路（Σ）构成，这种类型转换器可将动态范围扩大到 24 比特。

2.3.6　计算机系统及软件

计算机是现代红外光谱仪的重要组成部分，具有多种功能。计算机可以控制仪器，例如，通过它设置扫描速度和扫描限制，并通过软件控制开始和停止扫描。当扫描光谱时，它将光谱从仪器中读取到计算机内存中实现谱图数字化。可以使用计算机对光谱进行运算操作，例如添加和减去光谱或扩展感兴趣的光谱区域。计算机也被用来连续扫描光谱，并将结果平均或添加到计算机内存中。可以通过编程命令对光谱自动地进行复杂分析并绘制光谱图。单台计算机可控制整个光谱仪，如果采用多任务处理器系统，主计算机控制整个系统而由处理器单独发挥各自功能，如数据获取、数值计算等。

存储器由主存储器和辅助存储器如硬盘组成，主存储器与中央处理器（CPU）进行高速的信息交换，辅助存储器信息交换速度较慢但通常存储容量很大。与多数应用软件一样，红外光谱仪程序保存在辅助存储器中，需要时将其转移到主存储器中自动运行。另一方面，测试获得的光谱数据被转入主存储器中进行各种数据处理，如傅里叶变换计算，然后测试数据再被转入辅助存储器中保存。

操作者与光谱仪的交互作用是通过操作单元窗口完成的，该单元通常显示数据菜单、操作指南及测试所需设置的参数。操作者根据菜单设置测试参数后，点击开始测试，随后进行数据处理。测试系统经历过程包括：①光源在光谱范围内发出辐射；②射线准直；③干涉仪生成干涉图；④样品吸收；⑤检测器将光信号转换成电信号；⑥放大器和过滤器对信号进行放大和过滤；⑦采样保持电路采集信号；⑧AD 转换器把模拟信号转化为数字信号；⑨计算机收集并存储干涉图；⑩变迹；⑪傅里叶变换和相校正；⑫频谱插值；⑬透过率计算；⑭波数校正；⑮光谱显示。

2.4　实验方法

厚度 1mm 的普通硅酸盐玻璃实际上不能透过 2000cm^{-1} 以下的红外光，因为 Si—O 振动峰很强，其最强吸收在 1000cm^{-1} 处，该峰随玻璃成分不同而变化，据此可分析玻璃的结构。红外光谱测定需要使用很薄的薄膜（厚度大约 $2\mu m$）或者粉末样品。固体的红外光谱振动峰由于半峰宽很大造成理论分析较困难。红外光谱的一种特殊应用方式就是红外反射光谱，其优点在于可测试不透明试样，但也存在只能获取 $1\sim25\mu m$ 深度的结构信息，因此该方法只能算作是表面分析方法。

2.4.1 制样

（1）压片法

碱金属卤化物盐片就是玻璃样品与干燥的碱金属卤化物粉末混合物，这种混合物通常用玛瑙研钵和研杵研磨后再装入模具，在压片机下以 $10t/in^2$（$1in^2 = 6.4516cm^2$）的压力压制成透明的片状。卤化碱最常用的是溴化钾（KBr），它在中红外区域是完全透明的。制备碱金属卤化物盐片时需要考虑的重要因素是样品与碱金属卤化物的比例，通常只需要很少的样品，大约 $2\sim3mg$ 的样品和 200mg 的卤化物就足够了［比例1:（100～150）］。盐片不能太厚或太薄，太薄易碎且难以安装，而太厚红外光透过又太少。200mg 的混合物制成直径约 1cm 的盐片，其厚度通常约为 1mm。如果样品中晶粒尺寸过大，就会导致入射光的过度散射，特别是在高波数的情况下（克里斯琴森效应），需要用研钵和研杵研磨使固体晶体尺寸减小。如果碱金属卤化物不是完全干燥的，光谱中就会出现由水引起的特征峰。由于水的影响难以避免，所以碱金属卤化物和试样在使用前都应保持干燥（定期在干燥箱中 110℃ 或在真空烘箱中恒温干燥），压片过程应在红外灯照射下进行，易吸水和潮解的样品不宜用压片法。

具体制样步骤如下：

① 样品准备（固体样品）　按 1:（100～150）比例分别取样品和干燥的 KBr 粉在红外干燥灯下充分研磨至混合均匀。试样和 KBr 都应经干燥处理，研磨到粒度小于 $2\mu m$，以免散射光影响。

② 模具准备　将干燥器中保存的模具取出，确认模具洁净。若其表面不洁净，可用棉花蘸少许无水乙醇轻轻擦拭（不可用力，以免模具表面被划伤），然后在红外灯下干燥。防止样品腐蚀模具（KBr 对模具表面腐蚀很严重）。

③ 压片　将试样与纯 KBr 的混合粉末置于模具中，用 $(5\sim10)\times10^7Pa$ 压力在压片机上压成透明薄片，即可用于测定。亦有仪器厂商提供专用制样模具，将称取混合好的试样用红外专用压片螺栓螺母模具压片，直接放在红外光谱仪的光路中测定红外光谱图。

（2）糊膏法

固体样品的糊膏制样法是将样品研磨成粉，然后将大约 50mg 粉末加入到一两滴研糊剂中形成悬浮剂，再进一步研磨直到形成顺滑的膏状，转移至液体红外窗片装置上，盖上另一窗片固定后进行测定。常用的研糊剂是液体石蜡（Nujol 油）。虽然糊膏法简单快捷，但仍需要考虑一些实验因素，如应正确确定样品与研糊剂的比例。若样品太少，在光谱中就没有样品的特征峰，如果样品太多，就会产生厚厚的糊状物，红外光难以透过。经验做法是用一个微型抹刀的尖端挑取样品到 2～3 滴研糊剂中。如果研糊没有完全展开到窗片区域，红外光只能部分通过糊膏和窗片，造成光谱图出现畸变。在红外窗片之间的样品量是一个重要的因素，太少会导致光谱非常弱，只显示最强的特征峰。样品过量则透过率低，透过率基线可能只位于 50% 或更少。有时可以使用衰减器将参比光束的能量降低到同样水平，光束衰减器放置在样品室内，工作原理有点像百叶帘，可以调节检测器的光通量。

2.4.2 红外光谱分析的影响因素

在对数据进行后续处理之前，重要的是采用有效实验方法和合适的仪器获得尽可能清晰的光谱图。如上所述，玻璃红外光谱分析一般是将玻璃磨成粉末采用 KBr 压片法制样，要注意样品与 KBr 的比例不能高，样品和 KBr 都必须保持干燥，压出的片也不能过厚。除了制样环节的影响因素外，仪器使用环节的影响也不容忽视。例如，检测器产生的不同噪声可能会对光谱中观察到的信噪比产生不利影响，选择优良的检测器及其电子器件可以显著降低此类噪声源。此外，在强的吸收谱带附近，表面反射引起的能量损失可高达 15％以上，这将造成谱带变形或形成干涉条纹。通过制样设计解决薄膜样品中存在的法布里-珀罗干涉，可以缓解与频率相关的影响。最后，使用单光束、标样测量或双光束可以有效地消除（通常与波长相关的）光学元件、光栅元件和检测器对光谱产生的不利影响。

2.5 红外光谱数据分析

早期的红外光谱仪测定的是线性波长范围内的百分比透射率。在常规样品测试中一般不使用波长，而是波数。仪器测定的输出结果称为光谱，大多数商用仪器按波数从左到右递减来显示光谱。红外光谱可分为三个主要区域：远红外（<400cm^{-1}）、中红外（4000～400cm^{-1}）和近红外（13000～4000cm^{-1}）。在实际应用中，许多红外光谱使用中红外区域，但近、远红外区域也能提供材料的某些重要信息。一般来说，4000～1800cm^{-1} 区域的红外吸收峰较少，而 1800～400cm^{-1} 区域的红外吸收峰较多。有时通过改变显示范围，如缩小 4000～1800cm^{-1} 之间的区域而扩大 1800～400cm^{-1} 之间的区域，以突出显示有特征意义的光谱区间。纵坐标以透过率（％）表示。通常可以选择吸光度或者透过率作为特征峰强度的度量，这两种模式可以通过仪器自带软件互相转换，传统做法是使用透射率进行光谱定性解释，而使用吸光度进行定量分析。

2.5.1 数据处理

一般来说，有必要先删除与所研究材料的特征光谱无关的信息，然后再用更准确的方法提取谱线的相关特征峰参数（例如峰高、峰宽、峰位置等）。如前所述，产生光谱背景的相关因素有多种，这些因素中与频率相关度低的有峰的宽化效应，与频率相关度高的包括样品因素或测量本身的物理行为。即使采用的光谱分析方法和测试仪器再好，要从原始光谱中完全去除背景信号通常也是不可能的。以下分述几种常用的振动光谱数据处理方法，需要指出的是应充分认识到采用这些数据处理方法，极有可能使人曲解该光谱的关键特征峰。因此应谨慎采用这些方法，并只有在合适的情况下使用。很明显，尽管这些方法能成功地用于高信噪比（S/N）光谱数据的处理，不过如果采用这些方法来对低信噪比的光谱数据作增强处理，虽然为光谱的分析解释提供了便利，但这通常是不太可取的做法。

原始光谱数据表现为物质的共振（如吸收或发射峰）特征峰，很多情况下，这些峰叠加在平坦或略微倾斜的基线信号上。如果观察到光谱中出现一种与频率或波长几乎不相关的信号时，通常可以通过拟合为波长的线性或多项式函数并从原始数据中扣减加以消除。这种背景信号通常与材料内部的非相干散射效应、检测器噪声贡献或样品表面的宽带反射有关。某些情况下，拉曼光谱或荧光光谱的激光激发谱会延伸到观察窗中形成微弱的带尾，采取本办法可以将这些峰尾去除。

原始光谱数据中通常能观察到检测设备产生的噪声信号。即使没有热激活载流子形成光子通量，所有的检测器也都表现出最小的输出电流。检测器噪声信号取决于检测器温度噪声、入射强度及增益。光谱噪声时常表现为叠加在光谱共振上的高频强度波动，噪声的强度变化频率比光谱的特征信号变化频率高很多。高信噪比条件下，噪声强度也比目标光谱振动峰强度小。在此情况下，通过对光谱数据进行平滑和过滤可以选择性地去除噪声信号成分。

谱线平滑处理是基于"移动平均"法，移动平均平滑方法通常是指对沿数据组移动的受限多点（通常是三点）数据窗进行线性拟合。每个数据点用其自身与其相邻数据点的平均值代替，这可以推广到在移动窗中使用多项式拟合。在移动平均值的计算中，每出现一个新观察值，就要从移动平均值中减去一个最早观察值，再加上一个最新观察值，计算出移动平均值，这一新的移动平均值就作为下一轮的预测值。Savitzky-Golay 滤波或平滑降低了传统的多项式移动平均法的计算量，并被大多数数据处理和操作软件包采用。该算法假设一定范围内的谱线可近似地表示为多项式，并用最小二乘法将测试数据点拟合为多项式曲线，从而确定多项式的权重系数。增加数据窗中点的数量会对原始光谱的低频噪声成分产生更大的影响。平滑曲线的点数越多，平滑效果越大，但数据失真越严重。因此，在对窄谱进行平滑操作时，要注意避免平滑处理对谱图特征振动峰产生明显的失真。

某些检测信号例如与时间相关的发光衰减，电子线路干扰信号或其它已知频率和带宽的噪声信号成分可以采用傅里叶变换滤波去除，通过对信号中的相应傅里叶成分进行归零来选择性地抑制噪声频带。

2.5.2 分峰、求导与曲线拟合

对检测数据进行恰当的预处理旨在为后续分析谱图提供良好的光谱数据。然而，对应于不同振动或电子跃迁的光谱特征峰常常会重叠，不利于对光谱重要特征峰进行清晰解析。鉴于玻璃结构呈现明显的非均匀扩展，光谱特征峰的重叠可能性就更大了。仪器响应特征取决于频率、时间或空间相关的卷积，去卷积是将光谱或时间变量数据的傅里叶变换除以仪器响应的傅里叶变换，然后对这个商进行逆变换。在玻璃检测中，典型光栅光谱仪的宽化效应通常要比由其它因素（如热效应，声子介导的跃迁、增宽）和结构逐点变化导致的非均匀增宽小得多。在这种情况下，光谱包络线包含有多个振动峰，这些振动峰与不同能量跃迁相关，因而需要采用方法来评价其中各振动峰的贡献大小。

直接方法就是求导数。重叠共振峰的导数可提供有关峰的个数及其位置的有用信息，常用于提高电子自旋共振谱的分辨率。通过确定谱图一阶、二阶及高阶导数曲线的零点、最小值及最大值，可以估计峰的位置及其相对宽度。图 2.8 说明了通过求导确定谱图中各特征子峰的方法。本例中，由三个洛伦兹重叠而成的光谱如图（图中顶部曲线）所示，下方依次显示的是光谱一阶和二阶导数曲线（D1 为一阶导数，D2 为二阶导数）。垂直虚线表示的是各洛伦兹峰的中心位置。从图中可以清楚地看到光谱中主峰中心位置对应于

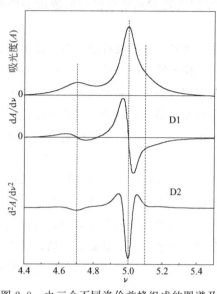

图 2.8　由三个不同洛伦兹峰组成的图谱及
其一阶和二阶导数曲线

D1 曲线的零点和 D2 曲线的最小值处。第三个洛伦兹峰仅显示为主中心峰上的一个高频小峰肩，可由光谱导数曲线确定，这一由光谱导数曲线确定的附加弱峰与单一对称峰存在偏差。因此，对光谱求导可以提供组成光谱包络线的振动峰数量，并有助于拟合出整个光谱中存在的所有峰函数。这种曲线拟合技术广泛应用于 X 射线光电子能谱（XPS）分析和振动光谱分析中，但需要先设定可能共振峰的函数形式。玻璃和其它无序系统具有显著的非均匀扩展特点，通常采用高斯线性函数。每一个高斯函数都需要定义三个不同的可调参数：中心频率、宽度和高度。通常采用非线性最小二乘法设定初始参数值对数据进行拟合。对于包含多个振动峰的光谱包络线，增加可调参数的数量比较容易生成符合数学要求的拟合函数，但可能缺乏物理意义。不能强行为了获得预期的峰特征和峰数量而设定相应的参数来调和拟合结果，通常应该根据材料振动峰已有特征信息并通过其它检测结果验证来增加拟合结果的可信度。

2.5.3　基线校正

　　理想的红外光谱基线应该是平的，要么是透过率为 100% 的平直线，要么是线性吸光度为 0 的平直线。样品测试时因为散射效应、反射、温度、浓度或者仪器异常可能造成基线偏离理想状态。在定量红外光谱分析中，通常使用基线将吸收峰最低点连接在一条线上，基线最好是吸光度谱线上重现多的平坦部分，采用基线与吸收峰值之间的差值确定吸光度。基线校正有多种方法。首先是一点基线校正法，将光谱所有数据点扣减一个常数，这样消除谱图基线与零吸光度线之间的偏差，将谱图基线重置为零基线。第二种方法是两点基线校正法，适用于基线倾斜的情况，就是将吸光度谱线扣减一个有一定斜率的线性函数。第三种方法为线性插值法。即沿谱线基线选择若干点，每对点生成一个线性插值，从谱线上扣减每个插值。第四种为非线性函数校正法。这种方法通常是用多项式或其它高阶函数拟合原始光谱基线并将拟合基线函数从光谱数据中扣除。不过，用高阶函数拟合基线应谨慎，因为可能会引入误差，应使拟合函数与真实基线尽可能接近。手动基线校正准确度取决于操作者经验，许多仪器软件自带了自动基线校正，典型自动基线校正采用线性或多项式拟合光谱中无谱峰的部分。不过自动基线校正函数应谨慎使用。

2.6　玻璃红外光谱分析实例

　　对玻璃振动光谱的经验分析可以提供有关玻璃中原子排列的有用信息。经验分析方法是通过研究大量类似材料将光谱中的振动峰与材料中特定原子基团相对应。这种方法虽然简单直接，但是要注意这种分析结果即使是在高波数区域也可能不准确。经验方法的要点在于基团振动概念，即分子或者晶格的振动与其它原子的运动无关。本节将讨论几种玻璃的基团振动模式。

2.6.1 硅酸盐玻璃

SiO_2 晶体和 SiO_2 玻璃的红外光谱研究（图 2.9）显示，石英晶体（α-白石英）的红外光谱 [图 2.9(a)] 和 SiO_2 玻璃的红外光谱 [图 2.9(b)] 非常相似。由于两种不同的物质不可能具有相同的红外光谱，根据两者光谱的相似性，可以假设玻璃态 SiO_2 结构中含有高温结晶石英结构域。对晶体白石英和玻璃态 SiO_2 的中红外光谱的详细分析，特别是将它们分峰成各子峰后，显示出细微但显著的差异。这些差异出现在所谓的伪晶格振动（$800\sim500cm^{-1}$）和 Si—O 伸缩振动（$1250\sim900cm^{-1}$）范围内。在伪晶格振动范围内的硅酸盐中红外谱中，存在超四面体结构单元相关峰。在这个范围内，α-白石英晶体的红外光谱只在约 $701cm^{-1}$ 处出现一个峰 [图 2.9(a)]。模型计算以及环硅酸盐光谱研究将该峰归因于 α-白石英结构中六元硅氧环的振动。在玻璃态 SiO_2 的分峰谱中，分别在 $759cm^{-1}$ 和 $570cm^{-1}$ 出现两个峰，类似于晶体晶石，这两个峰与硅氧环的振动有关。可以认为，玻璃中存在相当于晶相有序结构域的组成，玻璃态 SiO_2 结构包含 α-白石英晶体结构的有序区域（晶畴），这些 α-白石英晶畴无规则地连接在一起，形成三维网络，这些晶畴之间既有松散的区域，也有密堆积区域。

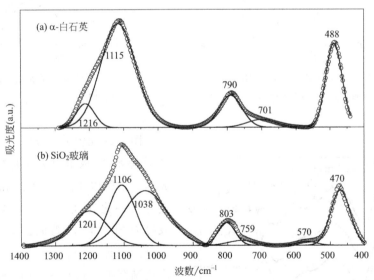

图 2.9　α-白石英及 SiO_2 玻璃的红外光谱图及分峰

上述 SiO_2 玻璃的 IR 图谱相对于 SiO_2 晶体的图谱明显宽化，表明玻璃长程结构的无序性。SiO_2 玻璃掺入碱金属氧化物改性体的碱硅酸盐玻璃的 IR 图谱如图 2.10 所示，玻璃组成中加入碱金属氧化物，各振动峰相对于 SiO_2 玻璃振动峰明显宽化，表明网络中硅氧四面体种类增多，同时 $1120\sim1050cm^{-1}$ 处桥氧的反对称伸缩振动峰劈裂成两个峰，其

中的 $950\sim900\text{cm}^{-1}$ 非桥氧振动峰加强，表明结构解聚，非桥氧增加。从图中可以看出，随着碱金属离子半径增加，解聚作用显得更为明显，因为改性体离子半径增加，对氧的束缚减弱，提供非桥氧的能力增强。同时位于 800cm^{-1} 处的 O—Si—O 键的对称伸缩振动峰向低波数方向移动。

石英玻璃及系列钠硅酸盐玻璃的红外反射光谱如图 2.11 所示。石英玻璃中 1125cm^{-1} 振动峰为 Si—O—Si 中 Si—O 的伸缩振动，玻璃中 Na_2O 含量增加时，该峰向低波数方向移动并且强度减弱，同时峰变宽，这表明 Na_2O 的加入使玻璃结构无序程度增加。位于 $800\sim740\text{cm}^{-1}$ 的第二个峰也可以归因于 Si—O 伸缩振动。第三个峰位于 950cm^{-1}，其强度随 Na_2O 含量的增加而增加，该峰归属于非桥氧的 Si—O 链上 Si—O⁻ 及 ⁻O—Si—O⁻ 基团（其中 O⁻ 表示非桥氧）的伸缩振动。用钾、锂及碱土金属氧化物取代硅酸盐玻璃中的氧化钠对光谱的影响与此类似，区别主要在于不同振动峰的相对强度不一样。

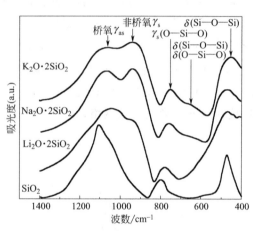

图 2.10 含不同碱金属氧化物的
硅酸盐玻璃的红外光谱

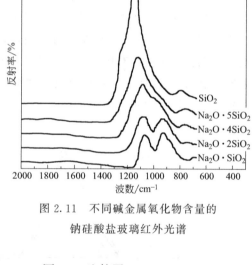

图 2.11 不同碱金属氧化物含量的
钠硅酸盐玻璃红外光谱

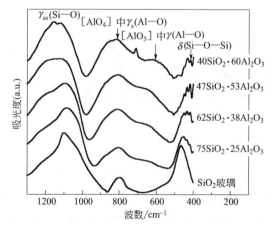

图 2.12 铝硅酸盐玻璃红外光谱

图 2.12 比较了 $(100-x)SiO_2\cdot xAl_2O_3$ 玻璃及 SiO_2 玻璃（$\alpha\text{-}SiO_2$）的红外吸收光谱，谱图以 $1200\sim1000\text{cm}^{-1}$ 段的强度进行归一化处理。位于约 450cm^{-1} 的吸收峰为 Si—O—Si 弯曲振动，随着 Al_2O_3 含量的增加，$500\sim400\text{cm}^{-1}$ 峰的相对强度逐渐降低，这与 Si—O—Si 键的相对含量随着 Al_2O_3 含量的增加而减少有关。而位于 $900\sim500\text{cm}^{-1}$ 范围内的吸收峰相对强度逐渐增加。SiO_2 玻璃位于 $1200\sim1000\text{cm}^{-1}$ 的吸收峰通常归属于 Si—O 反对称伸缩振动。$SiO_2\text{-}Al_2O_3$ 玻璃 IR 谱图

中位于 $850\sim800cm^{-1}$ 和 $700\sim600cm^{-1}$ 处的吸收峰被认为是 $Si(Al)O_4$ 四面体中 $Si(Al)—O$ 的伸缩振动以及 $[AlO_5]$ 基团中 $Al—O$ 伸缩振动。随着 Al_2O_3 含量的增加，位于 $800cm^{-1}$ 处的吸收峰逐渐增强并向高波数段移动，这与 $[SiO_4]$ 相对数量减少而 $[AlO_4]$ 数量增加有关。然而谱图中位于 $700\sim600cm^{-1}$ 处吸收峰的归属仍有争议。从图中可以看出，$680\sim670cm^{-1}$ 吸收峰强度随 Al_2O_3 含量的增加而增强，该峰可归因于 $[AlO_6]$ 的伸缩振动，也有人将 $700\sim600cm^{-1}$ 吸收峰归属于 $[AlO_5]$ 基团中 $Al—O$ 的伸缩振动。这些峰的具体归属需要通过核磁共振以及径向分布函数等测试手段进行进一步研究。铝硅酸盐玻璃的振动峰的归属如表 2.1 所示。

表 2.1　铝硅酸盐玻璃红外光谱峰的归属

峰位置/cm^{-1}	归属	峰位置/cm^{-1}	归属
$480\sim450$	Si—O—Si 的弯曲振动	$1460\sim1400$	碳酸基团振动
$650\sim600$	Si—O—Si 和 O—Si—O 弯曲振动	$1640\sim1600$	分子水的振动
$680\sim670$	$[AlO_6]$ 的伸缩振动	$950\sim850$	Q^0（桥氧数为 0 的硅氧四面体）
$800\sim725$	O—Si—O 键的对称伸缩振动	$1000\sim950$	Q^1（桥氧数为 1 的硅氧四面体）
$800\sim780$	$[AlO_4]$ 中对称伸缩振动	$1050\sim1000$	Q^2（桥氧数为 2 的硅氧四面体）
$950\sim900$	非桥氧振动或 Si—O$^-$ 的伸缩振动	$1100\sim1050$	Q^3（桥氧数为 3 的硅氧四面体）
$1120\sim1050$	桥氧的反对称伸缩振动或 Si—O—Si 伸缩振动	$1150\sim1100$	Q^4（桥氧数为 4 的硅氧四面体）

2.6.2　硼酸盐玻璃

碱硼酸盐玻璃及氧化硼的红外反射光谱如图 2.13 所示。图 2.13(a) 为钠硼酸盐玻璃 IR 反射图谱。氧化硼 IR 图谱中位于 $1280cm^{-1}$ 的主峰属于硼氧三角体 $[BO_3]$ 连接的 B—O—B 链段中 B—O 的伸缩振动，$710cm^{-1}$ 处为该基团的辅峰，该峰归因为 B—O—B 的弯曲振动。若增加 Na_2O 的含量，这些峰强度减弱并移向低波数段。位于 $950cm^{-1}$ 及 $1080cm^{-1}$ 的弱峰的强度随着 Na_2O 含量增加而显著增加，并当 Na_2O 为 30% 时达到最大值，这两个峰归属于硼氧四面体 $[BO_4]$ 结构单元的振动，这是因为硼反常效应，Na_2O 引入的氧将 $[BO_3]$ 转化为 $[BO_4]$。普遍认为，硼酸盐玻璃 IR 中位于 $1400\sim1350cm^{-1}$ 的吸收峰可归属于 $[BO_3]$ 的 B—O—B 链段中 B—O 键的伸缩振动，强度随 Na_2O 含量的增加而增加。极限组成为 $Na_2O\cdot5B_2O_3$，硼反常效应达到最充分状态，其结构为一个 $[BO_4]$ 被四个 $[BO_3]$ 包围，因为 $[BO_4]$ 带一个负电荷，$[BO_4]$ 四面体之间需要用中性 $[BO_3]$ 隔离开。极限组成 IR 光谱的 $1270cm^{-1}$ 与 $1400\sim1350cm^{-1}$ 峰强度相同，继续增加 Na_2O 含量，$1400\sim1350cm^{-1}$ 峰强度不再增加。锂、钾及碱土金属硼酸盐玻璃与钠硼酸盐玻璃的规律类似，不同之处主要在于峰的强度和形状不同。

图 2.13(b) 为锂硼酸盐玻璃及氧化硼的红外反射光谱，$1100\sim850cm^{-1}$ 处的吸收峰是由于四面体 $[BO_4]$ 单元的 B—O 伸缩振动。对于 $1250cm^{-1}$ 和 $1400cm^{-1}$ 峰也可能归属为更精确的结构，它们分别对应于硼氧环的伸缩振动。位于约 $700cm^{-1}$ 处的吸收峰，

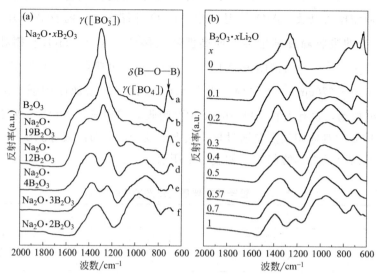

图 2.13　碱硼酸盐玻璃及氧化硼的红外反射光谱

对应于硼氧网络中 B—O—B 桥接键的弯曲振动。位于约 $1220cm^{-1}$ 的吸收峰归因于 [BO_3] 三角体单元中 B—O$^-$ 键的伸缩振动。这些结构单元可形成链状偏硼酸盐，也可以包含在三硼酸环中。通过分析 [BO_4] 峰的形状，认为组成玻璃网络的典型硼酸盐单元包括三个方面：$980cm^{-1}$ 子峰为多晶二硼酸盐的 [BO_4] 中 B—O 键的伸缩振动，同样，其它两个位于约 $880cm^{-1}$ 和 $1035cm^{-1}$ 处的峰源于多晶四硼酸盐的 [BO_4] 中 B—O 键的伸缩振动。碱金属氧化物含量低时，[BO_4] 优先存在于四硼酸基团中，碱金属含量增加，则转化为二硼酸环。相关硼氧结构单元的结构式如图 2.14 所示。

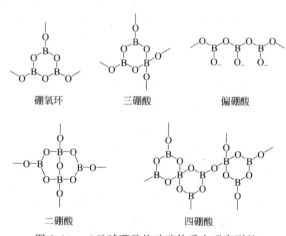

硼氧环　　　三硼酸　　　偏硼酸

二硼酸　　　　　四硼酸

图 2.14　二元碱硼酸盐玻璃体系中观察到的
典型硼酸盐结构基团

系列碱硼硅酸盐玻璃（B_2O_3/SiO_2 摩尔比保持不变）的红外反射光谱如图 2.15 所示，随着 Na_2O 逐渐取代 SiO_2 和 B_2O_3，出现的 $1400\sim1320cm^{-1}$ 吸收峰强度逐渐降低，而 $1100cm^{-1}$ 吸收峰逐渐增强。当 Na_2O 含量较低而 SiO_2 含量高时，$1100cm^{-1}$ 吸收峰为主要四面体结构单元 [SiO_4] 中 Si—O—Si 的伸缩振动，$1400\sim1320cm^{-1}$ 吸收峰则归因于三角体 [BO_3] 中 B—O—B 的伸缩振动。Na_2O 含量较高而 SiO_2 及 B_2O_3 含量较低时，$1100cm^{-1}$ 吸收峰强度增加，该峰归属于四面体 [BO_4] 和 [SiO_4] 混合结构中 B—O—Si 结构的振动，表明更多的 [BO_3] 转化为 [BO_4] 进入硅酸盐网络结构。位于 $1200\sim1130cm^{-1}$ 的峰肩归属于带 4 个桥氧的 [SiO_4] 结构单元（Q^4），随着组成中 Na_2O 含量增加，1250cm^{-1}处的吸收峰趋于减弱，表明玻璃四面体结构单元中〔BO$_4$〕进入〔SiO$_4$〕网络中，〔SiO$_4$〕的含量趋于减少。

根据 Yun，Bray & Dell 提出的结构模型，在简单的三元玻璃体系 Na$_2$O-B$_2$O$_3$-SiO$_2$ 中加入碱金属氧化物（M$_2$O）时，玻璃的结构演变可用两个结构参数 R＝M$_2$O/B$_2$O$_3$ 以及 K＝SiO$_2$/B$_2$O$_3$（摩尔比）来描述：若 R＜0.5，硼酸盐以硼氧三角体和四面体的形式共存，因为〔BO$_{3/2}$〕会转化为〔BO$_{4/2}$〕$^-$ 并通过碱金属离子（M$^+$，M^{2+}）进行电荷补偿以达到体系的电中性；若 0.5＜R＜R_{max}（＝$0.5+K/16$），体系中二硼酸盐基团将转化形成赛黄晶类和硅硼钠石类结构单元，其〔BO$_4$〕含量等于改性体的相对含量 R；若 R_{max}＜R＜R_{d1}（＝$0.5+K/4$），额外的改性体开始引起网络发生解聚并在硅氧四面体上形成非桥氧；若 R_{d1}＜R＜R_{d3}（＝$2+K$），增加的改性

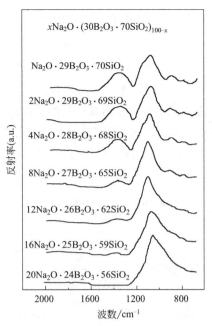

图 2.15　恒定 B$_2$O$_3$/SiO$_2$ 摩尔比的
钠硼硅酸盐玻璃的红外反射光谱

体将〔BO$_4$〕四面体转化为带非桥氧的〔BO$_3$〕三角体，并在〔SiO$_4$〕结构单元上形成两个非桥氧。

图 2.16 为钠硼硅酸盐玻璃的红外光谱图。增加 Na$_2$O 含量，680cm^{-1} 峰中心位置无变化，而 1100cm^{-1} 中心位置向低波数方向移动并变宽形成低波数肩峰。硼硅酸盐玻璃在 R＜0.5 时，硅酸盐网络与硼酸盐网络混合，所有 Na$_2$O 都与〔BO$_3$〕结合形成〔BO$_4$〕。图中看出光谱中出现很多子峰，某些是硅酸盐键的振动，某些是硼酸盐键的振动，另一些

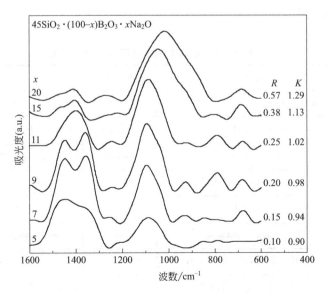

图 2.16　钠硼硅酸盐玻璃的红外光谱

则是 Si—O—B 的振动。$710 \sim 675 \mathrm{cm}^{-1}$ 的子峰归因于五硼基团的振动（［BO_4］与 ［BO_3］之比 1：4），$880 \mathrm{cm}^{-1}$ 及 $950 \sim 915 \mathrm{cm}^{-1}$ 吸收峰属于 ［BO_4］基团的振动。可认为在结构参数 $R < 0.5$ 情况下没有硅酸盐网络中非桥氧离子的振动。$970 \sim 955 \mathrm{cm}^{-1}$ 的子峰属于二硼基团的振动（［BO_4］与 ［BO_3］含量相同）。$1120 \sim 1000 \mathrm{cm}^{-1}$ 的振动峰为硅酸盐基团 ［SiO_4］和硼酸盐基团 ［BO_4］、［BO_3］的振动叠加。图 2.16 所示玻璃中当 $x =$ 20 时，对于 $0.5 < R < R_{\mathrm{max}} (= 0.5 + K/16)$，［$BO_4$］结构桥接到四个 ［$SiO_4$］上，硅酸盐和硼酸盐网络混合在一起形成结构基团。

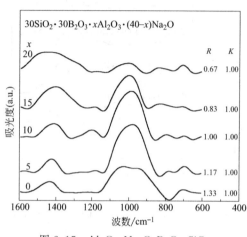

图 2.17 Al_2O_3-Na_2O-B_2O_3-SiO_2 玻璃的红外光谱

图 2.17 为 Al_2O_3-Na_2O-B_2O_3-SiO_2 玻璃的红外光谱，组成中 Na_2O 逐步取代 Al_2O_3。在 Al_2O_3-Na_2O-B_2O_3-SiO_2 玻璃中，涉及多种网络形成体，除了 SiO_2 和 B_2O_3，作为网络中间体的 Al_2O_3 也可以起到网络形成体的作用。根据铝反常，Al_2O_3 优先与等量的 Na_2O 结合形成 AlO_4 四面体，剩下的 Na_2O 仅与 B_2O_3 结合或者与 B_2O_3 和 SiO_2 两者结合。结构参数 $R' =$ （Na_2O—Al_2O_3）/B_2O_3，其中（Na_2O—Al_2O_3）表示假设与 B_2O_3($R < R_{\mathrm{max}}$) 或同时与 B_2O_3 和 SiO_2($R > R_{\mathrm{max}}$) 结合的 Na_2O 量。随着 Al_2O_3 含量增加 Na_2O 含量减少，位于 $800 \sim 780 \mathrm{cm}^{-1}$ 的 ［AlO_4］振动吸收峰逐渐增强，位于 $950 \mathrm{cm}^{-1}$ 归属于 ［BO_4］基团的振动吸收峰减弱，而 $1500 \sim 1400 \mathrm{cm}^{-1}$ 归属于 ［BO_3］基团的振动吸收峰趋于增强。铝硼硅玻璃红外光谱有关振动峰可能的归属如表 2.2 所示。

表 2.2　铝硼硅玻璃 FT-IR 特征吸收峰的归属

波数/cm^{-1}	归属	波数/cm^{-1}	归属
$3400 \sim 3000$	—OH 或水基团中 OH 伸缩振动	$730 \sim 690$	［BO_3］之间的桥氧
1620	H_2O 或 OH^-	$720 \sim 700$	B—O—B 弯曲振动
$1550 \sim 1420$	［BO_3］伸缩振动	$710 \sim 675$	B—O—B 的变形振动，五硼基团
$1500 \sim 1200$	［BO_3］三角体非对称振动	$770 \sim 760$	［BO_3］和［BO_4］之间的桥氧
$1420 \sim 1400$	CO_3^{2-} 基团	$800 \sim 780$	［AlO_4］对称伸缩振动
$950 \sim 910$	［BO_4］四面体伸缩振动	600	［SiO_4］中 O—Si—O 的弯曲振动
$970 \sim 955$	二硼酸盐(等量［BO_4］和［BO_3］)	$550 \sim 400$	Si—O—Si 的弯曲振动
$1120 \sim 1000$	［BO_3］与［SiO_4］混合结构	550	含［BO_3］的偏硼酸、焦硼酸、正硼酸基团

2.6.3 磷酸盐玻璃

磷酸盐玻璃中 [PO₄] 通过 P—O—P 桥接键与邻近基团连接构成网络结构，其网络结构及磷酸结构单元示意图如图 2.18 所示。可以通过红外光谱了解磷原子与不同的桥氧和非桥氧配位形成的结构基团的特征振动模式，典型的振动模式包括磷氧四面体中 P—O—P 键的振动以及偏磷酸盐 PO_3^-、焦磷酸盐 $P_2O_7^{4-}$、正磷酸盐 PO_4^{3-} 基团中 O—P—O 键的振动。另外，过磷酸玻璃中的 P═O 键的振动也具有红外和拉曼活性。例如，含 ZnO 和 BaO 的偏磷酸盐玻璃的红外光谱如图 2.19 所示。红外光谱图中主要谱峰包括：位于 1300cm⁻¹ 处吸收峰对应于 P═O 键的振动，位于 1000cm⁻¹ 和 1115cm⁻¹ 处对应于 P—O（非桥氧）键，而 950～850cm⁻¹ 和 790～690cm⁻¹ 的吸收峰分别为 P—O—P 键的对称和非对称振动。玻璃中相关磷酸结构基团的常见红外光谱吸收峰属性如表 2.3 所示。

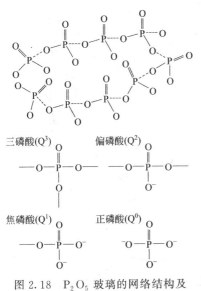

图 2.18　P_2O_5 玻璃的网络结构及玻璃中的磷酸结构单元

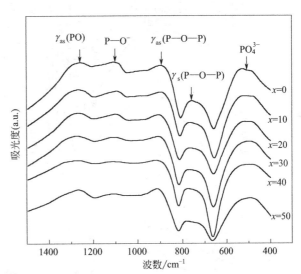

图 2.19　xZnO-$(50-x)$ BaO-50P_2O_5 偏磷酸盐玻璃的红外光谱

表 2.3　磷酸盐玻璃红外光谱吸收峰属性

波数/cm⁻¹	归属	波数/cm⁻¹	归属
304	[PO₄]	920	P—O—P 键的非对称伸缩振动
520～460	O═P—O 键的弯曲振动	1020	PO_3^- 对称伸缩振动（Q^0 的[PO₄]中 P—O⁻）
540	O—P—O 非对称弯曲振动；PO_4^{3-} 变形振动	1093	偏磷酸（Q^2）四面体中 P—O 键的对称伸缩振动
620	金属—O—P 键的伸缩振动	1256	偏磷酸（Q^2）四面体中 P—O 键的非对称伸缩振动
750～710	焦磷酸（Q^1）单元 P—O—P 环对称伸缩振动	1395	P═O 对称伸缩振动
770	正磷酸（Q^0）单元 PO_4^{3-} 的伸缩振动	1630	P—OH 键弯曲振动

图 2.20(a) 为 P_2O_5-ZnO-CeO₂ 玻璃红外光谱。中心位于 1256cm⁻¹ 和 1093cm⁻¹ 的吸收峰分别为偏磷酸四面体结构单元 Q^2 中 P—O 键的反对称和对称伸缩振动。位于

$750cm^{-1}$ 吸收峰归属于 P—O—P 链段的对称伸缩振动，而位于 $900cm^{-1}$ 的吸收峰为线型偏磷酸链中 P—O—P 链段的反对称伸缩振动。吸收峰形状随着 CeO_2 含量增加而变化，在 $770 \sim 710cm^{-1}$ 波数段出现新的峰，这可能是因为 Q^1 磷酸结构中的 P—O—P 键因加入 CeO_2 断裂，形成孤立的磷酸四面体 Q^0 结构单元。因此位于 $710cm^{-1}$ 及 $770cm^{-1}$ 的吸收峰可分别归属于 P—O—P 环的对称伸缩振动和 PO_4^{3-} 的伸缩振动。另外，位于 $1090cm^{-1}$ 和 $1256cm^{-1}$ 的吸收峰随着 CeO_2 增加变得更为清晰，表明添加 CeO_2 使磷酸盐玻璃网络结构发生解聚形成非桥氧，即 CeO_2 在磷酸盐玻璃中充当网络改性体。从图 2.20(b) 中 P_2O_5-ZnO-CeO_2-B_2O_3 玻璃的红外光谱可以看出，随着 B_2O_3 含量增加，P—O—P 即 PO_2 键的振动吸收峰减弱，当玻璃中 B_2O_3 含量大于 15%（摩尔分数）时，在约 $1470cm^{-1}$ 出现 $[BO_3]$ 吸收峰，表明随着 B_2O_3 含量增加，$[BO_4]$ 转化为 $[BO_3]$ 结构。

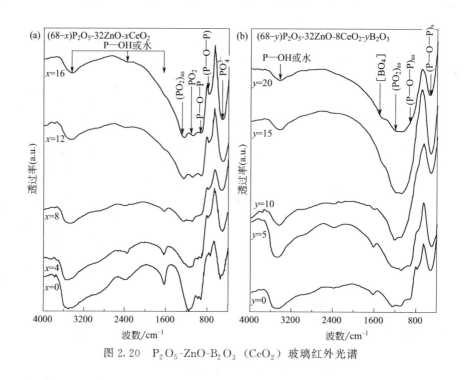

图 2.20　P_2O_5-ZnO-B_2O_3（CeO_2）玻璃红外光谱

2.6.4　铋酸盐玻璃

Bi_2O_3 因为 Bi^{3+} 场强小不能单独作为玻璃网络形成体，不过，Bi_2O_3 与其它玻璃形成体如 B_2O_3、SiO_2、P_2O_5 等一起可以形成一个较大范围的玻璃形成区。铋酸盐玻璃在可见光区存在低价铋离子的特征吸收带而影响玻璃的透过率，通常掺入高价态过渡金属或稀土氧化物抑制 Bi^{3+} 的还原以提高玻璃透过率。图 2.21 显示了掺杂不同金属氧化物的铋硼硅玻璃的红外吸收光谱图，图中试样玻璃摩尔组成为 $(100-x-y)$（$0.3Bi_2O_3$-$0.15B_2O_3$-$0.4SiO_2$-$0.15ZnO$)-xA-yB，其中 A、B 表示掺入的金属氧化物，用掺入的金属离子及其摩尔百分数 x、y 表示样品名称。由于宽化谱峰的包络线中含有与结构基团相关的多个子峰，因此采用解卷积对光谱进行了分峰处理。从未掺杂玻璃谱图中 1500～

400cm^{-1} 范围内分离出 7 个吸收峰，分别为 545cm^{-1}、715cm^{-1}、868cm^{-1}、987cm^{-1}、1076cm^{-1}、1220cm^{-1} 和 1333cm^{-1}。谱图可分为低频段、中频段和高频段。低频段 600～400cm^{-1} 的吸收峰可归因于 [BiO$_6$] 八面体单元中 Bi—O 弯曲振动、[ZnO$_4$] 四面体中 Zn—O 弯曲振动、[BO$_3$] 单元中 B—O 弯曲振动和 Si—O—Si 弯曲振动的叠加。而 715cm^{-1} 处吸收峰归属于 [BO$_3$] 三角体中的 B—O—B 或四硼基团与 [BO$_3$] 硼原子之间桥氧的弯曲振动。图中最宽的中频段包括 868cm^{-1} 处 [BiO$_3$] 三角体中及 [BiO$_6$] 八面体中 Bi—O 的伸缩振动合峰、987cm^{-1} 处 [BO$_4$] 四面体中 B—O 伸缩振动峰、1076cm^{-1} 处 [SiO$_4$] 四面体单元中 Si—O 和 Si—O—Si 伸缩振动峰。最后，高频段吸收峰包括位于 1220cm^{-1} 处的 [BO$_3$]、[BO$_4$] 中 B—O$^-$ 伸缩振动峰以及位于 1333cm^{-1} 处 [BO$_3$] 中 B—O 键的伸缩振动峰。常用铋硼硅玻璃的红外光谱振收峰的参考归属如表 2.4 所示。

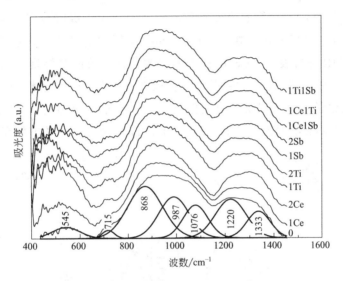

图 2.21　掺杂不同金属氧化物的铋硼硅玻璃的红外光谱比较

表 2.4　铋硼硅玻璃的红外光谱振动峰属性

波数/cm^{-1}	振动峰属性
600～400	[BiO$_6$]八面体单元中 Bi—O—Bi 及 Bi—O 弯曲振动
475	[SiO$_4$]四面体结构单元中 Si—O—Si 的弯曲振动,[ZnO$_4$]四面体单元中 Zn—O 的弯曲振动
735～680	[BO$_3$]三角体中 B—O—B 弯曲振动
840	[BiO$_3$]三角体中 Bi—O 伸缩振动
865	[BiO$_3$]三角体中及[BiO$_6$]八面体中 Bi—O 的伸缩振动合峰
1080～1010	[SiO$_4$]四面体单元中 Si—O 和 Si—O—Si 伸缩振动
1050～900	[BO$_4$]四面体单元中 B—O 伸缩振动
1230～1100	[BO$_3$]三角体和[BO$_4$]四面体单元中 B—O$^-$ 伸缩振动
1500～1200	[BO$_3$]三角体中 B—O 伸缩振动

图 2.22 对比显示了掺杂玻璃相对于原始玻璃的 IR 图。相比之下，随着 CeO_2、TiO_2 和 Sb_2O_3 的引入，$545cm^{-1}$ 处的低频吸收峰增强并向低波数移动，CeO_2、TiO_2 和 Sb_2O_3 可能促进了 ［BiO_3］/［BiO_6］ 结构单元的形成。这是由于金属离子场强较高，改变了 Bi 电子云的分布，促进了 ［BiO_6］ 的形成。根据 Dietzel 模型，场强定义为电荷与距离平方之比。Ce^{4+}、Ti^{4+}、Sb^{3+}、Bi^{3+} 的场强分别为 $0.83\mathring{A}^{-2}$、$1.25\mathring{A}^{-2}$、$0.73\mathring{A}^{-2}$、$0.62\mathring{A}^{-2}$，这与 $600\sim400cm^{-1}$ 波数段的这些离子的不同影响程度基本一致。如图 2.22 (a) 所示，位于中频段 $1038cm^{-1}$ 处的吸收峰随着 CeO_2 的增加逐渐向 $873cm^{-1}$ 和 $950cm^{-1}$ 吸收峰收缩，同时 $715cm^{-1}$ 吸收峰减弱。这些变化进一步说明 ［BiO_3］ 三角体和 ［BiO_6］ 八面体的浓度增加了，而且随着 ［SiO_4］ 网络同时解聚，［BO_3］ 转化为 ［BO_4］。此外，高频段的 $1223cm^{-1}$ 和 $1323cm^{-1}$ 吸收峰强度减弱，且后者比前者强度大，表明掺杂后 $B—O^-$ 非桥氧的浓度降低，这与 $715cm^{-1}$ 吸收峰变化反映的规律一致。从图 2.22(b)~(d) 可以看出，掺入 TiO_2、Sb_2O_3 引起的结构变化趋势与 CeO_2 类似，但程度较弱。FTIR 分析表明，CeO_2 作为网络改性剂导致网络解聚，TiO_2 或 Sb_2O_3 作为网络中间体，其中一部分参与网络构建，其余部分作为网络改性体。掺杂的金属氧化物引入了额外的氧原子，由于硼反常效应使 ［BO_3］ 转化为 ［BO_4］。网络改性体 CeO_2 浓度的升高对硼反常的影响要大于 TiO_2 及 Sb_2O_3，TiO_2 及 Sb_2O_3 浓度较高时作用相反。掺

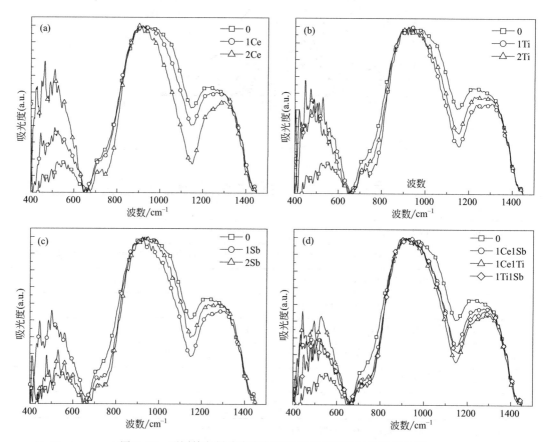

图 2.22　不同掺杂剂浓度变化的铋硼硅玻璃的红外光谱比较

入 TiO_2 和 Sb_2O_3 的浓度加倍与起始掺杂量相比，对结构的影响差别不大，因为 Ti 和 Sb 逐渐作为网络形成体进入 Si—O 四面体网络。

2.7 红外光谱的定量分析

红外光谱的定量分析就是通过对特征谱带的强度测量确定试样中化学组成的含量，定量分析是建立在特征峰的波数和强度的准确测定基础之上的。由于红外光谱中会出现多个峰靠近的情况，光谱的检测应该具有足够高的波数分辨率。傅里叶变换红外（FTIR）光谱仪的波数分辨率表示为迈克尔逊干涉仪中定镜和动镜之间光程差的倒数。红外光谱吸收峰的宽度通常用半峰宽表示（吸收峰最大值一半处的宽度），为了获得满意的分辨率的光谱，FTIR 的波数分辨率应该设置为小于检测峰的半峰宽值。定量分析的吸收峰强度检测应采用信噪比足够高的光谱仪进行检测。根据比尔-朗伯定律，红外光源透过玻璃后的透过率 T 和吸光度 A 分别为：

$$T(\widetilde{\nu}) = 10^{-\varepsilon(\widetilde{\nu})cl} \tag{2.11}$$

$$A(\widetilde{\nu}) = -\lg T(\widetilde{\nu}) = \varepsilon(\widetilde{\nu})cl \tag{2.12}$$

式中，c 为浓度；l 为试样厚度；$\varepsilon(\widetilde{\nu})$ 为吸收系数。式（2.12）提供了定量分析的基础，因为吸光度与样品中产生该吸收的组成浓度成正比。表示红外光谱强度的方法有两种，一个是吸收峰强度（峰值强度）A_{max}，另一个是整个峰的面积（积分强度）S，可表示为：

$$A_{max} = \varepsilon_{max} cl \tag{2.13}$$

$$S = \int_{\nu_1}^{\nu_2} A(\widetilde{\nu}) d\widetilde{\nu} = \int_{\nu_1}^{\nu_2} \varepsilon(\widetilde{\nu}) cl \, d\widetilde{\nu} \tag{2.14}$$

式（2.13）中，峰值强度 A_{max} 指吸收峰最大值；ε_{max} 是吸收峰最大值处的摩尔吸收系数；c 为组分的浓度；l 为试样厚度。式（2.14）中的积分强度 S 等于吸光度在整个峰范围内的积分面积。从理论上讲，积分强度相当于峰的真实强度，但由于峰的重叠，要获得积分强度的正确值比较困难，另外，确定积分范围也不太容易。因此实际的定量分析常采用峰值强度 A_{max}，因为 A_{max} 容易测定而且受峰重叠的影响小。对于重叠峰，通常采取两种方法处理，一是用曲线拟合软件分峰，二是作出峰的不同基线，测出 S 和 A_{max} 的表观值，再检验 S 和 A_{max} 与试样中组成的浓度是否符合比尔-朗伯定律的线性关系（如图 2.23 所示）。

确定浓度与强度 S 或 A_{max} 之间的线性关系就需要作出工作曲线，一般是用已知组分的标准样品测定相应的吸收峰强度才能得到。红外光谱会因为各种因素导致吸收峰强度与浓度的关系偏离比尔-朗伯定律，这些影响因素包括波数分辨率、检测器响应的非线性、水汽和二氧化碳的吸收、杂散光等。另外玻璃中的其它各种组分对吸收峰的位置和宽度影响很大，由于这些因素，红外光谱并不能用于所有组成特别是低含量组成的定量分析。普遍接受的是红外光谱可作为玻璃中水含量定性和定量分析的重要工具。含 SiO_2 和 B_2O_3 的玻璃在 $3700 \sim 3350 \mathrm{cm}^{-1}$ 光谱区域强烈吸收红外线，该波数范围的吸收峰与玻璃网络间

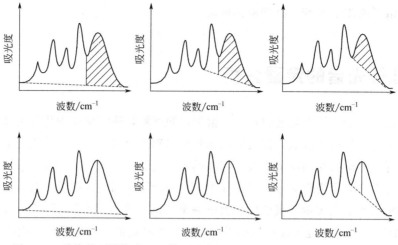

图 2.23　基线的不同作法（上排三图为积分强度，下排三图为峰值强度）

隙中存在的水含量密切相关。玻璃中存在其它组分如碱金属氧化物会与—OH 形成氢键，导致—OH 吸收峰的波长增加、峰宽变大。

参考文献

［1］　M. Affatigato（Editor）. Modern Glass Characterization. New Jersey：John Wiley & Sons，Inc. ，2015.

［2］　J. David Musgraves，Juejun Hu，Laurent Calvez（Editors）. Springer Hand Book of Glass. Gewerbestrasse：Springer Nature Switzerland AG. ，2019.

［3］　L. D. Pye，H. J. Stevens，W. C. LaCourse（Editors）. Introduction to Glass Science（1st edition）. New York：Plenum Press，1972.

［4］　Hans Kuzmany. Solid-State Spectroscopy. New York：Springer-Verlag Berlin Heidelberg，2009.

［5］　Barbara H. Stuart. Infrared Spectroscopy：Fundamentals and Applications. West Sussex：John Wiley & Sons Ltd，2004.

［6］　Mitsuo Tasumi，Akira Sakamoto（Editors）. Introduction to Experimental Infrared Spectroscopy（1st edition）. West Sussex：John Wiley & Sons Ltd，2015.

［7］　P. E. Jellyman，J. P. Procter. J. Soc. Glass Tech. 1955，39，173T.

［8］　M. Sitarz. The structure of simple silicate glasses in the light of middle infrared spectroscopy studies. Journal of Non-Crystalline Solids，2011（357）：1603-1608

［9］　Masayuki Okuno，Nikolay Zotov，Martin Schmucker，Hartmut Schneider. Structure of SiO_2-Al_2O_3 glasses：Combined X-ray diffraction，IR and Raman studies. Journal of Non-Crystalline Solids，2005，351：1032-1038.

［10］　M. Massot，C. Julien，M. Balkanski. Investigation of the boron-oxygen network in borate glasses by infrared spectroscopy. Infrared Phys. ，1989，29（24）：775-779.

［11］　Mathieu Hubert，Anne Jans Faber. On the structural role of boron in borosilicate glasses. Phys. Chem. Glasses：Eur. J. Glass Sci. Technol. B，2014，55（3）：136-158.

［12］　K. El-Egili. Infrared studies of Na_2O-B_2O_3-SiO_2 and Al_2O_3-Na_2O-B_2O_3-SiO_2 glasses. Physica B，2003，325：340-348.

［13］　Jae Yeop Chung，II Gu Kim. Bong Ki Ryu. Effects of CeO_2 and B_2O_3 doping on structure，optical and catalytic properties of zinc phosphate glasses. Korean J. Met. Mater. ，2015，53（11）：827-832.

[14] B. H. Jung，D. N. Kim，H. -S. Kim. Properties and structure of（50-x）BaO-xZnO-50P_2O_5 glasses. J. Non-Cryst. Solids，2005，351：3356-3360.

[15] Zhenlin Wang，Yang Zhao，Chunyan Zhang. Comparative investigation on the structure and physical properties of $CeO_2/TiO_2/Sb_2O_3$-doped bismuth borosilicate glasses. Journal of Non-Crystalline Solids，2020（544）：120190.

[16] 杨南如. 无机非金属材料测试方法. 武汉：武汉理工大学出版社，2005.

3

玻璃拉曼光谱分析

3.1 概述

用于探测分子基团振动的主要光谱是红外吸收和拉曼散射，它们能提供物质化学结构和物理状态的信息，可以对各种物理状态下的样品进行检验，例如，固体、液体或蒸气；热态或冷态；块体材料、微观颗粒或表面层。FTIR 由于普遍存在谱峰宽化导致分辨率差的问题，分析因组成变化产生的光谱差异不够明显，而拉曼光谱可以较为精细地分析出特征峰的波数随成分的变化。另外，拉曼光谱能够呈现某些体系玻璃强而窄的振动峰，这样方便观察成分的微小变化所产生的结构细微差异。其它较不常用的振动光谱方法包括非弹性中子散射和布里渊散射，以及一系列非线性拉曼效应（与线性或自发拉曼效应相反），如受激拉曼散射（SRS）、相干反斯托克斯拉曼光谱（CARS）和表面增强拉曼光谱（SERS）。还有一种新的方法，针尖增强拉曼光谱（TERS），结合了光滑表面拉曼光谱和原子力显微镜。拉曼光谱和红外光谱是目前最常用的相互补充且不能互相代替的分析方法。

拉曼光谱是一种用于鉴定材料中的化学成分和结构基团的重要分析工具，特别在玻璃方面，拉曼光谱是研究玻璃结构以及诸如微晶玻璃结构变化的有力工具。拉曼效应最早由德国物理学家 A. Smekal 于 1923 年在理论上进行了预测，并于 1928 年由印度物理学家拉曼（C. V. Raman）在实验中证实。拉曼效应是一种非弹性光散射现象，即入射单色光与被测样品相互作用后频率会发生变化。拉曼效应可用于探测特定原子或离子基团的振动水平，常用于红外光谱的重要补充。拉曼强度仅为瑞利散射的 $10^{-9} \sim 10^{-6}$，如此低的强度可以由激光产生。当激光入射到振动的分子上时，激光的光子能量可能会改变，达到一个不稳定的、非常短暂的虚拟状态（约 10^{-15} s），激发的分子或原子回到不同的能态，然后几乎同时重新发射。重新发射的光子频率相对于原始频率增加（反斯托克斯拉曼效应）或减少（斯托克斯效应）一定值，这个频率变化值称为拉曼位移。激光散射的变化受分子的化学成分和结构影响，其频率变化提供了有关样品中分子或分子基团的振动、转动及其它低频跃迁的信息。没有两个拉曼光谱是完全相同的，因此拉曼光谱有助于区分不同组成和基团的结构。虽然晶态固体中的振动扩展到整个晶体（或多晶固体的颗粒），但对玻璃而言其振动更为局域化，其相应的振动能级跃迁本质上仅仅反映了分子基团的结构特征而不是整个玻璃体的网络结构特征，特别是在高频段。

拉曼光谱能够提供玻璃态材料的结构、局域环境和动力学信息。因此在可能的情况下，将玻璃结构理论与拉曼光谱数据结合起来分析是很有必要的。早期的重要理论贡献是由 Bell、Bird 和 Dean 构建的包含几百个原子的玻璃结构球辐模型，该模型与 AX_2 型玻璃如 SiO_2、GeO_2 和 BeF_2 的 X 射线和中子衍射数据的短程结构信息一致。总而言之，还没有哪一个理论能准确地预测玻璃材料的一级振动光谱，特别是对于玻璃的拉曼光谱，因此有必要采用某几类简化模型来解读光谱数据，通过改变玻璃成分进行一系列拉曼光谱分析，特别有助于确定玻璃的拉曼光谱的峰属性。

与其它技术如红外光谱、核磁共振和 X 射线衍射相比，便携式拉曼光谱能够用于在线过程监测。拉曼和红外光谱作为互补技术，它们的能级跃迁的选择定则不同，因此这两种技术有所不同。红外光谱产生于偶极矩的变化，而拉曼光谱则是由极化率的变化引起的。某些跃迁在拉曼光谱中是允许的，但在红外光谱中是禁戒的，也就是说某些结构基团是红外活性的，而有些基团则具有拉曼活性，两者结合对玻璃材料的结构表征具有更广泛的适应性。红外光谱法和紫外可见分光光度法用吸收光谱（或透射光谱）分析样品的特征，而拉曼光谱的情况有所不同。拉曼光谱的纵坐标轴通常可以是任意单位，而不是吸光度单位或透过率单位，因为它只是测量检测器捕获的特定频率下散射光子数量。如果入射到样品上的激光功率发生变化，那么拉曼光谱的强度也会随之变化。因此，拉曼光谱的峰高不像红外光谱依赖于样品厚度，拉曼光谱的峰高不是样品厚度的简单函数。在紫外/可见光和红外光谱中，仪器对光谱的贡献通过使用参比光束或扣减背景光谱来去除。然而在拉曼光谱中，任何由仪器产生的光谱贡献或变化都被认为是单光束，拉曼光谱可以将仪器本身对光谱的影响降到最低，因此，拉曼光谱在定量分析中起着至关重要的作用。

3.2 基本原理

3.2.1 理论背景

图 3.1 图示了两种自发拉曼效应以及瑞利散射和红外吸收的机理。在室温下，大多数分子（但不是全部）都处于能量最低的振动能级。材料中的分子在入射光的电场 ε 作用下产生变形，分子的极化率 α 变化产生拉曼效应。用于激发的入射激光束可以看作是具有电矢量的振荡电磁波，与试样相互作用后，产生电偶极矩，$\mu = \alpha\varepsilon$，使分子或分子基团发生变形。组成这些分子或分子基团的原子或离子在平衡位置作周期性振荡，形成一定特征频率 ν_m 的振动模式。由于虚拟态不是分子的真实态，而是激光与电子相互作用并导致极化而产生的，虚拟态能量决定于所使用光源的频率。瑞利过程是最强烈的散射过程，入射激光中的大部分经历弹性瑞利散射，瑞利散射不涉及任何能量变化，因此光返回到与原来相同的能态，频率为 ν_0 激光的弹性瑞利散射只存在一个拉曼位移为零的强峰，这

类信号对于结构表征是无用的。但当频率为 ν_0 的激光光子与处于基态（m）振动能级的拉曼活性分子发生碰撞，导致分子吸收能量并将分子振动能级提升到能量更高的激发态（n），激光光子的一部分能量就会转化成频率为 ν_m 的拉曼活性模式，导致散射光的频率降低为 $\nu_0-\nu_m$，ν_m 称为拉曼位移（即拉曼效应频率），如图 3.1 所示，这种情况属于斯托克斯拉曼效应，其拉曼频率称为斯托克斯频率。另一方面，由于热能的作用，一些分子可能已处于激发态（n），从激发态 n 到基态 m 的散射称为反斯托克斯散射，散射光频率增加为 $\nu_0+\nu_m$，称为反斯托克斯拉曼效应。这两个过程涉及散射光子的能量转移，相对强度取决于分子所处不同能态的数量。可以用玻尔兹曼方程计算出不同能态的分子数量，但在室温下，处于激发态的分子数量很少，而真正能量低的分子则不是少数。

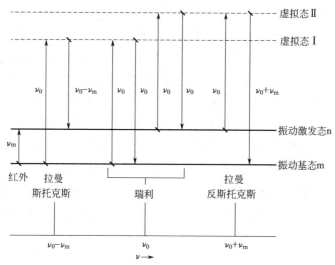

图 3.1　瑞利散射和拉曼散射过程示意图

因此，与斯托克斯散射相比，反斯托克斯散射较弱，并随着振动频率的增加而减弱，这是由于振动激发态的布居数减少所致。但随着温度的升高，反斯托克斯散射相对于斯托克斯散射会增大。图 3.1 说明了红外吸收和拉曼散射之间的关键区别。如前所述，红外吸收是分子通过吸收光子从 m 态直接被激发到 n 态，吸收的光子能量恰好等于两能级间的能量差。相比之下，拉曼散射则使用较高的能量辐射，通过从入射光子能量中减去散射光子的能量来测量 n 和 m 之间的能量差。

只有约 0.001% 的入射光产生有用的非弹性拉曼信号（包括斯托克斯线和反斯托克斯线）。因此，自发拉曼散射强度非常微弱，必须采取特殊措施把它从大量的瑞利散射光中分离出来。通常采用陷波滤波器、边缘滤波器、可调滤波器、激光截止光栅或双光栅、三光栅光谱仪使瑞利散射光强烈衰减从而获得高质量的拉曼光谱。

拉曼效应可以用经典理论框架来处理。在 x 轴方向传播的电磁辐射的电场可以表示为：

$$E=E_0\exp i(n^*kx-\omega_0 t) \tag{3.1}$$

式中，n^* 为复折射率；k 为辐射波矢；ω_0 为激发激光的频率。激光与被测材料之间的相互作用是通过价电子的极化来实现的，这种极化作用可用线性感应极化率来表示：

$$P = \varepsilon_0 \chi E \tag{3.2}$$

式中，χ 为线性一阶电极化张量（正比于极化率）；ε_0 为真空介电常数。感应振荡电偶极子从虚拟态发射散射光子，在偏离核间平衡位的小位移谐波状态下，电极化张量的分量是振动坐标 X 的线性函数，可近似地由 X 的级数展开式的前两项给出：

$$\chi = \chi^0 + (\partial \chi / \partial X)_0 X \tag{3.3}$$

另外，对于小振幅，X 可表示为：

$$X = X_0 \cos[\omega(q)t] \tag{3.4}$$

式中，X_0 表示振幅；$\omega(q)$ 表示光波矢量 q 的振动（或光子）频率，$\omega(q) = 2\pi\nu_m$。在初始状态 [式(3.1) 中的 $x = 0$]，入射激光的电场 [式(3.1)] 可用欧拉公式简化为：

$$E = E_0 \cos[\omega_0 t] \tag{3.5}$$

这样就可得到下式：

$$\begin{aligned}
P &= \varepsilon_0 \chi^0 E_0 \cos\omega_0 t + \varepsilon_0 (\partial \chi / \partial X)_0 X_0 E_0 \cos[\omega(q)t]\cos\omega_0 t \\
&= \underbrace{\varepsilon_0 \chi^0 E_0 \cos\omega_0 t}_{\text{瑞利散射}} + 1/2\varepsilon_0(\partial \chi / \partial X)_0 X_0 E_0 \times \{\underbrace{\cos[\omega_0 + \omega(q)]t}_{\text{反斯托克斯线}} + \underbrace{\cos[\omega_0 - \omega(q)]t}_{\text{斯托克斯线}}\}
\end{aligned} \tag{3.6}$$

式中的激发极化包括拉曼（斯托克斯线和反斯托克斯线）以及瑞利散射两项。由于在较低温度下绝大多数振子通常处于振动基态能级（$\nu = 0$），反斯托克斯拉曼强度会很低。瑞利散射属于光子的弹性碰撞，其强度约为入射激光的 1/1000，而拉曼斯托克斯线的强度仅为瑞利散射光的 1/1000。

在拉曼效应中，光子与物质分子相互作用，并以高于或低于入射激发光子的能量散射。散射光子的能量随量子化的入射光子能量发生变化，对应于分子能级的能量差。红外光谱测量的是绝对波数，而拉曼光谱测量的是波数的位移。红外吸收和拉曼效应取决于相同的能级，但它们的选择定则（即这些能级之间是否允许跃迁）和峰强度是不同的。因此，这两种不同的方法所得到的数据不一定是相同的，但本质上是互补的。

3.2.2 选择定则

式(3.6)表明要使拉曼散射具有非零强度，要求 $\partial \chi / \partial X \neq 0$，即电磁化率（对于中等能量激光，与极化率成正比）必须随核间平衡位置处的振动坐标而变化，这样磁化率（或极化率）分量至少有一个导数不为零。事实上，某一特定振动频率下的拉曼效应强度正比于感应极化率 [式(3.2)] 中各 $\chi_{ij}E_k$ 项的平方和。由于这些项都与磁化率分量的导数（$\partial \chi_{ij} / \partial X)_0$ [式(3.3)] 成比例，只要特定的振动引起电极化率发生相应的变化，就能自发产生拉曼散射，这是材料拉曼活性的选择定则。振动跃迁的其它选择定则要求始态（$\nu = 0$）和终态之间的跃迁矩必须为非零，因而始态和终态间的量子数变化 $\Delta\nu = 1$（谐波近似）。对于线性拉曼效应，对波函数与感应电偶极矩算子的乘积在始态和终态区间内进行积分即可得到跃迁矩。由于感应电偶极矩算子是奇函数，且 $\nu = 0$ 时的波函数是偶函数，对于被积函数为偶函数的非零积分，终态波函数必须是奇函数，也就是说，它必须对应于

$\nu=1$ 的能态。

拉曼散射基本的选择定则是分子极化率的变化，这意味着分子对称振动将产生最强烈的拉曼散射。这与红外吸收完全相反，在红外吸收中，分子的偶极变化会产生吸收强度，这意味着非对称振动将会比对称振动强烈。对于玻璃的拉曼光谱，阿尔梅达（Almeida）提出了一种特别的更为定性的选择定则：玻璃的拉曼光谱通常以固定网络形成体周围的非桥氧阴离子基团的高频对称伸缩振动为主，因为引起这些振动的极化率变化是最大的。

3.2.3　拉曼光谱的退偏振

通过鉴定拉曼线的偏振特性测定偏振拉曼散射，可以确定另外一个参数：退偏度（DR）。该参数提供了关于振动模式对称性的重要信息。由于所使用的激光通常是线性强偏振光，使得 DR 的测定相对简单。

假设散射介质是由随机取向的离子或分子基团形成的，这本来是气体或液体存在的情况，但对于玻璃也是存在的。当入射激光在水平电场（H）作用下发生偏振，可以考虑两种不同的散射结构：一种是平行结构（HH），分析与入射光偏振相同的散射激光情况；另一种是垂直结构（HV），检偏器选择偏振方向垂直于入射光电场的散射激光。垂直方向的拉曼散射光强度与平行方向的拉曼散射光强度之比即为 $DR = I_{HV}/I_{HH}$。对于 90° 散射结构，DR 值可以取 0（全偏振）到 0.75（退偏振）之间的值，其中取 0 对应于立方对称的完全对称振动，取 0.75 对应于非对称振动模式，而对于部分（不完全）偏振（非立方对称的对称模式），其取值为 $0 < DR < 0.75$。

由于固体玻璃的分子取向并不是完全无规则的，以前的理论分析并不完全准确，研究玻璃的拉曼光谱时必须谨慎地分析观测到的 DR 值。如果测定的 DR 值为 0 或 0.75，产生谱峰的振动实际上仍有可能是部分偏振的，而不是全偏振或退偏振的。相反，如果 DR 接近于 0 或 0.75，也不能排除振动是全偏振或退偏振的。在此情况下，人们还需要依靠一些关于分子结构的其它信息。但是当 DR 确实大于 0 而且明显小于 0.75 时，就可以确信玻璃振动是部分偏振的。总之，确定 DR 的主要用途是提供额外的信息用于区分对称和非对称振动，如果只测定非偏振光谱数据，要区分对称和非对称振动是不可能的。

3.3　仪器与数据分析

一般来说，现代拉曼光谱仪布置如图 3.2 所示，仪器主要包括：激光光源，样品室（包括滤光器、准直光学系统、样品台），分光仪（包括收集拉曼散射光的收集光学器件即分光单色仪），检测器（对到达检测器的光子进行计数），显微拉曼光谱仪还配备光学显微镜。在选择拉曼光谱仪时，应考虑上述各部件是否满足测试工作要求。拉曼效应仅占入射激光的约 10^{-6} 是其固有缺点，也是拉曼光谱仪存在的主要问题。因此要求光学系统准直度高，检测器灵敏度要高，背景噪声要低。

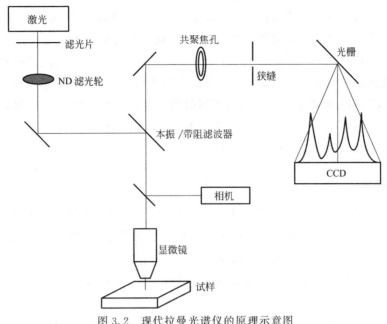

图 3.2　现代拉曼光谱仪的原理示意图

3.3.1　光源

作为通用检测技术，拉曼光谱可以使用多种光源，常用的有从紫外光（UV）到近红外光（NIR）的连续波（CW）激光器。主要包括（但不限于）紫外光（244nm，257nm，325nm，364nm），可见光（458nm，473nm，488nm，514.5nm，532nm，586nm，633nm，647nm），近红外光（785nm，830nm，980nm，1064nm）。

拉曼散射强度近似正比于 λ^{-4}（λ 为激发波长）。因此可见光和紫外光区的光的激发频率较高，能提供更高强度的拉曼光谱。但是短波长激发光源同时也会在许多样品测试中激发出荧光，对样品的拉曼峰产生干扰。

拉曼光源通常选用激光，最常用激光器是气体激光器，如氩离子、氪离子或氦-氖激光器。Ar^+ 激光器功率输出高、稳定性好，使其成为最常用的拉曼光谱激光器之一。Ar^+ 激光最强谱线是 488nm（蓝色）和 514.5nm（绿色），除了这些频率之外还有一系列其它的等离子线，从紫色到绿色区域的每一条谱线都可以单独使用。如果拉曼信号存在荧光干扰，或者样品成分中存在吸光物质，在检测时可以选择合适的谱线以避开干扰。例如掺 Er^{3+} 的玻璃会吸收 488nm 和 514.5nm 谱线，如果使用 457.9nm 或 476.5nm 的谱线就可以获得该玻璃的清晰且无荧光干扰的拉曼光谱。有时降低样品荧光信号干扰的唯一方法是使用红光或红外光源以降低辐射能量，如使用 632.8nm 的氦-氖激光器或 647.1nm 的 Kr^+ 激光器，或 785nm 的近红外半导体二极管激光器。这也可用于光敏样品如硫族玻璃的检测，但辐射光源能量与样品的带隙能接近时，样品会发生光结构的变化。另一方面，鉴于 Ar^+ 激光器功率高达 10W，可在多行模式下泵入附加的可调激光，例如液体染料或 Ti：蓝宝石激光，从而扩展可能的波长范围。虽然 Ar^+ 激光是拉曼光谱理想的光源，但其老化快，可能两三年就失去一半的输出功率，其等离子光管需要每 5 到 8 年更换一次。最近单模二极管激光器已经成为拉曼光谱测试的首选，特别是在要求功率≤100mW 的显微拉曼光谱仪中。虽然这种激光器仅限于一个波长，但其稳定性好，与 1.5m 长的标准 Ar^+ 激光管相比具有尺寸小的优点（小于 10cm），二极管激光器成为现代拉曼系统的优选光源。不过选用这种光源时，还要特别注意激光的光谱带宽即激光的单色性，通常用激光的半峰宽（FWHM）来表示，如气体激光器的输出带宽约为 0.01nm，二极管激光器的输出带宽约为 1nm。由于 633nm 谱线的激光波长差为 1nm，相当于拉曼位移约为 25cm^{-1}，这对于低频范围的测试可能就存在问题了。

3.3.2 样品室

使用激光都需要引入一个介质滤波器，该滤波器仅让所需的激光谱线通过，并将其它等离子线去除，这意味着每使用一条谱线的激光都必须插入一个特定的滤波器。替代办法可以是在样品室前装上激光单色仪，以便消除等离子体线对拉曼信号的干扰。散射装置通常在垂直于入射激光方向上收集拉曼散射光，但如图 3.2 所示的显微拉曼光谱仪则采用 180°背散射配置。

一般来说，玻璃对拉曼散射弱，实际上硅酸盐玻璃由于能透过可见光和近红外激光，经常被用作拉曼样品容器。当玻璃本身作为分析样品时，必须仔细地校准聚光系统以增强其拉曼信号。多花时间校准是值得的，因为只有校准才能获得高质量的数据。因此，初始校准标样应选用强散射物质，如 CCl_4（主峰位于 218cm^{-1}、314cm^{-1} 和 459cm^{-1} 处）、环己烷（主峰在 801cm^{-1}、2853cm^{-1} 和 2938cm^{-1} 处）或硅片（主峰在 520.7cm^{-1} 处）。完成光学准直优化后，就可将标样换成样品进行测试。用显微镜选取块状玻璃的测试区域时，焦平面不选在玻璃表面而是在表面下一点的玻璃里面，这样被检测的样本体积会更大，拉曼散射信号会更强。

3.3.3 分光仪

拉曼光谱仪主要采用两类分光仪：色散型分光仪和傅里叶变换分光仪，其中最常用的是色散型。玻璃研究最常使用的系统是双单色仪系统，该系统结合了高分辨率、高杂散光抑制、高光通量的特点。具备这些特点的拉曼光谱仪能采集靠近激发线的拉曼信号，在激发线之上的信号（通常频率在 100cm^{-1} 以下）将使玻璃拉曼光谱图呈现典型的玻色子峰。采用色散分光仪分光时，入射光被光栅分离后穿过窄带狭缝，然后被光电倍增管检测到，典型的色散分光仪通常需要至少 30min 来扫描 4000～10cm^{-1} 的光谱区域，如果要获得高质量的光谱，可能需要进行多次扫描，这样会增加光谱扫描的总时间。目前主要有两种方法可以减少测试运行时间：第一种是最常见的使用多通道检测器（见下节），第二种是傅里叶变换（FT）拉曼光谱仪。根据蔡斯（Chase）和赫斯菲尔德（Hirschfeld）的观点，傅里叶变换拉曼光谱仪最合适的激光器是 Nd^{3+}：YAG 固态激光器，其激发波长位于近红外 1064nm 的近红外区域，这种长波长激光几乎不会产生荧光干扰，成为荧光材料的理想检测仪器。散射的拉曼信号通过滤波去除 1064nm 辐射，再通过近红外干涉仪调制后发送到检测器。由于傅里叶变换拉曼系统采用近红外辐射光源，拉曼信号强度（大致

正比于 λ^{-4}）变得更低，使其不太适用于玻璃的检测，除非这些玻璃经过掺杂或含有荧光杂质。

3.3.4 检测器

用于光子计数的光电倍增管（PMT）多年来一直是拉曼信号检测的最佳选择。PMT是一种高增益、低暗电流的级联电子放大器，由于成本较低使其得到了广泛的应用。PMT的主要缺点在于记录光谱需要较长的时间，尤其是在多次扫描的情况下，这也限制了带 PMT 检测器的拉曼光谱仪在动力学研究中的应用。

目前 PMT 逐渐被多通道检测器取代，如电荷耦合器件（CCD）。CCD 的使用大大减少了收集光谱数据所需的时间，因为它们可以同时记录较大波长范围内的所有光子。CCD芯片由一个 1024×1024 二维像素光电二极管阵列组成。当光照射到一个像素上时，它通过光电效应产生一个电荷，电荷通过外加电压产生流动。散射光在 CCD 上被聚焦成一条线，每条线对应一个拉曼光谱。通过这种方式可以添加若干条线使信噪比增加，或者将这些线按照化学反应动力学规律进行堆叠。CCD 通常用于成像和绘图。成像时光谱仪只让一个特定波长的光（研究对象的拉曼峰）通过 CCD 并将特定分子构成的分布以图像形式呈现。虽然成像过程很快，但只分析一个特定的区域。另一方面，成像记录了整个光谱，但非常耗时，可能需要几天才能完成，仪器制造商都开发了特定的基于算法的软件来加快成像过程。

CCD 作为一种多通道检测器，在激光对检测器可能造成的损害方面，通常比单通道PMT 的耐损伤能力差。因此一般将两者结合采用，通过陷波滤波器或者边缘滤波器将激光谱线有效去除。然而，这些滤光器也会同时去除拉曼光谱中 $100 \sim 70 cm^{-1}$ 以下的低频部分，不过该区域光谱数据可以通过双单色仪和 PMT 检测器一起完成数据记录。此外，边缘滤波器会去除拉曼光谱的反斯托克斯部分，不过这些数据没有多大必要。然而，最近人们提出了基于布拉格光栅的超低频滤波器，这种光栅是一种折射率周期性变化的透明器件，可以测量的波数范围低至 $10 \sim 5 cm^{-1}$，并且可以同时检测斯托克斯和反斯托克斯数据。

由于拉曼信号相当微弱，消除背景噪声就显得至关重要。为了减少暗电流，可以将CCD 检测器与氮气冷却系统（约 $-130℃$）并用。采取基于"珀尔帖效应"的热电冷却方法可将 CCD 检测器冷却到 $-70℃$，这种冷却方法由于操作容易且运行维护成本低正被越来越多地采用。

3.3.5 显微拉曼光谱仪

玻璃薄膜拉曼光谱的检测采用拉曼显微镜系统比较合适，该系统中样品被放置在显微镜载玻片上，并采取背散射几何方位进行观察。显微拉曼光谱仪包括光学显微镜和拉曼光谱仪两部分。激光射向显微镜的物镜并在样品上聚焦。散射拉曼信号被同一物镜接收并被导向单色仪，在此处通过光栅分光并被 PMT 或 CCD 检测。显微镜通常配备一个 50% 反射/50% 透射的分束器来介导激光并收集信号。激光在样品表面上精细聚焦，但只要玻璃样品对激发激光辐射是透明的，激光就会继续穿透样品。它能穿透多深取决于激光波长和样品材料本身，深度可以从几纳米到几毫米不等，例如，研究表明，可见光激光（$\lambda=485nm$）在硅片上的穿透深度为300nm，紫外激光（$\lambda=364nm$）在硅片上的穿透深度约为15nm。探测体积取决于激光束斑尺寸和光束穿透深度，波长633nm的氦氖激光会穿透$3\mu m$，但这一数字随波长不同变化很大，波长785nm时大约为$12\mu m$，波长532nm时大约为$0.7\mu m$，紫外光时则可能降至$5\sim10nm$。

配备高倍、高数值孔径（NA）物镜的显微拉曼系统使用高聚焦激光束能产生约$1\mu m$的横向分辨率。虽然拉曼光谱是一种无损检测技术，但大功率特别是长时间曝光会导致样品发生降解或其它变化，使用10/90分束器可以减轻样品损伤。另一种可能的办法是将样品分散在其它没有拉曼信号的介质中（如KBr），或者采用浸入式物镜将样品浸在一种起吸热作用的液体中（如水）。另外，也可以通过使激光束散焦或旋转样品来减轻样品的降解，通过这种办法可以降低通量密度，从而获得合适的拉曼光谱。另一方面，由于激光束在样品上聚焦成一个衍射极限光斑，显微拉曼系统有必要采用低功率进行检测。因此显微拉曼系统并不需要大功率激光器，100mW的固态激光器就足以产生良好的拉曼信号。

显微拉曼光谱仪一般要配置一套物镜：研究亚微米级样品结构特征可采用数值孔径（NA）为0.9、放大倍数为$100\times$的标准物镜。对于块状玻璃这样的透明样品，采用$50\times$（0.80NA）的物镜，由于分析的样品体积较大，可以产生更高的拉曼强度，测试时通常使用$5\times$或$10\times$的物镜对样品进行初步的选区定位。如果样品倾斜或不够平坦，就必须使用长焦距物镜如$50\times$物镜。除了侧向（XY）空间分辨率外，显微拉曼光谱仪通常还提供深度（Z）分辨率，为此需要采用共聚焦光学系统。显微镜的焦平面上有一个针孔，可根据所要分析的谱线调节针孔的孔径来选择深度，并可获得微米级深度分辨率。这样，如果没有光吸收的限制，可以对样品进行逐层剖析。

3.3.6 分辨率

空间分辨率受衍射限制并主要跟激光波长有关，而光谱分辨率则强烈依赖于仪器的各个部件。光谱的分辨率在不同光谱范围因为光栅色散而发生变化，因此很难说出某个光谱的分辨率具体是多少。但是对于色散型拉曼光谱仪来说，影响其光谱分辨率的主要因素有四个：衍射光栅、检测器、狭缝或针孔、光栅与检测器之间的距离（光谱仪的焦距）。

衍射光栅决定了光谱仪的总波长范围：每毫米光栅上的狭缝数或线数（mm^{-1}）越多，色散度越高，对入射波长的分离就越好。然而，这也意味着光谱中的一小部分光会同时被CCD检测到。检测器决定采集点的大小和数量：CCD像素越小，光谱分辨率越高。此外，机械狭缝或共聚焦孔也会成为限制分辨率的因素，因为狭缝或共聚焦孔越小，光谱分辨率越好，但信号强度减小。具体实践中，只要能有足够的光束到达检测器，狭缝就应该尽可能窄以保证获得最佳分辨率。光谱仪的焦距越长，光谱分辨率就越高。

一般认为通用光栅是$1200mm^{-1}$，因为在分辨率可接受的情况下该光栅能提供很宽的光谱范围。如要获得高分辨率（如平均分辨率达到约$1cm^{-1}$），可以使用带红色激光的$1800mm^{-1}$光栅，对于某些特殊的应用如紫外范围，可以使用$2400mm^{-1}$光栅。另一方面，如果要求较大的光谱范围而平均分辨率约为$4cm^{-1}$，使用$600mm^{-1}$的光栅和红色激光器就可以了。使用氖或氩灯的拉曼光谱系统的分辨率可以直接估计，因为氖或氩灯的线宽非常窄（通常小于 0.001nm），其拉曼峰的半峰宽就能很好地表示仪器的分辨率。

3.3.7 数据测试分析

为了从拉曼光谱中获得可靠的谱图信息，必须对仪器进行校准。这些校准步骤包括检查单色仪上每个光栅的线性度以确保光谱的正确性，所进行的大多数检查是为了确保 x 轴（即波数位置）的准确性。目前常被用于拉曼光谱仪校正的是某些标准物质的谱线，校准采用的标样并不统一，仪器使用者一般会根据自己的偏好选用标样，这取决于分析的光谱范围。例如硫酸钡的强峰出现在 $988cm^{-1}$，金刚石为 $1364cm^{-1}$，硅为 $520cm^{-1}$。此外，采用四氯化碳、环己烷、萘、硫、硅或氖灯、汞灯在散射仪上也有已知的拉曼峰位置，采用这些材料和工具都能检验设备的响应是否符合预期结果。然而，校准峰的相对强度则很少提及，对于近红外傅里叶变换拉曼光谱仪，问题更为突出。不过硫的谱峰强度能保持相对稳定，而萘的谱峰相对强度随激光功率的变化很大。另外还需要定期利用功率计对激光功率进行校正。目前，许多拉曼光谱仪都安装有仪器自带软件包，只要运行校准标样就可以自动对特定光谱范围的光谱进行校正。在共聚焦显微拉曼光谱仪中，校准程序还包括共焦性检查。

仪器校正后就可以对样品进行分析测试。光谱数据分析需要知道拉曼峰的波数位置及其强度。拉曼光谱分析中可能存在的一个主要问题是荧光背景的存在，荧光会使拉曼信号变得完全模糊不清。通常的解决办法是换用不同的激发波长进行测试，如果还不能解决问题，那么唯一能做的就是设法去除宽背景，恢复拉曼信号。具体可以采用多项式或者样条基线函数，虽然这样处理能改善谱图外观或利于谱线分析解读，但如果不谨慎使用，则可能适得其反。现有的软件包可以减少或消除频谱的全部或部分倾斜，这虽然有助于去除荧光背景，但可能导致对纯度的错误判断或影响定量测量。如果要进行定量分析，另一种背景去除的方法是对光谱求导数。但这一种方法只能得到拉曼峰的频率，而不能得到峰强度的相关信息。从图 3.3 可以看出，谱图二阶导数的基线是平坦的，但识别单个峰可能比较复杂了。

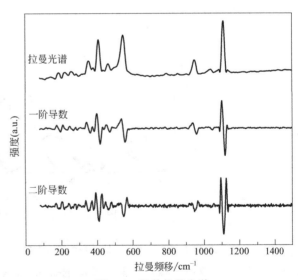

图 3.3 导数拉曼光谱

玻璃的拉曼信号通常很宽，直接对谱图进行分析可能相当困难。很多情况下，对一定组成范围内的一系列样品进行测试，跟踪考察特征拉曼峰的强度随组成的增减有助于对谱图的正确分析。目前多数拉曼分析软件都与拉曼光谱数据库进行了关联整合，可以通过搜索找到匹配项以提供样品的化学鉴定结果。只要数据库中有合适的光谱可以与测定的光谱进行比对，拉曼光谱就可以用作某种分子基团是否存在的分析鉴定，这是拉曼光谱最常见的应用。另一方面，如果测试样品找不到可以比对的现存数据资料，对拉曼宽峰进行拟合可以提供更多信息。通常情况下，用多个高斯峰来拟合一个宽峰总是有可能的，为了能准确获得样品拉曼光谱包含的物理化学意义，需要多次尝试峰拟合。

峰的拟合函数通常有三种：高斯函数（Gauss）、洛伦兹函数（Lorentz）、沃伊特函数（Voigt）。图 3.4 为氟氧化物玻璃的拉曼光谱图，其中 $1200 \sim 850 cm^{-1}$ 为含不同桥氧数硅氧四面体（Q^n，n 为桥氧数）中 Si—O 键伸缩振动的合峰，采用 5 个高斯函数对宽峰进行拟合，这五个范围内的拟合峰分别对应于 Q^0、Q^1、Q^2、Q^3 及 Q^4 结构单元中的 Si—O 键的伸缩振动。各拟合峰的面积与所有峰的总面积之比为每个子峰的面积分数，它表征硅氧对称伸缩振动在各频率段的相对强度。由于峰的积分强度在较低的含量范围内可认为近似与相应的结构单元含量成正比，可以采用峰面积百分数来衡量各结构单元 Q^n 在玻璃网络中所占的份额。应该指出的是，拟合峰的位置可参照经验理论值或文献值作为拟合的限定条件，然而由于所研究的玻璃组分的差异，少数峰的特征频率与预期的峰位置有出入，而个别峰的频率介于相邻 Q^n 特征频率之间，其归属可能难以精确界定。尽管如此，拟合方法仍不失为近似细分峰归属的一个有用的半定量分析方法。为了获得满意的拟合结果，对拟合参数进行限定（例如折合 $\chi^2 < 10^{-5}$，决定系数 $R^2 > 0.999$）以便能将拟合峰中心和面积的误差减小到可以忽略。尽管如此，还是要谨慎处理峰的拟合过程。此外，在解析玻璃的拉曼光谱时，应该首先研究系统成分逐渐变化的一组样品，以便更明确地确定特征拉曼峰的归属。

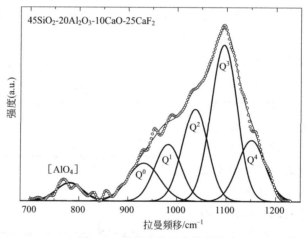

图 3.4　拉曼合峰的分峰拟合

大多数玻璃的拉曼光谱在低频范围增强，表现为所谓的玻色子峰，通常在约 $100 cm^{-1}$ 以下，玻色子峰是弱偏振或退偏振峰（DR≥0.6）。这种低频峰可能被玻色-爱因斯坦热声子数量因子掩盖，热声子数量因子 $n(\omega) = 1/\{\exp[\hbar\omega/(k_B T)] - 1\}$ 随声子频率的减小而增加。拉曼散射强度除了受所研究的振动模式的相关激发频率和跃迁矩影响外，也取决于热平衡声子数。如果要考虑这种影响，可以采用声子数因子（基于玻尔兹曼分布）对拉曼光谱进行修正。热修正拉曼强度可以用式(3.7)进行估算，其对低频振动光谱的影响最大。

$$I_{corr} = I_{obs} \left[1 - \exp\left(\frac{-h\nu}{k_B T} \right) \right] \qquad (3.7)$$

式中，I_{corr} 为热修正强度；I_{obs} 为检测强度；ν 为频率；T 为温度；k_B 为玻尔兹曼常数。

3.4 应用实例

3.4.1 硅酸盐玻璃

硅酸盐玻璃的拉曼光谱显示了正硅酸盐结构单元的形成、硅氧四面体结构单元中的硅氧键的伸缩振动、硅酸盐四面体的对称伸缩振动、四面体间的 Si—O—Si 键以及 Q^n，Q^n 中 Q 表示四面体结构单元，n 表示每个四面体的桥氧数。硅酸盐玻璃中 Si 是四面体中心原子，n 取 $0 \sim 4$，Q^0 表示正硅酸盐 $[SiO_4]^{4-}$，Q^4 表示架状硅酸盐网络，Q^3、Q^2、Q^1 分别表示介于岛状结构 Q^0 和架状结构 Q^4 之间的过渡状态，每个四面体的桥氧数分别为 3、2、1。

图 3.5 显示了 SiO_2 玻璃的拉曼光谱，谱图上观察到的几个拉曼峰和峰肩都包含了玻璃的结构信息，有助于了解硅酸盐玻璃的结构。位于 $65cm^{-1}$ 的玻色子峰可归因于四面体之间联合振动形成的横向声波振动模式，$440cm^{-1}$ 附近的 R 峰可归因于五元环、六元环或更多四面体之间的连接键 Si—O—Si 中 O 的振动，图中 D1 和 D2 尖峰可分别归属于四元环和三元环的弯曲振动。$800cm^{-1}$ 的非对称峰属于 $[SiO_4]$ 结构单元中 O 和 Si 非对称振动。位于 $1065cm^{-1}$ 的拉曼峰与 $[SiO_4]$ 结构单元的非对称振动有关，位于 $1180cm^{-1}$ 的宽峰属于 $[SiO_4]$ 结构单元中 Si—O 的对称伸缩振动。

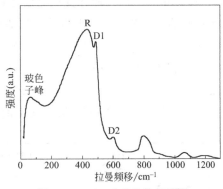

图 3.5 SiO_2 玻璃的拉曼光谱

对熔融石英结构的完整描述并不仅仅基于其本身拉曼光谱，还可能需要通过其它技术手段获得的数据进行进一步确认。由于玻璃中存在的非桥氧离子可以很容易地用拉曼光谱进行鉴别，因此根据它们的拉曼光谱可以很方便地分析和理解在硅酸盐玻璃中逐步加入碱金属组分所产生的影响。为了说明这一点，用名义组成 $(100-x)SiO_2$-xNa_2O，其中 $x=$ 20％、30％、33％、40％和50％（均为摩尔分数，下同）制备了一系列碱硅酸盐玻璃。$x=$ 33％时为二硅酸盐玻璃结构，每个四面体平均有 1 个非桥氧，$x=50$％时为偏硅酸盐玻璃结构，每个四面体有 2 个非桥氧，$x=0$ 为纯氧化硅，无非桥氧。

图 3.6 所示为制备的不同硅酸盐玻璃的拉曼光谱的偏振分量（HH）。在中频/高频区域，光谱强度随碱金属含量增加而增加，而纯氧化硅玻璃的峰则相当弱。这些拉曼光谱可分为三个主要区域进行分析：低频区域（$200 \sim 10cm^{-1}$）；中频区域（$800 \sim 300cm^{-1}$）和

高频区域（1200～800cm^{-1}）。从低频区域可获得的信息主要包括：玻色子峰（纯石英玻璃中在约 50cm^{-1} 处），这是大多数玻璃具有的特征，但对其来源仍有争议。玻色子峰可能源于非晶材料的振动态密度（VDOS）过量，根据 Martin 和 Brenig 模型框架，玻色子峰与玻璃结构存在的中程有序有关。最近的理论倾向于认为玻色子峰与相应晶体的范霍夫（van Hove）奇点有关。玻色子峰也与玻璃化转变过程中的动力学效应及初期结晶过程有关，而事实上低频拉曼光谱可以用来确定玻璃的玻璃化转变温度值 T_g。要观察玻色子峰，要求样品的光谱质量和光学质量都较好。热粒子可能会掩盖光谱中这个低频峰，从图 3.6 可以看出，由于样品局部折射率波动和光学质量差，瑞利散射峰强度很高，造成某些样品在 80cm^{-1} 以下的低频峰被覆盖。

氧化硅玻璃的拉曼光谱主峰位于中频区域。玻璃拉曼光谱的主峰通常与对称伸缩振动有关，可以归因于 Si—O—Si 的伸缩振动，桥氧原子沿 Si—O—Si 键角的平分线振荡。这可以通过退偏度得到证实，因为这个波段的退偏度接近于 0（约为 0.04）。在主峰附近约 490cm^{-1} 处和约 600cm^{-1} 处的尖峰可分别归属于硅酸盐四元环和三元环。随着 Na$_2$O 含量的增加，可以看出在该区域的变化：首先，约 430cm^{-1} 处宽偏振峰的强度急剧下降，而约 490cm^{-1} 的尖峰强度增加并同时发生峰位蓝移（486cm^{-1}→532cm^{-1}→565cm^{-1}→571cm^{-1}→590cm^{-1}→617cm^{-1}）。虽然这个结论看起来很直观，但它可能是不正确的。因为这个峰及 600cm^{-1} 峰的强度都随着微量 Na$_2$O 的加入而降低，而且又出现了新的峰。617～532cm^{-1} 区域内的峰变化明显与氧化钠的加入有关。由于这些峰的强度和频率与纯二氧化硅的主峰相近，因此可认为这些峰与纯二氧化硅的类似振动模式有关，即连接程度较低的四面体中 Si—O（桥氧）的伸缩振动。这些峰的频移随 Na$_2$O 含量增加而不断增加反映了硅氧四面体网络的逐渐解聚，或者根据 Sen 和 Thorpe 模型可以推断 Si—O—Si 平均角度降低了。

然而，1200～800cm^{-1} 是受氧化钠的加入影响最大的区域。事实上，随着 Na$_2$O 增加，新的峰出现并逐渐占据主导地位。随着碱含量的增加，980～950cm^{-1} 出现的一个新峰强度增加，$x=50\%$ 时强度达到最高。该玻璃还出现另一位于 850cm^{-1} 的新峰。这些偏振峰可归属为 Si—O（非桥氧）的伸缩振动，与拉曼光谱中的带 n 个桥氧的硅氧四面体结构单元 Q^n 的振动有关。实际上，位于约 1100cm^{-1} 的主峰（$x=34\%$ 组成时强度最大）相应于 Q^3 结构单元，而主峰位于约 980～950cm^{-1} 相应于 Q^2 结构单元，属于偏硅酸盐结构的最强振动峰。如图 3.6 所示，随着氧化钠含量从 40% 增加到

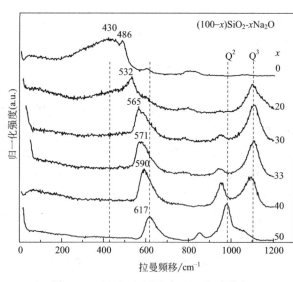

图 3.6　（100－x）SiO$_2$-xNa$_2$O 玻璃的
偏振（HH）拉曼光谱

50%，Q^2 峰的频率从约 950cm^{-1} 增加到约 980cm^{-1}，因为 950cm^{-1} 峰比 980cm^{-1} 峰具有更高的退偏度。玻璃成分接近偏硅酸盐的谱图中，980cm^{-1} 峰具有很强的拉曼活性，尽管 950cm^{-1} 和 980cm^{-1} 这两个峰可能相关，但它们也可能分属于两种不同的振动。事实上，对于 Na$_2$O≤33% 的玻璃组成，可以发现 948cm^{-1} 峰的 DR 值约为 0.4，而对于 Na$_2$O 含量为 40% 和 50% 的玻璃成分，953cm^{-1} 和 977cm^{-1} 峰的 DR 值约为 0.1。

采用拉曼光谱研究不同碱金属网络改性体对硅酸盐玻璃结构的影响，图 3.7 显示了二元组成硅酸盐玻璃 2SiO$_2$-R$_2$O（R＝Li、Na、K）的拉曼光谱。当碱金属 R 依次为锂、钠、钾时，可以看出 Q^3 峰向高波数方向移动。从拉曼光谱的这一现象可以看出，随着含锂、钠、钾玻璃的网络改性程度依次增大，Si—O（非桥氧）键强逐渐增加。可观察到碱金属离子半径影响碱硅酸盐玻璃拉曼光谱中 700～200cm^{-1} 段的拉曼信号，从图中可以看出 500～200cm^{-1} 的部分 Li 硅酸盐玻璃的拉曼光谱与纯 SiO$_2$ 玻璃相似。在 80～60cm^{-1} 处的玻色子峰可以归因于硅酸盐玻璃中四面体间协同振动所形成的共同横向声学振动模式。SiO$_2$ 玻璃的拉曼光谱中位于 700～200cm^{-1} 的拉曼峰属于 Q^4 四面体单元环的振动。在 Na 和 K 硅酸盐玻璃拉曼光谱中，在 520cm^{-1} 和 595cm^{-1} 处出现新的峰。这些峰不是由 SiO$_2$ 玻璃拉曼光谱中观察到的峰发生位移形成的，而是归属于 Q^3 和 Q^2 中 Si—O—Si 振动 [图中标注为 v_s(Si—O—Si) Q^{2,3,4}—Q^{2,3,4}]。位于 950cm^{-1} 和 1100cm^{-1} 的峰分别归属于 Q^2 和 Q^3 单元中 Si—O 的对称伸缩振动，这进一步证实了因碱金属氧化物加入导致形成解聚的结构单元。SiO$_2$ 中加入 Na$_2$O 及 K$_2$O 引起拉曼光谱 700～200cm^{-1} 区域的峰变化，反映了玻璃中 Si—O—Si 键的断裂以及玻璃中非桥氧的引入。然而，Li$_2$O-4SiO$_2$ 玻璃光谱的 500～200cm^{-1} 段的拉曼信号与纯 SiO$_2$ 玻璃的拉曼光谱相似。这种相似性表明在锂硅酸盐玻璃中存在富硅区，这样解释与 Li$_2$O-4SiO$_2$ 玻璃中 Q^2 和 Q^4 含量比 Na$_2$O-4SiO$_2$ 或 K$_2$O-4SiO$_2$ 玻璃中更高相吻合。通过核磁共振等其它

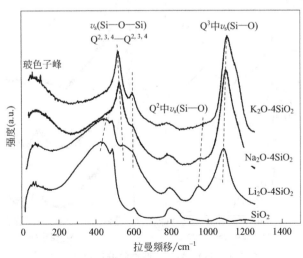

图 3.7　氧化硅和碱硅酸盐玻璃的拉曼光谱

分析手段来看，该玻璃的中程有序结构可以描述为：富集在 Q^4 及 Q^2 共存单元中的类硅区域与锂原子形成混合物，这说明锂原子由于原子半径小在硅酸盐玻璃网络中起积聚作用。

SiO_2-Al_2O_3 玻璃经背景校正的 VV 和 VH 偏振拉曼光谱如图 3.8 所示。当入射光和散射光的电矢量平行时的偏振记为 VV［图 3.8(a)］，当入射光和散射光的电矢量垂直时的偏振记为 VH［图 3.8(b)］。在 α-SiO_2 中，位于 1060cm^{-1} 和 1200cm^{-1} 高频弱峰为［SiO_4］的 Si—O 伸缩振动峰，Al_2O_3 含量增加，新出现的 1000cm^{-1} 及 1100cm^{-1} 偏振峰的强度增加。这两个峰分别归属于与 1 个或 2 个 Al 多面体相连的［SiO_4］中的 Si—O 伸缩振动。峰的强度随 Al_2O_3 含量增加而增加，说明加入 Al_2O_3 导致形成了互联的 Si—O—Al 网络，而不是形成富 SiO_2 区和富 Al_2O_3 区。α-SiO_2 中位于 800cm^{-1} 的中频退偏度是由于硅原子相对于桥氧作复杂运动引起。在 SiO_2-Al_2O_3 玻璃中，中频拉曼峰强度下降，并略向低频方向移动，表明 Si—O（桥氧）键的含量下降。同时，750~650cm^{-1} 峰强度随 Al_2O_3 含量增加而增加，该波数范围的退偏度（DR＝I_{VH}/I_{VV}）很低（约为 0.01），因此该峰可归因于某些［AlO］$_x$ 基团的对称伸缩振动。α-SiO_2 玻璃中位于 495cm^{-1} 和 606cm^{-1} 的 D1 和 D2 尖峰一般可归属于四元环和三元环中对称桥氧的弯曲振动。从图中可以看出，随着 Al_2O_3 含量增加，在 Al_2O_3 含量为 25％时还存在的 D1 峰和 D2 峰肩均消失，这说明 SiO_2 玻璃中添加 Al_2O_3 会引起多元环的分布发生改变。α-SiO_2 玻璃中位于 435cm^{-1} 处较宽的强峰属于桥氧原子的弯曲振动，该峰随着 Al_2O_3 含量增加而减弱，但峰的位置不变，这表明四面体结构单元中的 Si—O—Si 链的数量减少，但 Si—O—Si 键角变化不大。铝硅酸盐玻璃主要拉曼峰归属见表 3.1。

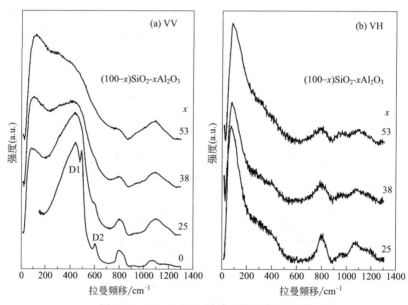

图 3.8　SiO_2-Al_2O_3 玻璃的偏振拉曼光谱

（a）VV 偏振；（b）VH 偏振

表 3.1　铝硅酸盐玻璃主要拉曼峰归属

波数/cm^{-1}	归　　属
490	Si—O—Si 键的弯曲振动
560～540	[AlO$_4$]四面体中 Al—O 键对称伸缩振动；Al—O—Al 的弯曲振动模式
665～635	Si—O 键的伸缩振动
800～780	[AlO$_2$]中 Al—O 对称伸缩振动
950～900	桥氧数为 0 的硅氧四面体 Q^0 的伸缩振动
1000～950	桥氧数为 1 的硅氧四面体 Q^1 的伸缩振动
1050～1000	桥氧数为 2 的硅氧四面体 Q^2 的伸缩振动
1100～1050	桥氧数为 3 的硅氧四面体 Q^3 的伸缩振动
1150～1100	桥氧数为 4 的硅氧四面体 Q^4 的伸缩振动

3.4.2　硼硅酸盐玻璃

一般认为玻璃态氧化硼的结构含有大量的中间结构单元，由三个硼氧三角体组成一个所谓的硼氧环或硼氧基团结构。这些结构单元通过氧原子相连接，因此 B—O—B 键角变化导致硼氧环结构发生扭转变形，形成延伸到硼氧基团平面结构外的三维结构。如图 3.9 所示，从玻璃态氧化硼拉曼光谱中可观察到清晰的 808cm^{-1} 峰正说明了硼氧环结构的存在。当氧化硼中加入更多的碱金属氧化物时，玻璃的性质与成分的相互关系朝着相反的方向变化，例如，在含较高的碱金属氧化物时，玻璃的热膨胀系数最小，玻璃化转变温度 T_g 最高，这种现象与先前所讨论的碱硅酸盐玻璃表现出来的行为相反，因此被称为硼反常现象。实际上在碱含量较高时，并不完全表现为硼氧三角体转化为硼氧四面体，而是在玻璃结构中形成了非桥氧（NBO）。除了存在类似于玻璃态氧化硼中的硼氧环外，碱硼酸盐玻璃还含有许多其它中间结构基团。如图 3.9(a) 所示，碱硼酸盐玻璃的硼氧环结构单元中的一个三角体转换成四面体，该结构单元称为四硼酸盐，它取代了完全由硼氧三角体组成的硼氧环，在拉曼光谱中表现为 808cm^{-1} 处的拉曼峰强度逐渐降低，同时 770cm^{-1} 处的拉曼峰强度增加。进一步增加碱金属氧化物，最终导致硼氧环完全消失，四硼酸盐基团转变为二硼酸盐基团（每个三元环有两个硼氧四面体）。当碱金属氧化物含量大于 25％ 时，硼氧网络结构开始破坏并形成非桥氧。图 3.9 显示了含不同碱金属氧化物的硼酸盐玻璃的拉曼光谱的变化，比较发现碱金属离子半径减小有利于硼氧四面体结构单元的形成，碱金属离子半径增大导致非桥氧的形成。

组成为 $(100-x)$ $(54SiO_2 \cdot 10B_2O_3 \cdot 13Al_2O_3 \cdot 14Na_2O \cdot 3ZnO \cdot 2Li_2O \cdot 4CaF_2)$-$xCeO_2$-$yTiO_2$ 硼硅酸盐玻璃的拉曼光谱图如图 3.10 所示。硼硅酸盐玻璃的网络结构由硼酸盐和硅酸盐结构单元构成。碱硅酸盐玻璃的拉曼光谱中位于 850cm^{-1}、900cm^{-1}、950cm^{-1}、1050cm^{-1}、1150cm^{-1} 的峰分别为 Q^0、Q^1、Q^2、Q^3、Q^4 结构单元的伸缩振动。硼硅酸盐玻璃的拉曼光谱在 850～400cm^{-1} 波数范围内与两种中程有序超结构钠硼长石 [BSi$_3$O$_8$]$^-$ 和赛黄晶 [B$_2$Si$_2$O$_8$]$^{2-}$ 的振动有关，而高频范围（1250～850cm^{-1}）则与

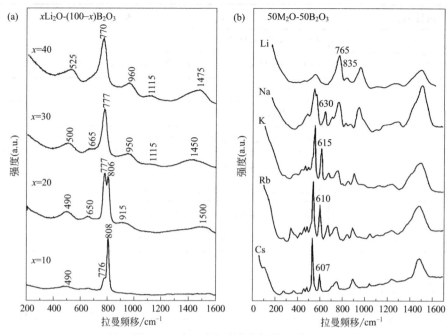

图 3.9　碱硼酸盐玻璃的拉曼光谱图

含不同桥氧数的硅氧四面体 Q^n 的伸缩振动有关。中心位于 $490cm^{-1}$ 一个较强的宽峰与 Si—O—Si 键的弯曲振动有关，该峰包括 $580\sim250cm^{-1}$ 之间的多个子峰。一般认为 $560cm^{-1}$ 处拉曼峰归属于 [AlO_4] 四面体中 Al—O 键对称伸缩振动。也有观点认为 $560cm^{-1}$ 波数段归属于 Al—O—Al 的弯曲振动模式，Al—O—Al 的存在可能是因为 Al/Si 形成了不规则排列，因此该峰也可归因于 (Si—Si—Al) 三元环的振动。$560cm^{-1}$ 峰的存在表明 Al 以四面体结构进入 Si—O 网络，参与了玻璃网络的构建。谱图中位于 $770cm^{-1}$ 附近一个较弱的峰为硼氧环结构单元中的 [BO_4] 伸缩振动所致，$1500\sim1200cm^{-1}$ 之间的多个峰为 [BO_3] 基团中 B—O⁻ 键（O⁻ 为非桥氧）伸缩振动峰。随着 CeO_2 含量增加，$770cm^{-1}$ 峰先增强后减弱，而相应的 $1500\sim1200cm^{-1}$ 之间的 [BO_3] 基团中 B—O⁻ 键（O⁻ 为非桥氧）伸缩振动峰则先减弱后增强，表明 CeO_2 引入的非桥氧 也提供给了 [BO_3] 使其转化为 [BO_4] 结构，当 CeO_2 增加到 1.5% 时，引入的过剩非桥氧则使 [BO_4] 从 B(Si)—O 四面体网络中解聚并转化为 [BO_3]。

位于 $665\sim635cm^{-1}$ 处峰的归属尚有争议，因为它可以归为硼硅酸盐混合相中包含 [SiO_4] 和 [BO_4] 的赛黄晶类和硅硼钠石类单元环结构中 Si(B)—O 键的伸缩振动，此类单元环为 Si—O 四面体网络和 B—O 四面体网络构成的混合结构。由拉曼光谱图可以看出，随着 CeO_2 含量增加，该峰先增强后趋于减弱，而 $1450cm^{-1}$ 处的 [BO_3] 振动峰开始增强。这些变化表明 CeO_2 引入的非桥氧将 [BO_3] 转化为 [BO_4] 与 Si—O 四面体网络形成混合结构，当 CeO_2 接近 1.5% 时 [BO_4] 又开始转化为 [BO_3]。而在 0.5% CeO_2 基础上复掺 TiO_2 时，谱图在 $840\sim726cm^{-1}$ 之间出现两个新峰，可归因于 Ti—O—Si 和 Ti—O—Ti 的特征振动峰以及 O—Ti—O 或 O—(Si，Ti)—O 链状或板状结构单元的变形振动,因为 Ti 主要以四面体结构进入 Si—O 主网络。继续增加 TiO_2 掺量,Ti—O—Si 和 Ti—O—Ti 振动峰增强,表明网络中这些结构单元含量增加。复掺 CeO_2/TiO_2 后,归属于硼硅混合结构的 $665\sim635cm^{-1}$ 拉曼峰变化减弱而 $[BO_3]$ 峰开始增强,说明 TiO_2 通过直接进入硅氧网络起到强化 Si—O 网络作用,但抑制了 $[BO_3]$ 转化为 $[BO_4]$,这可能是因为体积较大的 $[TiO_4]$ 直接进入主网络导致网络形成不对称畸变,从而产生空间位阻效应,形成的体积较大 Si—O—Ti 及 Ti—O—Ti 结构链段阻止了 $[BO_4]$ 与 $[SiO_4]$ 形成混合结构。铝硼硅玻璃拉曼光谱特征峰的归属见表 3.2。

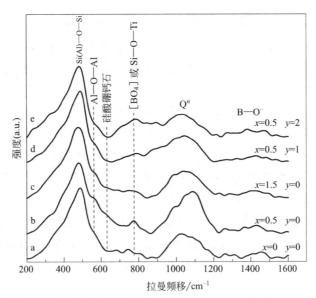

图 3.10 掺 $x CeO_2 \cdot y TiO_2$ 碱硼硅酸盐玻璃的拉曼光谱图

表 3.2 铝硼硅玻璃拉曼光谱特征峰的归属

波数/cm^{-1}	归 属
490	Si—O—Si 键的弯曲振动
500~300	Si—O—Si 弯曲和伸缩混合振动
560	$[AlO_4]$ 四面体中 Al—O 键对称伸缩振动;Al—O—Al 的弯曲振动模式
665~635	Si(B)—O 键的伸缩振动
770	硼氧环结构单元中的 $[BO_4]$ 的伸缩振动
808	硼氧环振动
850	焦硼酸单元及正硅酸 Q^0,或 Ti—O—Si 及 Ti—O—Ti 伸缩振动
950~900	桥氧数为 0 的硅氧四面体 Q^0 的伸缩振动
950	$[BO_4]$ 存在时 Si—O 键伸缩振动
1000~950	桥氧数为 1 的硅氧四面体 Q^1 的伸缩振动
1050~1000	桥氧数为 2 的硅氧四面体 Q^2 的伸缩振动
1100~1050	桥氧数为 3 的硅氧四面体 Q^3 的伸缩振动

波数/cm^{-1}	归　　　属
1150～1100	桥氧数为 4 的硅氧四面体 Q^4 的伸缩振动
1500～1200	[BO$_3$]基团中 B—O$^-$ 键的伸缩振动
1400～1380	硼酸盐[BO$_4$]上 B—O$^-$ 的伸缩振动

3.4.3　磷酸盐玻璃

　　根据查哈里阿森的无规则网络学说，磷酸盐玻璃的网络由 PO$_4$ 结构单元构成，其中至少一个氧原子为非桥氧，使得磷酸盐玻璃结构和性能与硅酸盐或硼硅酸盐玻璃相比存在显著区别。然后，van Wazer 根据改性体与五氧化二磷的含量之比确定的结构单元聚合度首次描述了磷酸盐的中短程结构。对磷酸盐玻璃的结构解释同样采用了 Lippmaa 等提出的用于硅酸盐玻璃相同的结构单元名称，该名称根据每个四面体上桥接氧的数量将结构单元称为 Q^n。因此，磷酸盐玻璃的结构可能由图 2.18 所示的四面体的不同排列构成。

　　P$_2$O$_5$ 玻璃结构由 Q^3 基团构成，其中 P=O 键形成的断键点能弱化网络结构并使其具有高度的亲水性，因为五氧化二磷及过磷酸玻璃会形成 P—OH 键而大量吸水。当引入网络改性体氧化物时，P—O—P 键断裂并形成 P—O（非桥氧）键，其末端的氧原子与改性体阳离子（M）相连接。如果 O/P 比等于 3（MPO$_3$）就达到了偏磷酸盐的组成，结构中仅存在链或者 Q^2 型基团。若继续增加改性体，Q^2 就转化为 Q^1 并使网络结构解聚形成正磷酸盐（PO$_4^{3-}$），正磷酸盐由于具有很大的析晶倾向限制了多磷酸盐的玻璃形成范围。磷酸盐玻璃的结构可以采用多种测试技术进行分析，其中最常用的是拉曼光谱和红外光谱。这两种技术互为补充，可以很容易地鉴定玻璃中存在的主要阴离子基团及附近网络修饰体对其产生的影响。

　　借助于拉曼光谱和 FTIR 光谱能够鉴别磷原子与不同桥氧和非桥氧形成的结构单元的特征振动模式，这些振动模式包括邻近四面体中 P—O—P 的振动以及其它基团如偏磷酸 PO$_3^-$、焦磷酸 P$_2$O$_7^{4-}$、正磷酸 PO$_4^{3-}$ 的振动。此外，过磷酸盐玻璃中 P=O 键的振动模式也具有很强的红外和拉曼活性。FTIR 光谱因为振动峰都很宽导致其分辨率通常很低，因此在分析成分变化时，红外光谱随成分的变化非常小，然而，拉曼光谱则可以更清晰地显示拉曼位移随玻璃组成的变化。另外，拉曼光谱能够呈现磷酸盐玻璃强而窄的振动峰，这样方便观察成分的微小变化所产生的细微结构变化。含一价和二价网络改性体的偏磷酸盐玻璃的拉曼光谱如图 3.11 所示，从图中可看出，拉曼位移为 700cm^{-1} 的拉曼峰为桥氧键 P—O—P 的对称伸缩振动，位于 1200cm^{-1} 峰归属于偏磷酸聚合结构的 Q^2 型 [PO$_4$] 四面体中 P 与两个非桥氧构成的 O—P—O 键的振动。偏磷酸玻璃拉曼光谱中位于 1000cm^{-1} 的弱峰可归属于 Q^1 基团非桥氧的伸缩振动，当偏磷酸玻璃组成有偏差时，该峰可归因于焦磷酸盐的非桥氧振动模式。

　　偏磷酸盐玻璃中的 Q^2 基团普遍认为是长链状，然而三聚环磷酸 (PO$_3$)$_3^{3-}$ 结构单元也会出现在该玻璃中并可通过拉曼光谱进行鉴别。在碱和碱土偏磷酸盐玻璃拉曼光谱中，P—O（非桥氧）对称伸缩振动峰的强度与所有链状、环状相同振动峰强度总和之比可近似地表示网络中环状结构与链状结构的含量比值，该比值取决于改性体的种类。

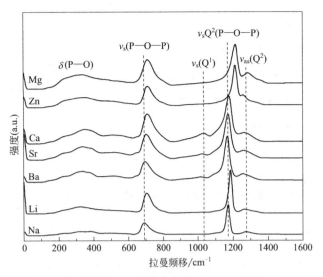

图 3.11　偏磷酸盐玻璃的拉曼光谱 $50M_2O/M'O\text{-}50P_2O_5$

（M＝Li、Na；M'＝Ba、Sr、Ca、Mg、Zn）

采用拉曼光谱可研究组成范围从过磷酸到多磷酸的磷酸盐玻璃结构。组成为 $x\mathrm{Li_2O\text{-}}(1-x)P_2O_5$ 玻璃的拉曼光谱如图 3.12 所示，玻璃态 P_2O_5 代表性振动峰可归属于 P══O 键振动（1350cm^{-1}）及 P—O—P 中 P 之间的桥氧原子振动（700cm^{-1}）。组成中添加 $\mathrm{Li_2O}$，网络发生解聚，O—P—O 键的拉曼峰移至 1200cm^{-1} 以下，而 P—O—P 键的拉曼峰移向高波数段。玻璃为偏磷酸组成时，位于 1190cm^{-1} 处窄而强的峰属于 Q^2 基团（PO$_2$）中的非桥氧振动，继续添加改性体则该峰逐渐消失，取而代之的是焦磷酸（Q^1）基团的拉曼峰（1050cm^{-1}）以及正磷

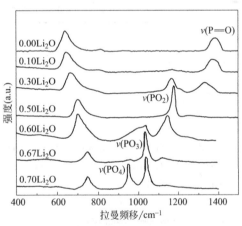

图 3.12　锂磷酸盐玻璃 $x\mathrm{Li_2O\text{-}}(1-x)P_2O_5$

（x＝0～0.7％）的拉曼光谱

酸基团 PO$_4$ 拉曼峰（950cm^{-1}）。磷酸盐玻璃常见结构基团的拉曼光谱归属如表 3.3 所示。

表 3.3　磷酸盐玻璃拉曼峰属性

波数/cm^{-1}	归　　属
304	[PO$_4$]
335	[PO$_4$]多面体弯曲振动
500～400	Q^0 变形振动

波数/cm^{-1}	归　属
520	PO_3^{4-} 中 O＝P—O 非对称弯曲振动
540	PO_3^{4-} 中 O—P—O 非对称弯曲振动
615	Q^0 伸缩振动，PO_4 单元的弯曲振动
666	Q^2 间 P—O—P 中 O 的振动
745	Q^1 伸缩振动
748	Q^1 间 P—O—P 中 O 的振动
925	Q^0 非对称伸缩振动
985～970	Q^0 结构单元中 PO_4 非桥氧对称伸缩振动；P—O—P 的非对称伸缩振动
1050～1000	Q^1 结构单元中 PO_3 对称伸缩振动
1100	Q^1 结构单元中的 P—O 对称伸缩振动
1125	Q^2 结构单元中 PO_2 的对称伸缩振动；Q^1 结构单元中 PO_3 的非对称伸缩振动
1158	［PO_4］中非桥氧的对称伸缩振动
1175	Q^2 结构单元中 PO_2 的对称伸缩振动
1250	Q^2 结构单元中 PO_2 的非对称伸缩振动

参考文献

[1] M. Affatigato (Editor). Modern Glass Characterization. New Jersey: John Wiley & Sons, Inc. , 2015.

[2] Ewen Smith, Geoffrey Dent. Modern Raman Spectroscopy-A Practical Approach. West Sussex: John Wiley & Sons, Ltd. , 2005.

[3] J. David Musgraves, Juejun Hu, Laurent Calvez (Editors). Springer Hand Book of Glass. Gewerbestrasse: Springer Nature Switzerland AG. , 2019.

[4] L. D. Pye, H. J. Stevens, W. C. LaCourse (Editors). Introduction to Glass Science (1st edition). New York: Plenum Press, 1972.

[5] L. D. Pye, V. D. Frechette, N. J. Kreidl (Editors). Borate glasses-structure, properties, application. New York: Plenum Press, 1978.

[6] Kamitsos E. I. , Chryssikos G. D. , Karakassides M. A. New insights into the structure of alkali borate glasses. XV International congress on glass Leningrad, 1989.

[7] Avadhesh Kumar Yadav, Prabhakar Singh. A review of the structures of oxide glasses by Raman spectroscopy. RSC Adv. , 2015, 5: 67583-67609.

[8] Masayuki Okuno, Nikolay Zotov, Martin Schmucker, Hartmut Schneider. Structure of SiO_2-Al_2O_3 glasses: Combined X-ray diffffraction, IR and Raman studies. Journal of Non-Crystalline Solids, 2005, 351: 1032-1038.

[9] J. E. Shelby. Introduction to Glass Science and Technology-2ed. Cambridge: The Royal Society of Chemistry, 2005.

[10] L. Muñoz-Senovilla, F. Muñoz. Behaviour of viscosity in metaphosphate glasses, J. Non-Cryst. Solids, 2014,

385：9-16.

[11] R. K. Brow. Review：The structure of simple phosphate glasses. J. Non-Cryst. Solids，2000，263/264：1-28.

[12] R. K. Brow，D. R. Tallant，J. J. Hudgens，S. W. Martin，A. D. Irwin. J. Non-Cryst. Solids 1994 (177)：221.

[13] C. Le Losq，D. R. Neuville. Molecular structure，configurational entropy and viscosity of silicate melts：Link through the Adam and Gibbs theory of viscous flow. J. Non-Cryst. Solids，2017，463：175-188.

[14] M. Heili，B. Poumellec，E. Burov，C. Gonnet，C. Le Losq，D. R. Neuville，M. Lancry. The dependence of Raman defect bands in silica glasses on densification revisited. J. Mater. Sci，2016，51：1659-1666.

[15] U. Voigt，H. Lammert，H. Eckert，A. Heuer. Cation clustering in lithium silicate glasses：Quantitative description by solid-state NMR and molecular dynamics simulations. Phys. Rev. B，2005，72：064207.

4

玻璃核磁共振谱

4.1 概述

结构这一概念通常与晶体材料中的晶胞有关，然而，由于玻璃具有短程有序、长程无序的特点，玻璃态特性与早期建立的结构概念存在不相容之处，需要对其结构进行更准确的描述，特别是相对于材料的某一特定点精细几何环境下的结构。X 射线衍射在确定晶体结构方面具有优势，但在玻璃这种无定形材料的特殊结构表征方面，其作用显得不突出。核磁共振是一种非常适合描述玻璃结构的技术，因为它能探测原子核的局部环境。事实上，核磁共振在提供有价值的玻璃结构信息方面有着很长的历史，在核磁共振技术被发明十多年后，人们就开始用它来测定碱硼酸盐玻璃中三配位和四配位硼的相对含量。由于玻璃本身就是几何无序的，同时内部相互作用导致玻璃呈现各向异性，因而早期这些研究存在谱峰分辨率低的问题。不过，20 世纪 70 年代，魔角旋转（MAS）技术的发展极大地提高了谱峰分辨率，并能对明显不同的局部环境进行鉴别和量化分析，核磁共振在玻璃研究中的应用发生了革命性的变化。

自旋共振实验包括探测材料中量子自旋能级的一系列相关波谱法。电子和原子核都能产生自旋，电子实验被称为电子顺磁共振（EPR），有时也称电子自旋共振（ESR），原子核实验被称为核磁共振（NMR）。在核磁共振和电子顺磁共振中，样品被放置在一个外部磁场中，导致自旋能级发生分裂，并通过波谱实验来探测这种分裂。分裂值也受到材料局部结构的扰动，可以被非常精确地测量。由于控制分裂扰动的相互作用范围非常短，通常只有 $1 \sim 5\text{Å}$，这些方法为基于衍射的技术提供了关于结构表征的补充信息，而且相互作用的短程特点使这些实验非常适合研究玻璃和非晶态材料的结构。

用于玻璃研究的 EPR 方法比 NMR 要少得多。原因主要在于：首先，电子自旋密度的弛豫时间通常比核自旋要短很多个数量级，因此在时域中应用多脉冲是不可能的。其次，信号线宽通常很大，以致像魔角旋转中所做的样品机械操作也是不可行的。如上所述，对于玻璃中的 EPR，最常见的实验仍然是简单的场扫吸收测量，这是有效模拟 NMR 静态样品的频域单脉冲实验。然而，随着脉冲 EPR 波谱仪越来越普遍，一系列类似于核磁共振更有用的、更广泛的实验得以进行。一旦有了脉冲，一系列使用电子自旋回波的实验就可以实现。

核磁共振谱能够检测周期表中元素的核自旋。峰的位置能显示配位数、键合原子的性质、多面体的规整度以及多面体连接状况等几何参数。峰的强度与相应结构单元的数量直接相关，从而可直接定量确定短程有序结构。此外，其它自旋相互作用（例如四极核、各向异性屏蔽、间接自旋耦合和直接偶极子）也可能存在，并可提供有关结构单元的配位几何及其连接状况等其它有价值的结构信息。最后，利用 NMR 的多核性质可以提供给定玻璃结构的补充信息，从而建立连续的、全面的无序结构概貌。此外，尤其值得一提的是，核磁共振具有很强的元素特异性，因为可以调整波谱仪来检测单一同位素的共振（如 ^{29}Si），因此可以按元素逐一描绘试样的局部结构。

鉴于 EPR 的一些实验方法存在局限性，只有组成原子带有未成对电子的玻璃才适合于 EPR 实验。对于核磁共振来说，某些原子核不具有自旋，因此在实验中无法观测（如 ^{12}C 和 ^{16}O），还有一些原子核的内在特性使实验敏感度太低以致无法使用（比如 ^{183}W 和 ^{103}Rh）。然而，EPR 和 NMR 已经并将继续在玻璃和非晶材料的结构和动力学研究中产生重要影响。电子-核双共振（ENDOR）测量包括在共用场中同时照射电子共振和核自旋共振，动态核极化（DNP）将电子自旋极化转化为核自旋自由度进行直接检测，在复杂材料的研究中得到广泛应用，在不久的将来必将对玻璃表面研究产生影响。本章重点介绍了核磁共振的理论基础：必要的设备，以及使用该技术研究玻璃结构的实例。

4.2 理论基础

4.2.1 塞曼效应

电子和大多数原子核具有非零的自旋角动量，自旋角动量是由量子数 I（原子核）或 S（电子）描述的矢量算符。对电子来说该值是 $S=1/2$，而对原子核来说可以是 $I=1/2$（如 ^{29}Si 和 ^{31}P 或更大的原子核），还可以是 $I=1$（如 ^{14}N），或 $I=3/2$（如 ^{11}B），或 $I=5/2$（^{17}O）。角动量 P_I 表示为：

$$P_I = [h/(2\pi)]\sqrt{I(I+1)} \tag{4.1}$$

在任何情况下，只要自旋大于零，粒子也具有磁偶极矩 $\boldsymbol{\mu}$，该矢量可以表示为：

$$\boldsymbol{\mu} = g\mu_0 \boldsymbol{I} \tag{4.2}$$

式中，$\boldsymbol{I}$ 是大小为 $[I(I+1)]/2$ 的无量纲自旋矢量，标量 I❶ 称为原子核的自旋量子数，可以取零、整数或半整数；μ_0 是玻尔磁子；g 是核 g 因子。在没有磁场的情况下，这些用取向量子数 m_s 表示的自旋态具有相同的能量。然而，当有强度为 B_0 的磁场存在时，磁核具有因荷电粒子自旋产生的磁偶极矩（磁矩），磁场提高简并度，在外加磁场中可以有不同的取向，可能的取向数目为 $2S+1$。因此诱导能级分裂形成 $2S+1$ 个能级，其中有 $2S$ 个单量子允许跃迁（图 4.1）。由于自旋是量子化的，磁矩 $\boldsymbol{\mu}$ 也同样是量子化

---

❶ 本书中，粗体字母表示矢量，同字母的白体表示该物理量的标量。

的，沿轴的投影值为 $2S+1$（电子）或 $2I+1$（原子核）。这样的磁矩通过哈密顿量 $-\mu B_0$ 与磁场 B_0 产生相互作用，产生离散的能级，如图 4.1 所示，这种相互作用称为塞曼效应。施加的磁场产生塞曼效应的一组能级表示为：

$$E=-\boldsymbol{\mu} \cdot \boldsymbol{B}_0=-g\mu_0 \boldsymbol{I} \cdot \boldsymbol{B}_0=-g\mu_0 B_0 m \qquad (4.3)$$

式中，m 为磁量子数，具有 $2I+1$ 个可能值，即 $-I\sim +I$ 的整数。塞曼效应随施加磁场强度的增加而线性增加，因此如果采用现代仪器，普通原子核的共振频率一般在 $100\sim 1000\mathrm{MHz}$ 范围内。对于给定的原子核，跃迁能量 ΔE（相邻能级的能量间隔）由磁旋比 γ 确定（磁旋比 γ 为磁偶极矩和自旋的比值）：

$$\Delta E = \gamma\hbar B_0 \qquad (4.4)$$

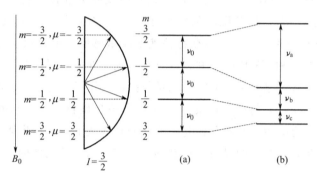

图 4.1　由核磁偶极矩与磁场相互作用而产生的能级

(a) 无四极相互作用；(b) 小四极相互作用

能级数符合玻尔兹曼分布，因此 ΔE 越大，产生的能级布居数差别越大，因此本征信号灵敏度更高。从经典物理学的观点来看，自旋可以理解为绕着磁场轴以拉莫尔频率 ν_0 按圆锥轨迹进动，从而产生沿 $\boldsymbol{B}_0$ 的体磁化（图 4.2）：

$$\nu_0 = \frac{|\gamma| B_0}{2\pi} = \frac{\omega_0}{2\pi} \qquad (4.5)$$

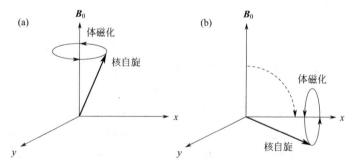

图 4.2　核磁共振实验中的自旋

(a) 核自旋沿磁场向量进动，代表磁化与 $\boldsymbol{B}_0$ 一致的进动自旋；(b) 经 y 轴方向的 $\boldsymbol{B}_0$ 磁场旋转后，体磁化位于可观测的 x-y 平面内

由上式可知，进动频率 ν_0 与外加磁场 B_0 成正比，与核的磁旋比 γ 有关，而与进动角 θ 无关。核磁共振的原理是调谐探测射线束直到它与核的自然角动量耦合，然后核产生

共振并释放出能量被检测到，具体量取决于产生共振的原子。如果原子与其它原子键合时，共振原子核周围的电子分布发生变化，所涉及的能量精确值会略有变化，核磁共振就是用来检测这种变化。显然，要使用这项技术，原子核必须具有非零的总自旋。测试 NMR 谱时，在上述磁场的垂直方向再加上一个比 B_0 小得多的交变射频场，利用射频场测量自旋量子数 $S \geqslant 1/2$ 的原子核（磁核）中核自旋态之间的能量差。在没有其它相互作用的情况下，$2I+1$ 个能级是等间距的，例如 $I=3/2$ 时的情况如图 4.3 所示。根据选择定则，能级之间的跃迁只能发生 $\Delta m = \pm 1$ 之间，即在相邻两能级之间进行跃迁，如在图 4.3 中相邻能级之间的跃迁可以由电磁辐射产生，其频率 ν_0 满足玻尔共振条件：

$$h\nu_0 = \Delta E = g\mu_0 B_0 \tag{4.6}$$

其中，ΔE 为相邻能级之间的能量差。因为塞曼能级是等间距的，在这种情况下只有一个频率满足上述条件。当磁场 B 或射频 ν 缓慢扫过直至满足式(4.6)所示的共振条件时，调节射频频率 $\nu = \nu_0$，功率被吸收，即产生核磁共振现象。共振被检测到，谱线中出现一个对应于 ν_0 的核磁共振单一吸收峰。除塞曼效应外的其它相互作用可以使塞曼能级发生分裂，并产生吸收谱峰结构，或者因为原子与其邻近原子的相互作用不同使线形增宽。

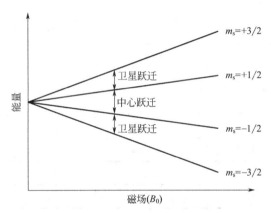

图 4.3　$S=3/2$ 核能级与施加磁场的关系示意图
双箭头表示中心跃迁（CT）和卫星（ST）跃迁的能量

核磁共振波谱法常用同位素如 ^{29}Si、^{27}Al、^{31}P 和 ^{11}B 正好适用于玻璃的 NMR 测试。注意必须使用 ^{29}Si($I=1/2$) 而不是丰度更高的 ^{28}Si。玻璃核磁共振研究中常用原子核的 NMR 参数如表 4.1 所示。

表 4.1　常用原子核的 NMR 参数

同位素	自旋量子数 S	天然丰度/%	磁旋比 $\gamma/10^7 \mathrm{rad \cdot T^{-1} \cdot s^{-1}}$	电四极矩 $/(10^{31}\mathrm{Q/m^2})$	接受度	11.74T 的频率 ν_0/MHz
^{1}H	1/2	99.985	26.752	—	5670	499.843
^{7}Li	3/2	92.58	10.3975	−40.1	1540	194.258
^{11}B	3/2	80.42	8.5843	40.6	752	160.369
^{17}O	5/2	0.037	−3.6279	−25.6	0.0611	67.761

同位素	自旋量子数 S	天然丰度/%	磁旋比 $\gamma/10^7 \text{rad} \cdot \text{T}^{-1} \cdot \text{s}^{-1}$	电四极矩 $/(10^{31}\text{Q/m}^2)$	接受度	11.74T 的频率 ν_0/MHz
^{19}F	1/2	100	25.181	—	4730	470.322
^{23}Na	3/2	100	7.08013	104	526	132.218
^{25}Mg	5/2	10.13	−1.639	199	1.54	30.599
^{27}Al	5/2	100	6.9760	147	1170	130.244
^{29}Si	1/2	4.70	−5.3188	—	2.10	99.305
^{31}P	1/2	100	10.841	—	377	202.340
^{33}S	3/2	0.76	2.055	−67.8	0.0977	38.368
^{39}K	3/2	93.1	1.2498	58.5	2.69	23.325
^{43}Ca	7/2	0.145	−1.8025	−40.8	0.0492	33.639
^{47}Ti	5/2	7.28	−1.5105	302	0.867	28.179
^{51}V	7/2	99.76	7.0453	−52	2170	131.474
^{71}Ga	3/2	39.6	8.1731	107	320	152.435
^{71}Ge	9/2	7.76	−0.93574	−196	0.622	17.436
^{75}As	3/2	100	4.595	314	144	85.587
^{87}Rb	3/2	25.85	8.7807	134	279	163.555
^{87}Sr	9/2	7.02	−1.163	305	1.08	21.662
^{89}Y	1/2	100	−1.3155	—	0.675	24.493
^{91}Zr	5/2	11.23	−2.4959	−176	6.04	46.467
^{93}Nb	9/2	100	6.564	−320	2770	122.343
^{95}Mo	5/2	15.72	1.750	−22	2.92	32.574
^{109}Ag	1/2	48.18	−1.250	—	0.279	23.260
^{119}Sn	1/2	8.58	−10.021	—	−25.6	186.395
^{125}Te	1/2	6.99	−8.498	—	12.7	157.699
^{133}Cs	7/2	100	3.5277	−3.43	2730	65.560
^{137}Ba	3/2	11.32	2.988	245	4.47	55.547
^{139}La	7/2	99.911	3.801	200	342	70.606
^{205}Tl	1/2	70.50	15.589	—	791	288.329
^{207}Pb	1/2	22.6	5.540	—	11.4	104.570

4.2.2 局域相互作用

4.2.2.1 化学屏蔽

塞曼效应为核磁共振谱实验提供了基础。在磁场存在的情况下，由于附近电子云和离子分布，运动的带电粒子会产生转矩，并在磁场周围循环。因此，外部磁场在电子云上产生小的轨道电流，然后产生一个小的附加磁场。这个附加磁场通常与外部磁场反向，改变原子核所处的净磁场。质子共振的磁场强度与其所处的化学环境有关，质子实际所受的磁场强度并不等于外加磁场强度，而是 $B_{核} = B_0 - \sigma B_0 = (1-\sigma)B_0$，其中 σ 称为屏蔽常数。核磁偶极子会与局域磁场发生相互作用，降低有效拉莫尔频率。拉莫尔频率在 $(1 \sim 1000) \times 10^{-6}$ 左右变化，因此称为屏蔽，玻璃 NMR 化学屏蔽是由于玻璃内部的电子云与外部磁场相互作用而产生的，磁屏蔽相互作用取决于局部电子环境相对于外部磁场矢量的取向。这种各向异性表现为连续范围的跃迁频率，对应体材料中存在的不同取向。这种相互作用范围很小并与外磁场强度呈线性关系，该效应在核磁共振实验中是结构信息的主要来源。核磁共振实验证明，这种内部磁屏蔽相互作用是可测量的，会产生局域电子环境特有的共振位移。绝对屏蔽是指假设的裸核频率 ν_n 与其在样品局部电子环境中的频率 ν_s 之差，屏蔽常数 σ 可表示为：

$$\sigma(10^{-6}) = \left(\frac{\nu_n - \nu_s}{\nu_n}\right) \times 10^6 \tag{4.7}$$

这些差异通常非常小，以百万分之几计（10^{-6}）。实际上孤立的裸核是得不到的，因此不可能精确测量绝对化学位移。为了方便，通常用相对于可接受的参考物屏蔽常数 σ_{ref} 的化学位移 δ 来表示检测结果：

$$\delta(10^{-6}) = \left(\frac{\sigma_{ref} - \sigma_s}{1 - \sigma_{ref}}\right) \times 10^6 = \left(\frac{\nu_s - \nu_{ref}}{\nu_{ref}}\right) \times 10^6 \approx (\sigma_{ref} - \sigma_s) \times 10^6 \tag{4.8}$$

给定原子核的共振位移通常由 1 到 2 个配位壳层内的电子云决定。例如，利用这种局域性可分离出共振谱中硅与 4 个桥氧，3 个桥氧、1 个非桥氧及硅与 2 个桥氧和 2 个非桥氧键合的谱峰。屏蔽具有方向性，其大小取决于外磁场与局部键合结构的空间关系，因此，在粉末样品中，会观察到一定范围位移和增宽的共振。如果对谱线进行分峰，共振的形状可以提供关于局部成键几何的额外信息。例如，在玻璃四面体结构单元中，如石英中的 $SiO_{4/2}$，Si 周围的所有方向都是等效的，这将导致谱线没有位移或呈现粉末谱。然而，如果硅原子有 3 个桥氧配体和 1 个非桥氧配体，其局部对称性就会降低，其中一个方向（三维轴）与其它两个方向不同，导致出现轴对称的粉末谱和增宽的共振。这种空间各向异性，无论是在玻璃还是晶体样品中，都可以通过魔角旋转（MAS，见第 4.4.2 节）来减小。图 4.4 给出了 Si 的屏蔽粉末谱，横轴的单位是 10^{-6}，横轴表示的是相当于外加磁场或频率一部分的化学位移。图 4.4 中，在三种不同化学环境中的硅显示为三种 NMR 粉末谱，但每一种情况下硅都是［SiO_4］四面体配位。谱峰存在差异是由于与被探测的硅原子核相连的非桥氧离子数不同（Q^n 表示含有 n 个桥氧数的硅氧四面体结构单元），这属于一种化学位移效应。在图 4.4(a) 中，硅几乎具备四面体对称（局部），因此所有方向是等效的，所有粉末取向具有相同的核磁共振频率响应，不存在谱线增宽。在图 4.4(b)、(c) 中，随着非桥氧数的增加，对称性降低，粉末谱变得更加复杂。图(b) 中四面体局部三角对称，两个方向等效，因此出现两个相同的屏蔽值和一个独特屏蔽值，而图(c) 中没有方向是等效的，因此没有屏蔽值是简并的。

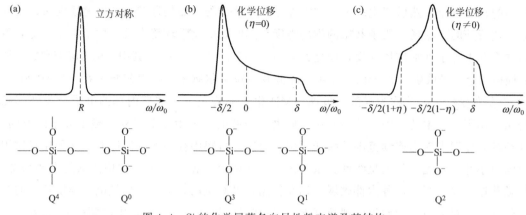

图 4.4　Si 的化学屏蔽各向异性粉末谱及其结构

4.2.2.2　核四极相互作用

核四极相互作用是由核四极矩与核所在位置电场梯度耦合产生的。在自旋量子数 $I > 1/2$ 的原子核中，原子核本身具有非球形电荷分布，可由核电四极矩进行描述。电荷和离子的局域分布产生各向异性电场梯度（EFG），大部分核磁共振活性核具有电四极矩，同时与周围电子云产生的电场梯度发生相互作用。这种核四极相互作用加入塞曼效应引起的分裂中，从而改变塞曼能级。这种四极相互作用对具有 $S > 1/2$ 的核产生了额外的谱线劈裂和增宽效应，相比化学屏蔽，它对取向依赖性不同，经常产生形状复杂的峰，并进一步产生化学位移的变化。四极矩与电场梯度之间的耦合相互作用强度通常用四极耦合常数 C_Q 进行量化（Q 表示核四极相互作用算符），从而量化峰位移和增宽程度，C_Q 的单位与拉莫尔频率一样用 MHz 度量。C_Q 表示为电四极矩（eQ）与电场梯度张量（eq_{zz}）最大分量的乘积：

$$C_Q = \frac{(eQ)(eq_{zz})}{h} = \frac{e^2 Q q_{zz}}{h} \tag{4.9}$$

谱线线形又进一步受到非对称性参数 η 的影响，η 是电场梯度张量分量相对大小的度量：

$$\eta = \frac{eq_{xx} - eq_{yy}}{eq_{zz}}, \quad |eq_{zz}| \geqslant |eq_{yy}| \geqslant |eq_{xx}| \tag{4.10}$$

式中，q_{ij} 为电场梯度张量在其主坐标轴系的分量，定义为 $|q_{zz}| \geqslant |q_{yy}| \geqslant |q_{xx}|$ 且 $eq \equiv q_{zz}$。如图 4.1(b) 所示，四极相互作用相对于塞曼效应小得多，可视为扰动，产生的核磁共振跃迁频率为：

$$\nu = \nu_0 + \nu_Q \left(m - \frac{1}{2} \right) A + \frac{\nu_Q^2}{\nu_0} C + \frac{\nu_Q^3}{\nu_0^2} \left(m - \frac{1}{2} \right) E \tag{4.11}$$

式(4.11) 中的 A、C、E 项是 m、I、$\cos\theta$、$\cos2\varphi$ 和 η 的复杂函数，m 表示磁量子数标记的 m 能级到 $m-1$ 能级之间的跃迁，θ 和 φ 为外加磁场 $\boldsymbol{B}_0$ 相对于电场梯度张量主坐标轴系的欧拉角。式(4.11) 用微扰理论计算到三阶项，式中 ν_0 是仅发生塞曼效应时的共振频率 [见式(4.5)]，而式(4.11) 中的四极共振频率 ν_Q 可表示为：

$$\nu_Q = \frac{3C_Q}{2I(2I-1)} \tag{4.12}$$

当样品是多晶或玻璃体时，所有的角度 θ 和 φ 都是等可能的。因此，共振条件 [式(4.11)] 必须对所有可能的 θ 和 φ 求平均值，产生的图谱称为粉末谱。图 4.5 描绘了该谱（虚线）和小四极相互作用的偶极增宽谱（实线）（$A_1 = C_Q/4$）。

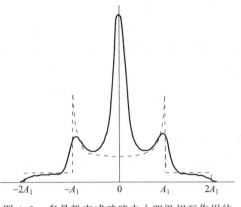

图 4.5　多晶粉末或玻璃中小四极相互作用的 $I=3/2$（^{11}B）自旋核预测共振线形（实线）

四极相互作用相对于塞曼效应的大小对四极核 NMR 谱的出现有决定性的影响。对于半整数四极核（$S=3/2$，$5/2$，$7/2$，$9/2$），如果四极相互作用弱到足以作为塞曼能级的一阶微扰，中心跃迁（$-1/2$，$+1/2$）的行为与观察到自旋 $-1/2$ 核的行为类似，而卫星跃迁（m_s，m_s-1；其中 $|m_s|>1/2$）的共振频率与取向相关。玻璃和多晶材料的各向异性导致严重的峰增宽，经常使非自旋条件下的卫星跃迁难以被观测到。在这种情况下，中心跃迁也产生非均匀加宽。在具有良好局部配位环境的结晶化合物或固体中，这种二阶相互作用产生特征线形，可以很容易地通过模拟来确定 C_Q 和其它参数。然而，玻璃中存在的几何分布通常导致电场梯度张量分量分布模糊了线形特征，使这些参数不可能被精确确定。对于具有大四极矩和/或环境非常不对称的核，C_Q 可能比拉莫尔频率大得多，使得核磁共振实验无法进行。因为核四极相互作用的主要方向是由晶体结构决定的，而不是外部磁场的方向，因此，在粉末样品中，强四极相互作用导致非常宽化的 NMR 共振谱。

4.2.2.3　偶极相互作用

影响能级的第三种内部相互作用来自核间的磁偶极-偶极耦合。一般来说，不同核的磁核偶极矩也可能直接或间接地发生相互作用，直接相互作用称为核偶极子耦合，是通过空间进行的。而间接自旋-自旋耦合（又称 J 耦合）是通过自旋活性核间的中间键电子的极化作用进行的。这两种机制都是各向异性的，并由二阶张量来描述，从而产生类似于前述的波谱。图 4.6 显示了活性核物质 ^{29}Si 核偶极子相互作用的示意图。图 4.6(a) 表示的是磁偶极矩通过空间发生的直接相互作用，其中标出了每个硅核的磁力线。图 4.6(b) 表示的是通过键发生的间接相互作用，在每个键中的成键电子对（表示为成对的箭头）介导自旋-自旋相互作用。

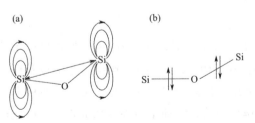

图 4.6　核偶极子相互作用的示意图

直接偶极耦合可以用核间距离分布来分析，固体共振核会处于由物质中的其它核产生的局部磁场中，磁偶极矩的磁场可以与邻近的偶极子相互作用。如果第 i 个原子核仅处于

来自第 j 个原子核的磁场中，则偶极-偶极相互作用能为：

$$E = \frac{\boldsymbol{\mu}_i \cdot \boldsymbol{\mu}_j}{r_{ij}^3} - \frac{3(\boldsymbol{\mu}_i \cdot \boldsymbol{r}_{ij})(\boldsymbol{\mu}_j \cdot \boldsymbol{r}_{ij})}{r_{ij}^5} \tag{4.13}$$

式中，$\boldsymbol{\mu}_i$、$\boldsymbol{\mu}_j$ 分别为第 i 个、第 j 个核的磁矩；$\boldsymbol{r}_{ij}$ 为第 j 个核相对于第 i 个核的位置矢量。当其它更多的核在第 i 个原子核处产生局部场时，必须计算适当的相互作用总和。这些场随距离以 r^{-3} 减小，因此这可以成为玻璃中原子间距离信息的一个重要来源。一般来说，每一个 i 型核会处于一个不同的总局部场。由于所有的 i 型核都参与核磁共振谱，由此产生的局部场分布将使塞曼能级发生分裂并使吸收曲线增宽或给出谱峰结构，正是因为这种偶极增宽才使得式(4.6) 中的 Δ 函数响应转换为光滑的"钟"形或结构化谱线。原则上可以计算偶极增宽共振的线形 $g(\nu - \nu_0)$，然而，这在实践中比较困难，通常用计算线形"矩"来代替。最常用的是所谓的谱线"二次矩"，定义为：

$$M_2 \equiv \int_{-\infty}^{+\infty} (\nu - \nu_0)^2 g(\nu - \nu_0) \mathrm{d}\nu \Big/ \int_{-\infty}^{+\infty} g(\nu - \nu_0) \mathrm{d}\nu \tag{4.14}$$

式中，ν 为射频频率；ν_0 为跃迁共振频率；g 为 g 因子。对于玻璃，其中核位置矢量 $\boldsymbol{r}_{ij}$ 的所有取向是等可能的，M_2 与角的依赖关系必须在所有角度上求平均值，结果是：

$$M_2 = K_1 \sum_j r_{ij}^{-6} + K_2 \sum_k r_{ik}^{-6} \tag{4.15}$$

上式第一项涉及共振核之间的相互作用，第二项涉及共振核与另一种不同核的相互作用。K_1 和 K_2 分别取决于共振核和不同核的性质。如果有一个以上的不同核，则必须增加第二类的附加项。根据玻璃的特定结构模型，由式(4.15) 计算出的 M_2 值，与用实际核磁共振谱确定的线形 $g(\nu - \nu_0)$ 按式(4.14) 计算出的 M_2 值具有可比性。由于结构无序产生巨大的谱线宽度，这些耦合方式在典型玻璃中很难直接测量，但它们可作为有价值的自旋转移机制，利用多维和双共振 NMR 方法检测原子间连接状况和自旋空间接近度。然而，它们在谱线中产生的位移通常很小，因此为了提取这些信息，通常需要进行相对复杂的实验。

间接自旋-自旋耦合是通过化学键进行的耦合，是由成键电子介导的偶极相互作用引起的。这种相互作用是液体中丰富的结构信息来源，但由于量级很小使其在无序固体中的观测相当困难，但这一种机制通常比第一种弱得多。

4.2.2.4　电子顺磁共振（EPR）

与4.2.2.1节中讨论的核磁共振化学屏蔽相互作用类似，在 EPR 中，外磁场产生的轨道电流是相互作用的重要来源，称为 g 位移。在 EPR 中，这种相互作用通常被看作是由电子电荷密度的净轨道角动量引起的，它与所施加的磁场强度成正比，通过常见的自旋轨道耦合机制与电子自旋发生相互作用。由于诱导的轨道角动量与外磁场成正比，由此产生的共振位移可以用 g 因子的位移表示为电子磁矩 $g\mu_B$ 的显著变化。对于裸电子，其 g 值约为 2.002，但这是由于与场感应电流的相互作用而发生的位移。由于电子自旋密度的离域性质，它与邻近核自旋的相互作用也很重要。这种超精细相互作用产生于未配对自旋密度与核自旋的直接重叠（称为接触相互作用），也产生于类似于上述核自旋对通过空间发生的偶极相互作用。超精细相互作用的相互作用张量通常用 A 表示，A 称为超精细相

互作用常数，至少对 S 电子而言，其值由电子在原子核位置出现的概率 $|\psi(0)|^2$ 决定：

$$A = \frac{2}{3}\mu_0(g_N\mu_n)(g_e\mu_B)|\psi(0)|^2 \tag{4.16}$$

这种形式的 A 称为费米-接触相互作用。式中，g_e、g_N 分别为描述电子、核自旋态塞曼分裂的算符；$g_N\mu_n$、$g_e\mu_B$ 分别为核和电子的磁矩。

玻璃中杂质成分产生的势阱吸引辐射激发的电子或始态被激发的电子（该态被称为空穴，因为它是一个满带中的空电子态）。因此，这些电子和空穴的一部分被捕获到玻璃的势阱中。这种情况发生时，与这些位点相关的电子态可能包含奇数个电子，通常是一个电子。在磁场中可以消除自旋简并并诱导 EPR 跃迁，通常用这种技术可以检测到化学分析或光谱学无法检测到的杂质。这种情况如图 4.7 所示，其中给出了跃迁的能量、基态和激发态的电子比例以及基态和激发态之间的布居数差。

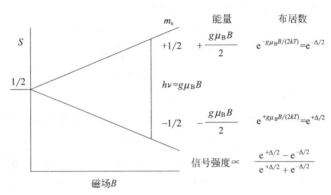

图 4.7　磁场对电子自旋态 $S=1/2$ 的影响示意图

4.2.2.5　弛豫现象

自旋系统从不平衡状态向平衡状态恢复的过程称为弛豫。由于在磁共振实验中探测自旋系统必须对其进行微扰，而检测是在时域进行的，因此自旋系统向平衡态的弛豫是磁共振实验的核心。有两个主要的时间尺度，通常用 T_1 表示自旋晶格弛豫时间，T_2 表示自旋-自旋弛豫时间。因为总磁化强度是一个矢量，当它受到扰动时，通常会有一个平行于外部磁场的分量和一个在垂直面内的分量。更准确地说，平行分量描述了向上自旋态和向下自旋态之间的布居数差异，即净磁化强度；垂直分量描述了自旋-自旋相干，即自旋态之间的相位关系。因此，T_1 和 T_2 分别是表征磁化强度的纵向分量和横向分量恢复过程的时间常数，它们的倒数分别称为纵向弛豫速率和横向弛豫速率。

平行分量的弛豫发生在 T_1 的时间尺度上，而垂直分量的弛豫发生在 T_2 的时间尺度上。尺度不同是因为 T_1 尺度反映了自旋分量的布居数弛豫，使自旋分量回到由玻尔兹曼因子 $\exp[-\hbar\omega_0/(k_B T)]$ 确定的平衡值，而且一般需要与其它晶格自由度进行能量交换。另一方面，T_2 尺度反映了能级之间自旋相干的弛豫，这种弛豫通常会发生得更快。两个过程产生原子或电子相对于环境自旋的动力学信息，不过详细解读这些信息比较复杂，因为环境动力学通常代表耦合自由度随机库，也可以在根据实验外部磁场强度和温度范围设定的有限频率范围内进行探测。对于包括玻璃在内的固体，这两种时间尺度通常相差几个数量级。在 NMR 中，T_1 通常在 $1\sim100s$ 甚至更长，而 T_2 通常在 μs 到 ms 的尺度上。在 EPR 中，弛豫时间往往比 NMR 短得多，因此 EPR 实验常常必须在低温下进行以增加弛豫时间。

4.3 核磁共振仪

4.3.1 磁体

核磁共振仪器主要由四个部分组成：磁体、探头、射频组件（射频发射器和接收器）、控制激发和数据采集的计算机。磁体的作用是通过诱导塞曼效应来建立自旋系统的初始条件，使核自旋态分裂成可以用射频谱探测的能级。大多数商用核磁共振系统是基于超导的垂直孔磁体，虽然磁场可低可高，但其磁感应强度在 $9.4\sim21.1T$（特斯拉）之间。由于 ^1H 的核磁共振在常规的化学应用中很重要，通常用质子频率来表示所用的磁体（例如分别为 400MHz 和 900MHz），不过 ^1H 这种原子核很少在玻璃研究中使用。有时也用"超高场"这个词指磁感应强度达到 18.8T 或更高的磁场。

目前 NMR 实验所用磁场通常是由超导磁体产生的，即由超导材料组成的线圈浸泡在温度极低的液氦中，使其处于超导状态，然后对线圈施加电流，撤去电源后，由于没有电阻，恒定电流仍然在线圈中流动，也就产生了恒定的磁场。铌钛和铌锡超导线圈由液态氦冷却到低温下（4K）并用液氮缓冲绝热层包围（77K）。一些高磁场磁铁（例如 18.8T），采用氦通过闭路循环泵进行蒸发冷却，氦温度降至 2.2K，从而一方面降低特定磁场中超导的临界温度，另一方面就是稳定磁体由于气氛的影响产生的变化。磁体技术的最新改进包括磁体屏蔽，能显著减少杂散场和不需要液氦的"无低温"磁体。后者利用制冷和再循环氦绝热来减少氦的消耗，每年只需要补充一次氦。考虑到全球日益严重的氦气短缺问题，这种磁铁可能会越来越普遍。典型孔径是 54mm（"窄"孔或"标准"孔）和 89mm（"宽"孔），前者往往更便宜、更稳定并普遍用于溶液态核磁共振仪，而后者可以容纳体积更大、用途更广的固态常用 NMR 探头。

磁场强度对谱图外观有很大的影响，从而影响其包含的信息量。特别是试样中原子核受与场强关系不同的多重自旋相互作用时，情况更是如此。最简单的例子如 ^{29}Si，^{29}Si 是稀释自旋 1/2 的原子核，只受磁屏蔽的影响，而磁屏蔽与电场强度呈线性关系。结构无序材料中，各向同性位移的分布也会发生变化，这将导致魔角旋转 NMR 谱与磁场没有明显的依赖关系，这样采用高磁场除了产生更大的磁化作用外，并不能带来什么优势。^{207}Pb 也是稀释自旋 1/2 原子核，然而由于玻璃固有的结构无序性，其化学位移对局部结构更加敏感，相应地产生非常宽的峰。典型的 ^{207}Pb 核磁共振信号可扩展数百千赫兹，很难均匀地激发共振。因此，较低的磁场强度更具优势，因为整体信号宽度降低（以频率单位计）并且更容易获得。^{19}F 是另一个具有较大屏蔽范围的自旋 1/2 原子核，具有 100% 天然丰度，磁旋比大（见表 4.1）。因此，氟浓度较高的玻璃的图谱很可能受到同核偶极相互作用增宽的影响。在这种情况下，采用低磁场与高速旋转相结合的方法是获得高分辨率的玻璃^{19}F 魔角旋转 NMR 谱的最优方法。

对于大多数四极核，有益做法是利用尽可能高的外部磁场来减少二阶四极效应对谱线的影响。例如，在低-中磁场（如 4.7～11.7T）中采用^{27}Al 魔角旋转 NMR 谱测定不同铝配位数比较困难，因为配位数为 4、5、6 的 Al 的四极核的谱线明显重叠。在高磁场（例如＞16.4T）中，这些配位环境产生的谱峰相对于它们各自的化学位移差更为狭窄，并容易获得更高的谱线分辨率。同样地，硼酸盐玻璃中硼配位数为 3 和 4 的谱线，在施加磁场低于 11.7T 时需要进行谱线分峰才能区分，但在磁场更高时则可以完全分辨。^{17}O 的魔角旋转 NMR 也有类似的情况，在足够高磁场中桥氧通常可以与非桥氧区分开来。此外，连接不同网络形成体的桥氧有时可以被分辨出来，这取决于网络形成体阳离子和磁场强度。其它情况下，需要采用更复杂的核磁共振方法来获得位点分辨率。高磁场对于多量子魔角旋转（MQ MAS）谱也具有优势，其中多量子激发效率随四极增宽效应的减小而增大。另外，因为信噪比随着磁化强度及探头探测的拉莫尔频率按比例变化，而这两个量与磁场强度呈线性关系，因此高磁场强度有利于低放射性核的研究，可以显著节省时间。

4.3.2 探头

样品位于探头中的线圈内，而线圈是射频电路的一部分。最简单的核磁共振探头是一个调谐电路，探头中放置样品的水平螺线管线圈位于外部磁场最均匀的区域，使用时将电容调整到实现共振所需的激发频率。激发频率为 ω_0 的交流振荡电流以脉冲形式通过线圈，在样品中产生振荡磁场 $\boldsymbol{B}_1$。在核-特征共振条件下有 $\omega_1 \approx \omega_0$，该磁场与自旋发生相互作用，并通过旋转使体磁化偏离其最初与静磁场对齐的位置。这导致一些磁化分量位于静磁场的正交平面内，并绕 $\boldsymbol{B}_0$ 进动［图 4.2(b)］。磁化矢量旋转 90°进入横向平面构成"90°顶角"时，激发达到最大。激发后，射频场被关闭，横向平面内的核自旋组合进动并

在线圈中感应出电压，该电压被检测为随时间变化的振荡信号。图 4.8 显示了用于采集核磁共振信号的典型单脉冲（又名布洛赫衰减）序列：90°射频脉冲，随后检测自由感应衰变，对时域信号进行傅里叶变换（FT）产生频域图谱。各种弛豫机制发生作用，调整磁化矢量与外部静磁场重新对齐，造成测量信号降低。这种自由感应衰变（FID）构成了样品中原子核的原始时域响应，这个过程适当延迟后可以重复，可使信号沿着 $\boldsymbol{B}_0$ 弛豫到其平衡位置，接着对

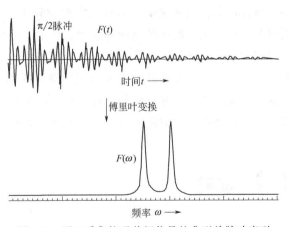

图 4.8　用于采集核磁共振信号的典型单脉冲序列

获得的所有瞬态电压进行信号平均以提高信噪比。

对于大多数需要提高峰分辨率的玻璃样品实验，线圈位于相对于外部磁场矢量的魔角上。样品旋转是通过轴承和驱动气流完成的。旋转速率要达到稳定可靠，就要求质量均匀地分布在旋转轴上，因此魔角旋转实验一般在精细抛光过的样品上进行。

商用核磁共振探头的旋转速度在 2~65kHz 之间，主要取决于转子的外径，通常为 7~1.2mm。配备相应转速的合适探头要权衡实际时间内获得合适谱线所需的样品数量以及获得必要的峰分辨率所需的旋转速度。根据魔角旋转 NMR 实验的装置要求以及对转子尺寸和实验的众多选择需要，大多数固态 NMR 设备都配备了可供选择的不同探头。

4.3.3 射频组件

用于激发原子核并产生可探测信号的射频场由数字频率合成器产生，并经线性放大器放大，以提供对应于 10~150kHz 章动频率的振荡磁场振幅。现代电子学可以提供精确振幅和低至 25ns 定时控制的极短脉冲。这导致上升和下降次数急剧变化，非常接近于"方形"脉冲，也可以根据所需的特殊应用，按不同的形状和相位进行程序化控制。典型射频脉冲的产生过程如图 4.9 所示。

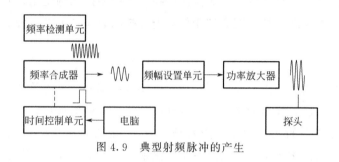

图 4.9　典型射频脉冲的产生

4.3.4 计算机

与所有现代分析仪器一样，计算机控制对脉冲序列编程和检测信号的处理是必不可少的。脉冲序列范围从采集 FID 前的方形射频单脉冲（图 4.8），到高度复杂的多维和多共振序列，该序列能精确控制脉冲时间、长度、振幅及与样品自旋转子周期相关的相位。波谱仪库中通常包括数百种脉冲序列，并可根据特定应用进行选择。基本波谱处理过程是将时域信号经傅里叶变换后，产生频域频谱（图 4.8），其中峰出现在相对于射频发射器频率的离散偏离值处，并且峰的位置以参考样化合物为参照。另外，可采取相位调整、基线校正及其它数据处理方法来改善谱线外观并方便谱图解读。

4.4　实验

4.4.1　实验基本过程

玻璃样品的基本固态核磁共振实验包括将样品（通常磨成粉末）封装在容器中，并用探头将其置于外部磁场中，典型容器是带陶瓷或聚合物盖的陶瓷圆筒。探头将样品悬在一个线圈中，线圈既可以作为发射器也可以作为接收器，线圈是调谐电路的一部分。例如，对于在 16.4T 磁场下的 ^{29}Si，电路被调谐到 138.98MHz，这是该磁场中的自旋拉莫尔频率。整个探头组件插入磁铁线圈中，通过导线连接到发射放大器和接收器。图 4.10 显示了该装置的简单原理图。图的中心是磁铁，一般包括多个低温外套（未显示），保持磁铁线圈温度足够低，以维持超导状态。探头装载样品（图中仅显示样品线圈，以魔角角度倾斜），向样品提供辐射并在激发后检测。整个激发流程显示在左边，包括射频源、脉冲序列发生器、选通以及最后的发射

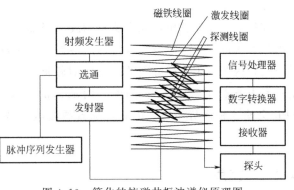

图 4.10　简化的核磁共振波谱仪原理图

器，激发过程发送激发脉冲到探头。图 4.10 右边显示了检测过程：信号在接收器中被放大，然后经数字化，最后通过傅里叶变换将信号转换成频谱，通常还要经过滤波、定位等各种其它步骤。

　　射频（RF）短脉冲给探头提供能量，并通过探头线圈经调谐与自旋共振耦合。因此，自旋磁化退出平衡态，在垂直于场方向的平面上形成一个分量，它在纵向 T_1 时间尺度上弛豫回到平衡态时绕外场进动，这是因为存在磁场时，磁矩会受到力矩的作用绕磁场方向进动。因此，进动磁化在调谐线圈中产生一个时变磁场，通过感应产生贯穿线圈的可检测电动势。实验中实际检测到的是与之相关的时变电压，可以在横向弛豫时间 T_2 内继续进行检测并相对于参考信号进行数字化处理以记录进动过程。最后，通过时域信号的傅里叶变换得到频谱。如图 4.11，图（a）中自旋与所处环境处于热平衡状态，在外加磁场方向上产生净磁化。图（b）激发脉冲后，净磁化强度和自旋被旋转到垂直于场的平面内。图（c）在横向弛豫时间 T_2 内，自旋失去相位相干性。同时在这段时间内，当每个自旋绕外磁场进动时，会检测到一个振荡信号［图（d）］。图（e）中自旋在纵向弛豫时间尺度 T_1 内缓慢弛豫，最终回到原始平衡状态。

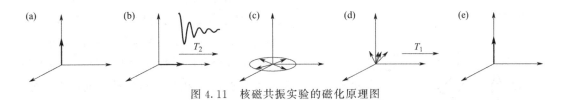

图 4.11　核磁共振实验的磁化原理图

　　许多因素限制了实验的灵敏度。第一，如上所述，实验可用磁场相对较小，因为 $h\omega_0 \ll k_B T$，所以可用的平衡信号很小（在热平衡时，自旋各能级的密度几乎相等）。第二，根据法拉第感应定律，信号大小受 ω_0 附加因子即磁化变化率（进动频率）的影响。第三，感兴自旋物质的自然丰度可能很小，进一步限制了可能的信号量。所有这些因素说明核磁共振通常是一种低灵敏度的方法，需要相对大的样本容量和噪声非常低的放大技术。另一方面，T_2 和 T_1 都比较长，有足够的时间来执行复杂的脉冲序列，从而可进行复杂的实验。此外，实验通常可以进行多周期的信号检测，能非常准确地确

定频率。

在核磁共振实验中，几乎所有的波谱仪都是在时域内工作的，而在 EPR 中则是频域和时域系统的混合。频域实验可通过共振扫描磁场进行，在 EPR 中，这是一种相当实用的方法，因为产生塞曼分裂的磁场相对较低，电子自旋的弛豫时间较短，而且只需要考虑一种共振粒子（电子）。当然，时域谱的多重通道可同时对许多频率进行有效采样，EPR 会使这种优势丧失。因此，随着微波电子技术的发展，时域 EPR 的应用将越来越广泛。

4.4.2　魔角旋转

化学屏蔽各向异性的测量可提供特定核周围成键的详细信息，然而，在多晶和非晶固体的核磁共振实验中，各向异性自旋相互作用（如化学屏蔽、偶极、四极）占优势，经常观察到的宽信号往往使不同化学环境特征变得模糊，产生的谱线通常宽且无特征峰，限制了核磁共振谱提供的结构信息内容。在外磁场 $\boldsymbol{B}_0$ 的影响下，原子核的电磁环境产生的磁极化效应改变了核的局部磁场，从而影响到它的进动频率。以最简单的轴对称磁屏蔽各向异性为例，进动频率 ν_0 表示为：

$$\nu_0 = \gamma B_0 \left[1 - \sigma_0 - \frac{1}{3} \Delta\sigma (3\cos^2\theta - 1) \right] \tag{4.17}$$

式中，σ_0 为各向同性磁屏蔽常数；$\Delta\sigma$ 是平行于分子主轴与垂直于分子主轴的磁屏蔽常数差值；极角 θ 为该轴相对于磁场方向的取向角。玻璃或其它材料的固态核磁共振中的这种空间各向异性，都可以通过广泛采用魔角旋转技术来减小。在 MAS NMR 实验中，样品快速绕一个倾斜的轴旋转，各向异性分量取决于转轴相当于磁场方向的角度 θ。通常局部相互作用各向异性的空间差异为 $P_2(\cos\theta)$，样品快速旋转则在各向异性分量上引入比例因子（$3\cos^2\theta - 1$），可表示为：

$$P_2(\cos\theta) = 3\cos^2\theta - 1 \tag{4.18}$$

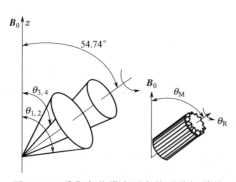

图 4.12　采集高分辨率固态核磁共振谱的
魔角旋转技术

其中 P_2 表示勒让德（Lengendre）二次多项式。对于大多数相互作用，可以通过调整转轴使其相对于外磁场的角度 θ 为 54.74°，此时比例因子（$3\cos^2\theta - 1$）变为零，从而将局部相互作用的大部分各向异性加宽平均掉，只留下磁屏蔽和间接偶极-偶极相互作用的各向同性部分，这个倾角被称为魔角 θ_M。具体原理如图 4.12 所示，测试时试样绕相对于磁场方向倾角 $\theta_M = 54.74°$ 的轴旋转。此操作使不同的初始取向 $\theta_{1,2}$ 和 $\theta_{3,4}$ 相同，产生对所有分子或结构单元都相同的平均取向 $\langle\theta\rangle = 54.74°$（无论它们的初始取向如何），如果旋转速度足够快，对于具有相同化学环境的所有核自旋，检测到各向同性进动频率 ν_0 平均值是相同的。因为 $P_2(\cos\theta_M) = 0$，相关各向异性（包括化学位移和偶极-偶极相互作用）平均为零，从而各向异性被消除，在各向同性位移处将信号压缩为中心带。大多数玻璃的核磁共振研究都采用魔角旋转来提高谱线分辨率。

　　魔角旋转 NMR 实验需要仔细选择 MAS 旋转速度，以避免不同位置的各向同性位移峰和旋转边带发生重叠。如果旋转速度高于各向异性相互作用的非自旋（即"静止"）线宽，则信号强度浓缩成各向同性窄峰，峰的数量取决于化学性质不同的局部环境数量。如果旋转速度低于静止线宽，且线宽受磁屏蔽各向异性或异核偶极相互作用支配，那么核磁共振信号的各向同性中心峰两侧就出现旋转边带，这些边带是相关各向同性位移峰的谐波，可以通过获取不同转速的 MAS 谱图加以鉴别，它们位于旋转速度的整数倍处（图 4.13）。如图 4.14 所示为不同实验条件下铅镓硼酸盐玻璃的[71]Ga 魔角旋转 NMR 谱，从图中可以看出，随着旋转速度的提高，旋转边带趋于减少，谱峰分辨率提高，与 4、5、6 配位 Ga 的模拟峰相对应。

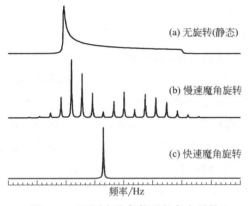

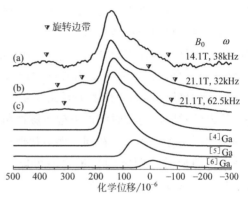

图 4.13　不同实验条件下的各向异性　　　　图 4.14　不同实验条件下铅镓硼酸盐玻璃的[71]Ga
　　　　增宽化学屏蔽粉末谱　　　　　　　　　　　　　魔角旋转 NMR 谱

　　因此，要获得无边带的谱图并使各向同性峰强度最大，通常需要采取快速旋转。如果各向同性磁屏蔽分布和/或四极相互作用使共振强烈加宽，则旋转速度必须足够快，以确保中心峰与旋转边带分离（图 4.13）。用小转子装载较少的样品材料可加快旋转速度，相应地，提供的信号也较少。例如，用 7mm（外径）转子装样品一般可以旋转到 7kHz，而 2.5mm 转子转速通常可达 35kHz。目前最快的旋转速度是用 1.3mm 的转子达到 110kHz，旋转速度快到足以消除质子-质子偶极子耦合，但因所用样品材料太少，仅适用于大磁旋比的高丰度原子核，如[1]H、[19]F。对于某些样品，特别是那些含有宽中心跃迁的重四极核样品（例如磷酸盐玻璃中的[93]Nb），不能通过获得足够高转速的 MAS 来分出各向同性峰。在这种情况下，可选择静态样品核磁共振实验。最后，魔角旋转需要注意的一个问题是旋转会产生机械摩擦使样品受热。如果只需要关注中心峰的信息，通常将旋转边带作为伪峰而忽略掉，不过旋转边带也可提供有关各向异性程度的有用信息，并且在某些情况下还可以提供更好的位点分辨率。另一方面，一些脉冲序列，如相位调制旋转边带法（PASS）和旋转边带完全抑制法（TOSS），通过引入巧妙选择的相移来消除旋转边带。对化学位移各向异性作用，各向异性分量产生的回波与各向同性分量产生的回波在相位上对时间 τ 的依赖关系不同，一组 τ 值不同的谱相加后可以消除旋转边带，这种方法称为

PASS。选择延时时间使回波顶出现的时间点上相位分布不均，各向异性分量的影响被平均掉，把所有的边带完全抑制掉，这种方法称为 TOSS。

4.4.3 一维实验

最简单的 NMR 实验由单脉冲激发和检测组成（图 4.11）。但即使是这样简单的实验，因为固态核磁共振的特殊性，实验者也需要仔细考虑实验参数，如脉冲长度和功率、仪器停滞时间和实验重复次数。对于自旋 $I=1/2$ 的原子核，脉冲长度为 τ_p（即谱峰中心）、激发场强 $\nu_1=\gamma B_1/(2\pi)$（ν_1 依赖于激发磁强 B_1 以及与 γ 相关的自旋场耦合）的共振脉冲会引起磁化强度旋转一个与脉冲方向正交的角度 $\theta=2\pi\nu_1\tau_p$。然而，有效脉冲角和相位随频率偏移不同而不同。较短的脉冲覆盖较宽的激发范围，但需要较高的射频功率来获得显著的脉冲顶角。对于四极核，脉冲场强 ν_1 与四极共振频率 ν_Q 的关系影响脉冲响应。ν_Q 与四极耦合常数 C_Q、核自旋量子数 I 有关 [见式(4.12)]。

只有当射频功率足够强时，即 $\nu_1\gg\nu_Q$（硬脉冲），脉冲才会激发卫星跃迁，或者当射频功率弱到只能选择中心跃迁 $\nu_1\ll\nu_Q$ 时，信号强度就会随着脉冲长度呈正弦振荡。弱射频极限的 90°脉冲持续时间变为硬脉冲极限的 $1/(I+1/2)$ 倍。对于中等射频场强（$\nu_1\approx\nu_Q$），脉冲持续时间与顶角的关系比较复杂，可以通过章动波谱求取四极耦合，其间记录并分析强度对脉冲持续时间的响应。脉冲角对四极耦合大小的依赖关系导致核在不同环境下的激发不均等，例如，在同一硼酸盐玻璃样品中，硼核存在 3 配位和 4 配位结构，在这种情况下即使对这两类硼有量化的可能，也是很困难的。不过，如果脉冲顶角比较小 $[2\pi(I+1/2)\nu_1\tau_p\leqslant\pi/6]$，即 $I=3/2$、$5/2$ 时相对于立方位或液体的脉冲角分别为 15°、10°时，可以实现不同位点的均等激发（强度误差小于 5%）并能对其进行量化。

最后，必须注意实验重复次数取决于自旋晶格弛豫时间 T_1。尽管时域信号在宽谱中似乎衰减很快，但 $I=1/2$ 核的自旋晶格弛豫时间可达 $10\sim10^3$ s 级量级。另一方面，强四极相互作用或显著的化学位移各向异性有助于弛豫，有时使实验重复次数达到毫秒量级。对于长弛豫时间 T_1，10°~20°小角度激发可以实现更快的采集，但必须避免在同一个样品中选择性地激发具有不同弛豫时间的核。

4.4.4 多维实验

多维实验通过交叉峰将两个或多个频率相互关联。频率配对可以是基于一个自旋的同核 [例如多重量子魔角旋转（MQ MAS）或二维交换谱]，也可以是同一类型的不同自旋之间的核（例如不同的 ^{11}B 核或 ^{31}P-Q^n 基团），或者异核（例如表征 ^{31}P-^{27}Al 邻近基团）。这种关联可以通过多种机制实现，如 J 耦合、偶极-偶极耦合（例如魔角旋转下的重耦、自旋锁定或多重量子激发）、动力学系统或旋转轴机械切换。实验既可以简单到脉冲长度可变的单脉冲激发，也可以复杂到具有精细重耦设计的脉冲序列。

在玻璃的核磁共振研究中经常遇到的问题源于相当强的四极相互作用。二阶各向异性效应不能完全被魔角旋转平均掉，从而留下残余线形和线宽。这种效应引起的加宽会导致峰重叠、谱线分辨率降低和信息量减少。要获得无二阶加宽的各向同性谱，有一种比较方便的方法是所谓的多量子魔角旋转核磁共振（MQ MAS NMR）。该方法是在 20 世纪 90

年代中期发展起来的一种二维方法，其结果是使一个维度谱线非常接近于标准魔角旋转谱，而一个维度消除了二阶加宽，具有更高的分辨率。

通常，二维实验由四个部分组成（图 4.15）。①预备期：自旋系统弛豫恢复到平衡状态所需的时延一般为 $5T_1$，所以预备期都为固定时延 $d_1 = 5T_1$，对 T_1 长的样品为缩短等待时间需采取加速恢复措施，预备期末加一个或几个脉冲使自旋系统建立非平衡状态，产生单量子或多量子相干。

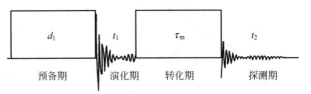

图 4.15　典型的二维实验示意图

②演化期（t_1 时间段）：为了对 t_1 期的演化采样，t_1 增量为 Δt_1，每次取样增加 Δt_1，预备期末建立的非平衡状态在哈密顿作用下演化。③转化期：加一个或多个脉冲实现相干转移或极化转移建立可观测磁化，将单量子、多量子或零量子相干转化成可观测的横向磁化。④探测期（t_2 时间段）：像一维谱那样采样，每次采样的起始幅度和相位受 t_1 函数的调制，探测的是作为 t_2 函数的横向磁化强度，系统在哈密顿作用下演化。在一系列一维实验中增加了演化时间 t_1（间接维度），二维谱的信号只在探测期记录，演化期的行为间接地被采样。这些实验过程可能只是两个维度的傅里叶变换，也可能包括更复杂的处理过程，如剪切或对称化。

4.4.5　检测不确定性

固态核磁共振谱表示为频率和信号强度信息的相互关系。频率分布通过核磁共振相互作用提供了材料的结构信息。与液态核磁共振相比，固态实验条件对信号强度的影响更大，在根据谱线强度分析化学物质和结构的分布之前，必须仔细考虑这些影响。核磁共振谱测量存在的不确定性一般分为两类：与峰位置有关的不确定性和与峰强度有关的不确定性。在长时间数据采集或系列实验过程中，磁场和射频电子器件会有轻微的漂移，导致测得的峰位置出现微小的误差。定期对探头调谐、脉冲校准、磁场均匀性（即匀场）、参考样定位进行优化，尽量将因实验带来的不确定性降低到低于核磁共振参数带来的不确定性。磁化率的差异也会导致峰位置出现小误差，特别是在校准探头响应或使用溶液参考样品时，不过溶液和典型玻璃样品之间的差异预计不会超过 1×10^{-6}。原则上，峰值的测量会受到数字分辨率的限制，但玻璃的固态核磁共振谱的峰宽通常较大，这样数字分辨率通常不是问题。不过，如果二维数据集（例如 MQ MAS）的间接维数由于快速自旋-自旋弛豫有点数限制时，可能会出现例外。在大多数实际应用中，玻璃核磁共振谱中峰位置的直接测量仅仅受到峰较宽的限制，即使在魔角旋转条件下，不确定度小于 1×10^{-6} 的情况也很少见。

虽然核磁共振本质上是一种定量技术，但一些实验因素和样品特征可能导致获得的结果无法定量。从仪器的角度来看，有限的脉冲时间会产生特征激发轮廓线，其中 B_1 场强系统性地依赖于频率偏移。短脉冲具有更宽的带宽，这样确保在谱线感兴趣区内，比长脉冲有更均匀的激发，而这并不是一个主要问题。主要问题是探头的有限带宽可能导致在研究宽信号的低 γ 核时出现不均匀激发和非定量强度。一种耗时但有效的解决方法是记录一系列不同发射偏移的谱图，采集数据后将谱图相加。更好的方法是利用 WURST（宽带匀速平滑截断）脉冲以更均匀的方式激发更宽的带宽。

样品若含有四极耦合常数（C_Q）变化很大的不同物质，在给定的激发脉冲下会表现出不同的信号响应，并且不能通过单个射频脉冲长度使它们同时达到最大化。对于小 C_Q 的溶液类和大 C_Q 的固体位点，自旋 3/2 核的体磁化强度随激发脉冲时间的变化关系曲线见图 4.16。在这种情况下，必须保持短脉冲一直处在线性激发区。例如，由于 3 配位硼和 4 配位硼的四极相互作用不同，只有在采用小顶角保证均匀激发时，才能直接比较强度大小。另外还需要进行一些小校正，以解析中心跃迁强度与卫星跃迁的重叠峰，或中心跃迁因旋转边带产生的强度损失。使用更复杂的多脉冲序列引入了更大范围的非定量强度，如 MQ MAS、自旋回波实验和交叉极化，这些情况都必须根据特定序列存在的不足仔细考虑峰的相对积分强度。

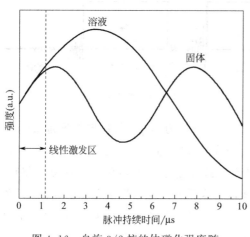

图 4.16　自旋 3/2 核的体磁化强度随
激发脉冲时间的变化

峰面积的不确定性来源于试样特征。材料中不同位点的自旋晶格弛豫时间可能不同，这对于玻璃分相或玻璃复合材料来说特别成问题。在这种情况下，有必要确保采取足够长的弛豫延迟，以使样品中存在的所有原子核达到平衡。这可以通过比较所测样品感兴区的绝对信号面积与已知核浓度的参考材料的绝对信号面积进行测试。此外，顺磁成分或杂质的存在可以导致所观察的一部分核产生快速自旋-自旋弛豫，使它们在数据采集的时间尺度内实际上不可见。同样，高度畸变的局部环境会对四极核产生很强的四极相互作用，在脉冲结束与采集开始之间的"停滞期"形成失相宽峰，导致无法探测到。

4.5　数据分析与玻璃结构解释

核磁共振参数本身对材料局部结构环境敏感，这通常与玻璃的短程有序结构比较符合，例如配位数、位置对称和最近邻点的化学性质。在某些情况下，可用次邻近点和第三邻近点的同一性来研究中程有序。最简单的情况是所观察核的化学位移因配位数不同而有显著的不同，从而可以确定不同的"位置"。对于四极核，峰的形状也可以提供关于局域几何特征的有价值的信息。由于与其它自旋活性核存在 J 耦合，谱峰可以劈裂成多重峰，这能说明原子间的连接状态，不过这在玻璃态材料中很少被观察到。核磁共振被认为是一种定量波谱方法，这样峰面积与化学环境的组成含量成比例，就会出现相对于所观察核 NMR 总信号的特定谱峰。因此，比较核磁共振谱中所有峰的相对积分强度就能提供玻璃中的位点布居数。

4.5.1 化学位移归属

核磁共振实验中的核所在磁场 $\boldsymbol{B}$ 的大小和方向与施加磁场不同，这种效应是对上述偶极增宽相互作用的补充，但也有不同之处，该效应源于施加磁场引起的原子电子分布的反磁和二阶顺磁变化。$\boldsymbol{B}$ 的分量与施加磁场 $\boldsymbol{B}_0$ 的关系为：

$$B_i = \sum_{j=1}^{3} (\delta_{ij} - \sigma_{ij})(B_0)_j \quad i = 1,2,3 \tag{4.19}$$

其中，δ_{ij} 是 Δ 函数；σ_{ij} 是化学位移张量的分量。对于球对称的情形（如孤立的离子），式(4.19) 变为：

$$\boldsymbol{B} = (1 - \sigma)\boldsymbol{B}_0 \tag{4.20}$$

式中的唯一标量 σ 称为化学位移参数。对于铊和铅等重原子来说，参数 σ 相对较大（例如，10^{-3} 量级），这种各向同性位移已被用于鉴定玻璃中特殊金属-氧的化学键构型，这些化学键构型也出现在同样组成系统的晶体化合物中。如果缺乏球面对称，通常也存在三重或更高对称轴（例如，单个化学键或四面体键排列的轴）。在这种情况下，核的磁场强度 B 可以表示为：

$$B = B_0 \left[(1 - \sigma_\perp)^2 \sin^2\theta + (1 - \sigma_\parallel)\cos^2\theta \right]^{1/2} \tag{4.21}$$

其中，θ 为 $\boldsymbol{B}_0$ 与对称轴的夹角；$\sigma_\perp$ 和 $\sigma_\parallel$ 为 $\boldsymbol{B}_0$ 垂直于（$\sigma_\perp$）或平行于（$\sigma_\parallel$）对称轴时，式(4.20) 中 σ 的值。如果 $\sigma_\perp$、$\sigma_\parallel$ 和 θ 已知，共振条件下产生 B 所需的 B_0 值 [式(4.6)] 可由式(4.21) 求得。但是在玻璃中所有的取向角 θ 值都是等可能的，所以当 θ 从 0 变到 π 时，观察到的核磁共振响应将包含使共振发生的所有 B_0 值。

有效使用核磁共振技术的关键在于对峰的归属进行可靠的分析确定。对于经常研究的核，通过与已知晶体化合物的核磁共振谱进行比较，可以确定不同配位数的化学位移范围。例如，经过对许多矿物校验，4 配位 Si 的化学位移总是处于 $(-120 \sim -60) \times 10^{-6}$ 范围，而基于诸如锑矿的晶体结构可以发现 6 配位硅处于 $(-200 \sim -180) \times 10^{-6}$。一般来说，配位数增加，化学位移受到的屏蔽更大。虽然最近邻原子（例如 F、O、S）的同一性可以影响所观察核的化学位移精确度，但它们的配位数大小范围仍保持原有的相对顺序。这种关系可用于确定特定多面体可能存在的具体配位数（例如高场强阳离子、网络形成体），或检测不规则多面体的配位数的进一步变化（例如低场强阳离子、网络改性体）。

化学位移对网络结构聚合度也很敏感。在纯硅酸盐中，完全聚合的 Q^4 结构单元通常在 $(-120 \sim -105) \times 10^{-6}$ 范围内，而 Q^3 结构单元则移到 $(-100 \sim -90) \times 10^{-6}$ 范围内。对其它阳离子如磷酸盐、硼酸盐和钒酸盐也观察到类似的效应，但这种变化可能较微弱并被其它效应所掩盖。网络结构解聚导致去屏蔽峰出现（即增加化学位移）。这样，更准确的网络聚合度一般可通过严格的谱峰拟合来确定。然而应该指出的是，化学位移差异可能很小而且出现重叠峰，这就导致拟合的数据存在不确定性。

另一个明显影响化学位移的二次效应是次近邻原子的同一性。特别是对于网络形成体阳离子的情况，邻近多面体的性质可以改变化学位移范围。例如，^{29}Si 的化学位移可以随着被键合的 $AlO_{4/2}$ 结构单元的数目增加而增加（向更正值方向移动），这一关系被广泛应用于测定沸石中的 Si/Al 比。这种相关性在 ^{11}B 中也得到了证实，^{11}B 中的 4 配位硼每键合一个硅酸盐单元，其谱峰移动约-0.5×10^{-6}，而每键合一个磷酸盐单元，4配位硼的峰移动约-1.8×10^{-6}。

确定化学位移这些变化关系的传统做法是从相应晶体化合物的核磁共振研究中推断，另一种方法是从头计算法，确定尚未明确的原子核或缺乏已知晶体类似物的非寻常键排列的峰归属可采用该方法。例如，采用键合了0~4个磷酸四面体的团簇模型化合物研究相邻磷酸基团对4配位硼化学位移的影响，计算结果与晶体模型化合物及一系列玻璃组成的实验数据一致。用密度泛函理论计算的核磁共振参数可靠性已经达到可以确定准确变化趋势的程度，虽然屏蔽张量元的大小可能不准确。

由于化学位移存在多重结构效应，必须慎重解析峰位置的变化。在多组分系统中，由于解聚、网络连接状况的变化，甚至网络改性体的电荷补偿所产生的峰位移都很难分离出来。对于高度重叠的谱图，如果分峰时依据文献数据值来确定峰位置拟合的约束条件，当化学位移较小而且玻璃组成可变时也可能是不可靠的。虽然有必要根据可能的玻璃结构经验知识对峰的归属进行判断，但这可能导致循环论证，甚至有失偏颇。尤其要注意的是，将复杂谱图中不能解释的峰归属为某种特定的化学物质，而这种化学物质仅仅是"凭直觉"期望它存在，或者是拟合分峰不能与整个谱图包络线相吻合，这些都将给谱图分析带来很大的不确定性。谱线拟合应严格根据可清晰观测的峰，而不是模糊的边际残余峰。当常规实验无法提供足够的分辨率时，一般可以通过更先进的核磁共振方法获得有价值的拟合约束条件，这些方法根据偶极相互作用选择性地激发或过滤掉波谱成分。鉴于无机玻璃中最重要的玻璃形成体包括 Si、B、Al、P，表 4.2 列出了氧化物玻璃系统中结构单元^{29}Si、^{31}P、^{11}B、^{27}Al 各向同性化学位移典型测量值及其对应的结构单元构型。需要指出的是，从后面的应用实例可以看到，由于这些核的 NRM 谱峰较宽，解析峰的化学位移处于典型测量值的一定范围内，这与样品中核所处的化学环境以及核磁共振的实验方法和实验条件有关。

表 4.2　氧化物玻璃系统中结构单元^{29}Si、^{31}P、^{11}B、^{27}Al 各向同性化学位移典型测量值

单位：10^{-6}

^{29}Si		^{31}P		^{11}B		^{27}Al	
δ_{iso}	结构单元	δ_{iso}	结构单元	δ_{iso}	结构单元	δ_{iso}	结构单元
-110	[SiO$_4$]	—	[PO$_4$]$^+$	15	[BO$_3$]	60	[AlO$_4$]
-100	[SiO$_4$]$^-$	-35	[PO$_4$]$^-$	0	[BO$_4$]$^-$	45	[Al(PO)$_4$]
-90	[SiO$_4$]$^{2-}$	-20	[PO$_4$]	17	[BO$_4$]$^-$	30	[AlO$_5$]

^{29}Si		^{31}P		^{11}B		^{27}Al	
δ_{iso}	结构单元	δ_{iso}	结构单元	δ_{iso}	结构单元	δ_{iso}	结构单元
-83	$\left[\text{SiO}_4\right]^{3-}$	-10	$\left[\text{PO}_4\right]^{2-}$	18	$\left[\text{BO}_3\right]^{2-}$	0	$[\text{AlO}_6]$
-77	$\left[\text{SiO}_4\right]^{4-}$	0	$\left[\text{PO}_4\right]^{3-}$	19	$\left[\text{BO}_3\right]^{3-}$	-15	$[\text{Al(OP)}_6]$
参考物：四甲基硅烷		参考物：85% H_3PO_4		参考物：$\text{BF}_3\text{Et}_2\text{O}$ 溶液		参考物：1mol/L 硝酸铝溶液	

4.5.2 四极效应的结构信息

四极核的谱图形状进一步受到电场梯度（EFG）的强度和分布的影响，这种影响用四极耦合常数 C_Q ［式(4.9)］和四极不对称参数 η［式(4.10)］来表示。C_Q 的大小取决于原子核处的 EFG。由于 EFG 反映局部对称性，给定核的 C_Q 大小提供了可测量的配位环境的信息。特别是，大 C_Q 可以说明产生了更多畸变位点，而较小的 C_Q 表明高度规则的多面体环境。^{27}Al 的早期研究表明了 C_Q 与结晶矿物中多面体畸变之间的关系，这随后被证明对确定非晶态材料中峰的归属有价值。将这项研究推广到其它原子核则不太成功，这意味着第一配位层以外的影响对 EFG 起决定性的作用。在硅酸盐玻璃中，发现 ^{17}O 的 C_Q 以及与桥氧结构有关的 η 值对 Si—O—Si 键角很敏感，这为详细解释无序固体的分子结构提供了依据。

由于四极矩的范围非常宽，如果 C_Q 非常大，信号分布在如此宽的频率范围以至于实际上无法从噪声中区分出来（例如 ^{75}As、^{115}In、^{121}Sb），或者如果 C_Q 太小，标准线形分析被其它增宽效应主导，导致无法对该参数进行精确测量（例如 ^{133}Cs、^{6}Li、^{7}Li、^{9}Be）。在中等四极矩范围内，也可能发生这样的情况：给定的玻璃中有些位点有可观察的 C_Q 值，而其它位点则畸变很严重，以至于强度实际上检测不到。这样的情况会导致不正确的位点布居数。使用高磁场和快速魔角旋转能成功获得以前无法获得的核素 NMR 谱线，例如 ^{73}Ge、^{71}Ga、^{33}S。在这种情况下，谱线往往由四极加宽所主导，如果存在多个位点，则往往无法分峰。

由于自旋系统的复杂性，通过谱线模拟或分峰从复杂、重叠的线形得到的核磁共振参数具有更大的不确定性。对结构有序固体中典型二阶四极中心跃迁 MAS 线形的谱线进行模拟，可得到各向同性化学位移、四极耦合常数以及四极非对称参数。从实际应用的角度来看，玻璃 C_Q 的精确测量因相应线形对无序结构的敏感性强而变得复杂。除了极少数情况下，给定位点处 C_Q 的分布导致峰加宽，从而导致不能依据明显特征来准确确定 C_Q 和 η。如果试样中只有一类局部环境对峰值有贡献，那么测量半峰宽（FWHM）就可以估计平均 C_Q 值。由于这些相互作用与磁场的相关性已知，采用多场测量可以获得更精确的 C_Q 值。峰的形状也可以用假设的化学位移分布和 EFG 参数进行模拟，然而最终参数设置可能并不唯一，应该谨慎使用。多量子魔角旋转（MQ MAS）是评估无序系统中核磁共振参数的可行方法，因为它消除了二阶四极加宽。然而，由于结构无序，所得到的各向同性峰可能仍然受制于分布的影响，并且有可能无法单独获得 C_Q 和 η。在这种情况下，可能有必要满足四极积 P_Q 的测定：

$$P_Q = (C_Q^2 + \eta^2/3)^{1/2} \tag{4.22}$$

P_Q 取决于非对称参数值 η 并与 C_Q 最多有 15% 的差异。对于相对较小的四极相互作用，C_Q 的估计值可以从卫星跃迁旋转边带的全宽度并对自旋数进行适当修正得到。

尽管从四极核可获得丰富的结构信息，但在开展核磁共振研究之前，必须仔细考虑给定核素与所需信息之间的内在特性。例如，由于 ^{23}Na 的高接受能力，可利用 ^{23}Na 进行玻璃中钠环境的 MAS NMR 研究。然而，由于谱线存在巨大的重叠，可能会给结构的清晰解析带来混淆，因为它的化学位移范围很小而四极增宽相当大。此外，与 ^{1}H 和 ^{19}F 一样，其 100% 的天然丰度和高磁旋比使得同核偶极相互作用较突出，并增加了魔角旋转单独难以消除的增宽效应。从结构上看，低场强导致配位环境的范围变宽，玻璃谱线通常没有特征峰，而这些效应结合在一起产生了 ^{23}Na 的魔角旋转 NMR 谱。用峰位置解释配位数（通过与晶体结构进行比较来校准）最多只是近似，并且还有一个隐含假设条件就是单一局部环境决定峰形。

4.5.3 低 γ 核

磁旋比低于 ^{15}N 的核通常被归类为"低 γ 核"，低磁旋比给 NMR 采集带来了独特的挑战。从根本上说，低 γ 核受到玻尔兹曼布居数差异的不利影响，导致灵敏度差。从技术角度来看，它们共振频率低，会在探头中引起声波振铃，干扰信号采集，特别是在探测时域快速衰减的宽峰时这种情况更为明显。此外，许多低 γ 核也受到天然丰度低和/或大四极矩的干扰，使低磁旋比带来的局限性更加突出。所有这些问题通过用尽可能高的磁场采集谱线得以解决，新出现的"超高"磁场为低 γ 核核磁共振的研究带来了新的机遇。对 CPMG 和 WURST 脉冲序列的重新关注也促进了宽低强度 NMR 信号采集取得了重大进展。

玻璃科学感兴趣的许多核具有低磁旋比和显著的四极矩，例如 ^{33}S、^{43}Ca、^{25}Mg、$^{47/49}$Ti、^{39}K、^{87}Sr 和 ^{73}Ge。对这些核比较成功的核磁共振研究很大程度上局限于具有明显特征峰的晶体化合物，其中根据核磁共振参数可以了解物质的局部结构。玻璃态材料的无序结构使核磁共振谱峰加宽，进一步明显降低了灵敏度。许多情况下，试图获得的玻璃低 γ 核的核磁共振谱将会是非常宽的无特征峰信号，依据这些信号获得的位点信息及其数量显得模糊不清。鉴于四极 CPMG 方法的低灵敏度低且测试须达到一些必备条件，因此分辨率增强技术如 MQ MAS 并不实用。确切地说，尽管低 γ 核的 NMR 测试已经取得了重大进展，但应用于玻璃的结构信息提取仍待开发。

4.5.4 顺磁效应

顺磁离子引入未成对的电子，这些电子通过各种机制与核自旋在相对较长的距离上发生相互作用。低浓度（例如，<0.5%，摩尔分数，下同）对 NMR 实验最明显的影响是自旋晶格弛豫时间 T_1 的急剧减少，这有利于加快谱图采集。例如，在硅酸盐玻璃中加入 0.2% 的掺杂剂（如 Co_3O_4、$MnCl_2$），可以将 ^{29}Si 几分钟的 T_1 值缩短为几秒，相当于典型 MAS NMR 谱节省了几天的时间。然而，顺磁相互作用也诱导谱峰加宽，这可以使分

辨率低的谱线完全没有差别而且没有结构信息。根据顺磁离子的结构作用，可以想象，由于谱峰加宽及快速弛豫的合并影响，某些结构单元可能优先弛豫，甚至可能变得不能被检测到。在玻璃核磁共振中引入顺磁掺杂剂以增强弛豫是一种常见的做法，但应用这种方法要谨慎，因为它也可能会在波谱分析中引入误差。

4.5.5 同核与异核实验

由于偶极相互作用是通过空间而不是通过化学键来调节的，所以附近未成键的 Q^n 结构单元可能会产生假峰。在双量子实验中，单量子横向 ω_2 轴包含化学位移信息，类似于魔角旋转谱，而纵向 ω_1 轴包含玻璃网络结构连接状况信息。同类结构单元之间相互连接（例如 Q^3 连接到 Q^3）将沿单量子-双量子的对角线产生谱峰。这些对角线谱峰也称为自相关峰。如果两个不同的结构单元连接在一起时（如 Q^4 连接到 Q^3 上），它们会产生一对匹配的交叉峰，一个在对角线的左边，另一个在对角线的右边。如图 4.17 所示，Q^3 单元（频率 ω_a）耦合到 Q^4 单元（频率 ω_b）在 $(\omega_a,\ \omega_a+\omega_b)$ 和 $(\omega_b,\ \omega_a+\omega_b)$ 产生交叉峰，而 Q^3-Q^3 耦合则沿单量子-双量子对角线在 $(\omega_a,\ 2\omega_a)$ 产生一个谱峰。双量子实验不仅能够观察到不同 Q^n 单元之间的连接状况，而且能够区分其近邻的成键环境。偶极双量子实验已经成功地应用于磷酸盐晶体和玻璃以及硅酸盐系统。

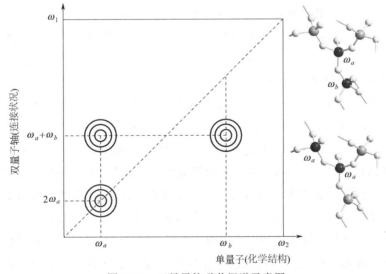

图 4.17 双量子核磁共振谱示意图

标量耦合或 J 耦合虽小，但也能揭示 Q^n 结构单元之间的连接状况。由于其幅度小，对于玻璃样品要求试样的 J 耦合大于 Q^n 峰的线宽，即要使用共振窄或 T_2^* 时间长的样品，而且在一个精确的角度下采用非常高的旋转速度。虽然 ^2J（$^{29}Si—O—^{29}Si$）耦合对晶态和玻璃态化合物中的 Si—O—Si 角很敏感，但是 J 耦合比较复杂，最好结合使用其它 NMR 参数来进行精细结构分析。

类似于前述方法使用的脉冲序列也可以用来获得异核之间的过渡键信息。这并不局限于两个核都是自旋 1/2 的系统，适当选择脉冲序列可以探测自旋 1/2 核与四极核之间的相互作用。由于异核偶极耦合强度与试样中原子的局部配位环境直接相关，可以采用自旋回波双共振（SEDOR）、旋转回波双共振（REDOR）等实验进行探测。例如，在钠磷酸盐玻璃中，$^{31}P\{^{23}Na\}$（对有耦合作用的异核双共振通常采用符号 $S\{I\}$ 表示）旋转回波双共振实验证明 Q^2 和 Q^3 单元具有显著的偶极相互作用，表明钠并非优先缔合，而是在钠较多的情况下，增加 $^{31}P\{^{23}Na\}$ 的偶极耦合。

4.6 应用实例

4.6.1 硅酸盐玻璃

核磁共振对硅酸盐玻璃的研究具有明显价值。^{29}Si 具有相对较低的天然丰度（仅 4.7%）和低量级的磁旋比，导致其灵敏度低（类似于未富集的 ^{13}C）。大多数 ^{29}Si 魔角旋转 NMR 研究使用单脉冲实验，因为这种实验方法可以定量而且相对简单可靠。然而，由于 Q^n 位点信号重叠，通常需要复杂的多脉冲序列来准确分离 ^{29}Si 的 Q^n 位点，并可以了解更多关于玻璃结构连接状况的信息。因此，许多研究者选择使用同位素富集 $^{29}SiO_2$ 作为起始试剂。由于 ^{29}Si 是 $I=1/2$ 的原子核，因此它缺乏四极相互作用，并且自旋晶格弛豫时间相对较长，硅酸盐玻璃的自旋晶格弛豫时间从几分钟到 1h 不等。通过加入少量顺磁离子［如 0.1%（质量分数）的 Fe_2O_3 或 CoO］可缩短自旋晶格弛豫时间，但要注意确保添加顺磁离子不会影响谱的线形。与液态 NMR 一样，固态 ^{29}Si NMR 使用四甲基硅烷（TMS）作为主要参考化合物。

^{29}Si 的 MAS NMR 常用于硅酸盐氧化物玻璃的结构分析，硅酸盐玻璃除了高压下玻璃（$\geqslant 8GPa$）和二元磷硅酸盐（5、6 配位）中能观察到（$120\sim200$）$\times10^{-6}$ 之间的 5 配位、6 配位 Si 原子外，在玻璃中发现的所有 Si 几乎都是四面体配位。^{29}Si MAS NMR 可以量化 Si—O 四面体（用 Q^n 表示，其中 n 为桥氧数）的聚合程度，对次近邻的原子种类和化学环境敏感。此外，^{29}Si NMR 能够检测 Si—O 键长、Si—O—Si 键角以及玻璃结构内部无序程度的变化。图 4.18(a) 显示了钠硅酸盐玻璃系列的典型 ^{29}Si 的 MAS NMR 谱，加入网络改性体 Na_2O 使二氧化硅网络出现断网并将桥氧（BO）转化为非桥氧（NBO），图中用虚线标注了各 Q^n 单元的谱峰位置。从图中可以看出，改性体的总量会影响整个玻璃网络，使所有的 Q^n 单元移向更正的化学位移。

如果要鉴别 ^{29}Si 结构单元类型，一般使用硅酸盐晶体进行比较，因为如果玻璃态和晶态硅酸盐具有相似的成分，它们也应该有类似的化学位移范围，晶态硅酸盐中不同聚合程度的 $[SiO_4]$ 四面体的 ^{29}Si 化学位移范围如图 4.18(b) 所示。然而，与晶体仅有约 1×10^{-6} 宽的锐利峰不同的是，玻璃的 ^{29}Si 峰因结构中硅环境范围不同而明显增宽（称为非均匀增宽），其谱峰宽度达到（$10\sim20$）$\times10^{-6}$，这会导致大量位点重叠。从图 4.18(b) 可以看出，^{29}Si 化学位移范围很大，因为次近邻的原子种类和接近程度对局域电子密度有显著影响。高离子势（电荷/半径）改性体通常会使 Q^n 分布变宽并使 ^{29}Si 的各 Q^n 峰都出

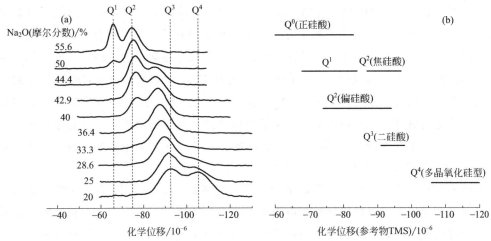

图 4.18　一系列钠硅酸盐玻璃的^{29}Si MAS NMR 谱（a）及不同［SiO$_4$］聚集程度的

晶态硅酸盐的^{29}Si 化学位移范围（b）

现，表明结构无序程度更高。离子势较弱的阳离子会使相同 Q^n 单元的信号移向较低的化学位移处（更负的值），这可能是由于 Si—O—Si 平均键角分布更宽且 Si—O 平均键长更短，导致硅原子上的屏蔽增加了。尽管如此，Si—O—Si 键角分布难以用^{29}Si NMR 测量，因此相关模型中将^{29}Si NMR 参数和其它数据一起使用。因此，必须根据同组成晶体的NMR 数据采用尽可能少的、必要且合理的若干个高斯线形来对玻璃 NMR 谱进行拟合。拟合的 Q^n 分布应与根据玻璃成分分析预期的趋势相似（值得注意是含有较多共价键特性的改性体如 Li$_2$O 会有例外），如果与单脉冲实验拟合差异大，通常表明各 Q^n 单元之间的弛豫时间差异大，或者真正的谱峰线形并不是高斯型。

　　不过，某些硅酸盐组成，例如铯和铷的铝硅酸盐及一些碱土硅酸盐，它们的 Q^n 分布很窄，在一维 MAS 谱中只观察到一个宽峰。可用^{29}Si MAS 对 Si 的结构单元进行定量鉴别，其它用于拟合的信息常常需要从不同核磁共振实验中获得，如^{29}Si 双共振。其它一维实验，如静态或非魔角旋转实验可以提供更多关于玻璃结构的定性信息，并有助于重叠峰位的分离。例如，Q^4 单元由于具有高对称性几乎没有化学位移各向异性（CSA），使这类结构单元很容易在静态谱中得到鉴别。此外，还可以通过对旋转边带强度进行拟合得到各向异性（$\sigma_{33}-\sigma_{11}$）的大小，然而不对称因子更难以确定。

4.6.2　铝硅酸盐玻璃

　　铝的核磁共振活性同位素^{27}Al 具有 100% 的天然丰度。^{27}Al 是一个四极核，具有核自旋量子数 $I=5/2$ 和显著的核四极矩。这些因素导致^{27}Al 具有秒量级的快速弛豫时间。由于^{27}Al 的天然丰度高、磁旋比高，使得采集的^{27}Al 谱尽管有显著的增宽因子，但铝仍然是玻璃材料核磁共振研究中很容易获得的标的物。

　　^{27}Al 的各向同性化学位移行为与^{29}Si 和^{31}P 的基本相似，也就是说，各向同性化学位移（δ_{iso}）取决于 Al—O—X 键角和 Al—O 键平均键长，6 配位 Al 使 Al—O 键平均长度

增加，导致屏蔽作用增强。然而 Al—O 桥氧键和非桥氧键与 Si—O 和 P—O 相比，相对来说，其不同结构单元 Q^n 更为相似，这样导致铝酸盐玻璃中不同结构单元的 ^{27}Al 核磁共振谱难以分辨。影响主要表现在两个方面：一是玻璃固有的结构无序会产生核磁共振参数的分布，这些分布通常掩盖了 δ_{iso} 任何轻微的变化。二是还必须考虑四极增宽。铝的局部环境（如键角、键长、组成分布等）的变化，可使 EFG 参数 C_Q 和不对称因子 η 的分布发生显著变化，通常表示为四极乘积 P_Q [式(4.22)]。无序材料中四极参数的分布可以有几种方法进行解释。无序峰的 C_Q 平均值可以通过半峰宽近似并将其与有序峰进行比较来估计，但这不能解释化学位移分布参数的潜在影响。可以采用多量子魔角旋转（MQ MAS）通过比较两个维度中的峰重心来估计四极乘积 [式(4.22)]。

高斯分布适用于化学位移参数，虽然可以假设高斯分布也适用于四极参数，但这并不能解释在结构无序四极材料中观察到的非对称性 NMR 线形。尽管用 C_Q 和 η 的二元独立高斯分布可以成功拟合无序四极环境的谱线，但没有理由说明 C_Q 和 η 是独立分布的。这些影响因素通常使准确分析精细结构的细节变得困难，限制了通过 ^{27}Al 核磁共振谱对有关玻璃结构单元配位数以及 Al—X、Al—O—X（X 表示其它阳离子）中 X 的取代效果的判断。

由于研究含铝矿物具有重要意义，加之其谱线容易确定，人们开发许多脉冲序列用于含铝化合物的核磁共振研究，其中单脉冲实验和 MQ MAS 是两种最常用于玻璃态铝酸盐材料研究的基本方法。^{27}Al 核磁共振需采取高场强（＞14.1T）以及高魔角旋转速度（＞20kHz）：前者通过四极增宽最小化来提高分辨率，后者则缩小中心跃迁并防止旋转边带与其它位点的中心跃迁发生重叠。铝在氧化物玻璃中有三种配位：四面体 [AlO$_4$]、八面体 [AlO$_6$]，还有不太常见的 5 配位 [AlO$_5$]。4 配位、6 配位峰通常能很好地分辨，其各向同性化学位移相距约 60×10^{-6}。5 配位的 [AlO$_5$] 峰位于 4 配位和 6 配位峰之间，在实验条件没有提供足够分辨率时，常被视为 [AlO$_4$] 峰上的一个峰肩。图 4.19 清楚地区分了固体中不同配位数的 ^{27}Al 各向同性化学位移范围，^{27}Al 各向同性化学位移随配位数的增加而减小，[AlO$_4$]、[AlO$_5$] 和 [AlO$_6$] 的典型值分别为 65×10^{-6}、35×10^{-6} 和 5×10^{-6}。假设组成类似，每增加一个配位，化学位移一般减少约 30×10^{-6}。^{27}Al NMR 的主要化学位移参考物是 1.1mol/L 硝酸铝 0.0 重水（D$_2$O）溶液。常用的二次位移参考包括 Y$_3$Al$_5$O$_{12}$ 的八面体位点（0.7×10^{-6}）和 KAl(SO$_4$)$_2 \cdot$ 12H$_2$O（-0.03×10^{-6}）。对 AlO$_x$ 成分的取代也会导致其各向同性化学位移的显著变化，N 取代 O 导致 δ_{iso} 增加，而 F 替换 O 使 δ_{iso} 减少，这两个替换与第一配位层最相关。大多数普通玻璃组成中更常见的替换是第二配位层置换，与第一配位层取代一样，第二配位层的电负性增加会减少 ^{27}Al 的各向同性化学位移。因此，铝磷酸盐或铝硼酸盐玻璃中 [AlO$_4$] 单元的化学位移低于铝硅酸盐玻璃中的化学位移，而铝硅酸盐玻璃又低于二元铝酸盐玻璃中的化学位移。这些趋势有助于 ^{27}Al 谱中配位数和结构单元归属的分析。

铝硅酸盐玻璃因为存在"铝反常"显得较为独特，其中 Si—O—Al 链段优于同核的 Si—O—Si 或 Al—O—Al 链段，所以它们几乎全部都包含 Q^4 单元，并与不同数量的铝相邻形成原子键合。不过，随着铝含量的增加，^{29}Si 峰的位置变成去屏蔽（化学位移向正值方向移动），碱和碱土铝硅酸盐中每增加一个铝近邻原子化学位移增加约 5×10^{-6}。

图 4.20 显示了铝硅酸盐玻璃的一系列 NMR 谱图（使用的场强为 11.7T），用 AlCl₃ 溶液中的八面体²⁷Al 作为参考物测定了化学位移。核磁共振谱表明，铝不仅以 4 配位、5 配位、6 配位存在，而且玻璃谱图中也有未解析的 Al₂O₃ 基团（谱图中表示为"▽"）。

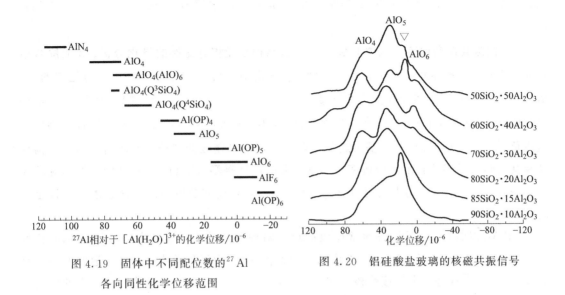

图 4.19　固体中不同配位数的²⁷Al
各向同性化学位移范围

图 4.20　铝硅酸盐玻璃的核磁共振信号

如图 4.21 所示为两种组成的碱土金属铝硅酸盐玻璃的核磁共振谱，通过采用 Czjzek 分布解卷积，可以分离出 [AlO₄]、[AlO₅] 和 [AlO₆] 局部环境对应峰，对于用小脉冲角获得的一维谱，根据中心跃迁信号的积分强度可计算出不同结构单元的比例，得到的拟合结果表明在 50SiO₂-30Al₂O₃-20CaO 玻璃中存在低量的 [AlO₆] 配位环境（2%）。

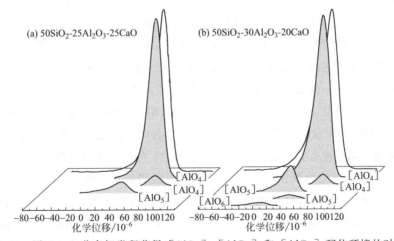

图 4.21　用 Czjzek 分布解卷积获得 [AlO₄]、[AlO₅] 和 [AlO₆] 配位环境的对应峰

4.6.3　硼酸盐玻璃

¹¹B NMR 谱是探测硼在氧化物玻璃中局部配位状态的直接方法。硼有两种核磁共振

活性同位素：^{10}B（天然丰度 20％）和 ^{11}B（天然丰度 80％）。两种同位素都是四极核，核自旋量子数分别为 $I=3$ 和 $3/2$，核四极矩较小。但是，由于 ^{11}B 的半整数性质以及较大的磁旋比，^{11}B 是目前研究含硼玻璃的首选。硼的常用化学位移参考物是 0.0 的醚合三氟化硼，两个常用的二次化学位移参考物是 0.1mol/L 硼酸水溶液（19.6×10^{-6}）和 $NaBH_4$（-42.16×10^{-6}）。

^{11}B 核磁共振谱用于 3 配位 B 和 4 配位 B 结构单元相对比例的量化分析。3 配位 B 单元为［BO_3］三角体簇，非桥氧数为 3 到 0。氧化物材料中 3 配位 B 一般具有适中的 C_Q 值（$2.3 \sim 2.9$MHz），各向同性化学位移在（$12 \sim 23$）$\times 10^{-6}$ 之间。这与四面体［BO_4］结构单元形成鲜明对照，［BO_4］通常具有较小的 C_Q 值（<0.75MHz），而且各向同性化学位移值更负［（$-2 \sim 4$）$\times 10^{-6}$］。基于这些一般性质，如果硼酸盐玻璃 NMR 谱中两种结构环境及其旋转边带要达到足够分辨率，通常需要采用高磁场（>11.7T）和中等魔角旋转速度（>5kHz）。如果结构中出现多重［BO_4］环境，可能需要更高的磁场强度来保证足够的分辨率。

^{11}B MAS NMR 实验过程通常比较简单。两种配位结构的量化分析需要短脉冲长度（$0.2 \sim 0.6 \mu$s），相当于大约 $10° \sim 30°$ 之间的脉冲顶角。由于顶角小，循环延迟时间一般是 $5 \sim 30$s。由于 ^{11}B 是一个易接受核，实验通常在伴随瞬态数适中、样品质量较少的情况下完成，样品质量少适合非常快的魔角旋转速度。必须注意探头内硼的背景信号，要消除这种信号通常要先采集空转子的频谱，然后从感兴频谱中减去这个背景频谱。另一种防止背景信号的方法是使用无硼或贫硼探头材料（即主要包含 ^{10}B），不过对于一般用途而言，成本可能太高。

^{11}B 多重量子魔角旋转（MQ MAS）是研究硼酸盐玻璃的一个很有价值的工具，而 3 配位 B 和 4 配位 B 结构单元可使用一维技术进行解析，玻璃可以包含各结构单元的多个环境。3 配位 B 可以包含环状结构（［BO_3］三角体是较大［B_3O_6］环的一部分）、对称非环状单元（其中所有 O 都是桥氧）、非对称非环单元（其中一个或多个 O 是非桥氧）。然而，4 配位 B 似乎不包含非桥氧，第二配位层的变化会导致各向同性化学位移发生较小变化。这类差异不能用一维技术解析，但可以使用 MQ MAS 直接加以区分。虽然 MQ MAS 本身不能量化，但它有助于 3 配位 B 中环状与非环状相对比例的量化分析。4 配位 B 环境可以类似地加以区分，4 配位 B 的第二配位层变化导致各向同性化学位移发生小变化。在硼硅酸盐和硼磷酸盐玻璃中观察到多种 4 配位 B 环境共存，但在铝硼酸盐玻璃中并不常见。

核磁共振研究玻璃结构最常用的方法是直接观察网络形成体。然而，在合适情况下，NMR 也可用于研究网络改性体阳离子。碱和碱土金属阳离子的 NMR 性质差异很大，例如 ^{7}Li、^{23}Na 和 ^{133}Cs 很容易用 NMR 探测，而 ^{39}K、^{43}Ca 和 ^{87}Sr 的 NMR 探测仍具有很大挑战性（表 4.1），对这些阳离子的系统研究只能得到有限的结构信息。

对类似二元硼酸盐玻璃中碱金属阳离子的直接核磁共振观察显示，随着玻璃中碱加入量的增加，碱的化学位移普遍增大。对于高度可接受的 ^{23}Na 和 ^{133}Cs 核，这种影响效果很明显［图 4.22(a)］，但对 $^{6/7}$Li 核化学位移受到的影响则显得更为精细，因为 $^{6/7}$Li 的化学位移范围非常窄。然而，由于大的四极相互作用产生很大的峰宽，只有通过直接比较，才能观察到^{39}K和^{87}Rb MAS NMR谱中出现碱对化学位移的这种影响效果［图4.22（b）］。与高场强网络形成体具有相对较小的几何分布不同，网络改性体离子的特点是配位数及局部几何参数分布通常较宽。相应地，低场强阳离子的核磁共振谱一般比较宽且无显著特征峰，原因在于许多这类阳离子存在不利于核磁共振的性质。尽管分辨率不高，但仍可以观察到化学位移向更高频率移动，这种现象可以解释为化学位移的变化与平均配位数减少密切相关。虽然在没有仔细校准的情况下无法确定实际配位数，但由于更多碱金属阳离子能提供更有效的电荷补偿和较低的配位数，负电荷可随着4配位B阴离子单元增加而增加。此外，值得注意的是，如果将测得的化学位移变化根据每个核的已知化学位移范围按比例缩放，那么这些归一化的化学位移大小相当。锂是个例外，由于体积小，锂容易形成低配位多面体。尽管如此，碱金属阳离子的改性行为明显具有普遍性，表明尽管离子半径差别很大，但它们对玻璃网络的影响非常相似。这个例子说明，即使各核磁共振谱被内部加宽效应（例如四极）和/或严重的几何无序所支配，通过一系列成分的玻璃核磁共振谱进行比较，也可以提供有价值的结构信息。

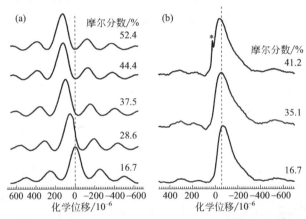

图4.22　碱硼酸盐玻璃的MAS NMR谱

（a）铯硼酸盐玻璃的^{133}Cs MAS NMR谱（$B_0 = 14.1$T）；（b）钾硼酸盐玻璃的^{39}K MAS NMR谱（$B_0 = 21.1$T）

虚线为视觉引导，晶体杂质用星号标记

4.6.4　硼硅酸盐玻璃

玻璃的核磁共振早期研究主要集中在对阳离子的谱线观察上，部分原因是它们普遍具有良好的核磁共振性质，并倾向于把玻璃网络结构概念化为阳离子节点。从历史上看，^{17}O应用不太普遍，主要原因在于其核磁共振的天然丰度较低（表4.1）、需要昂贵且棘手的同位素浓缩，加之其显著的四极相互作用往往会使位点分辨率变得模糊。不过其它核磁共振方法早期取得了一些成功，如多量子魔角旋转（MQ MAS）出现后，开始使用氧化物玻璃中的^{17}O核磁共振作为直接观察键合阳离子，进而探测网络连接状况的一种手段。

在14.1T中高场中（实际上场强更高）的一维^{17}O MAS谱线被认为区分度低，而二维MQ MAS谱线能清楚地区分不同的氧位点［图4.23（a）］。在^{17}O MQ MAS中非桥氧与桥氧的谱线是不同的,这对于低场强的改性体尤其有价值,其中非桥氧的峰位置与桥氧的峰位置在 MAS 维度上有重叠。利用非桥氧的化学位移对电荷平衡阳离子的敏感性能间接探测网络改性体的种类和接近度。更重要的是,连接不同网络形成体的氧也能够被分辨开来,在二维谱和一维各向同性投影中,B—O—B、Si—O—B 和 Si—O—Si 以不同的峰出现。值得注意的是,甚至可以从这些投影中梳理出更高分辨率的精细结构信息,因为通过仔细比较发现氧的谱峰对与之键合的硼的配位数(3 配位 B 或 4 配位 B)很敏感。在这样的谱线分辨率水平下,^{17}O MQ MAS 谱可以分出硼硅酸盐玻璃中五种类型的桥氧,对这些桥氧进行量化分析可获得极其详细的网络连接状态信息。如图 4.23 为硼硅酸盐玻璃的 ^{17}O 核磁共振谱 ($B_0 = 14.1$T),其中图 (a) 为三量子二维锂硼硅酸盐玻璃的 MQ MAS 谱 ($K = SiO_2/B_2O_3 = 0.2$;$R = Li_2O/B_2O_3 = 0.75$),图中标记了非桥氧及 Si—O—Si、B—O—Si、B—O—B 结构单元中存在的三种桥氧,图 (b) 为不同组成(相同 $K = 0.2$,不同 R)的钠硼硅酸盐玻璃 MQ MAS 谱的各向同性一维投影,图中标记了不同结构单元环境中的桥氧对应峰,可以看出,随着碱金属氧化物含量增加(R 增加),峰的位置和强度有变化。硼硅酸盐玻璃网络结构为硅氧四面体、硼氧三角体、硼氧四面体构成的混合结构,由于硼反常效应,随着 Na_2O 含量增加,$[Si(B)O_4]$ 四面体三维网络得到加强。

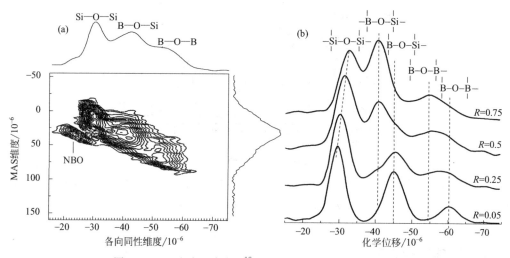

图 4.23　硼硅酸盐玻璃的 ^{17}O NMR 波谱($B_0 = 14.1$T)

(a) 三量子二维锂硼硅酸盐玻璃的 MQ MAS ($K = SiO_2/B_2O_3 = 0.2$;$R = M_2O/B_2O_3 = 0.75$),图中标记了非桥氧及三种桥氧;(b) 钠硼硅酸盐玻璃 MQ MAS 谱的各向同性一维投影($K = 0.2$),图中标记了桥氧

除了上述 ^{17}O 核磁共振谱用于硼硅酸盐玻璃结构分析外,^{11}B NMR 也可以应用于这些系统。一维 MAS 谱线显示了 3 配位和 4 配位硼的间距,另外还有 B 配位环境的重叠谱峰,可以通过分峰表示为环状硼和非环状硼。如图 4.24 所示为不同组成的碱(M_2O)硼硅酸盐玻璃的 ^{11}B MQ MAS 核磁共振谱($B_0 = 14.1$T)的各向同性投影,谱图中的峰可归属为 3 配位硼和 4 配位硼。由于可以直接探测各向同性峰,MQ MAS 实验能很容易地分离出不同硼的贡献,这样就可以更方便地测量不同硼结构单元的布居数。例如,^{11}B 的

MQ MAS 谱显示，低于 T_g 退火的成分比淬火玻璃显示更高的硼环含量，这意味着富硼区域的存在，这是由于材料发生分相的结果。有趣的是，[11]B 的 MQ MAS 谱提供的 4 配位硼分辨率比 MAS 谱略好，通过这些高分辨率[11]B MQ MAS 各向同性投影可以检测到连接零个和一个相邻硅氧四面体的［BO_4］单元。

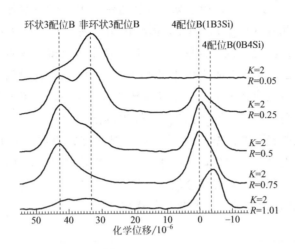

图 4.24　不同 $K(=SiO_2/B_2O_3)$ 和 $R(=M_2O/B_2O_3)$ 的碱硼硅酸盐玻璃的[11]B MQ MAS 核磁共振谱（$B_0=14.1T$）的各向同性投影，谱图归属为 3 配位硼和 4 配位硼

综上所述，高分辨率[11]B 和[17]O 的 MQ MAS 实验为完整阐述硼硅酸盐玻璃网络结构中的 B 和 O 类型及其与 Si 的连接状况提供了基础。对于组成穿过已知亚稳不混溶区、含不同碱金属氧化物改性体以及具有不同热历史和宏观性能的玻璃，可用该实验方法评价其硼硅混合结构的连接程度和类型。结果表明，核磁共振的原子级分辨率可以用来研究超出光学显微镜检测范围的玻璃分相现象。

4.6.5　磷酸盐玻璃

[31]P 是可接受核（为[13]C 的 400 倍以上），天然丰度 100%，磁旋比相对较高。^{31}P 的 NMR 可以测量磷酸盐网络的解聚程度，并且对次近邻（假设氧是最近邻原子）原子及其接近程度敏感。与[29]Si 一样，[31]P 的特点是自旋－1/2，而且弛豫时间也很长。^{31}P MAS NMR 谱可以解卷积分峰，并用于各类 PO_4 四面体（同样表示为 Q^n 单元，其中 n 为 P—O—P 价键数）的量化分析。图 4.25（a）显示了几种具有 Q^0、Q^1 和 Q^2 结构单元的 $xZnO \cdot (1-x)P_2O_5$ 玻璃的[31]P MAS NMR 谱（141.1MHz）。标记为 Q^n 的为各向同性峰，其余峰为旋转边带。Q^3 结构单元在图 4.25（a）中未观察到，应出现在更负的化学位移处。Q^4 在改性体含量高的玻璃中很少观察到，因为它们具有准正电荷，当 Q^4 存在时，其化学位移比 Q^3 更负。图 4.25（b）阴影部分为文献报道的晶态磷酸钠中不同四面体构型的[31]P 化学位移范围，从图中可以看出，正常情况下磷酸盐 Q^n 单元谱峰没有重叠，因此非晶固体谱线中的 Q^n 峰容易分辨。图 4.25（b）中不同组成的钠磷酸盐玻璃的[31]P 不同结构单元化学位移大体落在上述 Q^n 化学位移范围内。然而，如果加入更多的网络

改性体，即使在简单的二元系统玻璃中，Q^n 单元谱峰也会发生重叠。^{31}P 谱的参考物为 85% 的磷酸水溶液（H_3PO_4）。磷酸盐玻璃特别容易受到水的侵蚀，在过磷酸盐区，水很可能以—OH基团存在，如果把组成确定的 Q^n 分布与实验结果进行比较，要考虑水的存在。

图 4.25(a) 中还出现了 ^{31}P 谱中常见的旋转边带。^{31}P 化学位移各向异性（CSA）在玻璃中非常大，通常为几百（10^{-6}），因此，需要用相当高的旋转速度来分离旋转边带。不过可以利用旋转边带计算化学位移张量的主分量（从中可以得到各向异性和非对称因子的大小）。图 4.25(a) 还显示了添加改性体 ZnO 使所有类型的 Q^n 峰移向更高的化学位移（更小负值），表明了该效应在整个玻璃系统内被平均。此外，阳离子类型也影响各向同性位移，阳离子势（电荷/半径）较高时，^{31}P 谱峰被屏蔽得更厉害（化学位移更负），并且线形更宽（四面体扭曲变形的证据）。然而不同的是，旋转边带的分析显示电子分布的非对称性与阳离子类型无关。各 Q^n 单元之间的化学位移差异很大，主要是因为 P 与非桥氧之间的 π 键特性不同，阳离子势降低会增加 π 键并缩短 P—O 键的平均键长。此外，O—P—O 键角也随 π 键程度而变化，并与化学位移相关。

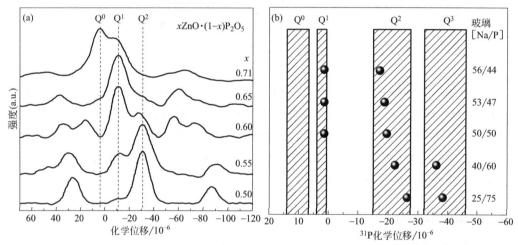

图 4.25　几种 xZnO·($1-x$) P_2O_5 玻璃的 ^{31}P MAS NMR 谱（141.1MHz）（a）及晶态磷酸钠中不同四面体构型的 ^{31}P 化学位移范围和不同组成钠磷酸盐玻璃的 ^{31}P 化学位移（b）

图 4.26(a) 是两种磷酸钠玻璃的偶极双量子核磁共振谱实例。在 ω_1 维度约 -14×10^{-6} 处出现的小峰是旋转边带。Q^1—Q^2 的连接状态可以通过图 4.26(a) 中的双交叉峰来鉴别，而 Q^2—Q^3 的连接状态可以通过图 4.26(b) 来鉴别。然而，Q^1—Q^1 的自相关峰是由孤立的二磷酸结构单元引起的，还是由附近的非键合的 Q^1 单元引起的尚不清楚。

玻璃中第二种网络形成体的存在也会影响磷酸盐玻璃的化学位移。例如磷硅酸盐玻璃，改性体将会优先与磷酸主链结合，因为硅的电负性较低，在开始添加 P_2O_5 时，Si—O—P 键使 ^{31}P 峰移到更高的频率，Si 保持四面体配位，但 ^{29}Si 峰移向较低的频率。然而，添加较高含量的 P_2O_5 后，形成 6 配位的 Si，而且 Si—O—P 键在空间上失去优势。为鉴定不同 Q^n(mA) 环境（其中 mA 是网络形成体或改性体的成键数），一般需要进行多共

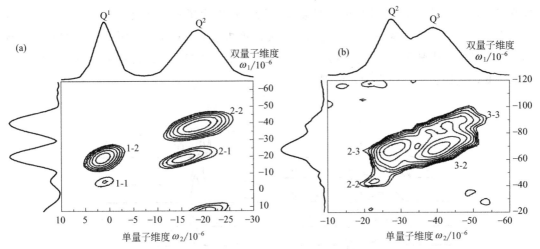

图 4.26 两种磷酸盐玻璃的^{31}P 双量子核磁共振谱

(a) 58Na$_2$O-42P$_2$O$_5$；(b) 35Na$_2$O-65P$_2$O$_5$

振实验。另外，在磷酸铝中，每增加一个 P—O—Al 键会降低各向同性化学位移 δ_{iso} 约 $(5\sim7)\times10^{-6}$。相反，在硼磷酸盐中每增加一个 P—O—B 键会增加^{31}P 的 δ_{iso} 约 $(8\sim10)\times10^{-6}$。由于 P—O—X（X 表示取代离子）的替代会导致不同 Q^n 单元之间大量的峰重叠，因此对于具有多个网络形成体的玻璃，^{31}P 相对较窄的化学位移范围导致分辨率较差。例如，具有 1 个 P—O—B 键的 Q^1 单元与有 3 个 P—O—B 键的 Q^3 单元的化学位移非常相似。异核实验对于有多个网络形成体的低分辨^{31}P 谱的分峰具有重要作用。

硼磷酸钠玻璃系统含有两种网络形成体，核磁共振可以方便地探测离子导电硼磷酸钠玻璃中由于网络组成改变而引起的结构变化。简单的一维^{31}P 和^{11}B MAS NMR 实验提供了配位数、聚合度和网络连接程度的量化信息。这样，移动钠离子的分布就可以根据网络结构中的阴离子电荷来间接地确定。

图 4.27(a) 为 $(Na_2O)_{0.4}\big[(B_2O_3)_x(P_2O_5)_{1-x}\big]_{0.6}$ 系列玻璃的^{11}B MAS NMR 谱，这一系列的^{11}B MAS NMR 谱可以用硼酸盐玻璃类似的方法解释，但需要指出的是四极相互作用可能会影响峰的形状。玻璃中硼含量低时，在已知为 4 配位硼的区域可以观察到一个窄峰。这种结构单元的局部高对称性往往产生很弱的四极相互作用，而且对线形没有明显的二阶效应。随着硼含量的增加，这个峰逐渐向更高的化学位移漂移，因为磷酸邻近基团数量减少。虽然这种变化会逐步发生，但在^{11}B MAS NMR 中很少观察到与不同连接程度相对应的离散 B 峰。由于这些峰宽化以及在给定材料中存在多重连接构型，可以从峰的位置和组成图中推断出次近邻磷原子的平均数。

从图 4.27(a) 可以看出，随着玻璃中硼含量的增加，在更高频率区域开始出现更宽的峰。线宽和二阶线形的形成是由于带桥氧的 3 配位硼具有更强的四极相互作用。该线形仍然可以鉴别为"四极"的原因在于这些基团的几何分布相对狭窄。在足够高的磁场（$B_0\geqslant11.7$T）下，对^{11}B MAS NMR 谱中 3 配位和 4 配位硼的共振信号分峰后可用其积分强度方便地测量它们的相对含量。3 配位硼的峰较宽，使得峰位移的测量精度难以达到

4 配位硼的峰位移精度，而更详细的网络连接状况也很少能直接得到。最后，在纯钠硼酸盐玻璃（$x = 1$）中 B 的峰形变化表明玻璃网络结构发生了一定程度的解聚，生成了带 1 个非桥氧的 3 配位硼结构单元。这些结构单元的四极参数已被准确测量，虽然在多种类型 3 配位 B 存在的情况下这些结构单元很难通过[11]B MAS NMR 谱进行精确测量，但即使浓度相当低，它们也可以被准确地鉴别。

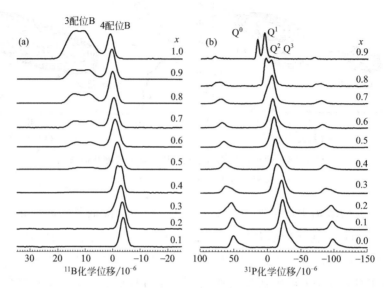

图 4.27　$(Na_2O)_{0.4}\left[(B_2O_3)_x(P_2O_5)_{1-x}\right]_{0.6}$ 玻璃的[11]B 及[31]P 的 MAS NMR 谱

　　玻璃的[31]P MAS NMR 谱峰一般不能解析，但其线形特征足以通过有效的解卷积进行分峰，如图 4.27(b) 所示，因为[31]P 是一个自旋 1/2 核，并且特定局部环境产生的信号可认为是对称的高斯/洛伦兹混合峰型。与[29]Si MAS NMR 一样，带不同桥氧数的 4 配位磷（Q^n，n 为桥氧数）的[31]P 峰出现在不同的化学位移区，桥氧被非桥氧取代后，频率呈现不连续增加。因此，$(Na_2O)_{0.4}(P_2O_5)_{0.6}$ 谱简单地由 Q^3 和 Q^2 按 1：2 的比例组成。随着磷不断被硼取代，磷酸盐网络通过形成 4 配位硼结构单元进一步重新聚合，使磷酸盐与硼酸多面体的连接程度增加，从而峰会显示两种结构发生的明显变化，并影响峰的位置。类似于解聚情形，B—O—P 链段有使给定磷酸盐单元中[31]P 核磁共振频率增加的效果。在没有其它约束条件的情况下，如果峰不是完全重叠，必定可将拟合峰的位置和强度归属于适当的磷结构单元。另外也可以考虑将这些峰归属于所有可能的结构单元类型。例如，可将测得的峰归属为 Q^2 和 Q^3_{2B} 的组合，这表明一个给定的峰可能对应于两种类型的结构单元。玻璃中硼含量高时，可以观察到清晰的解析峰对应于带一个桥氧的磷酸基团（Q^1）和孤立磷酸基团（Q^0）。

　　结合这两种包含电荷平衡和成分约束条件的数据组，可以获得完整的短程结构单元详细信息，包括配位数（硼），聚合度（即非桥氧数）及次近邻基团。这种组成分类意味着磷 Q^3 单元和 4 配位 B 之间的 P—O—B 链段是硼磷酸盐玻璃中有利的结构形式。从这些数据可以很容易地计算出每个网络形成体的平均桥氧数，并显示与 T_g 相关，而离子体电导率与阴离子 4 配位 B 的存在相关。

参考文献

[1] M. Affatigato (Editor). Modern Glass Characterization. New Jersey: John Wiley & Sons, Inc., 2015.

[2] J. David Musgraves, Juejun Hu, Laurent Calvez (Editors). Springer Hand Book of Glass. Gewerbestrasse: Springer Nature Switzerland AG., 2019.

[3] L. D. Pye, H. J. Stevens, W. C. LaCourse (Editors). Introduction to Glass Science (1st edition). New York: Plenum Press, 1972.

[4] Hans Kuzmany. Solid-State Spectroscopy. New York: Springer-Verlag Berlin Heidelberg, 2009.

[5] Werner Vogel. Glass Chemistry. Berlin: Springer-Verlag Berlin Heidelberg, 1994.

[6] C. Barry Carter, M. Grant Norton. Ceramic Materials Science and Engineering. New York: Springer Science+Business Media, LLC, 2007.

[7] 高汉宾, 张振芳. 核磁共振原理与实验方法. 武汉: 武汉大学出版社, 2008.

[8] 严宝珍. 图解核磁共振技术与实例. 北京: 科学出版社, 2010.

[9] D. R. Neuville, L. Cormier, D. Massiot. Alenvironment in tectosilicate and peraluminousglasses: A ^{27}Al MQ-MAS NMR, Raman, and XANES investigation. Geochimica et Cosmochimica Acta, 2004 (68) 24: 5071-5079.

[10] Hellmut Eckert. Structural characterization of bioactive glasses by solid state NMR. Journal of Sol-Gel Science and Technology, 2018 (88): 263-295.

[11] M. E. Smith. Application of ^{27}Al NMR Techniques to Structure Determination in Solids. Applied Magnetic Resonance. 1993 (4): 1-64.

[12] Lin-Shu Du, Jonathan F. Stebbins. Solid-state NMR study of metastable immiscibility in alkali borosilicate glasses. Journal of Non-Crystalline Solids, 2003 (315): 239-255.

[13] V. K. Michaelis, P. M. Aguiar, S. Kroeker. J. Non-Cryst. Solids, 2007, 353 (26): 2582.

[14] D. Zielniok, C. Cramer, H. Eckert. Chem. Mater., 2007, 19 (13): 3162.

[15] L. Olivier, X. Yuan, A. N. Cormack, C. Jäger. Combined ^{29}Si double quantum NMR and MD simulation studies of network connectivities of binary Na_2O-SiO_2 glasses: New prospects and problems. J. Non-Cryst. Solids, 2001, 293: 53-66.

[16] M. Magi, E. Lippmaa, A. Samoson, G. Engelhardt, A. R. Grimmer. Solid-state high-resolution silicon-29 chemical shifs in silicates. J. Phys. Chem., 1984, 88: 1518-1522.

[17] R. K. Brow, R. J. Kirkpatrick, G. L. Turner. The short range structure of sodium phosphate glasses I. MAS NMR studies. J. Non-Cryst. Solids, 1990, 116: 39-45.

[18] M. Feike, C. Jäger, H. W. Spiess. Connectivities of coordination polyhedra in phosphate glasses from ^{31}P double-quantum NMR spectroscopy. J. Non-Cryst. Solids, 1998 (223): 200-206.

5

玻璃高能射线衍射分析

5.1 概述

自 20 世纪 30 年代 Warren 及其同事的开创性工作以来，X 射线衍射研究一直被用来获取关于玻璃的中短程结构信息。瓦伦最早用 X 射线对分布函数（PDF）来研究物质的非晶形态。20 世纪 70 年代，Narten 及其同事们利用传统的 X 射线源，详尽地改进了与 X 射线对分布函数方法相关的数据分析技术，取得了相当大的进展。大约在同一时间，Leadbetter 和 Wright 结合中子和 X 射线衍射来研究玻璃的网络结构。与此同时，PDF 技术在中子散射领域得到了广泛的应用，并在 20 世纪 80 年代随着高通量散裂中子源的发展为高动量转换提供了途径，使得这一技术得到进一步扩展。20 世纪 90 年代随着高能（指能量超过 60keV）X 射线技术的发展，X 射线衍射仪的技术也同样取得了飞跃，高能 X 射线技术成为确定无定形材料结构的最新一代常用方法。Poulsen 和 Neuefeind 在 γ 射线衍射技术上取得突破，第一次使用 100keV 同步辐射源研究了玻璃结构的高动量转换。与传统的 X 射线衍射技术相比，在非晶态材料研究中使用约 100keV 的硬 X 射线有几个主要优点：首先，可以测量出动量转换高得多的结构因子（$Q > 20\text{Å}^{-1}$），从而达到较高的实空间分辨率；其次是衰减和多重散射效应对于小样品（通常约 1mm^3）来说可以忽略不计；另外，修正项特别是吸收修正较小，截断误差降低，可在极端环境（高温高压）下运行，X 射线和中子衍射数据之间能直接进行比较等。

高能 X 射线衍射在很大程度上是中子衍射的姊妹技术，对于玻璃研究来说，只要有可能，就应该与其它结构研究技术相结合，以最大限度地获取信息。X 射线 PDF 方法与其它实验方法（如中子衍射，反常 X 射线衍射，扩展 X 射线吸收精细结构，核磁共振）以及计算方法（如蒙特卡罗法，分子动力学模拟，密度泛函理论）结合采用成为解释玻璃结构最强大的工具，如中子衍射和反常 X 射线衍射提供了一种直接结合 X 射线衍射数据提取偏结构因子信息的实验方法。

中子衍射属于结构结晶学，但研究对象可能是液体、玻璃等非晶凝聚态物质。1913 年弗里德里希对石蜡的 X 射线衍射分析开创了非晶固体结构研究的先例。1930 年以来氧化物玻璃中的短程有序（SRO）原子排列一直是人们研究的热点，那时中子还是未知的。

1936 年完成了中子衍射（ND）实验在固体中的首次应用。玻璃科学是一门复杂的把玻璃结构与宏观性质、制备技术与研究方法结合成一体的科学。这些科学分支有着很强的相互依存关系，玻璃新材料的开发与新的研究方法密切相关，特别是 X 射线、电子和中子衍射技术的结合将在玻璃研究中发挥越来越重要的作用，其关键是要建立与 X 射线和中子衍射数据一致的定性结构模型。

5.2　理论背景

用不同的辐射来研究凝聚态物质结构的原因在于中子、X 射线及电子与原子的相互作用机制不同，这为固体的原子排列及其动力学研究提供了更详细的信息。短波长（λ）电磁辐射的 X 射线散射是在原子的电子层发生的。根据强度公式中的因子 $[e^2/(mc^2)]^2$，其中 m 为散射粒子的质量，可以忽略不计，e 为电荷，c 为光速，由于原子核的质量比电子大很多，原子核的散射约为电子散射的 10^{-4} 倍。波长为 λ 的单色光子束在发生散射角为 2θ 的弹性散射时，动量转换 Q（散射矢量）用波矢 k 表示为：

$$Q = k - k_0, \text{且} \ k = \frac{2\pi}{\lambda}, Q = \frac{4\pi\sin\theta}{\lambda} \tag{5.1}$$

式中，k 和 k_0 分别表示衍射方向和入射方向的波矢，若电子壳层近似为球对称，散射振幅 $f_x(Q)$ 为（本章以下各量符号下标 x、e、n 分别表示 X 射线、电子和中子）：

$$f_x(Q) = \int \frac{4\pi R^2 \rho_e(R)\sin(QR)}{QR} dR \tag{5.2}$$

式中，R 为矢径；$\rho_e(R)$ 为电子密度径向分布函数。当 $Q \to 0$ 时有：

$$f_x(Q) = \int 4\pi R^2 \rho_e(R) dR = Z \tag{5.3}$$

式中，Z 为原子序数。增加衍射角 θ，振幅 $f_x(Q)$ 迅速减小，即 X 射线散射强烈地依赖于 Z 和 θ。重原子的显著吸收通常需要反射几何实验，而如果是透过，样品厚度必须小于约 0.1mm。电子散射是由原子核（电荷 Z^+）和电子壳层电位形成的原子静电势决定的。由于原子势取决于电子的分布 $\rho(R)$，所以 $f_e(Q)$ 与 $f_x(Q)$ 有关：

$$f_e(Q) = \frac{8\pi^2 me^2}{h^2} \cdot \frac{Z - f_x(Q)}{Q^2} \tag{5.4}$$

电子散射振幅 $f_e(Q)$ 对 Z 的依赖性较弱，$f_e(Q) = Z^{1/3}$，但对角度依赖性明显比 $f_x(Q)$ 对角度依赖性要强。透射电子衍射样品在 $U \approx 50\text{keV}$ 时为宽度仅 10nm 量级的薄膜。与 X 射线（光子）和电子相比，中子以自由状态存在的时间较短（其平均寿命约为 10^3s），中子具有磁偶极子动量 $-1.913\mu_n$，自旋 1/2，电荷和偶极矩为 0。由于不带电荷，大多数原子核的中子吸收截面很小，$S_a \approx 10^{-28}\text{m}^2 = 1$ 靶（除 B、Cd、Gd、Sm、Dy 和一些同位素外）能对块状样品进行研究。中子衍射典型样品为直径约 10mm 的圆柱体。

正常情况下，中子与原子核和未成对电子自旋发生相互作用。由于核磁子 μ_n 值较小，在大多数实验中可以忽略核的磁散射。磁散射振幅 $f_m(Q) = 0.539SF(Q)$，其中

$F(Q)$ 为原子的磁形状因子，S 为未成对电子自旋量子。磁中子衍射涉及磁性固体的特定区域，而我们假定没有磁散射。中子衍射与 X 射线衍射和电子衍射最重要的区别在于导致中子散射的原子核存在相互作用。按照常用方法，中子散射振幅可以写成：

$$f_n(Q) = -\frac{m}{2\pi h^2} \int e^{-iQr} V(r) \, dr \tag{5.5}$$

正如费米所表示的，产生各向同性散射的唯一势能形式为 δ 函数：

$$V(r) = \frac{2\pi h^2}{m} \delta(r - R) \tag{5.6}$$

式中，r 为位矢；R 为核的矢径。将核的作用力扩展到具有 10^{-15} m 核尺寸的区域，费米赝势近似完全适用于热中子散射的描述（$E_n \approx 10^{-2}$ eV）。热中子波长 λ_n 约为 10^{-10} m，因此原子核为点散射体。这在中子散射振幅 b_{coh}（其值保持不变，与 λ 及衍射角 θ 无关）的应用中具有极端重要性，散射振幅与原子序数 Z 不存在常规的函数关系（图 5.1）。H、Li、Ti、V、Mn 原子的散射振幅为负，它们与其它原子之间的径向分布函数（RDF）的配位峰为负。b_{coh} 的这种特异性质被广泛应用于无定形结构中原子的定位。由于 Li 的负散射振幅 $b_{coh}^{Li} = -0.214 \times 10^{-14}$ m，而 Ti 的为 $b_{coh}^{Ti} = -0.34 \times 10^{-14}$ m，这样能够将 Li—O 键（图 5.2）和 Ti—O 键在径向分布函数中的贡献分离出来，并确定相应的原子间距离。亚稳态合金 $Ti_{60}Cr_{40}$ 的平均振幅接近于零（$b_{coh} = -0.063 \times 10^{-14}$ m），这使得研究 $Ti_{60}Cr_{40}$ 在温度处理过程中的转变成为可能。

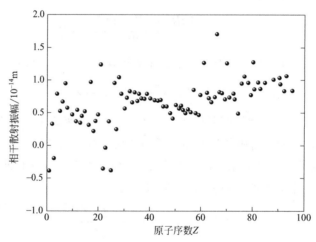

图 5.1　中子相干散射振幅与原子序数 Z 的关系

中子和 X 射线衍射技术常常提供无定形材料结构的额外信息。这两种方法可以进行宽 Q 域的测试，因此提供了良好的键长和第一邻近原子数的分辨率，但两种方法也存在显著差别。X 射线光子被原子的电子密度散射，而未带电的中子直接与（小）原子核相互作用。因此，中子可以用来研究轻元素如 H、Li 的结构位置，非常适合研究水溶液、玻璃冰或固态电池的玻璃电解质。相反，X 射线衍射对高 Z 元素很敏感。因此，这两种技术是互补的，因为它们对不同元素的敏感度不一样。中子散射强度随原子序数呈现非单调性变化，且与 Q 无关，而 X 射线原子形状因子直接依赖于 Z，在大 Q 值处降至零，这将

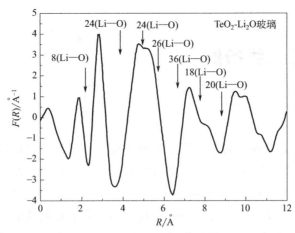

图 5.2　根据 TeO_2-Li_2O 玻璃的傅里叶变换图中 Li—O 负振幅峰对原子定位

限制可达到的 Q_{max} 值，特别是对于含低 Z 元素的样品。中子与原子核的相互作用并不像 X 射线那样直接随 Z 的变化而变化，而是可能在两种相邻元素之间，甚至同一种元素的同位素之间变化也很大，同位素取代法正是基于这一性质的测试方法。基于原子形状因子在特定元素的吸收边附近变化的概率开发了反常 X 射线散射法。两种衍射方法的耦合被广泛应用于高离子导电硼酸盐和磷酸盐玻璃的研究。用中子衍射可以更具体地研究硼酸盐和磷酸盐玻璃的网络结构，而用 X 射线衍射可以研究离子电导的元素组成（碱金属氧化物或盐类）。表 5.1 列出了两种衍射技术的对比。除了 X 射线衍射和中子衍射技术外，电子也用于散射研究。使用电子显微镜的优势是很容易得到波长低于 $0.05Å$ 的电子束。电子散射是由于原子核和原子中的电子而发生的作用。散射实验使用固定波长 λ 并通过倾斜试样几何改变散射角。其优点在于可使用扫描电镜、可检测原位生长薄膜、计数率高。不过，也存在厚度大于 $100Å$ 散射非常强并存在多重散射、薄膜不能代表体材料结构、存在很强非弹性散射背景等不利因素。

表 5.1　中子衍射和 X 射线衍射的比较

X 射线衍射	中子衍射
与电子云相互作用	与原子核相互作用
原子形状因子 $f(Q,E)$	中子散射强度 b
散射强度随 θ 强烈变化	为常数，与 θ 无关
高 Z 元素信息	不是 Z 的单调函数
低 Z 元素散射弱	轻元素（H、Li、N、O 等）散射明显
Z 相近的元素对比度差	可分辨 Z 相近的元素
f 随能量变化→反常散射	某些元素在某些能量下，b 可以变化→异常散射受限同一元素的同位素之间 b 变化→同位素取代法
小试样	大试样
辐射可引起损伤	辐射可引起激活
无磁信息	可能有磁信息

5.3 高能 X 射线衍射

5.3.1 测试原理

本节重点讨论从 X 射线散射强度检测数据中提取对分布函数的理论和方法。与中子衍射的一个重要区别是，X 射线衍射实验本质上测量的是电子分布函数而不是核分布函数。总结构因子 $S_x(Q)$ 有许多不同的形式。实验上，总结构因子主要是散射强度 $I_x(Q)$ 中的弹性散射部分，代表了电子与电子的相互作用。为了提取这部分弹性散射，需要从 $I_x(Q)$ 中扣减近似于电子密度的形状因子 $f^2(Q)$（原子或分子的自散射）和康普顿散射部分 $C(Q)$，可表示为 $I_x(Q) - f^2(Q) - C(Q)$，其中 $f(Q)$ 表示原子散射因子，$f^2(Q)$ 表示材料的电子密度分布。X 射线形状因子表示的是电子云的散射，因此其振幅随原子序数 Z 的增加而增加。实际上，$f(Q)$ 随着散射矢量 Q 的增加而减少，X 射线可以获得的 $f(Q)$ 中 Q 最大值是有限的，重元素的 $f(Q)$ 在 Q 值较大时比较高。

值得一提的是 $S_x(Q)$ 是一个伪核函数，因为它是从测量电子密度分布得到的核函数。根据定义，Q 值高时 $S_x(Q)$ 仍然趋于整数。对于均质液体，则当 Q 趋于 0 时，归一化 $I_x(Q)$ 趋向于等温压缩系数。该行为可以用方程式(5.7)来描述：

$$I(Q \to 0) = \rho k_B T \chi_T Z \tag{5.7}$$

式中，Z 为单分子中的电子总数；k_B 为玻尔兹曼常数；T 为热力学温度；而 χ_T 为等温压缩系数。对于均质玻璃，该方程一般适用于液体结构被冻结时的玻璃化转变温度下的相应状态。

可直接对 X 射线强度 $I_x(Q)$ 进行正弦傅里叶变换得到电子分布函数，该函数包含原子核周围电子云形状的信息。为了得到伪原子函数，需要将该式除以一个所谓的"锐化函数"。最常见的是除以平均散射因子模的平方 $|\langle f(Q) \rangle|^2$：

$$S_x(Q) - 1 = \frac{I_x(Q) - \left[\sum_{i=1}^n f_i^2(Q) \right] - C(Q)}{|\langle f(Q) \rangle|^2} \tag{5.8}$$

其中：

$$|\langle f(Q) \rangle|^2 = \left[\sum_{i,j=1}^n c_i f_i(Q) \right]^2 \tag{5.9}$$

式中，i 和 j 表示材料中不同的原子；$\langle f(Q) \rangle$ 表示原子的平均散射因子；$C(Q)$ 表示的是康普顿散射部分。测得的总结构因子 $S_x(Q)$ 常采用 Faber-Ziman 形式表示为如式(5.10)的加权总和：

$$S_x(Q) = \sum_{ij} w_{ij} S_{ij}(Q) \tag{5.10}$$

$$S_x(Q) - 1 = \left\langle \frac{\sum_{i,j} c_i c_j f_i(Q) f_i(Q) \left[S_{ij}(Q) - 1 \right]}{f^2(Q)} \right\rangle \tag{5.11}$$

式中，$S_{ij}(Q)$ 为 X 射线偏结构因子；w_{ij} 为权重因子；c_i、c_j 为原子 i、j 的浓度。

对于分子或确定的"分子基团",可以定义"分子内"X 射线结构因子 $S_x(Q)$ 为：

$$S_{分子内}(Q) = \sum_{i,j=1}^{m} \frac{N c_i c_j f_i(Q) f_j(Q)}{2} \text{sinc}(Q r_{ij}) \exp(-Q^2 \sigma_{ij}) \tag{5.12}$$

于是：
$$S_x(Q) = S_{分子内}(Q) + S_{分子间}(Q) \tag{5.13}$$

式(5.12)中，N 表示配位数；r_{ij} 是分子内相互作用原子的间距；σ_{ij} 为原子间距均方值的一半，即 $\sigma_{ij} = \langle r_{ij}^2 \rangle / 2$。

理论上讲，所测得的电子-电子函数 $I_x(Q) - \sum_{i=1}^{n} f_i^2(Q) - C(Q)$ 可经傅里叶变换转换为实空间（如果测量的 Q 范围足够宽），从而直接给出电子密度分布。然而，在大多数情况下，伪核对分布函数 $G_x(r)$ 是利用式(5.14)通过 $S_x(Q)$ 的正弦傅里叶变换得到的：

$$G_x(r) - 1 = \frac{1}{2\pi^2 r \rho} \int_{Q_{\min}}^{Q_{\max}} M(Q) \cdot Q [S_x(Q) - 1] \sin(Qr) \mathrm{d}Q \tag{5.14}$$

式中，$Q_{\min}$ 和 $Q_{\max}$ 表示 X 射线检测数据的倒易空间的有限区间边界值；ρ 为原子（或分子）数密度（Å^3）；$M(Q)$ 为修正函数。这两个边界值中，$Q_{\max}$ 对傅里叶变换的影响最为显著。如果 $S_x(Q)$ 曲线没有在整数节点处截断，则采用阶梯修正函数[式(5.15)]经傅里叶变换转化成实空间，并在对分布函数上叠加大量的"振铃"振荡导致结构特征被掩盖。即使曲线不围绕 1.0 均匀振荡，也会在变换中加入傅里叶噪声。此外，测量的 $Q_{\min}$ 和 $Q=0$ 之间的特征峰缺失会导致长波振荡遗漏，因为 $G_x(r)$ 在 r 值较高时密度或粒子尺寸产生波动。通常用 Lorch 修正函数[式(5.16)]或其它修正函数 $M(Q,\delta)$ 使有限 Q 区间内傅里叶变换产生的振荡最小化，修正函数中的参数 δ 用来描述实空间的平均宽度。

阶梯修正函数
$$M(Q) = \begin{cases} 1 & Q \leqslant Q_{\max} \\ 0 & Q > Q_{\max} \end{cases} \tag{5.15}$$

Lorch 修正函数 $M(Q) = \begin{cases} \dfrac{\sin(\Delta r Q)}{\Delta r Q} & Q \leqslant Q_{\max}，其中 \Delta r = \pi / Q_{\max} \\ 0 & Q > Q_{\max} \end{cases} \tag{5.16}$

其它常用的实空间表示法有总对分布函数 $T_x(r)$，该函数可用于玻璃光谱的峰拟合：
$$T_x(r) = 4\pi \rho r G_x(r) \tag{5.17}$$

还有微分对分布函数 $D(r)$，该函数去掉了体密度，强调函数的更大 r 值关联度：
$$D_x(r) = 4\pi \rho r [G_x(r) - 1] \tag{5.18}$$

此外，径向分布函数 $N_x(r)$ 直接描述 r 和 $r + \mathrm{d}r$ 范围内原子的数量：
$$N_x(r) = r T_x(r) = 4\pi \rho r^2 G_x(r) \tag{5.19}$$

图 5.3 为 $GeSe_2$ 玻璃 X 射线对分布函数的不同表示法。$G_x(r)$ 在高 r 处围绕整数振荡，在低 r 处围绕 0 振荡；$T_x(r)$ 在低 r 处围绕 0 振荡；$D_x(r)$ 在低 r 处围绕 $-4\pi \rho r$ 振荡，在高 r 处围绕 0 振荡；$N_x(r)$ 在低 r 处围绕 0 振荡，在高 r 处围绕 $4\pi \rho r^2$ 振荡。

Bhatia-Thornton 模型有时也用于提供液体或玻璃的拓扑结构和化学有序信息。基于二元系统（设含有元素 1 和元素 2）的局域密度和浓度，Bhatia-Thornton 提出另一种二元系统的偏结构因子表示法，这就是所谓的"数-数 $S_{NN}(Q)$"（描述玻璃拓扑）、"含量-

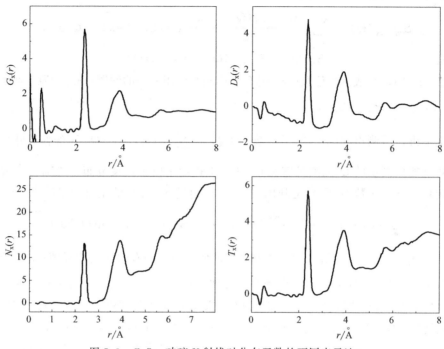

图 5.3　$GeSe_2$ 玻璃 X 射线对分布函数的不同表示法

含量 $S_{CC}(Q)$ "（描述化学有序）以及交叉项 "数-含量 $S_{NC}(Q)$ " 偏结构因子，这些偏函数分别对应密度涨落（拓扑贡献）、浓度波动（化学贡献）及两者之间的相关性，如式（5.20）所示：

$$S(Q) = S_{NN}(Q) + 2\frac{\Delta b}{\langle b \rangle} S_{NC}(Q) + \left(\frac{\Delta b}{\langle b \rangle}\right)^2 S_{CC}(Q) \tag{5.20}$$

式中，$\langle b \rangle = c_1 b_1 + c_2 b_2$；$\Delta b = |b_1 - b_2|$。Bhatia-Thornton 表示法采用线性方程将元素特征偏微分转化为拓扑和化学有序偏微分，从而与 Faber-Ziman 表达式联系起来，如式（5.21）所示，式中 1、2 表示系统中的两种化学元素，c_1、c_2 表示两种元素原子的浓度。Bhatia-Thornton 表示方法已被成功用于研究实空间中的长程相关度，即玻璃中有关长距离（如 r 约 60Å）假相关性的 "长程有序性"。然而，值得注意的是，曲线振荡的振幅表明有序程度只代表块体材料很小的一部分。

$$\begin{cases} S_{NN}(Q) = c_1^2 S_{11}(Q) + 2c_1 c_2 S_{12}(Q) + c_2^2 S_{22}(Q) \\ S_{NC}(Q) = c_1 c_2 [c_1 S_{11}(Q) - (c_1 - c_2) S_{12}(Q) - c_2 S_{22}(Q)] \\ S_{CC}(Q) = c_1 c_2 \{c_1 c_2 [S_{11}(Q) + S_{12}(Q) - 2S_{22}(Q)] + 1\} \end{cases} \tag{5.21}$$

5.3.2　试验影响因素修正

独立（自由）原子在 $f(Q=0)$ 处的 X 射线形状因子振幅表示为电子数 Z。然而液体或玻璃（如含氢或轻元素材料）中的电子很少，关于其非球形电子云的形状，需要考虑电荷的重新分布。这对 $S(Q)$ 在 Q 很小时（通常 $Q \leqslant 1Å^{-1}$）的形状有影响。采用式（5.22）对水的球形孤立原子的近似形状因子进行修正得到了修正后的原子形状因

子 f^{MAFF} :

$$f_\alpha^{MAFF}(Q) = \left[1 - \frac{Z_\alpha}{f_\alpha(0)}\exp\left(-\frac{Q^2}{2\delta_\alpha^2}\right)\right]f_\alpha(Q) \tag{5.22}$$

式中，Z 为 α 原子上的电子电荷，并满足 $\sum Z_\alpha = 0$ 以达到电荷平衡。从 X 射线 PDF 数据中提取合理的原子-原子键长和配位数，与氢相关的材料由于散射电子处于成键位置导致得到的关系式最不合理。

实验过程中，要考虑三种影响 X 射线静态结构因子提取准确度的因素：①样品射线源有关的影响，例如偏振、能量分辨率和相对论效应；②样品和环境影响，例如容器、衰减、多重散射、荧光；③探测器影响，例如几何排列、斜入射、探测器效率、平场、暗电流。要合理运用对这些影响的修正措施及其应用顺序，同时还要考虑去除背景散射（空气、真空及其它背景窗口）以及与组成相关的康普顿散射的影响。光束偏振效应仅与 X 射线源有关，同步辐射光源的入射光子几乎完全偏振化，因此垂直面的修正最小。如果是 X 射线管光源，在对比不同散射角 2θ 的检测强度时需要考虑非偏振光因素。能量分辨率最终取决于单色器和光学仪器的质量，但粉末衍射仪用于玻璃漫射衍射峰的研究时，除反常 X 射线衍射外大多数情况下对数据质量的影响微不足道。同样的，如果 X 射线束斑尺寸小于 0.5mm，相比样品与探测器 500mm 的距离而言，通常远低于显著峰宽的检测限。去除"自散射"（康普顿加 X 射线形状因子）可以提取待求的伪核总 X 射线结构因子 $S_x(Q)$。如果能覆盖较宽的倒易空间，这个函数可以通过傅里叶变换转换为实空间，从而提供材料中所有原子所处位置的平均概率函数，该函数称为径向或对分布函数 $G_x(r)$。$G_x(r)$ 函数可用于提取键长、局部配位数、平均键角，并能对结构模型进行严格测试。此外，X 射线（或中子）衍射图中 Q_1 处的第一个衍射锐峰与玻璃中存在的中程有序相关，其周期性为 $2\pi/Q_1$（尽管其原因仍有争议）。一般定义 5～10Å 的覆盖区域为中程有序，不过发现玻璃网络结构中存在更长的"化学有序扩展区"（可达 40Å）。

液体或玻璃 X 射线散射强度 $I_x(Q)$ 与样品的吸收有关，可采用 Paalman 和 Pings 方法通过式(5.23)进行修正，即分别检测容器中样品的散射 I_0^{SV}、空容器散射 I_0^V 和背景散射 B：

$$I_x(Q) = K\left(\frac{I_0^{SV} - B}{A_{S,SV}} - \frac{A_{V,SV}(I_0^V - B)}{A_{S,SV}A_{V,V}}\right) - f^2(Q)M_{SV} - C(Q) \tag{5.23}$$

式中，$A_{S,SV}$ 表示容器中样品的衰减；$A_{V,SV}$ 表示容器装样品时容器的衰减；$A_{V,V}$ 表示空容器的衰减。对于电子较少的薄样品，容器中样品多次散射与单次散射之比在高能量下可以忽略不计，因此上式中的第二项可去掉。然而，使用传统实验光源能量检测时，吸收和多重散射的影响可能都比较显著，由于样品被检测到的体积随散射角的不同而变化，因此需要采用几何相关计算公式来准确计算 Q 的有关物理量。低能 X 射线反射几何测量也可能对表面的影响更敏感。如果材料产生 X 射线荧光发射，通常用背景常数对检测信号进行近似校正。非相干康普顿信号在高 Q 值散射中占主要部分，可采用能量识别探测器在高散射角测试，通过将非相干康普顿信号与弹性散射峰充分分离予以消除。但在

低 Q 值时，弹性散射峰和康普顿散射峰之间存在重叠，需要对每个 Q 值的能谱进行峰拟合。因此大多数情况下，测量整个能量谱图，而只使用元素特性计算的康普顿截面。在高能同步辐射光源中，康普顿散射的贡献服从如 Klein Nishina 公式所述的相对论量子修正。式(5.23) 中的 K 是将 $I_x(Q)$ 表示为电子数的归一化因子，这样高 Q 值下的 $S_x(Q)$ 就围绕整数振荡。

探测器修正依所采用的探测机理的不同而有很大的变化。采用能量识别固体探测器可使实验过程中的轫致背景辐射减至最低，但若使用中、高强度通量，则需考虑空载效应。任何 X 射线实验都需要进行精确的几何修正，因为吸收滤光片、样品形状和探测器元件等各种因素都可以使测试信号发生显著变化。对于二维平板探测器，为防止整个实验过程中的电子漂移，需要定时监测暗电流，通过平场实验获得不同像素效果的探测器增益图。此外，由于硬 X 射线在区域探测器边缘的路径长度有很大差异，因此需要进行斜入射修正。

最先进的单色高能 X 射线同步辐射光源采用上述所有校正可以把误差减至 1% 以下，但累积起来 $S_x(Q)$ 总精度通常会达 1% 或 2%（最多）。此外已经证明许多 Q 相关的修正情况类似，而且相互关联，因此跟踪数据分析误差通常比较困难。用低能 X 射线管光源来计算样品相关的修正常常困难得多，而且整体精度不如同步辐射 X 射线，但探测器效率在较低能量下往往有所提高。能量色散 X 射线衍射的情况更为严重，因为需要在较大能量范围内进行很多次修正，不过该技术的优点是可以非常迅速地测量出大范围相位（压力或温度）空间。

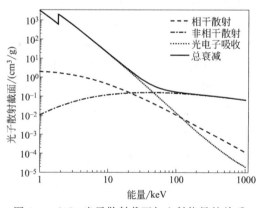

图 5.4　SiO_2 光子散射截面与入射能量的关系

X 射线数据经过多次 Q 相关的修正后，按绝对单位的准确归一化可能会比较麻烦，不过如果使用高能 X 射线，这个问题就不那么严重了。这是因为对于硬 X 射线（比如 60～120keV），检测数据趋向于系统中的电子数，相当于高 Q 下康普顿散射的贡献为主。如图 5.4 所示为 SiO_2 光子散射截面与入射能量的关系，能量低于约 50keV 时，光电吸收截面（点线）占主导，能量高于约 50keV 时，非相干康普顿散射占主导（虚线）。硅的 k-边吸收出现在 0.14keV。对于高质量的 X 射线数据可以使用 Krogh-Moe/Norman 技术，该技术根据加和规则对给定密度下的 $S_x(Q)$ 数据用低 r 区域进行归一化，但是对于包含大量系统或统计错误的数据该技术将变得非常困难。

5.3.3　高能 X 射线仪器装置

单色 X 射线通常能提供最准确的 PDF 数据。对于实验室 X 射线管，衍射仪最常用的配置是依据布拉格-布伦塔诺（Bragg-Brentano）反射几何，它可以有两种布置方式。如图 5.5，固定管式几何为 θ-2θ，如果管移动而样品固定则几何为 θ-θ。基本特征是：①Mo 或 Ag 的 K_α 光源用于达到合理的最大动量转换范围；②整个实验过程中维持试样表面和入射 X 射线之间的夹角（θ）以及入射 X 射线和探测器狭缝之间的夹角（2θ）；③光源狭缝到样品与样品到探测器的距离是固定的，相当于以样品为中心构成一个衍射圆。

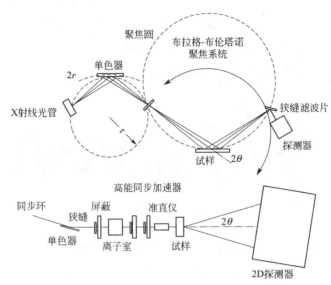

图 5.5 布拉格-布伦塔诺反射几何（上图）与高能透射（直接）几何

相比之下，在同步辐射高能 X 射线仪中，高能 X 射线的单色光束以透射几何形式散射，穿过整个样品进入前方探测器。同步辐射源的高能 X 射线（"硬"射线）通常具有 $60\sim120$keV 的能量和极高的通量。高能光子用于玻璃实验的主要优点包括：①可以获得更高的动量传递，使对分布函数的实空间具有短距离内的更高分辨率，这有利于更准确地测定低 r 处的键长，特别是当这个键长介于某两个很接近的平均键长之间的时候。②高穿透性可以让实验在空气中进行，而且散射集中在前进方向使偏振效应最小。穿透性还方便使用各种大体积样品环境及布置大面积平板探测器。③光吸收强烈依赖于材料的原子序数且在高能量下大大降低，因此可以检测含重元素的毫米大小的样品。④大大减少了对生物样品的辐射损伤。⑤所测得的 X 射线结构因子及对分布函数与在类似 Q 范围内测得的中子衍射分析结果具有直接可比性。

图 5.6 清楚地说明了同步辐射源高能 X 射线仪与实验室 X 射线管设备测得的额外信息对比。以先进 X 光源 11-ID-C 高能 X 射线束为例，该自动衍射仪在 115keV（0.108Å，$\text{d}\lambda/\lambda$ 约 10^{-3}）的固定能量运行下，有三对水平和垂直准直狭缝。探测器轴线与射线光束中心的夹角在 0.05mrad 以内，探测器步进电机的位置精度在 $100\mu m$ 以内。使用固体锗点探测器时，采用标准伽马射线源对波长进行校准。当使用 2D 面探测器时，取 $50\sim150$cm 范围内不同的样品-探测器距离并采用晶体 LaB_6 和 CeO_2 的径向线校准波长。对于面探测器，利用较长（高分辨率）距离上的粉末图谱的不对称性来确定探测器平面的垂直倾斜度，通常小于 1mrad。离子室测量直接入射光束的通量。入射光束一般为 0.5mm$\times$$0.5$mm 的正方形，光束通过样品后被安装在面探测器前部的钨制光栅阻挡。样品放置在三维马达控制的测角仪上。最初使用光学望远镜和激光束系统对齐，然后使用 X 射线束和一个移动式可测量样品透过率的光电二极管探测器进行精确调整（到 $10\mu m$ 以内）。对

于面探测器，需要在扫描之间进行常规的暗电流测量以将电子漂移的影响降至最小。

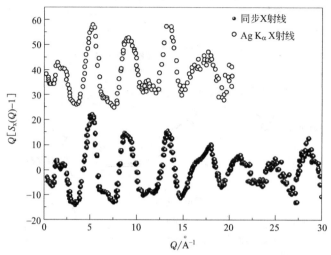

图 5.6　分别用 Ag K$_\alpha$X 射线 $\lambda = 0.561°$ 和 X 射线同步辐射源 $\lambda = 0.088°$ 进行

衍射实验测定 P$_2$O$_5$ 玻璃的加权 X 射线结构因子 $Q[S_x(Q)-1]$

大多数现代同步辐射源都是全自动化的，采用限位开关通过计算机对多组马达实行远程控制。尽管一般来说硬 X 射线衍射检测很方便，但有时也会出现问题。这类测试的主要缺陷是计数率保持在每秒 60000 次以下，超过这个计数率，大多数固态探测器或面探测器开始饱和，空载校正就变得困难了。因此，需要充分考虑样品厚度，以平衡最佳信号与吸收、多重散射效应的相互关系。虽然入射准直对于减小进入到探测器中的狭缝散射和二次背景散射显得很重要，但最重要的问题之一是射束阑的对齐。射束阑倾斜可能会产生不对称的背景散射，因此射束阑应该在测试前完全对齐。如果在测试过程中射束阑排布发生微小的变化（因为射束阑的位置对轻微的敲打都非常敏感），背景可能会发生显著的变化，导致测试结果毫无意义。目前，多数面探测器都是像板，不进行能量识别，因此受记忆效应的影响，以前的残留图像（通常是强散射晶体）将作为捕获的激发态被保留在探测器像素中。这些记忆效应通常只占被测信号的百分之几，但却会破坏漫反射和弱散射玻璃的测试结果。因此，测试前需要注意消除探测器的记忆效应（因为记忆效应会随着数小时或数天时间的推移而缓慢衰减），方法是将探测器暴露在一个高平场辐射中，释放探测器中被捕获的激发态，从而平抑像素响应。

5.3.4　数据分析及有用信息的提取

5.3.4.1　对分布函数（PDF）

晶态材料的晶体结构可以直接通过单晶和粉末 X 射线衍射确定，然而对于玻璃这一类无定形材料，尚没有建立类似的直接方法确定无序结构。不过即便是缺少通用理论，人们可以从衍射图直接获得所有原子间距分布的信息。对分布函数（PDF）正快速成为研究复杂物质局域有序结构的常用工具，PDF 有时也称为对关联函数，本质上是材料中所有原子间距的度量。比如，材料中的 A—B 化学键在高温相中只有一种键长，而在低温相中存在三种键长，假设在合适情况下其中一种键长出现的频率是另外两种的 2 倍，这样就可以观察到第一邻近 A 原子之间的距离在两种相中是相同的。这充分说明了材料结构是局部有序的低对称域，而不是具有无规则分离位的高对称模式。PDF 数据实质上是倒易空间内检测的衍射强度经傅里叶变换，形成原子间距分布的直接空间信息。绝大多数 PDF 技术应用采用的是粉末衍射数据，试样的粉末衍射图可用德拜方程计算：

$$I(Q) = \sum_j f_i f_j \sum_i \frac{\sin(Qr_{ij})}{Qr_{ij}} \tag{5.24}$$

式 (5.24) 中求和符号表示对材料中所有 N 个原子求和；r_{ij} 表示原子 i 与 j 之间的距离。德拜方程通过结构因子的平方计算球对称平均值，计算的粉末衍射图取决于原子间距而不是原子的绝对位置。由于强度是对所有原子间距 r_{ij} 求和，因此德拜方程并不要求仅在周期性晶体结构中使用，也可用于限定的纳米晶、单个分子或无定形结构。所谓的折合对分布函数 $G(r)$ 即为式 (5.14)，是采用逆过程对 X 射线衍射实验数据归一化完全结构因子 $S(Q)$ 进行正弦傅里叶变换确定的，计算 $G(r)$ 有专门的软件，可用 PDFgetX2、RAD。通过观察 PDF，可以直接确定原子间距、每个原子附近的邻近原子数、两个原子之间的距离分布宽度、有限对象的直径，可以认为 PDF 是某种所有原子间距的统计图。实验中影响 PDF 的三个主要因素是 Q_{max} 值、仪器分辨率、辐射类型。

简单地说，X 射线 PDF 表示在距离中心原子 r 处找到原子的概率。因此，配位数是指在半径 r 到 $r+dr$ 的壳层内位于 i 原子周围的 j 原子的数量。非晶态固体的分布函数可以在四个尺度范围内对有序度进行度量（见图 5.7）：①由平均键长 r_1、配位数 n_{ij}、键角 α 确定的结构单元（多面体）；②用连接程度、键角 β、转角 γ 描述的相邻结构单元的相对取向；③中程有序，可以用识别网络拓扑结构和维数的环尺寸分布来描述；④长程密度涨落。应该理解的是，X 射线结构因子及相关 X 射线对分布函数代表了射线与块状玻璃内部相互作用结果的平

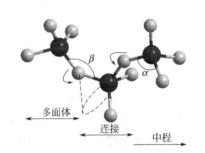

图 5.7 非晶固体的结构描述：从局部短程单元到相邻四面体的堆积及其扭转，再到更远距离的中程结构的有序范围

均值，因此提供了在一定距离范围内的结构概况信息。另外需要指出的是，尺度范围①、②、③是相互依存、相互关联的，因为短程有序的配位数和规律性将影响连接程度和整体拓扑结构。因此，PDF 对任何玻璃研究对象的原子模型都有严格的限制条件。

不难从实空间中看出结构信息的提取。图 5.8 是二维对分布函数的原理示意图：图中从中心原子 A 到其它所有原子 B 的距离表示为固定距离的圆球带，这些距离投影到一维轴上形成对分布函数图，将每个原子都作为中心原子重复该过程。对分布函数 $G(r)$ 在原子间距离 r 处形成峰值，峰位置即在原点的中心原子 A 与原子 B 之间的距离 r_{AB} 处，直接给出平均原子间键长。如果与其它原子间的峰重叠少，就可以获得很高的精度，例如采用中子衍射确定的 Si—O 键长为 (1.605 ± 0.003)Å。峰下面的面积对应于该原子的近邻原子数目，并与该原子的散射能力成正比。配位数 N_{AB} 定义为一个原子 A 周围的邻居

原子 B 的平均数量，它可以用 A-B 峰下的积分面积进行计算：

$$N_{AB} = 4\pi\rho_0 c \int_{r_a}^{r_b} G(r) r^2 \mathrm{d}r \tag{5.25}$$

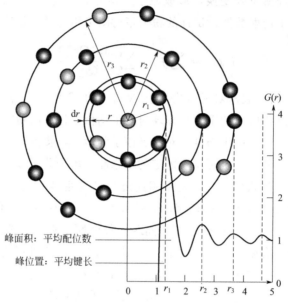

图 5.8　结构与对分布函数的关系示意图

其中积分限 $r_a \sim r_b$ 定义了配位壳层。但积分限并不总是能明确界定，特别是在与另一个峰有部分重叠的情况下，因此会影响准确度。峰宽可用来衡量由于静态结构和热无序引起的原子间距离分布状况。然而，由于对分布函数中结构因子的有限 Q 积分会导致峰增宽，因此并不能直接确定峰的宽度。配位数 N_{AB} 和峰宽密切相关，受很多不确定性因素的影响。配位数是最不准确的参数，因为它随原点处或 Q 范围处的斜率不同而变化很大，而且在有重叠峰的情况下，准确度会降低。

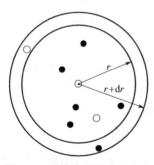

图 5.9　以给定原子为中心的玻璃结构示意图

径向分布函数 $RD_x(r)$ 属于类似于 PDF 的同类型材料结构表征函数。$RD_x(r)$ 直接描述 r 和 $r+\mathrm{d}r$ 范围内原子的数量。X 射线或中子衍射实验的结果可用径向分布的方式来表示，即随机选取一个原子并考虑围绕这个原子的一系列同心球。从实验谱图中可以提取出径向分布（RD），如图 5.9 所示。

$$RD(r)\mathrm{d}r = 4\pi r^2 \rho(r)\mathrm{d}r \tag{5.26}$$

式中，$\rho(r)$ 是在距离参照点 r 处的密度。$RD(r)$ 相当于在与任意选定的参照点（$r=0$）的距离为 r 处发现相邻原子的概率。对于晶体，径向分布在周期性距离上出现尖锐的峰。相反，在玻璃中，可观察到：①在近距离处，出现预期的键角和键长偏差的弥散峰，峰下的面积反映配位数大小；②在远距离处（$r\rightarrow\infty$）$RD(r)$ 收敛于均值分布，即 $4\pi r^2 \rho_0$，其中 ρ_0 为玻璃的平均密度。可在图 5.10 中观察到由于玻璃径向分布 RD 在远距离处收敛于抛物线趋势线，能观察到的特征峰越来越少。在近距离处，RD 峰相当于玻璃的近程有序。比如氧化硅玻璃（图 5.10），我们观察，硅原子连接氧原子的距离约为 0.16nm，而两个硅原子之间的距离（属于两个不同的四面体）约为 0.32nm，即为前一个值的 2 倍，表明 Si—O—Si 接近于共线。在两者之间，测得 O—O 峰大约为 Si—O 距离的 $\sqrt{8/3}$ 倍，与四面体结构排布较一致。经过五次原子间距离后有序性几乎消失，这进一步证实了氧化硅玻璃中长程有序结构并不占主导的观点。

从钠硅玻璃的径向分布曲线可观察到类似于氧化硅玻璃的信息，Si—O 和 O—O 距离几乎没受 Na_2O 加入的影响 [图 5.10(b)]，但出现了一个对应于 Na—O 距离的新峰。这表明，钠离子占据了氧化硅开放结构中剩余的自由空间。验证这一观点的实验事实是：二氧化硅中加入 Na_2O 后导致密度增加，而气体渗透性降低。显然，不能简单地认为 Na^+ 填满网络间隙，而必须同时考虑硅氧原子数量的变化。

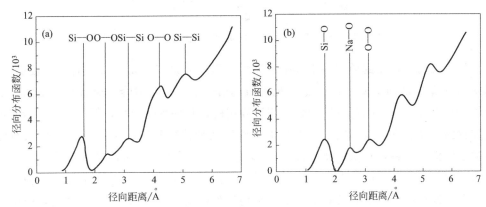

图 5.10　从 X 射线衍射数据中提取的氧化硅玻璃（a）及 $Na_2O\text{-}SiO_2$ 玻璃（b）的径向分布曲线

5.3.4.2　数据模型拟合分析

可以将最终的一致性检查应用于 X 射线衍射数据的全面分析，如 $Q=0$ 时的等温压缩极限 [式(5.7)，通常对应于玻璃 T_g 时的液体]。不过最容易评价实验数据质量的方法是采用对分布函数第一个峰下面低 r 处的傅里叶变换行为。如果该区域的振荡小于第一个峰的振幅，并且在理论极限值附近交替出现，则可以认为该数据质量良好。

其次，本节还要讨论从测试的 $S_x(Q)$ 和 $G_x(r)$ 函数中提取的信息。X 射线或中子衍射 $S(Q)$ 中位于 Q_1 处的第一个尖锐衍射峰（FSDP）与玻璃中存在的 $2\pi/Q_1$ 周期性中程有序有关（如图 5.11 所示）。一般定义中程有序的覆盖范围约为 5～20Å。衍射数据中的 FSDP 峰通常用洛伦兹峰或高斯峰进行拟合来精确地确定 Q_1 以及峰宽，根据谢乐（Scherrer）公式 [式(5.27)，式中 k 为常数，λ 为 X 射线波长，β_{hkl} 为衍射峰半峰宽，θ 为衍射角]，可知 Q_1 及峰宽与结构单元的相干性有关。对于具有四面体网络结构的玻璃来说，Q_2 峰与块状玻璃中的原子排布有关。在局部结构单元堆积的空间约束条件下，结构是无规则的。图 5.11 中虚线区域的周期性 Q_1 产生于环之间的相互关联，环构成了玻璃的网络。Q_2 表示网络整体连接的长度尺度。黑色圆圈代表断开网络连接的改性体原子，氧化物玻璃中断开的网络结构通常呈簇状，阴影区域代表不同的环结构大小。

$$D_{hkl} = \frac{k\lambda}{\beta_{hkl}\cos\theta} \qquad\qquad (5.27)$$

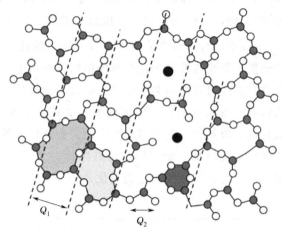

图 5.11　查哈里阿森-莱特的玻璃无规则网络结构模型

　　值得注意的是，在倒易空间中频率最高的傅里叶分量衰减得最快，而对于玻璃来说，峰总是随着 Q 增加而变宽，直到 Q 增加到出现第一个尖锐衍射峰（通常与实空间中的第一原子间距有关）。尽管 $G_x(r)$ 函数常用于确定键长和局域配位数，但需要考虑恰当的 X 射线加权因子才能准确地确定。许多报道的研究文献估算配位数时将 Q 相关的权重因子用常数近似值来代替，其做法要么取实验 Q 范围内的平均值（可能导致错误的配位数），要么取 $Q=0$ 处的极限值［独立原子形状因子近似中 $f(Q=0)=Z$］。虽然后一种方法更准确，但要知道每个原子的有效电子数。平均近似的缺点可通过图 5.12 说明，图中显示了特定加权偏结构因子具有显著的 Q 相关性，例如 SiO_2 玻璃中的 Si—Si 或 O—O。因此，用高斯近似将 X 射线加权因子的 Q 相关变化考虑在内，这样局部结构峰在 Q 空间可拟合得很好。对于分子或确定的"分子基团"，可以通过式(5.12)、式(5.13) 将各个"分子内"峰拟合为 X 射线结构因子 $S_x(Q)$。使用这种方法的优点是实空间中主峰两侧的所

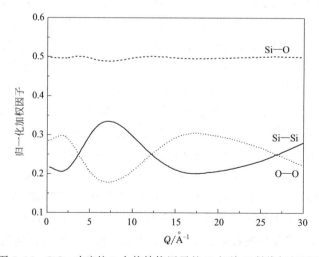

图 5.12　SiO_2 玻璃的 3 个偏结构因子的 Q 相关 X 射线加权因子

有傅里叶末端振荡下的面积都被考虑在内。此外，可将模型拟合应用于与实测数据相同的动量转换范围，并在相同的 Q_{max} 处截断。不过，其主要缺点是要假设实空间中的峰是对称的，但实际并不一定是这样，要避开这一点，可以采取多峰拟合或者为相关孤立峰分配适当的偏权重因子通过积分求得配位数。需要强调的是，使用式(5.13)拟合时需要考虑相邻峰的重叠相关性，而且该过程获得的信息相当于取平均值。这是因为衍射对元素变化通常不像核磁共振那样敏感，也就是说，像 AlO_4、AlO_5 和 AlO_6 这些基团的相对数量不能分别被唯一确定，因为它们的峰重叠厉害，而通过对分布函数拟合确定的配位数相当于各基团贡献的总和，即得到的 Al—O 配位数是大量平均的结果。

由于 X 射线对分布函数（PDF）提供了体结构在一定距离范围内的平均相关函数，因此可以结合采用几种互补性实验技术获得的信息。使用附加信息进行数据分析非常重要，因为对于一个包含 n 种原子的系统，有 $n(n+1)/2$ 个偏结构因子的贡献，而低 Z 贡献由于 X 射线权重小通常可以忽略。中子衍射尤其是 X 射线衍射的姊妹技术，通常直接将其数据合并以消除特殊偏结构因子并对 $G_x(r)$ 的重叠峰进行分峰。许多其它与元素关联度高的技术可用于分析 X 射线对分布函数数据。其中包括近几十年来在玻璃科学领域取得重大进展的核磁共振波谱（NMR），NMR 能提供用 PDF 技术无法获得的信息如结构基团和分子构象。另外两种常见的元素特征 X 射线吸收法包括扩展 X 射线吸收精细结构（EXAFS）及 X 射线吸收近边结构（XANES）。更复杂的 X 射线差分技术，如反常 X 射线散射和同构替换，在确定偏结构因子信息方面功能非常强大，但只能应用于有限的元素，而且常常受到校正或近似准确性的限制。在任何玻璃衍射研究中，如果进行系统的研究分析就会对结构了解得更清楚。例如，改变成分、压力或温度有助于获取更有用的信息。

X 射线 PDF 技术最重要的用途之一是 $S_x(Q)$ 或 $G_x(r)$ 提供了在一定长度范围内（通常为 $1 \sim 20\text{Å}$）对结构模型的严格测试。首先，平均数量密度是评价任何结构模型合理性的一个简单而有说服力的完美指标。除此之外，采用 χ^2 模型拟合实空间数据时，有人提出了将 R 因子拟合优度用于评估模型的准确性。由于有了现代计算机，球棍模型或 Percus-Yevick 模型很少被使用。利用计算机生成模型对 PDF 数据建模的常用方法是反向蒙特卡罗（RMC）建模和经验势结构精细化（EPSR）。RMC 方法使用随机和/或晶体初始结构，并对材料三维原子模型进行迭代精细化使其与 PDF 数据集一致。在 RMC 建模过程中，有利的结构改变被接受，而不利的改变则根据 $S(Q)$ 的 χ^2 拟合允许一定的概率以避免出现局部最小值。如果能获得其它数据源（如化学知识、密度、中子、核磁共振或 EXAFS 数据）作为充足约束条件，该技术在模拟成对添加物相互作用方面具备强大功能。如果使用的约束条件太少，可能会得到与 X 射线衍射图虽完全一致但不真实的化学结构。此外，RMC 通常会用最大无序化模型来拟合数据。从概念上讲，EPSR 是一种类似于 RMC 或 Rietveld 的精细化方法，主要针对分子系统，对任意原子间相互作用势进行精细化处理直到系统三维原子模型与所测 PDF 数据一致。RMC 和 EPSR 两种建模技术都可以认为是类似于晶体学中的 Rietveld 结构精修。

经典分子动力学模拟（MD）根据预先定义的原子间相互作用势，通过在模拟盒子中移动原子来预测 X 射线 PDF。其主要优点是可以确定系统内部的基本力，并利用这些力来预测结构和动力学行为。从头算分子动力学模拟结合了分子动力学模拟和密度泛函理论

（DFT）的优点，通常提供了比经典分子动力学模拟更精确的模型，但却增加了计算时间。定义了精确的原子间相互作用势就可以得到与所测数据一致的三维模型，并可从中提取键角分布、取向关系和环统计等附加信息。比较极限尺寸 DFT 原子模型的缺点是倒易空间被人为加宽以及受限 r_{max} 会产生傅里叶变换伪影。

从三维模型获得的键角分布代表了一定键角下的原子数量，而且由于玻璃中局域多面体比同组成晶体中的多面体的畸变程度更高，键角分布往往更宽。键角信息对环的尺寸分布有重要意义，因为更窄的键角分布可能对应更小的环尺寸，反之亦然。环的尺寸分布通常根据最短路径准则确定，环尺寸分布描述了玻璃的拓扑学结构。玻璃形成能力大通常与更大范围的环尺寸有关，而晶体通常只有几个确定的环尺寸。对于由非球形分子组成的系统，可以依据相邻分子的相对排列通过计算机模拟获得取向关联函数。虽然这一信息不能单独从 X 射线衍射数据中直接得到，但是可以通过 EPSR 建模技术得到解决，EPSR 使用衍射数据作为三维模型的约束条件来获取角度关联函数。

5.4 非晶态固体的中子散射

5.4.1 中子衍射试验原理

固态代表着有界的原子结合体，衍射强度是相干散射波干涉的结果。中子散射可以是相干弹性散射，也可以是非相干、非弹性的散射。在相干全散射试验中弹性散射和非弹性散射的中子都会被检测。全微分截面表示为：

$$\left(\frac{\mathrm{d}\sigma}{\mathrm{d}\Omega}\right)_{总散射} = \left(\frac{\mathrm{d}\sigma}{\mathrm{d}\Omega}\right)_{相干} + \left(\frac{\mathrm{d}\sigma}{\mathrm{d}\Omega}\right)_{非相干} \tag{5.28}$$

式中，σ 为散射截面；Ω 为空间立体角。上式右边第二项为与角度无关的非相干弹性截面：

$$\left(\frac{\mathrm{d}\sigma}{\mathrm{d}\Omega}\right)_{非相干} = N\left[\langle b^2 \rangle - \langle b \rangle^2\right] \tag{5.29}$$

式中，N 表示中子数；b 为中子散射振幅，尖括号 $\langle \rangle$ 表示平均值。相干微分散射截面为：

$$\left(\frac{\mathrm{d}\sigma}{\mathrm{d}\Omega}\right)_{相干} = N\langle b \rangle^2 \left\{1 + \int 4\pi R^2 \left[\rho(R) - \rho_0\right]\frac{\sin QR}{QR}\mathrm{d}R\right\} = N\langle b \rangle^2 S_n(Q) \tag{5.30}$$

其中，$S_n(Q)$ 为总结构因子；R 为矢径；ρ_0 为材料的平均数密度。对于一个多分量系统，$S_n(Q)$ 可由以下关系分成偏结构因子 $S_{ij}(Q)$：

$$S_n(Q) = \sum_i \sum_j w_{ij} S_{ij}(Q) \tag{5.31}$$

式中，$w_{ij} = c_i c_j b_i b_j / \langle b^2 \rangle$，$\langle b^2 \rangle = \left(\sum_i c_i b_i^2\right)$，$c_i$、$c_j$ 为原子 i、j 的浓度。由下文式(5.32)可知，原子密度 $4\pi R^2 \rho(R)$ 的径向分布函数（RDF）为衍射强度的傅里叶变换。

非晶固体的结构参数由如下数据描述：原子配合数、配位球形半径、短程有序存在半径、原子距离准平衡位置的均方位移。这些数据都包含在 RDF 中，RDF 由德拜方程计算：

$$4\pi R^2 \left[\left(\sum c_i b_i \sum \rho_{ij}(R) b_j \right) - \langle b \rangle^2 \rho_0 \right] = \frac{2R}{\pi} \int Q \left[S_n(Q) - 1 \right] \sin(QR) M(Q) \mathrm{d}Q$$

(5.32)

式中，ρ_0 为平均原子数密度；$\rho_{ij}(R)$ 为偏径向分布函数（PRDF），表示在距离 i 原子 R 处单位体积内 j 原子的数目。$M(Q) = \sin(Q\Delta/2)/(Q\Delta/2)$，其中 $\Delta = 2\pi/Q_{max}$ 是 Lorch 提出的窗口函数。要特别注意傅里叶积分限 0 和 ∞。很明显，试验达到理想状况下的 $\lambda \to 0$ 及 $Q \to \infty$ 是不可能的。限定积分限对所获得的 RDF 有显著的影响，特别是在短距离处可观察到剧烈的振荡（末端效应）。由傅里叶变换的性质可知，条件 $Q_{max} \neq \infty$ 限制了实空间的试验分辨率。式(5.33) 定义了分辨率并且半峰宽（FWHM）为 $5.437/Q_{max}$。结构因子与分辨率函数的卷积就是分辨率影响。即中子衍射法（b_i = 常数）可以测量 $500 \sim 1000 nm^{-1}$ 范围内的 $S_n(Q)$ 并获得 $\Delta R = 0.005 \sim 0.01 nm$ 的分辨率。

$$P(R) = \frac{1}{\pi} \int M(Q) \cos(RQ) \mathrm{d}Q$$

(5.33)

对于有 n 种原子的材料，有 $n(n+1)/2$ 个独立的偏径向分布函数 $4\pi R^2 \rho_{ij}(R)$。如果已知偏结构因子 $S_{ij}(Q)$，那么偏径向分布函数可由式(5.34) 得到：

$$4\pi R^2 \left[\rho_{ij}(R) - \rho_0 \right] = \frac{2R}{\pi} \int Q \left[S_{ij}(Q) - 1 \right] \sin(QR) M(Q) \mathrm{d}Q$$

(5.34)

在不超过两种原子组成的系统中，可以准确地测定无定形结构中的 PRDF。在这种情况下，结构因子 $S_n(Q)$ 方程包含三个未知量 S_{11}、S_{12}、S_{22}：

$$S(Q) = c_1^2 b_1^2 S_{11} + c_2^2 b_2^2 S_{22} + 2c_1 b_1 c_2 b_2 S_{12}$$

(5.35)

式中，c_1、c_2 分别表示系统中两种原子的浓度；b_1、b_2 分别表示两种原子的散射振幅。对于中子散射、X 射线和电子衍射，b_i 依赖于不同辐射源，衍射试验为确定三个未知偏结构因子（S_{11}、S_{12}、S_{22}）的三方程体系提供了可能。中子衍射结合同位素替代技术成为另一种测定 PRDF 的方法。

5.4.2 核反应堆中子源

传统的中子衍射仪使用反应堆中子。$^{235}U(\sigma_f = 586$ 靶$)$ 和 $^{239}Pu(\sigma_f = 748$ 靶$)$ 的热中子在反应堆堆芯发生裂变反应。每个裂变行为产生能谱中的 $2 \sim 3$ 个中子，中子能谱表达式为：

$$N(E) = \mathrm{e}^{-E} \mathrm{sh}\sqrt{2E}$$

(5.36)

式中，E 为能量，且 $\overline{E} \approx 2 MeV$；式中函数 $\mathrm{sh} x = (\mathrm{e}^x - \mathrm{e}^{-x})/2$。在慢化剂中热化后，中子具有符合麦克斯韦分布的最可几速率 v_p：

$$v_p = \sqrt{\frac{2k_b T}{m_n}}$$

(5.37)

而且最可几波长 $\lambda_p = \sqrt{2mk_b T}$，其中 T 为慢化剂温度，k_b 为玻尔兹曼常数。300K 时最可几中子能量 $E_p = 0.025 eV$，相当于 $\lambda_p = 0.18 nm$。该 λ 值与固体中原子间距离的数量级相同，采用该辐射源可以有效地对凝聚态物质进行衍射研究。由 λ_p 公式可知，中子

能谱可以随不同 T 值而变化，事实上，根据这种依存关系许多反应堆作为绝热容器将轻原子（H_2，D_2，He，Be，C）置于慢化剂或反射器中。在非晶固体小角中子散射（SANS）研究所用的"冷"源中，中子在液氢或 $T \approx 20K$ 的氘中被热化。然而，对于非晶固体的研究，需要使用波长较短的中子（$\lambda \leqslant 0.1nm$，$Q_{max} \geqslant 100nm^{-1}$）。使用全中子衍射仪的目的是测量微分散射截面，一般来说，微分截面取决于散射矢量 $Q = k_i - k_f$，其中 k_i 和 k_f 分别为散射前后的中子波矢。图 5.13 为连续源的中子衍射仪示意图。要产生高质量的数据，中子衍射仪必须满足几个要求：①数据必须有良好的统计准确度，这是通过高计数率获得的。取决于下述因素，如强源，大的探测器总立体角，试样足够大。②对数据所作的修正必须尽可能小。特别是背景必须小，无特征峰并保持不变。③Q 的范围必须尽可能宽，以便提供实空间高分辨率。④倒易空间分辨率必须尽可能窄。

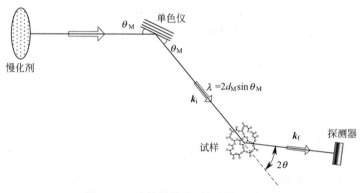

图 5.13　连续源的中子衍射仪示意图

式（5.38）为中子谱密度表达式，式中 Φ_0 为中子通量，λ 为波长。根据谱密度表达式可知，$\lambda < \lambda_p$ 的中子数迅速减少，实际上只需 $\lambda \geqslant 0.3\lambda_p$ 就能用于衍射实验。为了用较高能量的中子来丰富图谱，在反应堆芯附近安装绝热石墨块并将其用反应堆辐射加热到2400K。在这个温度下，$\lambda = 0.05nm$ 中子的数量与平衡谱相比增加了 15 倍。

$$\rho(\lambda) = 2\Phi_0 \frac{\lambda_p^4}{\lambda^5} \exp\left(-\frac{\lambda_p^2}{\lambda^2}\right) \tag{5.38}$$

从反应堆慢化剂中提取中子是通过特殊的通道来实现的，这些通道可以是直的或者是弯的导管。在反应堆生物屏蔽中的中子导管的外端放置一个 Soller 型准直器来限制中子束的水平发散。对于来自 Be、Si、Cu、Zn、Ge、Pb 的单色化布拉格反射，使用单晶或石墨（X 射线光学的所有方法都适用）。在样品和探测器前面，Soller 准直器固定单色器 θ_m 和 2θ 衍射角。对于非晶固体的近程有序的研究，通过降低衍射仪的分辨率有可能大幅提高中子强度。

5.4.3　中子探测器

中子探测器是利用中子与硼或铀相互作用后产生的带电粒子使气体电离或经中子照射作用后材料本身的活化来探测中子的器件。中子探测器广泛用于反应堆核功率测量或堆芯中子注量率分布测量。中子探测器的工作原理是：中子与某种核发生产生反应时放出带电粒子，带电粒子在气体中运动时产生气体电离，通过测量气体电离量来确定中子注量率水平。例如，中子与 B 的 (n,α) 反应，放出 α 粒子。用含 ^{10}B 或 ^{3}He 原子核的计数气体填充的比例探测器得到了广泛的应用。^{10}B 或 ^{3}He 与中子发生下列核反应：

$$^{10}\mathrm{B} + \mathrm{n} \longrightarrow \mathrm{Li} + \alpha(Q = 2.3\mathrm{MeV}), \alpha_\alpha = 3835 \text{ 靶}$$

$$^{3}\mathrm{He} + \mathrm{n} \longrightarrow {}^{3}\mathrm{H} + \mathrm{p}(Q = 0.76\mathrm{MeV}), \alpha_\alpha = 5333 \text{ 靶}$$

反阳极上的高压引起额外的气体电离，其输出信号足以用标准技术记录下来。这些探测器的一个重要优点是对 γ 背景灵敏度低，而 γ 背景总是伴随着反应堆中子。使用一个或几个计数器有几个缺点：实验时间很长（大约两天），样品要大，实验过程中的任何改变要先测量整个衍射图。新型比例计数器是采用数字技术的位敏探测器（PSD），电阻阳极可以是多线或单线。带有固体锂玻璃转换器的闪烁体位敏探测器具有更好的分辨率，该系统的效率约为 20%，是充气型位敏探测器的 2~4 倍。

5.4.4 飞行时间中子衍射

中子衍射的一个新分支是飞行时间（TOF）方法，它是近 30 年来成功发展起来的，应用于结构研究始于 1963 年。根据布拉格方程 $\lambda = 2d\sin\theta$，在固定角度下的变量参数为：

$$\lambda = \frac{h}{m\nu} = \frac{ht}{mL} \tag{5.39}$$

如果中子束通过样品，通过测量中子飞越中子源与探测器之间距离 L 的时间 $t = (2mL/h)d\sin\theta$，可以确定晶面间距 d [式中，m 为中子质量；h 为普朗克常量，如图 5.14，$L = L_i + L_f$]。脉冲中子源，特别是超热中子源的宽波长间隔对非晶结构的研究非常有利。对于非晶固体，散射矢量 $Q = 4\pi mL [\sin\theta/(ht)]$，并当 $\lambda = 0.025\mathrm{nm}$ 时达到 $500\mathrm{nm}^{-1}$。

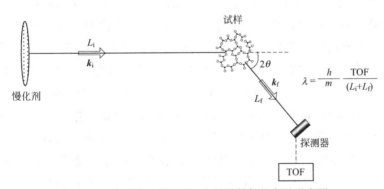

图 5.14 典型脉冲源 TOF 中子衍射仪的布局示意图

用 TOF 方法进行的首次实验是在固定反应堆上完成的，用机械斩波器获得了一个脉冲中子束。通过建立脉冲中子源，如脉冲反应堆、电子线性加速器和质子同步加速器等，实现了该方法的真正应用潜力——散裂源。在电子直线加速器（LINAC）和质子同步加速器中使用了 ^{239}U 或其它重原子靶。直线加速器的减速辐射诱导靶核光裂变，这样就产生了快中子（$E \approx 2\mathrm{MeV}$）。在反应堆中，中子在轻原子慢化剂中发生热化，轻原子慢化剂的表面被认为是 TOF 实验的中子源。

最强大的第二代脉冲散裂源是卢瑟福阿普尔顿实验室的 ISIS。在到达靶材的质子能量为 800MeV 及平均射束电流 $\approx 80\mu A$ 时，每秒能有 3×10^{16} 快中子产生。在 LAD 液和非晶材料衍射仪上，利用 TOF 方法对无定形材料进行了大量的研究。

脉冲反应堆有类似于电子直线加速器的中子能谱，但热中子脉冲要宽一个数量级。这类最好的设备是反应堆 IBR-2，其功率峰值为 $P_{max}=8300MW$，平均功率 $P \approx 4MW$。热中子脉冲的半峰宽 $\approx 150\mu s$，能满足非晶固体衍射研究的要求。典型脉冲源 TOF 中子衍射仪的布局示意图如图 5.14 所示。TOF 技术用于确定所探测中子的波长，因此不需要单色仪。检测微分截面与 Q 的关系时，探测器散射角 2θ 固定，通过改变中子波长 λ 对 Q（或 d）进行扫描，因此，TOF 技术是一种色散技术，用一束覆盖宽波长范围的"白光"入射到样品上。

TOF 衍射图谱叠加在波形复杂的中子脉冲上。为了正确解析结构信息，TOF 实验应包括以下散射测试：①标本＋容器；②钒或氢标样；③容器；④无容器背景。TOF 波谱仪的 Q 分辨率为：

$$\frac{\Delta Q}{Q}=\left[(\cot\theta \Delta\theta)^2+\left(\frac{\Delta t}{t}\right)^2+\left(\frac{\Delta L}{L_f+L_i}\right)^2\right]^{1/2} \tag{5.40}$$

上式中，$\cot\theta \Delta\theta$ 项决定了 θ 对 $\Delta Q/Q$ 会产生更强的影响：在 $2\theta \in [10°,150°]$ 区间内 $\Delta Q/Q$ 减小到 1/10 以下。谱形需要在 5°～160°范围内以不同的散射角进行测量。TOF 波谱仪的基本要求是用不同的探测器对相同 λ 的中子同时进行记录。合理选择探测器组配置可以在不严格准直的情况下实现这一目的，这样既保持了中子束的高强度，又不降低其分辨率。当 $\tan\alpha_d=0.5(L_f/L_i)\cot\theta$，$\tan\alpha_m=-0.5(L_f/L_i)\cot\theta$ 时满足 $(L_f+L_i)\sin\theta=$ 常数的条件，其中 α_d 和 α_m 分别为检测器平面和慢化剂平面相对于 L_f 方向和 L_i 方向的夹角。采用 Soller 准直器可以获得相同的干涉峰半峰宽，但中子束的强度要低得多。

多组分非晶物质的 TOF 衍射测试中最严重的问题之一是中子衍射谱中弹性组分和非弹性组分的分离。在实践中，使用的是近似法。Placzek 提出的静态近似修正，即假设可忽略能量转移 $(k_f \approx k_i)$ 并考虑了反冲效应，该方法似乎足够精确。通过优化 TOF 衍射仪的参数，可以使非弹性散射达到最小。因此，有必要从入射中子谱中去除分析中没有用到的高能中子，并满足在高强度下的关系 $L_i/(L_f+L_i) \ll 1$。采用 Harwell UK LINAC 脉冲中子源，获得了 GeO_2 玻璃 $350nm^{-1}$ 以内的中子衍射图谱，第二个总 RDFs 峰清晰显示 Ge—Ge 及 O—O 的分布，与稳态反应堆方法相比其分辨率明显更好。

为了避免 TOF 和常规中子衍射（ND）方法各自的缺点，通常采用 TOF 和常规 ND 方法相结合的措施进行测量。如采用这种办法对组分为 "$[(Sr;Ba(PO_3)_2)_x \cdot (CaF_2 \cdot AlF_3)_{100-x}, x=5、10、20、50、100]$" 的玻璃样品的结构因子进行了测定。分开确定的原子间距有助于确定 Al—F 和 P—O 原子对的局部配位数，并确定了基本的结构单元（AlF_6 和 PO_4），这些结构单元及配位数与相应晶体材料中的相似。

5.4.5 小角中子散射

小角中子衍射法可以观测 1～100nm 的团簇（粒子）大尺度结构。从傅里叶变换的性质可知，这种尺寸物质的衍射强度集中在小角度区域 $0.2rad < \theta < 10^{-6}rad$，即所谓的

"零"峰。在传统的衍射计中，"零"峰与入射中子束的仪器增宽是分不开的。为了能够测量，小角中子散射（SANS）方法采用"冷"中子源，并通过反射导管或铍滤波器对入射中子流进行过滤。在 SANS 中，前述 5.2 节中的角度间隔 $\{Q<1\text{nm}^{-1}$、$[\sin(QR)/QR]\}$ 实际上是常数，而 $\rho(R)$ 可以认为是 R 的连续函数。利用 SANS 获得的结果可观察大块试样的不均匀性（由于中子吸收截面小）。通过冷中子 SANS 法测定了 $TeO_2\text{-}P_2O_5$ 玻璃体系的浓度和团簇尺寸。在 P_2O_5 为 20%（摩尔分数）时，其浓度为 $65\times10^{14}\text{cm}^{-3}$，直径约为 10nm。在 25%（摩尔分数）$P_2O_5$ 样品中，团簇浓度增加到 $1.2\times10^{16}\text{cm}^{-3}$，而直径约为 5nm。这些结果证实了之前的结论，即在（26±5）%（摩尔分数）P_2O_5 时，$TeO_2\text{-}P_2O_5$ 玻璃中存在稳定的不混溶性。结合采用 SANS 和 TOF 方法的功能非常强大。脉冲中子源和位敏探测器的使用有利于建造 $\Delta\lambda/\lambda\geqslant0.1$ 的 TOF 装置，且其性能兼容或优于最好的 X 射线小角散射仪。

5.5 应用实例

5.5.1 氧化硅玻璃

通过 X 射线衍射可以确定，氧化硅玻璃结构是共用 SiO_4 四面体顶角的开放网络，通常称为 AX_2 型玻璃。A 指的是每个四面体中心的一个带正电荷的原子，例如 Si、Ge、Be 等，而带负电荷的 X 原子则在四面体的顶角，例如 O、F、Se、S 等。对于大多数网络形成体玻璃，一些中程有序相关结构信息可以从测量的结构因子 $S_x(Q)$ 中推断出来。AX_2 四面体网络结构玻璃通常在 Q_1r_1 约 2.5 处有第一衍射峰，在 Q_1r_1 约 4.5 处有第二个衍射峰，其中 r_1 为实空间中第一个峰的位置，对于 SiO_2 玻璃指 Si—O 键长。SiO_2 玻璃的 X 射线和中子对分布函数如图 5.15 所示，使用了 Lorch 修正函数进行傅里叶变换获得 $G_x(r)$。图中显示了使用式(5.13) 和表 5.2 中的参数拟合的 $G_x(r)$ 中前三个峰 Si—O、O—O 和 Si—Si。

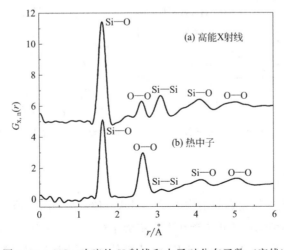

图 5.15 SiO_2 玻璃的 X 射线和中子对分布函数（实线）

表 5.2 氧化硅的配位数和间距的实测值

原子 i	原子 j	平均配位数(标准误差 ±0.3)N_{ij}	原子间平均距离 (标准误差 ±0.005)r_{ij}/Å	均方根偏差 (标准误差 ±0.005)$\sqrt{\langle r_{ij}^2 \rangle}$/Å
Si	O	4.0	1.61	0.038 $\pm$ 0.005
O	O	5.6	2.62	0.075
Si	Si	3.5	3.06	0.085

$Q_1 r_1$ 约 2.5 处的峰通常与网络开放区域（间隙）周围的网格以及引起中程有序的硅氧环统计量有关。在其它材料中，第一衍射峰可能来自其它结构体如层状或团簇状结构单元。AX_2 玻璃中 $Q_1 r_1$ 约 4.5 处的峰对应于原子的堆积并主要源于 Bhatia-Thornton 表示法中浓度-浓度偏结构因子的贡献。

从衍射数据确定的键长与从中子衍射数据中得到的键长差异很小（<1%），这说明有关硅和氧原子的球形电子云近似结果与 X 射线 PDF 数据非常吻合。将电子云形状扭曲的成键电子或孤对电子的数量与总电子数相比较可以看出球形电子云近似的准确程度。然而，其主要影响仅限于最低的 Q 值范围。

通过直接比较实空间中 X 射线和中子的对分布函数可以看出测定的衍射图谱存在差异的根源。X 射线和中子衍射精确地测量了 Si—O 和 O—O 峰的位置、峰宽和配位数。然而，虽然在 X 射线函数中可以观察到这 3 个偏分布函数（即 Si—O、O—O 和 Si—Si）的特征峰，但中子函数以含氧的相互关系为主。图 5.16 显示了相应的 Si—Si、Si—O 和 O—O 偏对分布函数及其相应的代表性"元素特异性"相互作用。

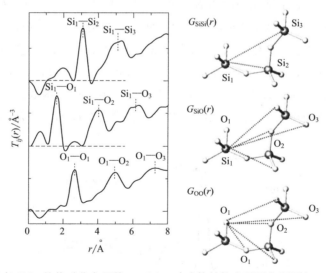

图 5.16 玻璃态 SiO_2 的偏对分布函数 $T_{ij}(r)$，玻璃体结构中原子与原子相互作用的示意图

5.5.2 氧化硼玻璃

虽然普遍接受玻璃态氧化硼的结构单元为层状［BO_3］基团，但［BO_3］的连接方式在有关 B_3O_6 硼氧多元环的结构作用方面仍存在很大争议。Suzuya 等采用高能 X 射线衍射研究了玻璃态 B_2O_3 的中短程结构。研究将 RMC 建模技术应用于 X 射线数据及中子衍射数据。

按式(5.31) 分别计算了 X 射线加权总结构因子 $S_x(Q)$ 和偏结构因子 $w_{x,ij}(Q) \cdot S_{x,ij}(Q)$，以及中子加权总结构因子 $S_n(Q)$ 和偏结构因子 $w_{n,ij}(Q) \cdot S_{n,ij}(Q)$，并与实验测定的总结构因子进行了比较，总体而言，两者吻合良好。很明显，X 射线加权总结构因子 $S_x(Q)$ 主要关联函数为 B—O 及 O—O，而中子加权总结构因子 $S_n(Q)$ 则包含所有偏结构因子 B—O、O—O 及 B—B 关联函数。第一锐线衍射峰（FSDP）出现在 Q 约 1.6Å^{-1} 处，表明玻璃网络中 [BO$_3$] 结构单元拓扑连接形成网格，玻璃结构存在中程有序。RMC 的拟合结果符合这一解释，因为图 5.17 位于 Q 约 1.6Å^{-1} 处的三个偏结构因子中的 FSDP 峰显示为正向特征。图 5.18 为 B—B—B、O—O—O、B—O—B 及 O—B—O 的键角分布，O—B—O 及 O—O—O 分布的最大值接近于预测的规整 [BO$_3$] 三角体的 120°键角，而 B—O—B 键角在 120°最大值附近的分布较窄。B—B—B 键角分布图中 60°处存在一小尖锐峰，表明玻璃结构中存在大量的二维平面硼氧环（B$_3$O$_6$）。

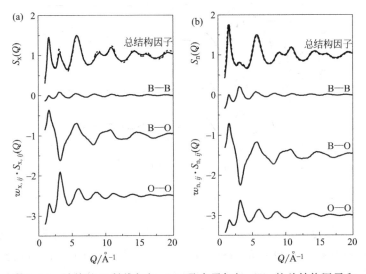

图 5.17　计算的 X 射线加权（a）及中子加权（b）的总结构因子和
偏结构因子（实线）与实验总结构因子（虚线）

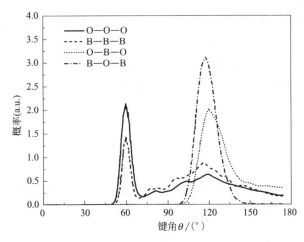

图 5.18　B$_2$O$_3$ 玻璃的键角分布

5.5.3 低 Q 特征峰

一般来说，考虑低 Q 值域的结构因子比较有用。对于简单玻璃，Q_1、Q_2、Q_3 三个峰是大致与原子间距 r 成比例的特征峰（图 5.19）：$Q_1 r \approx 2 \sim 3$，$Q_2 r \approx 4.6 \sim 4.9$，$Q_3 r \approx 7.7 \sim 8.9$。这些峰位对应不同长度尺度序列：$Q_3$ 对应最近邻距离，Q_2 对应局部网络形成区的大小，而 Q_1 对应局部网络形成区的中程排列。某些类型的玻璃并不存在低 Q 特征峰（例如 Q_1 和 Q_2 在金属玻璃中不存在）或用某些衍射方法观察不到（例如 Q_2 在 SiO_2 的中子衍射数据中存在，但在 X 射线衍射数据中不存在）。

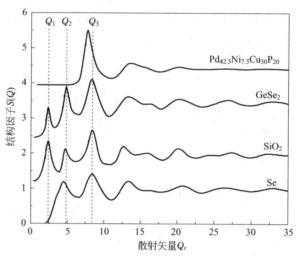

图 5.19 各类玻璃的典型中子衍射或 X 射线衍射结构因子与散射矢量 Q_r 的关系曲线

低 Q 区中主要是 Q_1 峰，称为第一衍射锐峰（FSDP），但在化学组成复杂的玻璃中，几个峰或峰肩可以共存。低 Q 值的特峰征已经引起了相当多的关注，因为它们是中程有序拓扑组织的特征。如果将 Q_1 处的低 Q 特征峰分离出来并进行傅里叶变换，它在 r 空间上显示为周期为 $2\pi/Q_1$ 的衰减正弦函数。该衰减振荡在实空间中的关联长度对应于 Q_1 峰的半峰宽，典型值为 $15 \sim 25 \text{Å}$。

该特征峰在许多无序体系中都可以出现，甚至在液态中也会持续存在。它的强度对无序结构高度敏感（例如被中子轰击的 SiO_2，其峰变弱），而且随压力、温度、压力/温度以及组成表现出反常行为。例如与其它峰的正常行为不同，峰强度随压力减小、随温度增大。这种与温度的反常关系说明了其产生原因与低频、低温反常振动性质的原因类似。

| 参考文献

[1] M. Affatigato (Editor). Modern Glass Characterization. New Jersey：John Wiley & Sons，Inc. ，2015.

[2] J. Ma. Rincon，M. Romero (Editors). Characterization Techniques of Glasses and Ceramics. Heidelberg：Springer-Verlag Berlin Heidelberg，1999.

[3] C. J. Benmore. A Review of High-Energy X-Ray Diffraction from Glasses and Liquids. International Scholarly Re-

search Network ISRN Materials Science，2012，ID 852905：1-19

[4] J. David Musgraves，Juejun Hu，Laurent Calvez（Editors）. Springer Hand Book of Glass. Gewerbestrasse：Springer Nature Switzerland AG. ，2019.

[5] Hideo Ohno，Shinji Kohara，Norimasa Umesaki，Kentaro Suzuya. High-energy X-ray diffraction studies of non-crystalline materials. Journal of Non-Crystalline Solids，2001，125-135：293-295.

[6] Duncan W. Bruce，Dermot O' Hare，Richard I. Walton. Structure from Diffraction Methods-Inorganic Materials Series. West Sussex：John Wiley & Sons Ltd，2014.

[7] K. J. Rao. Structural Chemistry of Glasses. Amsterdam：Elsevier Science & Technology Books，2002.

[8] Eric Le Bourhis. Glass mechanics and technology，Weinheim：WILEY-VCH Verlag GmbH & Co. KGaA，2007.

[9] David A. Keen. A comparison of various commonly used correlation functions for describing total scattering. Journal of Applied Crystallography，2001，34：172-177.

[10] K. Suzuya，S. Kohara，Y. Yoneda，N. Umesaki. Phys. Chem. Glasses，2000（41）：282

[11] A. Zeidler，P. S. Salmon. Pressure-driven transformation of the ordering in amorphous net work-forming materials. Phys. Rev. B，2016.

[12] H. P. Klug L. E. Alexander. X-ray Diffraction Procedures：For Polycrystalline and Amorphous Materials. 2nd Ed. Wiley Interscience Publication，1974.

[13] A. Guinier. X-ray Diffraction//Crystals，Imperfect Crystals，and Amorphous Bodies. DoverPub，1994.

[14] D. Waasmaier，A. Kirfel. New analytical scattering-factor functions for free-atoms and ions. Acta. Cryst. 1995，A51：416.

[15] U. Hoppe，R. Kranold，A. Barz，D. Stachel，J. Neuefeind. The structure of vitreous P_2O_5 studied by high-energy X-ray diffraction. Solid State Commun. ，2000，115（10）：559.

6

玻璃电子显微镜分析

6.1 概述

电子显微镜技术利用电子束与样品物质发生相互作用产生的各种物理信号，对试样表面成像或进行元素分析。由于电子显微镜不仅能观察样品形貌结构，同时也能获得试样组成信息，成为材料研究和制造的必要工具。电子显微分析包括透射电子显微分析、扫描电子显微分析，以及用电子探针仪进行的 X 射线显微分析。电子显微镜与其它的形貌、结构、成分分析方法相比具有以下特点：①可以在极高放大倍率下直接观察试样的形貌、结构并可进行选区分析；②属于微区分析方法，具有高的分辨率，成像分辨率可达到 $0.2\sim0.3nm$；③各种电子显微分析仪器日益向多功能、综合性分析发展，可以进行形貌、物相、晶体结构和化学组成等的综合分析。

近年来，微晶玻璃（玻璃陶瓷）在各种技术领域得到了广泛的应用，这些材料的特殊物理性能（高强度、耐高温、抗热震、优异的介电性能）是由其精细的晶体结构决定的。因此，通过直接观察来研究微晶玻璃的晶体结构形态、晶体在玻璃基质中的分布排列以及晶相和非晶相的比例具有重要意义。因此，有效地利用电子显微镜观察微晶玻璃材料的形貌结构特点显得非常必要。玻璃的电子显微镜分析对玻璃的亚稳分解理论做出了很大的贡献。另外，玻璃的分相、含纳米粒子或纤维的玻璃复合材料等的研究都需要借助于电子显微镜观察手段。然而，大多数玻璃为亚稳非导体材料，与电子束的相互作用与其它材料相比具有明显不同的特点，其电子显微镜分析的制样方法、检测技术有其自身的规律，分析过程需要根据具体材料结合仪器具体对待。电子显微镜最常见的透射电镜和扫描电镜能提供宽倍率成像，空间分辨率达到纳米尺度，而且都可用 X 射线光谱进行成分定性和定量分析，分析范围几乎覆盖整个元素周期表。由于这些技术功能十分强大，本章重点介绍透射电镜和扫描电镜在玻璃研究中的应用。

6.2 电子束测试技术

6.2.1 电子束与物质的相互作用

电子是带电粒子，电子与样品（原子）有很强的库仑相互作用。当能量为 E_0 的入射电子束与物质相互作用时，电子被反射、吸收、透射或发射。电子通过非弹性和弹性散射而损失能量（能量单位用电子伏特 eV 来表示，1eV 定义为运动的电子通过 1V 电势差的能量变化），由于电子与原子核的相互作用，弹性散射只改变了电子的初始方向，能量损失最小。非弹性散射，由于电子与价电子和内层电子的相互作用，导致能量损失而电子运动方向变化最小。这些相互作用的综合结果使材料内部相互作用的体积扩大，这个体积的形状取决于样品的原子序数 Z。对于原子序数低的试样（$Z<15$）相互作用的体积像是水滴状，对于原子序数 $15\leqslant Z<40$ 作用体积形状变得更像球形，而对于 $Z\geqslant40$ 相互作用体积形状接近半球形。这些电子轨迹相互作用体积的形状已通过观察电子轰击高分子材料产生的物理破坏以及利用蒙特卡罗分布概率计算方法得到确认。电子束与试样相互作用体积内会产生各种粒子，如二次电子、背散射电子，由于电子会发生跃迁，也可能会发射 X 射线和产生其它辐射，如俄歇电子、布伦斯特朗（连续）X 射线、特征 X 射线、可见光等，还可在样品中形成电子-空穴对。对这些电子和光子的检测能提供有关样品形貌、晶体学、化学组成或其它详细物理结构的信息。图 6.1 所示为电子束与材料相互作用的电子运动状态的变化，其中电子发射检测用于俄歇电子谱（AES）、阴极荧光谱（CL）、电子微探针分析（EMPA），反射电子用于扫描电子显微镜（SEM）、低能电子衍射（LEED）、高能电子衍射（HEED）分析，透射电子用于透射电子显微镜（TEM）、电子能量损失谱（EELS）分析，吸收电子则用于电子束感生电流（EBIC）检测。

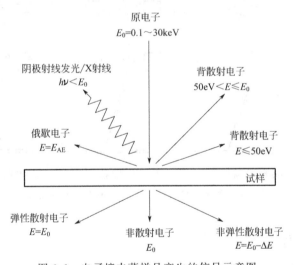

图 6.1　电子撞击薄样品产生的信号示意图

6.2.2　光学显微镜和电子显微镜之间的关系

已知光学显微镜可以分辨的两点距离为：

$$d=\frac{\lambda}{n\sin\omega} \tag{6.1}$$

其中，d 为可分辨点的距离；λ 为光波长约 $400\sim700$nm；n 为浸没液的折射率；ω 为物镜开度角的半光圈；$n\sin\omega$ 也称为数值孔径。一般来说，分辨率与所用波长的一半更相关，因此更正确的表示如下：

$$d = \frac{\lambda}{2n\sin\omega} \tag{6.2}$$

电子显微镜中所用电子的波长大约是可见光的十万分之一。因此可以对更小的物体成像。现代电子显微镜的分辨率约为 $0.2\sim0.3\mathrm{nm}(2\sim3\text{Å})$，其功能与光学显微镜类似，只是光源被电子源所代替，玻璃透镜系统被磁透镜或静电透镜系统所代替，据此区分为磁电显微镜或静电显微镜，它们之间的比较如图 6.2 所示。例如普通扫描电镜在 $1.33\times10^{-2}\sim1.33\times10^{-3}\mathrm{Pa}$ 真空中将被加热的薄阴极钨丝产生的电子通过外加电场导向阳极孔，该电场的强度主要影响速度，从而影响电子对被测样品的穿透能力。电子束的加速电压一般为 $50\sim100\mathrm{kV}$，已知的高压仪器工作电压能超过 1MV。透镜功能可以通过环形磁铁或电场来实现（与光学显微镜相比）。

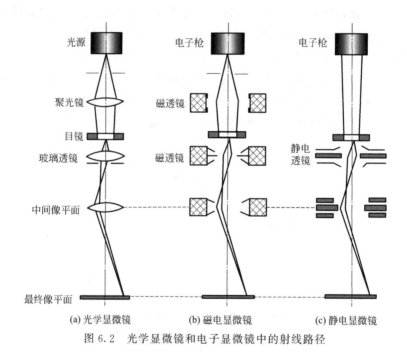

图 6.2　光学显微镜和电子显微镜中的射线路径

6.2.3　扫描电子显微镜

图 6.3 为常规扫描电子显微镜（SEM）的原理图。电子源可以通过热电子发射丝（钨或六硼化镧 $\mathrm{LaB_6}$）或场发射原子尖端（热或冷）来发射电子。电子束在真空中通过一系列磁透镜进行散焦和聚焦。聚焦的电子束扫描样品表面，与样品相互作用，通过检测反射或散射电子来生成图像或成分数据：二次电子图像（SEI）、背散射电子图像（BEI）元素 X 射线能谱图。该仪器的分辨率接近几纳米，放大倍数为几十万倍。

扫描电子显微镜的工作原理如图 6.3 所示。两个主要部分是显微镜筒和电子控制台。镜筒由电子枪组成（含阴极、维纳尔圆柱电极、阳极）、一个或两个聚光透镜、两对电子束偏转线圈（用于 x、y 偏转的扫描线圈）、物镜和一些光栅。在镜筒下端的样品室中有样品台和探测器，用于探测电子-样品相互作用产生的不同信号，不过目前的场发射扫描电镜（FESEM）通常配备某种形式的 In-lens 探测器。镜筒和样品室要预先保持一定真空，使用时用高真空泵（通常用涡轮分子泵）抽真空。样品室的压力通常要达到 $10^{-4}\,Pa$ 左右才能允许电子束从阴极运动到样品，而与残余气体分子的相互作用要很少。电子控制台包括提供加速电压的电源（通常范围为 $0.5\sim30kV$），以及聚光镜和物镜、扫描发生器和各种信号电子放大器。此外，控制台还配置一个或多个显示器（液晶显示器），用于显示图形用户界面及实时采集的图像，通过操控许多旋钮和计算机键盘来控制电子束、选定信号和图像采集。目前，一些扫描电镜仪放弃了大量的旋钮，取而代之的是在个人电脑上运行的鼠标控制交互程序。

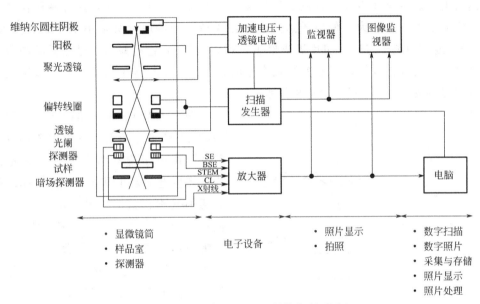

图 6.3　常规扫描电子显微镜的原理图

二次电子成像的原理是探测能量低于 $50eV$ 的电子。这些二次电子由于与原子中的电子碰撞发生非弹性散射而失去了它们原来的能量，并从样品几纳米深的浅表面处发射出来。当电子束垂直入射样品时，二次电子产率最高（即最亮），因而容易形成图像衬度。与入射电子束成不同角度的样品形貌特征将改变二次电子的产率，与二次电子高产率区域相比显示更深的颜色。

高能电子由于经历了与原子核的弹性散射而保留了大量的原始能量，它们以大于 $50eV$ 的能量离开样品，这是背散射电子成像的基础。由于背散射电子来自样品内部较深的地方，这些图像的横向分辨率不如二次电子图像。这里的衬度取决于试样的化学成分（称为 Z 衬度）：原子序数 Z 越高，电子越有可能从样品中释放出来，原子序数高的样品区域会比原子序数低的区域显得更亮。

当原电子束与样品原子相互作用并发射出芯电子时，被激发的原子将发射出具有该元素特征的一定能量（或波长）的 X 射线，该信号可以被分离出来绘出化学成分的分布图。用扫描电镜分析导电和适合于真空的样品几乎不需要制样。对于玻璃等绝缘材料，当电子束与样品相互作用时，表面会带上静电，而样品内部也会因产生电子-空穴对而发生动态充电。充电过程改变了样品的表面电位，产生的高电场导致初级电子束漂移或者二次电子偏离探测器。样品电荷积累的结果是无法对样品成像，或观察到图像漂移、退化或衬度区域变化。有几种常用方法来减轻充电现象，使绝缘样品可以成像，这些方法包括喷涂一层薄薄的（2~20nm）导电层（通常是金、钯、银、铬、铱或碳），或者使用低电压入射电子束。还有其它技术，如施加样品偏压（对样品夹施加电压以消除积累的电荷）和用导电胶或银浆固定样品。

6.2.4 透射电子显微镜

透射电子显微镜（TEM）提供了比扫描电镜更高的空间分辨率，这种高压仪器可以实现 10^6 的放大倍率。为了使电子透过样品，成像区域的厚度必须小于 100nm。因此，TEM 样品通常由离子研磨、切片机或聚焦离子束（FIB）进行减薄。虽然样品制备和感兴趣区域的定位过程较长，可能需要几个小时，但 TEM 能够在原子水平上提供大量信息，并能提供成像过程中的成分分析技术。

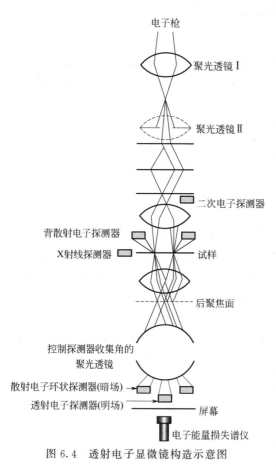

图 6.4 透射电子显微镜构造示意图

图 6.4 为 TEM 仪器构造示意图。典型的 TEM 可分为以下三个主要部分：辐射系统由电子枪和两个或多个聚光镜组成，产生电子束并用电子照射 TEM 样品。有两种基本模式，即平行电子束（TEM 模式）和会聚电子束（STEM 模式）。聚光镜头具有灵活性，可以满足几种类型的电子照射条件：①束斑尺寸连续变化的近似平行电子束，用于 TEM 成像和选区电子衍射（SAED）；②会聚束（或探针），用于会聚束电子衍射（CBED）；③小束斑尺寸平行电子束，用于纳米束电子衍射（NBD）；④会聚束（或探针），用于扫描透射电镜（STEM）。物镜和样品台是透射电子显微镜的核心，现代物镜是双透镜而不是单透镜。磁透镜由上下极靴构成，中间有间隙，显微镜的分辨率直接由极靴间隙决定。极靴间隙小则分辨率高，但倾斜角度受限。极靴间隙大会降低分辨率，但可以用于 TEM 其它应用，如断层成像、低温 TEM、STEM 和动态实验。成像系统具有至少三个透镜来放大图像并产生图像或衍射图案。另外还有一个荧光屏，将电子图像转换为照片图像，一个底片相机记录图像，以及一个电荷耦合二极管（CCD）相机以获得数字图像。分析型 TEM 通常配有分析谱仪，例如靠近物镜极靴的 X 射线能谱仪以及位于显微镜底部的电子能量损失谱仪

（EELS）。透射和向前散射电子在像平面上形成放大的图像或衍射图形，另外在后焦平面上提供化学信息。

从电子源加速的电子被聚光镜聚焦成一束小而均匀的电子束。用一个聚光小孔径将以大角度移动的电子排除在光轴外，然后电子束在法向入射点（或接近法向入射点）穿过样品，其中部分电子束会衍射，这取决于样品的厚度和样品的电子透过率。然后，用物镜将透射电子束聚焦以形成图像，这个图像随后被中间透镜和投影透镜放大到荧光屏或电子相机上。可用物镜光栅来增强图像衬度，物镜光栅只允许部分透射或衍射光束通过或者允许两者同时通过。

透射电镜有三种成像模式，即亮场、暗场和高分辨率显微镜。通过物镜光栅阻挡所有衍射电子束，只检测透射电子，从而形成亮场图像。一个或多个特定衍射电子束与样品相互作用获得暗场图像，它提供有关样品晶体结构或析出物的有用信息。高分辨率透射电镜（HRTEM 或 HREM）通过透射电子束和衍射电子束相结合形成干涉图像，可观察到单列原子。明暗场中的图像衬度主要是基于衍射衬度，即晶体材料在衍射强度上的变化，是由于周期性排列原子产生的相干弹性散射。在无定形材料中，散射中心不是周期性的，可以观察到原子质量衬度，高原子序数的位置会比低原子序数区域更有效地散射电子。结果，材料在高原子序数相显得更暗。在高放大倍数下，透射电子和衍射电子相位差产生的周期性边界形成相位衬度。

除了成像模式外，TEM 还可以在衍射模式下工作，电子经过样品后，同一方向的电子束聚焦在物镜后焦平面的同一点上，产生电子衍射图样。理想情况下，从同一采样点散射的所有电子都聚焦在像平面的同一点上。实际应用中，由于透镜的像差和接受角度小，该点虽然很小，但更像一个模糊的圆盘。对于电子衍射，通过改变透镜内的电流来改变中间透镜的焦距，使物镜的后焦平面成为中间透镜的物平面。这种方法可以通过改变透镜的强度，在同一采样区域记录电子图像和衍射图样，这是透射电镜的主要优点之一。早期的 TEM 只有一个单聚光镜，照射的样品区域约 1mm，光照面积大，造成样品加热，采用双聚光透镜布置可解决这一问题。$1\mu m$ 的电子束可以在样品上形成 10cm 的图像，放大 10 万倍。通过在物镜的像面上插入一个光栅，在纳米尺度上提供指定区域的选区电子衍射，这种模式产生的衍射图像提供了样品的晶体学信息。在晶体材料中，图像是由一系列规则排列的反射斑点组成，称为斑点图，而在缺乏长程有序排列的无定形材料中，电子衍射图表现为弥散的同心圆。

TEM 样品的充电机理与 SEM 样品相似，除了导致严重的图像退化外，还可能发生晶体材料的电子衍射图畸变，甚至薄样品的破裂。SEM 分析中有效减少样品充电的技术如喷膜可能并不都适用于 TEM 分析，因为喷膜材料对衍射图或高分辨率图像存在干扰。其它改进的 TEM 分析方法包括用碳膜支撑介质支撑薄样品、用等离子清洗法去除离子研磨或聚焦离子束产生的无定形损伤层，或采取降低电子枪偏压水平。

6.2.5 扫描透射电子显微镜

扫描电镜和透射电镜的原理可以组合成所谓的扫描透射电子显微镜（STEM）技术，这种技术提高了扫描电镜仪器的空间分辨率，并能够解析二次和背散射电子信号进行化学分析，而这在单纯的透射电子显微镜中通常无法实现。能同时获取高空间分辨率图像与详细的成分分析使这类仪器成为分析测试中的常用工具。STEM 仪可以有不同的配置，而且该技术的最新发展突出表现在分析速度和分辨率上的优势。

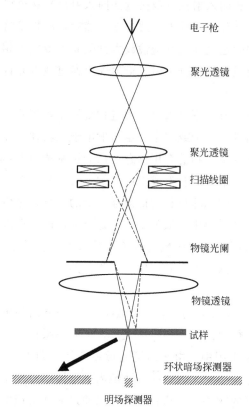

图 6.5　扫描透射电子显微镜的结构原理示意图

（图中标注：电子枪、聚光透镜、聚光透镜、扫描线圈、物镜光阑、物镜透镜、试样、环状暗场探测器、明场探测器）

STEM 在许多方面与扫描电子显微镜（SEM）相似。图 6.5 显示了 STEM 结构示意图。电子枪产生电子束，该电子束被一系列透镜聚焦，形成样品上电子源的图像。可以通过激发扫描偏转线圈在样品上以光栅模式进行电子点或探针的扫描，检测散射电子并绘出强度随探针位置的图形，从而形成照片。与扫描电镜（SEM）通常检测块体试样不同的是，STEM 需要采用对电子束透明、厚度通常小于 100nm 的薄样品。因此，最常用的 STEM 探测器放置在样品的后面以检测透射电子。由于使用薄样品，探针在样品内的扩展相对较小，STEM 的空间分辨率主要取决于探针的大小。因此，关键的成像元件是样品前面构成探测器的光学元件，通过一系列透镜将电子束聚焦成一个小点（或探针）。透镜系统的作用是将大小有限的电子源缩到足够小，以便在样品上形成原子尺度的探针。物镜完成最后的、也是最大的缩小过程，其像差决定了整个光学系统。物镜光栅用于将其数值孔径限制在合理的范围内，此时像差使探测器不产生明显模糊。

通常 STEM 采集到的信号有：①以相对于光轴较小角度（小于入射电子束的会聚角）离开样品的透射电子，这种模式称为亮场（BF）；②以相对于光轴较大角度（小于入射电子束的会聚角）离开样品的透射电子，透射电子使样品相对于光轴具有较大的角度（通常几倍于入射电子束的会聚角），这种模式称为环形暗场（ADF）；③透射电子通过样品时损失了可测量的能量，形成电子能量损失谱（EELS）；④样品中电子激发产生的 X 射线（EDX）。

6.2.6　环境扫描电子显微镜/透射电子显微镜

电子显微镜分析需要进一步减少制样时间，同时要力图减少样品电荷积聚产生的伪影，并能实现材料变化的实时观察。首先，因为样品会放出气体造成腔体或源电子束的污染，为了保持电子束聚焦，SEM 和 TEM 都需要高真空测试条件，而且通常需要进行烦琐的制样。其次，绝缘材料可能不能消除电荷，从而降低成像质量。环境扫描（或透射）电子显微镜（ESEM 或 ETEM），使用差动泵浦来维持电子枪区域的高真空条件并同时使样品附近处于低真空状态。在样品附近被引入的水蒸气（或其它气体），通过与原电子束和二次电子的相互作用形成正离子，有助于样品表面的电荷中和。采用环境扫描电镜，样品通常不需要通过烦琐的制样过程来消除样品所带电荷，无需喷膜就可以直接进行检测。

6.3 玻璃的透射电子显微镜分析

透射电子显微镜被认为是研究微晶玻璃微观结构的最有用的方法之一，因为它不仅可以详细地观察结构形貌，而且还可以通过选区电子衍射，对非晶态或晶态各微观结构区域进行表征。此外，在许多情况下，可以结合采用衍射技术对玻璃中各类晶体进行物相鉴定。由于透射电镜必须使用极薄的样品，因此玻璃透射电镜的观察效果往往与制样方法密切相关，许多 TEM 样品制备技术被用于制备所需的薄片，如破碎、机械抛光、离子研磨、化学蚀刻、聚焦离子束等。下面根据常用制样技术结合实例进行说明。

6.3.1 粉末试样

切片机一般无法制备玻璃切片，如果把玻璃试样吹制成超薄玻璃片，让电子束直接穿透，意义不大，因为玻璃淬火成薄片后的结构完全不符合原来块体玻璃样品的结构。因此，只能考虑将玻璃磨成粉末。粉磨法适用于采用粉末试样进行 TEM 观察，粉磨法可以避免离子研磨法中离子束损伤试样并避免大量电荷引起的漂移，更有可能避免制样过程导致玻璃的原始结构改变。与晶体解理技术不同，粉末中通常能发现，具有一定极薄区域的较厚玻璃碎片。具体做法可以是：将块状玻璃与丙酮在玛瑙研钵中用研磨棒粉碎，然后将含有样品的稀释浆料滴在碳膜覆盖的铜网上。获得的玻璃碎片的尺寸在 500nm 到几十微米之间，极薄的区域可非常大。然而，未镀膜粉末试样也易带电荷，图像易漂移。可以待铜网干燥后再蒸上一层碳膜。

在电镜下从无数粉末颗粒中选择一个适合观察的颗粒，让电子束穿透玻璃碎片边缘。在仅使用玻璃粉末的情况下，电子束透过粉末楔形边缘，其余部分显示为黑色。图像的衬度是基于"散射吸收"，即电子在样品原子上的弹性和非弹性散射。因为使用的光栅小，散射电子没有到达感光板的成像屏，所以在电子光学图像上，样品中密度 $\rho(g/cm^2)$ 大的相颜色较深。电子直接穿透玻璃碎片的两种情况如图 6.6 所示：图 6.6(a) 液滴相密度比基质大，被电子直接穿透的硅酸锂玻璃碎片。富 SiO_2 的液滴相比周围富 Li_2O 的基体相密度大，由于电子散射较多，颜色较暗。图 6.6(b) 显示被电子直接穿透的硅酸锂玻璃碎片，基质比液滴相密度大，这里是富 SiO_2 的玻璃相，因此富 Li_2O 的液滴区域颜色较浅。

电子束的加速电压对电子直接穿透玻璃起着重要的作用，只有极薄的样品才能用低电压观察。低电压虽然使照片能获得很好的衬度，但总是存在使样品性状发生改变的风险，因为低电压往往导致电子的高吸收率。样品因被过度加热而可能发生熔化，而且还原性强的离子还可以被还原（例如铅离子会被还原成金属铅），因此，可能会显示一些与实际玻璃结构不相符的结构信息。使用高电压时电子虽然可以直接穿透试样，能对较厚玻璃样品进行有效观察，但会损失图像衬度，采取透射电镜对玻璃试样进行观察的最佳电压取决于玻璃的类型。由于不能排除电子束和玻璃样品之间的相互作用，所以应该多使用几种电子显微镜方法进行观察。原则上，所有电子束直接穿透玻璃试样的观测结果都有可能由于电子束与玻璃的相互作用而受到影响，因此最好采取间接法（复制）制备样品。

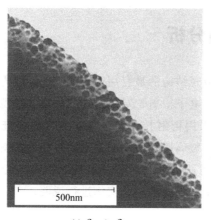 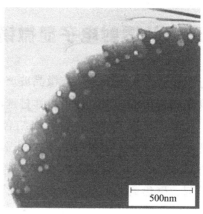

(a) $\rho_{滴状} > \rho_{基质}$ (b) $\rho_{滴状} < \rho_{基质}$

图 6.6　硅酸锂玻璃的透射电镜照片

6.3.2　离子减薄试样

首先将大块的试样切成较小的部分，再进行机械减薄，一般使用硬质细粉末将样品研磨和抛光到大约 $30\sim40\mu m$ 的厚度。也可以采用后面介绍的化学减薄法减至几十微米厚，然后进一步通过离子研磨减薄。离子研磨是一个溅射过程，可以去除数量非常少的材料。离子轰击减薄是在高真空中，两个相对的冷阴极枪提供高能氩离子流以一定的角度对旋转的试样两面进行轰击，当轰击能量大于试样材料表层原子的结合能时，试样表层原子受到氩离子的激发而溅射，经较长时间的连续轰击、溅射，最终样品中心部分穿孔，穿孔后的样品的试样在孔的边缘处极薄，对电子束是透明的，可作为 TEM 薄膜样品。

虽然离子减薄法是用透射电镜观察无机非金属材料常见的制样方法，但是这种方法耗时、成本高，并且会在多相样品中产生应力、相变。离子轰击产生的加热会导致试样发生改变。在样品某些相中植入 Ar 也是可能的。聚焦离子束（FIB）是 TEM 制样的另一种常用方法，FIB 可用于对试样进行精密的微机械加工。采取抽提技术，可用 FIB 从样品的特定区域获得非常薄的膜。与惰性气体离子减薄不同，FIB 使用能量更高的镓离子，因此它通过在薄片的两侧注入镓形成一层厚的非晶层，但这些非晶层限制了 TEM 分析的高空间分辨率。

6.3.3　化学减薄试样

化学减薄法是采用能溶解玻璃的腐蚀剂对玻璃进行蚀刻达到玻璃减薄的目的，该方法对晶体相体积分数较低的玻璃陶瓷较适用。然而，当所检测的微晶玻璃结晶度很高时，化学减薄技术并不令人满意，因为玻璃中不同相的化学侵蚀速率差异很大，导致某些晶体被选择性地溶解掉，这将导致试样还没有达到要求的减薄效果就已经解体。

对于只含有少量晶体的微晶玻璃，采用化学减薄法制样的技术过程为：将玻璃片的边缘涂上清漆后，将其浸泡在体积比 HF：HCl：水＝5：2：93 的溶液中搅拌。蚀刻一直持续到玻璃厚度减小到大约 $50\mu m$，然后除去耐酸清漆，得到边缘足够强而中央为减薄区域的玻璃片。

对于结晶程度较高的微晶玻璃，采用机械减薄工艺作为该制样技术的第一步。在这种方法中，试样圆片的边缘被粘在穿孔的玻璃载玻片上，通过连续将 $10\mu m$ 氧化铝粉末喷到圆盘每个面的中心来完成减薄。通过这种方法，产生厚度约为 $50\mu m$ 的薄中心区域。将样品在蒸馏水、甲醇和乙醚中清洗后转移到离子束溅射设备中。试样片以 15° 角度固定，继续用氩离子溅射，直到玻璃出现穿孔。合适的工艺条件包括控制好电压（如 6kV），总电流密度（如 $200\mu A/cm^2$），采用这些条件可将试样过热（特别是在离子束撞击点）的风险降到最低。要提高加工效率就要求电压长期稳定，定期清洁离子枪，保持阳极和阴极板之间的临界距离，并确保阴极板上的孔不因侵蚀而过度放大。为了避免过度频繁地更换阴极板，可增加一个多孔板，该多孔板可以旋转以使新孔与原阴极板上的孔对齐。在这些条件下，通常在 30h 时间内可制备 100nm 厚的玻璃试样。

采用上述制样方法的硅酸锂玻璃 TEM 照片如图 6.7 所示，P_2O_5 对 $Li_2O\text{-}SiO_2$ 玻璃内晶核形成的促进作用可通过玻璃 $30Li_2O\text{-}70SiO_2$ 和 $30Li_2O\text{-}69SiO_2\text{-}1P_2O_5$ 的 TEM 分析来说明。二元系统 $30Li_2O\text{-}70SiO_2$ 玻璃在 500℃ 热处理后无结晶现象［图 6.7(a)］，但玻璃中出现了分相现象。而玻璃中加入 1mol 五氧化二磷可以促进晶体在 480℃ 形核［图 6.7(b)］，并改变分相的形貌，导致单位体积内的液滴相数量显著增加。值得注意的是，结晶似乎是在基质相内成核的，而不是在两个玻璃相之间的界面上成核。图 6.7(c)所示区域的选区电子衍射图如图 6.7(d)所示，这可将晶体鉴定为二硅酸锂，晶粒尺寸在 $50\sim200\text{Å}$ 之间。

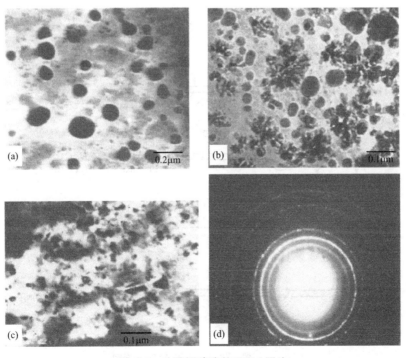

图 6.7　硅酸锂玻璃的 TEM 照片

6.3.4 复型试样

复型制样方法是用对电子束透明的薄膜把材料表面或断口的形貌复制下来，通常称为复型。复型方法中用得较普遍的是碳一级复型、塑料-碳二级复型和萃取复型。在特定的条件下，离子蚀刻技术可作为一个很好的 TEM 制样备选方法。但是应该指出的是，玻璃表面和离子束之间存在很大的相互作用，这种相互作用会导致样品形成明显的结构而使玻璃发生改性。碳复型技术避免了电子束直接与原始试样发生相互作用对试样结构和形貌的影响，另一个优点是释放了来自原始试样基体的张力。对于会聚束电子衍射分析（CBED），材料晶体学信息很容易受到伪影、缺陷或其它相界面的干扰。碳复型技术已被证明是成功的 CBED 制样技术，从这个意义上说，该技术有利于检测从其它相分离出的颗粒相。为避免依据复型中玻璃表面形成的浮雕状得出错误的结论，应使用新鲜玻璃表面并尽可能在高真空条件下制样，因为加热或剧烈冲击产生的裂缝会导致裂缝的加速扩展，这可能会抹去玻璃观测区的结构细节。

因此，最好将玻璃试样刻痕后以弯曲方式将其折断，在此情况下，裂缝顺着"晶界"慢速扩展，产生良好的起伏。图 6.8 显示了碳一级复型过程中的重要步骤。如果玻璃由含有微米级液滴状不混溶区的基质组织，裂缝中产生的表面［图 6.8(a)］可能看起来像图 6.8(b)，液滴要么留在表面，要么破裂成洞，有些可能被剪切掉。垂直沉积的碳会形成一层耐高温、物理化学稳定并耐电子穿透的非晶状复制薄膜［图 6.8(c)］。沉积碳的试

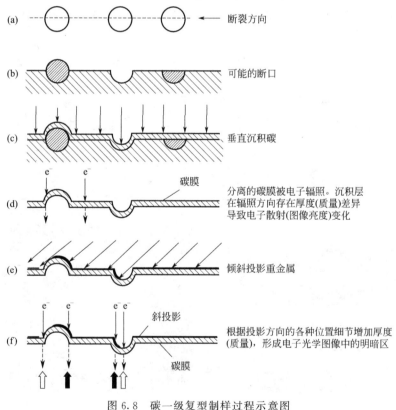

图 6.8　碳一级复型制样过程示意图

样浸在水或稀释的氢氟酸中将引起薄膜漂浮上升，经干燥后用于电子显微镜观察。图 6.8 (d) 显示了不同特征样品的电子路径和散射存在差异，从而形成衬度。由于低原子序数碳的基本散射功率相对较小，在分离的碳膜上叠加了一斜束较重物质，如 WO_3。这样就形成投影 [图 6.8(e)]，为电子束图像提供良好的衬度 [图 6.8(f)]。此后发展的复型方法用 Pt、Ir 或两者合用来替代 WO_3，优点是晶粒尺寸更小，而且可以在碳膜保持附着的情况下进行投影。WO_3 膜对用化学试剂分离碳膜没有影响。

为了消除对原始试样结构特征"真实性"的怀疑（观测结果可能仍然只是薄膜留下的复制品），Skatulla 等人进一步改进了复型方法。事实表明，快速裂纹不适用于用电子显微镜观察碳复型的不均匀性精细结构，只能使用缓慢扩展的裂缝。有时在高真空条件下制样是绝对必要的，因为新断口与空气接触会导致特定玻璃产生不确定的变化。一旦获得新断口表面，就要随之进行样品在真空条件下的表面金属化（即形成 Pt-Ir-C 混合层），碳电极上焊接一个 Pt/Ir 珠作为点状金属沉积源并保证良好的轨迹。过去制备复型膜需要进行两种操作，即碳真空垂直沉积以及金属或 WO_3 斜向投影。而根据不同表面轮廓，选择 30°到 60°之间的沉积角度可达到较为满意的效果，这些制样技术的改进使获得的图像质量显著提高。利用前述 Pt-Ir-C 电极以 30°～60°角度在玻璃表面斜向真空沉积的碳颗粒仍然具有较高的迁移率，从而在投影区形成完整的碳膜。然而，混合在 C 粒子中的 Pt 和 Ir 粒子只沉积在面向气相的样品一侧。Pt-Ir-C 混合层具有显著的细晶结构，因此在电子穿透时表现出非常小的再结晶和晶粒膨胀趋势（可能的热效应）。

图 6.9 所示为改进的碳复型膜的制备过程。用水、酸或碱液处理将薄膜从玻璃表面转移下来，处理剂扩散至复型膜下并轻微附着在玻璃上，从而将膜从玻璃表面分离。如果拍摄的非均匀性结构的尺寸与真空沉积物的颗粒大小处于同一量级，那么根据电子显微镜观察所得的分析结论就有问题了。这种不利情况可以通过在真空沉积前在玻璃试样表面上覆

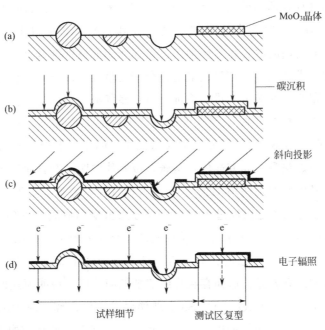

图 6.9　生成 MoO_3 晶体测试面的碳复型改进方法

盖 MoO_3 晶体来改善。在空气中将玻璃新断口表面暴露在 MoO_3 烟雾中，使 MoO_3 晶体在正常压力下沉积到断口表面上。MoO_3 晶体为刀片状，并具有理想的光滑表面，因此能提供良好的参照测试表面。通过比较玻璃试样的表面粒度与参照测试表面的粒度，判断所观察到的试样颗粒是原始试样本身的不均匀性结构还是真空沉积颗粒形成的，从而得出明确的结论。如果是沉积物颗粒形成的，那么 MoO_3 参照测试面上会出现与沉积物颗粒相似的粒度。使用 MoO_3 晶体制备复型膜还需要一个额外的步骤，一旦薄膜从玻璃表面转移下来就用稀碱液处理，使残余 MoO_3 晶体溶解，形成钼酸钠。试样表面添加物将试样非均匀性结构的分辨率提高到约 50Å，而无添加物时非均匀性结构的分辨率约为 $120 \sim 150$Å。

该复型膜包含了理想光滑 MoO_3 晶体的复型，不要将该表面与试样真实表面相混淆，因为与玻璃形貌结构无关的颗粒也应该出现在这个测试表面上。玻璃形貌的极限分辨率取决于沉积物的粒度，比沉积物的颗粒尺寸小的玻璃形貌特征不能被观察到，这样就不能充分利用电子透镜的分辨率。在新断口面生成过程中，玻璃内的结构不均匀性被切割成均匀平滑状态，从而不能获得良好的立体浮雕效果，导致玻璃形貌结构表现为似乎是均匀的。

在真空沉积之前对新断口进行腐蚀，可以根据其化学溶解度不同来区分玻璃中的非均匀性结构及其周围的玻璃基质。通过腐蚀，玻璃中的结构特性可以比没有侵蚀时更加明显，从而可对微相组成进行定性或半定量分析。同时还可以分析那些不能被显微探针探测到的区域，例如高密度的液滴状区域。图 6.10(a) 为未腐蚀的含微不均匀体的 Li_2O-SiO_2 玻璃复型膜（Pt-Ir-C 复型技术）的断口电子显微照片。通过事先在水中腐蚀 1min，这些微区在同一玻璃显微照片中更为明显，如图 6.10(b) 所示。在许多情况下，玻璃中的微相可以通过腐蚀法分离出来后单独分析。图 6.10(c) 为硼硅钡玻璃的 TEM 照片，可以明显观察到通过化学处理分离出的富含 SiO_2 的液滴区域。用于玻璃表面处理的主要腐蚀剂是水、甲醇（用于 B_2O_3 含量非常高的玻璃）或其它醇类以及 HF、HNO_3、H_2SO_4、NH_4OH 的稀溶液或它们的混合物。腐蚀条件，如所用的腐蚀剂及其浓度、腐蚀时间和温度，由要腐蚀的玻璃类型决定。特种玻璃电镜分析的最佳腐蚀条件需要通过试验来确定。

虽然在制备复型膜之前对玻璃进行腐蚀具有很多优势，但也有可能导致对电子显微照片的错误分析。值得注意的是腐蚀剂有可能与玻璃反应形成难溶性化合物，图 6.10(d) 是事先在 1mol/L 硝酸溶液中腐蚀 1min 后拍摄的 PbO-B_2O_3-SiO_2 玻璃的电子显微照片，在液滴状不混溶区附近观察到立方晶体，这张显微照片说明了制备腐蚀玻璃样品过程中可能出现错误。立方晶体原本是在用 HNO_3 腐蚀试样过程中玻璃干燥时在表面结晶形成的 $Pb(NO_3)_2$ 晶体，黑色球体是腐蚀过程中被完全分离出来的液滴状 SiO_2 夹杂物。如果将一滴腐蚀液从 PbO-B_2O_3-SiO_2 玻璃表面转移至其它衬底上晾干，如图 6.10(e) 所示。检测结果显示为与图 6.10(d) 所示的相同立方晶体，这验证了立方晶体本属于侵蚀制样过程中造成的次生影响。立方晶体后面存在界限清晰的明暗度，说明所述的真空沉积和复型技术具有很高分辨率。同一 PbO-B_2O_3-SiO_2 玻璃样品用水、醇、丙酮和 cellite 膜进行化学侵蚀、清洗。图 6.10(f) 所示的电子显微照片显示了真正的玻璃结构不均匀性。

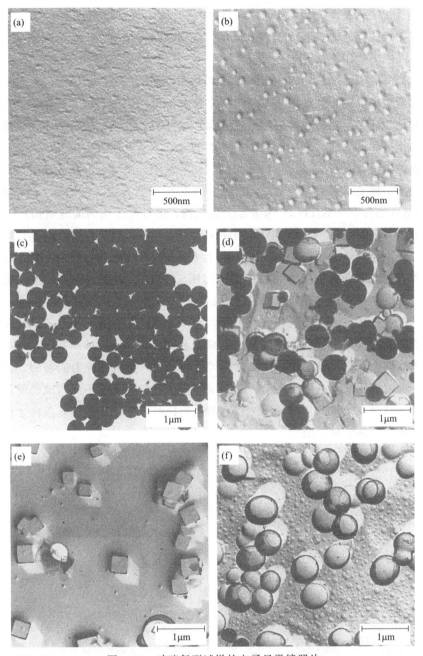

图 6.10　玻璃复型试样的电子显微镜照片

6.4　玻璃扫描电子显微镜和电子探针

扫描电镜对试样的要求较低，可以是块状和粉末颗粒，试样要保持干燥。玻璃属于非导电材料，需要在试样表面镀导电膜，以避免电子束照射下产生电荷积累、减轻热损伤和图像漂移。常用的镀膜材料有金、碳、金/钯、铂/钯等。真空沉积碳提供了良好的材料衬度，而真空沉积金将主要提供良好的形貌衬度。对除了形貌观察还要进行成分分析的试样，则以镀碳膜为宜。镀过膜的玻璃试样用导电胶黏结在样品座上，再用细条导电胶将试样表面与样品座搭接以形成导电通路。

玻璃试样中的表面形成均匀的无定形玻璃基质，如果不进行表面处理，就难以观察玻璃中的非均匀结构形貌。在玻璃用电镜分析之前，通常用能溶解玻璃的侵蚀剂进行表面处理。玻璃的化学蚀刻是用侵蚀剂溶掉玻璃表面层的硅氧，蚀刻后玻璃的表面性质取决于侵蚀剂与玻璃作用后所生成的产物性质、溶解度的大小、结晶度大小以及是否从玻璃表面清除。常用的蚀刻剂有水、醇类、各种无机酸（如氢氟酸、硝酸、盐酸、硫酸及其混合物）、氟化铵溶液等。玻璃不需要蚀刻的地方可涂上保护漆或者石蜡。如图 6.11 为氟氧化物玻璃陶瓷的 SEM 照片，图 6.11(a) 为未经表面侵蚀，照片显示均匀的玻璃相，图 6.11(b)、(c) 为用 40％HF 酸侵蚀 5s、8s 再用蒸馏水超声清洗 3min 的试样扫描电镜，可以看出玻璃相被部分侵蚀掉，随着侵蚀时间延长，侵蚀程度增加，但侵蚀时间段造成侵蚀不太完全，难以观察到玻璃基质包埋的晶粒形貌。而图 6.11(d) 则用 40％HF 酸侵蚀 15s 再用蒸馏水超声清洗 3min，由于侵蚀时间过长或者侵蚀剂浓度过大造成过度侵蚀，晶粒部分溶解脱落，喷金试样表面的导电性差。另外，应采取不同的腐蚀条件对不同化学组成与相组成的玻璃陶瓷进行表面处理。不同玻璃组成体系的玻璃陶瓷、玻璃基质及析晶相在各种侵蚀剂中的溶解度不同，其晶相的抗化学腐蚀性越弱，所需的腐蚀时间越短，适宜的腐蚀时间范围、腐蚀剂的浓度范围也越窄。对于未知样品，应该采取不同组成的腐蚀剂、采取不同浓度、不同腐蚀时间制备多种腐蚀程度的系列样品，优化表面处理条件才能快速、充分而正确地观察样品的显微结构。

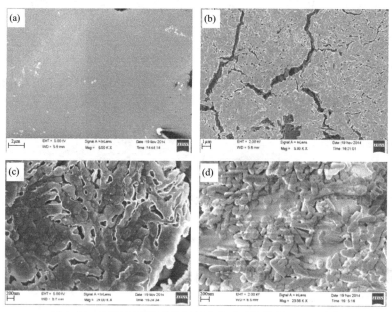

图 6.11　不同表面处理的氟氧化物玻璃陶瓷的 SEM 照片

扫描电子显微镜具有的优点是可检测一定厚度的样品，即可直接检测一定体积的块体玻璃。此外，扫描电镜可以得到更好的三维图像。这类图像的衬度要么来自背散射电子

（材料衬度），要么来自表面的几何结构（形貌衬度）。然而，扫描电子显微镜也有一些不容忽视的缺点：①电子与样品之间的相互作用导致电子被吸收，从而产生比用经典复型技术高得多的热电荷。因此，某些玻璃不可避免地发生改性，可能观察到玻璃表面熔化。②分辨力较低，只能分析大于50Å的观测对象，对于含纳米晶的透明玻璃陶瓷试样不太适合用扫描电镜观察。③不导电的样品必须真空喷碳或喷金，以避免测试过程中放电（这会严重影响测试分析）。表面电荷带来的主要问题是电子图像失真，可以表现为没有图像、图像模糊或失真。

某些玻璃的导电性差，在电子显微镜下可以发生显著的充电现象。如果采取多喷导电膜的方法制样，原始的显微结构会被沉积的粒子所掩盖，所以给样品喷膜不太可行，如图 6.12（a）所示，由于喷金时间过长，玻璃结构被金粒掩盖。采取低电压成像，并结合在样品架上施加电压偏置使电子束减速，降低电子对试样的冲击能，用场发射扫描电镜（FE-SEM）使这些材料能成功地以高分辨率成像，实现对复杂结构的直接观察。图 6.12（b）～（d）显示了采用不同电压使电子束减速和没减速时图像质量的差异。采用电压 8kV，工作距离 12.7mm 存在显著放电，图像模糊 [图 6.12（b）]。电压 6kV，工作距离 11.7mm 时仍存在放电，图像较模糊 [图 6.12（c）]。采用电压 4kV，工作距离 8.8mm，图像变得较清晰 [图 6.12（d）]。

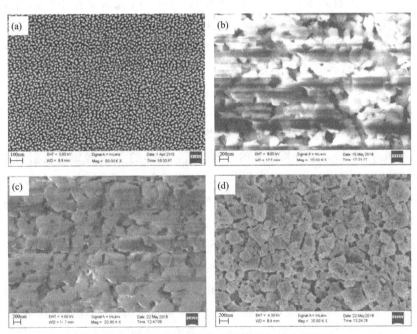

图 6.12　锂硅酸盐玻璃陶瓷试样的扫描电镜照片

6.5　电子探针微区分析

材料表面被电子撞击后发出的 X 射线的表征是重要的分析技术。当材料受到初始电子束轰击时，会产生电子和 X 射线，按其能量差别分为二次散射电子和背散射电子。被主电子束撞击后电离的原子返回基态以特征 X 射线形式释放跃迁能，对该射线进行表征可以获得材料的化学信息。自 20 世纪 50 年代以来，微量元素鉴定一直是重要的材料表征技术之一。

显微电子探针的原理是：聚焦的电子束照射到固体表面激发元素产生特征 X 射线辐射，对这些 X 射线进行定性甚至定量的光谱分析。该原理成为电子探针显微分析（EPMA）技术的基础。光谱分析可分为两种：①波长色散谱或波谱（WDS）分析；②能量色散谱（EDS）分析。EPMA 是使用不同探测器检测能量色散谱（EDS）或波长色散谱（WDS）进行化学分析的一种专用仪器。

6.5.1　能量色散谱和波长色散谱

能量色散谱（EDS 或 EDX）系统中的探测器能够记录样品中产生的所有 X 射线（0.1～20keV），借助多通道分析仪，分析可以在几分钟内完成。如果对试样进行线扫描，则得到的 X 射线强度剖面图提供该元素浓度沿扫描线在样品中的分布。在扫描电子显微镜中，也可以逐行扫描整个样品。把扫描电子显微镜和电子探针结合起来，可以沿着感兴趣区将 X 射线强度曲线（即元素的分布）叠加在扫描电镜图上。EDS 能够鉴别和定量测定除 H、He、Li 外的所有元素，EDS 不能检测 H、He、Li 元素是由于探测器前的防护窗吸收这些元素发射的低能 X 射线。当然，灵敏度随原子序数的降低而降低。除了所产生的特征 X 射线外，还有被称为连续 X 射线或轫致辐射的背景 X 射线，这些背景 X 射线是电子束的电子在试样材料原子的库仑场中失去能量时产生的。这种背景辐射与特征 X 射线的能量重叠，会使检测灵敏度受到限制。

WDS 检测系统利用特征 X 射线的波长不同来展谱，分别检测每种元素的特征 X 射线波长进行分析（峰的半峰宽可能在 10eV 量级），尽管比 EDS 的采集时间大 10 倍（WDS 分析可能需要几个小时），但分析结果的分辨率高。晶体的 X 射线辐射反射与相应的晶面间距符合布拉格公式：$n\lambda = 2d\sin\theta$，其中 n 为衍射阶数，λ 为波长，d 为晶面间距，θ 为反射角。分析结果表示为特征 X 射线能量强度的对应峰的谱图。虽然玻璃的绝缘特性是 EPMA 分析存在的一个问题，但由于其良好的元素灵敏度和准确的定量，EPMA 是玻璃表面技术不可缺少的补充手段。EDS 和 WDS 均可用于扫描电镜，而透射电镜由于分析速度和探测器定位的限制，一般不采用 WDS 探测器。此外，利用透射电镜进行 EDS 分析可以获得较高的空间分辨率，因为电子束与材料存在相互作用并在薄样品中扩散，散射电子要少得多。因此，EDS 系统是电子束微区分析中最常见的 X 射线光谱技术。

如图 6.13 所示为钠钙硅玻璃在不同热处理温度和时间下用 KNO_3 熔盐进行离子交换化学钢化试样表面面扫描的 EDS 图谱，表 6.1 为玻璃试样的化学组成的 EDS 定量分析结果。从图 6.13(a) 中可以看出，经过 430℃、450℃、500℃离子交换处理过的样品均出现不同强度的 K^+ 特征峰，且 Na^+ 的特征峰强度值与 0 号试样相比出现不同程度的下降，表明经过离子交换处理，玻璃表面中的 K 元素增加而 Na 元素含量减少，K^+ 交换了玻璃中的 Na^+。特别是处理温度为 430℃、450℃的试样中 K^+ 的特征峰很高，但处理温度为 500℃与 430℃、450℃比较，可以看出在相同的处理时间下 Na^+ 的特征峰强度值明显较高，K$^+$的特征峰强度值则相对较低，说明此温度下的试样离子交换不完全。从图 6.13 (b) 可以观察到，在相同热处理温度下，经过 2h、4h、6h 处理的试样，K$^+$的特征峰强度不同，随着时间延长，K$^+$特征峰强度值先增加后呈现下降趋势。说明时间太长离子交换效果并非最高，所以处理时间有个相应的最佳时间。

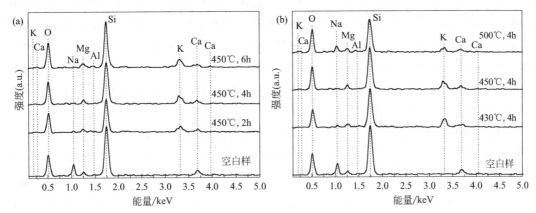

图 6.13　原始玻璃及离子交换玻璃试样的表面能谱分析图

表 6.1　原始玻璃及离子交换玻璃的表面成分及含量（质量分数）　　　单位：%

试样	温度	时间/h	O	Na	Mg	Al	Si	K	Ca
0	—	—	47.55	10.90	2.62	0.75	33.14	0	5.05
1	430	4	55.30	2.08	2.48	0.66	26.66	10.24	2.59
2	450	2	59.85	1.97	2.62	0.46	26.59	5.26	3.72
3	450	4	58.85	1.29	3.14	0.76	26.08	7.16	3.43
4	450	6	59.82	0.45	2.58	0.66	26.85	7.04	2.59
5	500	4	58.26	6.89	3.32	0.46	24.88	4.44	2.20

虽然 EDS 可以作为元素分析的强大工具，但也有一些局限性，例如 EDS 伪影和数据分析问题。由于样品表面膜层内元素的谱峰重叠，或者样品其它区域乃至样品台污染，都可能会在数据采集过程中产生干扰。数据分析过程中可能会遇到许多伪迹：转义峰（检测器伪迹）和合峰（X 射线同时到达探测器），重叠峰（能谱分辨率低），超长停滞时间（更高的射束电流会导致电子检测无法跟上 X 射线检测速度，称为脉冲堆积），以及碱金属信号消失（电子束撞击和充电伪迹）。通常情况下，自动软件可以解决其中的一些问题，但是峰的鉴别错误确实容易发生，分析人员不应该完全依靠软件对能谱峰进行元素的匹配鉴定。

用显微探针分析相对不稳定的玻璃时要特别注意。显微探针分析的电子束扫描速度通常为 $2 \sim 50 \mu m/min$。电子束入射处的玻璃会熔化，导致试样结构和组成浓度发生改变，含钠离子的玻璃特别敏感。电子束在玻璃探测区留下了很深的痕迹，导致结构发生明显改变。在电子束入射路径附近的玻璃熔化后又迅速冷却，且相对比较均匀，它被一环状强烈分相区包围，只有更深处的玻璃不受电子束的影响。在对玻璃进行显微探针分析时，必须特别注意这些观察结果，不同类型的玻璃，影响会有很大的变化。

6.5.2 电子能量损失谱

在 TEM 和 STEM 中，由于电子非弹性碰撞造成的能量损失，分析透射电子的能量分布称为电子能量损失谱（EELS）。电子与被原子核束缚紧密的内壳层电子或松散束缚的价电子发生非弹性碰撞散射而损失能量，散射使这些原子的电子被激发到更高能态，所以利用环形探测器收集弹性散射电子成像的同时，收集并显示穿过环形探测器内孔的非弹性散射电子，检测这些入射电子传递的能量可以显示为一个能谱（可称为边缘轮廓线），这样就能获得样品的化学成分及微结构信息。该技术对低原子序数元素（$Z \leqslant 10$）比 EDS（$Z > 10$）更敏感，可以获得电子束分辨率下的元素分布图。不过，氢和氦的吸收边可能被更强烈的非弹性价带散射所隐藏。

EELS 的定量结果比其它电子束技术显得更为直接，因为 EELS 测量的是电子初次相互作用过程，而不是其它方法测量的二次发射过程。试样厚度直接与特征能量边缘信号强度以及背景信号相关，因为试样内将发生其它散射，为了尽量减少多重散射的发生，需要找到适当的边缘-背景比。EELS 测量的能量范围从零到数千电子伏特，而常用的范围为 1000eV 以下。通常把电子能量损失谱分为低能损失谱和高能损失谱。前者主要包括零损失峰和由外壳层电子跃迁造成的入射电子能量损失，后者主要记录由内壳层激发而造成的电子能量损失。在大于电离阈值 E_c 约 50eV 范围内，电子能量损失谱存在明显的精细结构振荡，这就是能量损失近边结构（ELNES）。而随着能量增加，ELNES 的振幅逐渐减小，若在随后几百电子伏特范围内没有其它电离边，还可以观测到微弱的强度振荡，称之为广延能量损失精细结构（EXELFS）。

由于 EELS 对于所激发原子的周围环境很敏感，电子能量损失谱主要应用于元素的辨别及其价态或配位状态的确定。例如在硼硅酸盐玻璃材料中的硼和氧具有 3 配位（〔BO_3〕三角体）和 4 配位（〔BO_4〕四面体）两种结构，而这两种不同结构对于玻璃材料的性能有很大影响。图 6.14 为离子研磨玻璃 49.0SiO_2-18.0B_2O_3-9.0Na_2O-4.0Li_2O（质量分

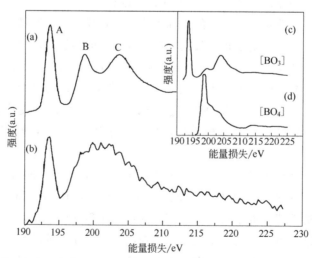

图 6.14　离子研磨硼硅玻璃 49.0SiO_2-18.0B_2O_3-9.0Na_2O-4.0Li_2O（质量分数，%）

中的硼 k 边 EELS 谱及标样参考模型谱

数，%）的硼 k 边 EELS 试验结果。图中谱线（a）为由所选矿物硼铁矿［仅含硼三角体
［BO_3］，谱图（c）］和硼锂铍矿｛仅含硼四面体［BO_4］，谱图（d）｝的 ELNES 指纹谱按
$BO_4 : BO_3 = 2 : 5$ 的比例叠加而成的模型光谱，用于与实验谱图（b）进行对比匹配。指
纹谱线（c）和（d）叠加实现了与实验数据谱图（b）的最佳匹配，相当于［BO_4］/
（［BO_4］＋［BO_3］）$\approx 30\%$。根据分子轨道理论，193.6eV 的强峰（图中 A 峰）为平面三角
体硼（BO_3）的特征 π^* 峰，而 198.6eV 处的 σ^* 峰（图中 B 峰）是四面体硼（BO_4）的典
型特征。位于 204.1eV（图中 C 峰）峰值被认为主要是 σ^* 型的三角体硼。

6.5.3 定量与定性分析技术

在电子束能量、剂量和探测器效率等测试条件相同的情况下分别检测未知样品和已知
标样，通过比较两者的成分就可以进行定量分析。由 Castaing 开发的 k 比值法，将未知
样品中元素发射的 X 射线信号强度 I 与已知成分的标准样品强度（通常是纯金属）进行
比较得到 k 值（$k = I_{未知} / I_{标样}$）。两种试样都会与基质产生额外相互作用，从而影响 X 射
线的强度，在将强度换算为浓度时，必须考虑这些因素。一种称为 ZAF 修正的理论和经
验相结合的方法将电子束轰击后的材料内部相互作用的物理学原理考虑到浓度计算中。这
个修正系数为：

$$C_{未知} = kZAFcC_{标样} \tag{6.3}$$

其中，C 为浓度；$ZAFc$ 为修正因子变量之积。电子散射及相关的能量损失是原子序
数 Z 的函数，因样品内 X 射线吸收产生的损失为 A，产生低能 X 射线或荧光为 F，连续
X 射线为 c。采用这种办法可以确定主要和次要组成元素的浓度。

使用纯金属、化学计量化合物或美国国家标准与技术研究院（NIST）的标准参比材
料时（存在于玻璃样品中），EDS 的检测限为 0.1%（质量分数），准确度为 5%～7%，
WDS 的检测限为 0.01%（质量分数），准确度为 1%～2%。WDS 要达到足够的信噪比有
必要采用更高射束电流（比 EDS 高 10～100 倍），但因为探测器的收集区域更大，而且离
样品更远，这可能会对无定形材料造成损伤。有时 EDS 被称为半定量分析，因为它与
WDS 相比相对误差更高，并且普遍依赖于以数据库值作为 X 射线参数的非标准测量。随
着两种探测器材料的发展［例如，硅漂移探测器 SDD 与硅锂 Si(Li) 检测器］，达到的分
辨率和计数率可以更高，而且若严格遵守上述定量分析方法，EDS 的准确性不亚
于 WDS。

浮法玻璃在生产过程中其表面成分受到与其接触的保护气及锡液的影响，进而影响到
浮法玻璃的表面性质。由于玻璃是一种多组分的绝缘材料，为了测定玻璃表面成分随深度
的分布，用表面测试技术如二次离子质谱仪（SIMS）、X 射线光电子能谱仪（XPS）和原
子发射光谱 AES 进行定量研究比较困难，而且常常不准确，但如果采用 EPMA 比较容易
进行定量分析。图 6.15 为对浮法玻璃样品的 Sn、Fe 和 S 随深度分布（平均 4 次扫描）对
比图，不同 SnO_2 含量的参比玻璃，通过以等重量的 SnO_2 取代待测玻璃组成中 SiO_2 熔
制参比标样。在约 $150\mu m \times 100\mu m$ 的区域用不同能量的电子束对试样扫描，并将表面不
同区域的六次测量结果进行平均。电子束能量（E_0）在激发跃迁所需的最低 E_x 值（最小
分析深度）和 25keV（玻璃深度 3.1～3.5μm）之间变化。对测量结果采用程序对实验数

据点拟合出试样强度和参比强度比值（$I_{试验}/I_{参比}$）与电子束能量的关系曲线，这样有可能区分不同深度的浓度分布。结果表明，检测到的锡在热处理后向玻璃表面的迁移限制在前 500nm 内。对于主要成分，在保护气体侧数倍于玻璃厚度的表层或锡槽侧深度超过 $4\sim6\mu m$ 的玻璃表面，Si、Ca、Mg 和 Na 的成分没有检测到变化。Fe、S 和 Sn 的变化可以延伸到 $10\sim50\mu m$ 的深度处，这取决于玻璃的厚度。

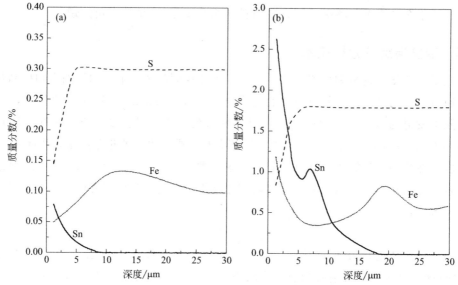

图 6.15　浮法玻璃在保护气体侧（a）、锡槽侧（b）的截面线扫描得到的 Sn、Fe、S 随深度分布

参考文献

［1］　Werner Vogel. Glass Chemistry（2nd edition）. Berlin：Springer-Verlag Berlin Heidelberg，1994.

［2］　J. David Musgraves，Juejun Hu，Laurent Calvez（Editors）. Springer Hand Book of Glass. Gewerbestrasse：Springer Nature Switzerland AG.，2019.

［3］　Mauro Sardela（editor）. Practical Materials Characterization. New York：Springer Science＋Business Media，2014.

［4］　Peter W. Hawkes，John C. H. Spence（editors）. Springer Handbook of Microscopy. Gewerbestrasse：Springer Nature Switzerland AG，2019.

［5］　Jian Min Zuo，John C. H. Spence. Advanced Transmission Electron Microscopy，Imaging and Diffraction in Nanoscience. New York：Springer Science＋Business Media，2017.

［6］　Stephen J. Pennycook，Peter D. Nellist. Scanning Transmission Electron microscope，Imaging and Analysis. New York：Springer Science＋Business Media，2011.

［7］　Vogel W，Horn L，Viilksch G. J Non-Cryst Solids，1982，49：221-240；idem（1982）Glass microstructure-surface and bulk. IDEM，1982：pp 221-240.

［8］　P. Hing，P. W. McMillan. A transmission electron microscope study of glass-ceramics. Journal of materials science，1973，8：340-348.

［9］　王晓春，张希艳（主编）. 材料现代分析与测试技术. 北京：国防工业出版社，2010.

［10］　Jesus Ma. Rincon，Maximina Romero（editors）. Characterization Techniques of Glasses and Ceramics. New York：

Springer-Verlag Berlin Heidelberg，1999.

［11］ 李超，杨光.扫描透射电子显微镜及电子能量损失谱的原理及应用.物理，2014，43（9）：597-605.

［12］ G. Yang，G. Möbus，R. J. Hand. Cerium and boron chemistry in doped borosilicate glasses examined by EELS. Micron，2006，37：433-441.

［13］ Anna Stella，Marco Verita. EPMA Analysis of Float Glass Surfaces. Mikrochim. Acta，1994，114/115：475-480.

［14］ 杨南如.无机非金属材料测试方法.武汉：武汉理工大学出版社，2005.

7

玻璃的光学光谱分析

7.1 玻璃的光吸收

7.1.1 玻璃的本征吸收

光是电磁波的传播，光在真空中的传播速度是 $2.9979 \times 10^8 \mathrm{m/s}$，其特征是电场和磁场在垂直方向上振荡，这两个方向都垂直于光的传播方向。当光入射到玻璃表面时，部分反射，部分透射。透射光线产生折射，其特征用玻璃的折射率表示。反射部分用垂直反射率表示，它与光入射到玻璃表面前所经过的介质的折射率 (n_2) 及玻璃的折射率 (n_1) 有关。一般来说，玻璃是一种高度透明的物质，可以通过调整成分、着色、光照、热处理、光化学反应及镀膜等物理和化学方法，使之具有一定的光学常数、光谱特性，并展现出吸收或透过紫外线、红外线、受激辐射、感光、荧光、光致变色、防辐射、光存储、显示性等一系列重要光学性能。光线射入玻璃时，一部分光线通过玻璃，一部分则被玻璃吸收和反射，不同性质的玻璃对光线的反应是不相同的，无色玻璃（如平板玻璃）能大量透过可见光，有色玻璃则只让一种波长的光线透过，而其它波长的光线则被吸收掉。玻璃除了有折射率和反映色散性的阿贝数外，对光的反射率 (R)、吸收率 (A) 和透过率 (T) 也是其重要的光学参数，这三项指标都可用百分数表示。设入射光强度为 100%，应有：

$$R + A + T = 100\% \tag{7.1}$$

从玻璃表面反射出去的光强与入射光强之比称为反射率，它取决于玻璃表面的光滑程度、光的入射角、玻璃的折射率和入射光的频率等。当入射角为 $90°$ 时，反射率可用折射率表示为：

$$R = \left(\frac{n-1}{n+1}\right)^2 \tag{7.2}$$

在玻璃中含有折射率与玻璃基质不同的颗粒时就会使光发生散射。折射率一般与密度成正比，因此玻璃的散射现象也是由于玻璃的密度均匀性破坏而引起。光的散射服从瑞利散射定律，如式(7.3) 所示：

$$I_\beta = \frac{(D'-D)^2}{D^2}(1+\cos^2\beta)\frac{m\pi V^2}{\lambda^4 r^2} \tag{7.3}$$

式中，I_β 为入射光以 β 角度投射于颗粒时的散射光强；D' 为颗粒的光密度；D 为介质的光密度；m 为颗粒的质量；λ 为入射光波长；V 为颗粒的体积；r 为观测点的距离。如果颗粒很小，则散射光颜色是蓝的，例如未经处理的乳白玻璃和分相前的硼硅酸盐玻璃。它们一般产生紫色或蓝色的"乳光"，这是因为散射光的强度随波长减少而增加。而通过乳浊体的白光则呈浅红色，这是因为短波光由于散射而减少，长波光则相对增多。如果散射颗粒的大小与波长相差不多，则不遵守上述规律。一般玻璃的乳浊性主要决定于颗粒的大小、折射率和微粒的体积，但影响最大的是微粒与玻璃的折射率之差，微粒的折射率与玻璃基质的折射率之差越大乳浊性越强。

光照射玻璃后，玻璃将吸收一部分光，这是由于原子中电子受光能而激发，在电子壳层能态间跃迁，使电子的振动能转变为分子运动的能量，即玻璃将吸收光能变为热能放出。对于气体原子，电子是在固定能级间跃迁，故可观察到一定波长的吸收谱线，而对过冷液态的玻璃来说，电子跃迁的结果，将观察到的是一个能量范围的吸收带而不是谱线，即形成能带而不是能级。

玻璃中的光吸收主要是由电子-空穴对的激发引起的，电子-空穴对的激发可以形成束缚态的激子，这些激子可以是离域的，也可以是束缚在局部杂质上的。吸收可由吸光样品内部的电子跃迁引起，如过渡金属离子、稀土离子甚至纳米半导体粒子。如果电子和空穴来自不同的离子，那么特定的吸收线也可以说成是电荷转移的结果，因为电子-空穴对的激发将一个电荷从一个离子转移到了另一个离子。像稀土离子这样的 4f 电子系统有非常确定的吸收线，因为 4f 壳层内的电子跃迁只与声子模有微弱耦合。从微观的角度说，与特定样品吸收有关的一个物理量是吸收截面 $\alpha_{\mathrm{abs}}(\lambda, T, \cdots)$，吸收截面符合加和性法则：

$$\alpha(\lambda, T, \cdots) = \sum_i \rho_i \sigma_{\mathrm{abs}}(\lambda, T, \cdots) \tag{7.4}$$

式中，对 i 求和表示所有吸收跃迁的总和；ρ 为产生吸收跃迁的样品的密度；$\sigma_{\mathrm{abs}}(\lambda, T, \cdots)$ 为给定电子跃迁的单个吸收截面。吸收截面是吸收样品（在给定的晶体场中）的一种微观性质，它与波长有关，并具有面积单位（m^2）。特定吸收峰的吸收截面对频率 $\nu = c/\lambda$（或波长）的积分除以经典激发的积分截面就得到特定跃迁的振子强度 P，即：

$$P = \left(\frac{1}{\sigma_c}\right) \int_{吸收峰} \sigma(\upsilon) \mathrm{d}\nu \tag{7.5}$$

其中
$$\sigma_c = \frac{e^2}{4\varepsilon_0 m_0 c} \approx 2.65 \times 10^{-6} \mathrm{m/s} \tag{7.6}$$

因此，振子强度反映了测定的吸收和经典理论所期望的给定跃迁的吸收之间的关系。P 值考虑了基态和激发态的量子力学矩阵元素以及原子中特定自旋和动量组态多重性。因此，P 值遵循所有的自旋定则和选择定则，这些定则有很深的量子力学渊源。对于一个多电子系统的总自旋量子数 S 和总角动量量子数 L 的光学允许跃迁，自旋守恒和宇称变化的量子力学选择定则包括 Russel-Sounder 选择定则 $\Delta S = 0$，Laporte 选择定则 $\Delta L = \pm 1$。违反这些定则被称为禁戒跃迁，其强度相对较弱。受自旋轨道耦合影响（如 4f-4f 跃迁），Russel-Sounder 选择定则可部分规避，Laporte 禁戒跃迁由于振动耦合（如可在八面体场中实现 3d-3d 跃迁）或配位体场相互作用导致形成低对称场（如四面体场中的 3d-3d

转换）。颜色通常是由于吸收可见光谱的特定部分而产生的，玻璃产生颜色的机制有很多。下面我们将讨论不同类型的吸收。

如图 7.1 所示，一束光通过含有吸光离子的玻璃时，把能量传递给分子，因此光的强度逐渐减小。选取玻璃中厚度（dx）无穷小的微体积元（$dx \rightarrow 0$），光源通过微体积元的强度衰减（dI_x），与进入微体积元的光强度（I_x）以及通过的路径长度（dx）成正比：

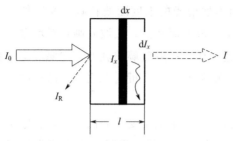

图 7.1　光线射入玻璃的反射、
吸收与透过

$$dI_x = -\alpha I_x dx \tag{7.7}$$

$$\int_{I_0}^{I} \frac{dI_x}{I_x} = -\int_0^l \alpha dx \tag{7.8}$$

$$I = I_0 e^{-al} = I_0 e^{-D} ; \alpha = -\frac{1}{l} \ln \frac{I}{I_0} \tag{7.9}$$

式(7.9)称为比尔-朗伯定律，其中 I_0 为开始进入玻璃时光的强度（已扣减反射损失 I_R）；l 为光射入玻璃的深度（即光程长度）；I 为光程长度为 l 处的光强度；α 为玻璃的吸收系数或消光系数，与玻璃的组成等内在特性有关；D 为光密度。定义玻璃的透光率：$T = I/I_0 \times 100\%$，光密度 D 表示玻璃的吸光性能，与透光率的关系为 $D = -\lg T$。

把一个平板玻璃样品放在光源和检测器之间。光的衰减与表面反射、表面散射、材料的体吸收和材料的体散射有关。此外还会出现复杂的光路，其中包括内部多重反射。两种介质之间的表面反射率与复折射率有关：

$$R = \left| \frac{\tilde{n} - \tilde{n}_0}{\tilde{n} + \tilde{n}_0} \right|^2 \approx \left(\frac{n-1}{n+1} \right)^2 (\alpha \ll n \text{ 且 } n_0 = 1) \tag{7.10}$$

如果忽略表面和体积的散射以及干涉效应，总反射率 R_t 和总透光率 T_t 可以表示为一个无穷级数：

$$R_t = R + R(1-R)^2 \frac{e^{-2al}}{1 - R^2 e^{-2al}} \tag{7.11}$$

$$T_t = (1-R)^2 \frac{e^{-al}}{1 - R^2 e^{-2al}} \approx (1-R)^2 e^{-al} \tag{7.12}$$

透光率可以用它的二次项来近似（$r^2 \ll 1$）。由于折射率 n 和吸收系数 α 通常是未知的，需要分别采取两种途径进行测定：可以测透光率和反射率［式(7.13)］，或者测同一玻璃两种不同厚度下的透光率。

$$\alpha(T_t, R_t) = \frac{1}{l} \ln \left\{ \frac{(1-R_t)^2 - T_t^2 + \sqrt{4T_t^2 + [T_t^2 - (1-R_t)^2]^2}}{2T_t} \right\} \tag{7.13}$$

$$\alpha(T_1, T_2) = \frac{1}{l_2 - l_1} \ln \left(\frac{T_1}{T_2} \right) \tag{7.14}$$

两种透光率方法的结合不存在分析解，但许多情况下二次近似（忽略所有超过 2 次的多重反射）就足够准确了（$n \approx 2 \leftrightarrow r^2 = 0.012$）。由于反射率测定的信噪比往往较差，导致误差相对较高，分辨率也较低，所以通常结合采用两种透光率方法更合适。透光率测定质量好坏的一个重要标准是样品的均匀性（即两个厚度的样品都没有条纹等缺陷）。

有关吸收的一个重要问题是材料吸收辐射能发生什么变化。大多数情况下，能量通过一连串不同微观过程如电子跃迁和多声子吸收过程而释放到晶格振动中，这意味着被吸收的电磁辐射最终使玻璃受热。但吸收的辐射也可能以电磁辐射的形式即时释放出来，或者过一段时间后随着能量的转移而释放掉，也就是产生荧光或冷光，这将在后面讨论。通常产生荧光或冷光的入射光子能量比光被吸收时入射光的能量要低（波长较长）。特殊情况下也会发生短波辐射（较高的光子能量）的上转换光子过程，例如掺 Er^{3+} 玻璃的红外光到绿光上转换。

7.1.2 光吸收的量子力学描述

（1）理论背景

光吸收主要由介电函数的虚部决定，适用于半导体中的能隙、缺陷或电子能级跃迁引起的吸收。因此，本节首先讨论吸收过程的一般量子力学描述，然后将结果应用于固体中的各种特殊构型。吸收强度取决于系统电子能态从始态 i 变为终态 f 的量子力学跃迁概率，总的来说，始态是基态而终态是激发态。跃迁概率与矩阵元 H'_{fi}（H' 表示驱动跃迁的微扰）大小的平方成正比，跃迁能为 $\hbar\omega_{fi}$（其中 $\hbar$ 为约化普朗克常数，ω_{fi} 表示角频率）。在本章中，微扰是一种具有矢量势的电磁辐射 $A(x, t)$。对于微小电磁场，微扰可用算符形式表示为：

$$H' = -\frac{e}{m_0}pA \tag{7.15}$$

式中，p 是电子动量算符，A 为矢势。微扰系统的波函数和矩阵元通常用一阶微扰理论求得。利用扰动的矩阵元 H'_{fi}，量子力学的黄金法则给出了单位时间内的跃迁概率：

$$p_{fi} = \frac{2\pi |H'_{fi}(0)|^2}{\hbar^2}\delta(\omega_{fi} - \omega) \tag{7.16}$$

矩阵元 $H'_{fi}(0)$ 用微扰的时变矩阵元求值：

$$H'_{fi} = \langle f|H'|i\rangle = -\frac{e}{m_0}\langle f|pA|i\rangle \tag{7.17}$$

该矩阵元与时间相关的部分产生式（7.16）中的 δ 函数，它描述了允许终态的密度，跃迁到这些态需保持能量守恒。与时间无关的部分导致多极近似。在偶极近似内 $A = A_0 e^{ikx}$ 被其振幅 A_0 取代得到：

$$H'_{fi} = -\frac{eA_0}{m_0}\langle f|p|i\rangle = -\frac{eA_0}{m_0}p_{fi} \tag{7.18}$$

式中，e 和 m 分别为电子电荷和质量。在这种情况下，跃迁矩阵元用动量矩阵元表示为动量表达式：

$$(p_j)_{fi} = -i\hbar\int\psi_f^*\frac{\partial\psi_i}{\partial x_j}d^3x, \ j = 1,2,3 \tag{7.19}$$

这就得到了微扰矩阵元的 j 分量：

$$(H_j)'_{fi}(0) = \frac{eA_0 i\hbar}{m_0}\int\psi_f^*\frac{\partial\psi_i}{\partial x_j}d^3x \tag{7.20}$$

这些矩阵元是矢量的分量，ψ_f 和 ψ_i 分别是激发态和基态的本征函数。通过用偶极矩

阵元 $(M_j)_{fi}$ 取代动量矩阵元可以将跃迁矩阵元 H'_{fi} 表示为偶极表达式。该矩阵元用式(7.21)定义：

$$(p_j)_{fi} = i\omega_{fi} \frac{m_0}{e} (M_j)_{fi} = i\omega_{fi} \frac{m_0}{e} \int \psi_f^* e x_j \psi_i d^3 x \qquad (7.21)$$

同样，偶极矩阵元是具有 x、y、z 分量的向量。辐射矢量势的平方表示为强度 $I(\omega)$ 的关系式，$I(\omega) = nA_0\varepsilon_0 c_0 \omega^2$，微扰矩阵元的绝对平方变成：

$$|H'_{fi}|^2 = |\langle f|H'|i\rangle|^2 = \frac{e^2 I(\omega) |p_{fi}|^2}{m_0^2 \varepsilon_0 c_0 \omega^2 n} \qquad (7.22)$$

式中，n 为折射率，ε_0 和 c_0 分别为真空中的介电常数和光速。式(7.16)右边的 δ 函数选择单跃迁确保能量守恒。如果在始态和终态附近有若干个态，则需要对能量间距相等的所有态求和。这就是两个能带之间跃迁的具体体现。

对于用 k 矢量表示的态，动量守恒要求 $\sum k_i = 0$，式中求和是指对跃迁过程有贡献的所有 k 矢量之和。对跃迁矩阵元求值时自动满足动量守恒条件。由式(7.16)可求得吸收系数值 α，即单位体积 V 吸收能量的速率与单位面积入射能量的速率之比：

$$\alpha(\omega) = \frac{\hbar\omega p_{fi}}{I(\omega)V} \qquad (7.23)$$

式中，$I(\omega)$ 为辐射强度。这个定义与式(7.9)中给出的正式定义是等价的。将式(7.18)或式(7.22)代入式(7.16)后再代入式(7.23)可发现：

$$\alpha(\omega) = \frac{2\pi}{V} \cdot \frac{e^2 |p_{fi}|}{m_0^2 \varepsilon_0 c_0 n\omega} \delta(\hbar\omega_{fi} - \hbar\omega) \qquad (7.24)$$

由式(7.24)以及 α 与电场 $E(\omega)$ 虚部的关系 $\alpha(\omega) = \omega E_i(\omega)/c_0 n(\omega)$，$E(\omega)$ 虚部变为：

$$E_i(\omega) = \frac{2\pi}{V} \cdot \frac{e^2 |p_{fi}|^2}{m_0^2 \varepsilon_0 \omega^2} \delta(\hbar\omega_{fi} - \hbar\omega) \qquad (7.25)$$

允许跃迁对应于价带与导带之间距离最短处的有限偶极矩阵元。如果同一波矢（k 矢量）的价带最大值和导带最小值都出现，则可以发生直接跃迁，见图 7.2(a)。如图 7.2(b) 所示为一种带边结构为声子辅助的电子跃迁，若对于相同 k 矢量，导带的最小值和价带的最大值都不出现，则总会发生该跃迁。从价带到导带的双箭头表示最低能量跃迁，这种情况称为间接跃迁。在跃迁的第一步，电子被激发到一个虚拟中间态停留很短的时间后，需要一个具有波矢 q_{ph} 的声子最终将其从虚拟态转换成能量和动量守恒的实态。带边之上的吸收曲线形状取决于价带深处开始的跃迁或导带较高处结束的跃迁。电子跃迁至导带之上或从价带之下跃迁最终都会产生吸收。对吸收中的结构进行分析，可以得到有关能带形状的详细信息。

基本吸收具有特殊的意义。在这种情况下，式(7.16)和式(7.23)中的 i 和 f 分别对应于价带和导带。此外，电子能态用其能带 k 矢量表征，并且任何跃迁都要求波矢守恒。由于光的波矢比电子的波矢小，所以只在垂直（直接）跃迁 k 才能守恒，即任何跃迁下 $k_V + k_C \approx 0$。其它情况下 [如图 7.2(b) 所示] 必须通过声子辅助建立 k 守恒。如图 7.2(a) 所示，直接跃迁并不需要从 $k=0$ 处开始。对于给定的能量差，许多跃迁可能从不同 k 值开始，因此始态和终态能带的态密度显得很重要。

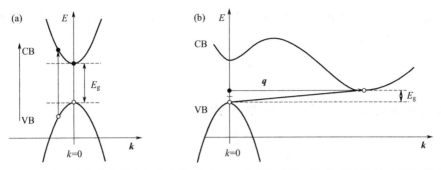

图 7.2　电子在两个简单能带之间的直接跃迁（a）及间接跃迁（包括声子的吸收或发射）（b）

VB 为价带，CB 为导带

（2）吸收边的直接允许跃迁

跃迁是否允许取决于始态和终态的对称性。例如，s 波之间或 s 波与 d 波之间的跃迁是偶极禁戒的。s 波和 p 波之间的跃迁是偶极允许的。式（7.19）或式（7.21）中矩阵元的赋值，要根据价带电子和导带电子的布洛赫函数进行：$\psi_i = u_V(r)\mathrm{e}^{\mathrm{i}k_V r}$，$\psi_f = u_C(r)\mathrm{e}^{\mathrm{i}k_C r}$。矩阵元的显式计算比较困难，因为必须知道准确的能带结构和正确的波函数。通常的做法是近似法，比如用自由载流子波函数代替布洛赫函数。由于矩阵元与能量为弱相关，带边吸收曲线的形状主要取决于价带和导带之间的联合态密度 $\sigma_{CV}(\omega)$。联合态密度 $\sigma_{CV}(\omega)$ 是给定的跃迁能 $\hbar\omega$ 的态密度。因此，由式（7.24）得到 α 值必须对 k 空间满足能量守恒的所有态积分，这些态用式（7.24）中的 δ 函数定义。由于方程式中唯一与 k 强烈相关的部分是 δ 函数，因此可限定用这个函数进行积分。

$$\sigma_{CV}(\omega) = \frac{2V}{8\pi^3}\int \delta\left[\hbar\omega_{CV}(k) - \hbar\omega\right]\mathrm{d}^3 k = \frac{V}{4\pi^3}\int \delta\left[\hbar\omega_C(k) - \hbar\omega_V(k) - \hbar\omega\right]\mathrm{d}^3 k$$

（7.26）

据此吸收系数 α 由下式给出：

$$\alpha(\omega) = \frac{2\pi}{V} \cdot \frac{e^2 |p_{CV}|^2}{m_0^2 \varepsilon_0 c_0 n\omega}\sigma_{CV}(\omega)$$

（7.27）

吸收情况下，$\hbar\omega$ 为入射光的量子能量。对于球形能带，可以用 $4\pi k^2 \mathrm{d}k$ 取代式中 $\mathrm{d}^3 k$，并利用 δ 函数的特殊性质对下式进行积分，$g(k) = \hbar\left[\omega_C(k) - \omega_V(k) - \omega\right]$，结果为：

$$\sigma_{CV}(\omega) = V\frac{k^2}{\pi^2}\left[\frac{\mathrm{d}E_C(k)}{\mathrm{d}k} - \frac{\mathrm{d}E_V(k)}{\mathrm{d}k}\right]^{-1}$$

（7.28）

式中，E_V 为价带能级；E_C 为导带能级。如果能带为球形和抛物线形，能级 E 与 k 之间的关系为：

$$E_V = \frac{\hbar^2 k^2}{2m_V^*}, \ E_C = \frac{\hbar^2 k^2}{2m_C^*} + E_g$$

（7.29）

式中，m_V^* 和 m_C^* 分别为价带和导带电荷的折合质量；E_g 为禁带宽度。由此得到体积 V 的晶体的联合态密度：

$$\sigma_{CV}(\omega) = V\frac{(2m_r^*)^{3/2}}{2\pi^2 \hbar^3}\sqrt{\hbar\omega - E_g}$$

（7.30）

m_r^* 是能带中空穴和电子有效质量的折合质量。这样吸收系数 α 与光的能量之间的关系可表示为如下形式：

$$\alpha(\omega) = \begin{cases} B\sqrt{\hbar\omega - E_g} & \text{当 } \hbar\omega \geqslant E_g \\ 0 & \text{当 } \hbar\omega \leqslant E_g \end{cases} \tag{7.31}$$

其中 B 是由式(7.16)～式(7.30) 给出的常数：

$$B = \frac{e^2(2m_r^*)^{3/2}}{12\pi^5 m_0^2 n \varepsilon_0^2 c_0 \hbar^3}|p_{CV}|^2 \tag{7.32}$$

（3）禁戒跃迁和声子辅助跃迁

如果偶极子矩阵元在 $k=0$ 时为零，则跃迁为偶极禁戒。但对于其它波矢，它可能是非零的。在这种情况下，类似于上述分析可得到光吸收与能量的关系：

$$\alpha_{禁戒}(\omega) = \begin{cases} C(\hbar\omega - E_g)^{3/2} & \text{当 } \hbar\omega \geqslant E_g \\ 0 & \text{当 } \hbar\omega \leqslant E_g \end{cases} \tag{7.33}$$

对于具有间接带隙的半导体，其吸收边与能量的关系也不同，典型例子是 Ge 和 Si。Ge 的价带在布里渊区中心达到最大值（Γ 点），导带的最小值在布里渊区边界处（L 点），能量差只有 0.67eV。只有同时吸收或发射一个区界声子以平衡动量守恒，两个点之间才有可能发生电子跃迁。如果声子被吸收，光子净能量甚至可以比能隙低出声子能量值 $\hbar\Omega$，因此，间接半导体的光吸收是从量子能量低于能隙 $\hbar\Omega$ 处开始的。当光量子能量高于 $\hbar\Omega + E_g$ 时，可能发生声子发射和吸收。相应地，类似于上述计算可得到：

$$\alpha_{间接} = \begin{cases} 0, & \text{当 } \hbar\omega < E_g - \hbar\Omega \\ \dfrac{A(\hbar\omega - E_g + \hbar\Omega)^2}{\exp[\hbar\Omega/(k_BT)] - 1}, & \text{当 } E_g - \hbar\Omega < \hbar\omega < E_g + \hbar\Omega \\ \dfrac{A(\hbar\omega - E_g + \hbar\Omega)^2}{\exp[\hbar\Omega/(k_BT)] - 1} + \dfrac{A(\hbar\omega - E_g - \hbar\Omega)^2}{1 - \exp[-\hbar\Omega/(k_BT)]}, & \text{当 } \hbar\omega > E_g + \hbar\Omega \end{cases} \tag{7.34}$$

随着光能量进一步增加，甚至可能在 Γ 点发生禁带的直接跃迁。由于吸收行为具有选择性，可以通过对带边的分析获得能带结构信息。由于带边的下半部分取决于声子辅助跃迁，因此声子能量甚至也是可以被确定的，这成为分析非区域中心声子的一种可能方法，特别适用于低温间接半导体。

几类常见的吸收如下：①高跃迁吸收。对于能量高于 E_g 的固体的激发，跃迁至高能带以及垂直跃迁至 k 空间中能量间隔大于能隙的位置变得很重要。这种情况下，可以得到联合态密度［式(7.26)］具有奇点或临界点的吸收函数的结构。这些点被称为范霍夫奇点，类似于声子态密度中的奇点。②局域态吸收。除了带间跃迁，局域态之间的跃迁对固体也很重要。这些跃迁可能是固体固有的，如晶体中的激子或分子单元之间的跃迁，也可能是由晶体点缺陷引起的。

局域态吸收主要分以下两种情况：一是扩展的和局域化激子的吸收。在经典半导体中激子的吸收发生在基本吸收附近。因此，激子特征峰和声子边带可以掩盖基本吸收峰的真实形状。激子是电子（或空穴）基本的本征激发，保留了电子和空穴之间的库仑相互作用。根据电子和空穴的距离不同，可以定义不同类型的激子。相隔许多晶格常数的两个粒子形成的弱键合激子属于 Wannier-Mott 型。相应于高度定域化电子对的强束缚激子属于弗伦克尔型。在经典半导体中，由于高介电常数对库仑相互作用的强屏蔽以及激子有效质量通常比自由电子质量小得多，所以激子属于 Wannier-Mott 型。弗伦克尔型激子常出现在宽带离子半导体、分子晶体或稀有气体晶体中。Wannier-Mott 激子的电子态如图 7.2 (a) 所示。Wannier-Mott 激子可用氢模型很好地描述，使用折合质量 $m_r^* = m_e^* m_h^* / (m_e^* + m_h^*)$，其中 m_e^* 和 m_h^* 分别是电子和空穴的有效质量，计算导带底之下的束缚能值，可得到如下结果：

$$\delta E_{exc} = -\frac{1}{n^2} \cdot \frac{m_r^* e^4}{2\hbar^2 (4\pi\varepsilon\varepsilon_0)^2}; n = 1, 2, 3, \cdots \tag{7.35}$$

同理，可得到激子的半径 a_{exc} 为：

$$a_{exc} = \frac{\varepsilon m_0}{m_r^*} \cdot \frac{4\pi\hbar^2 \varepsilon_0}{m_0 e^2} \tag{7.36}$$

式(7.36) 的右边除去因子 $\varepsilon m_0 / m_r^*$ 后，余下部分等于氢原子的玻尔半径。激子束缚能通常为几毫电子伏特。不同的吸收线对应于式(7.35) 中不同的 n 值。Wannier-Mott 激子为扩展的、中性的、高度移动的粒子，粒子动量 k_{ex} 和动能 E_{ex} 具有色散函数关系 $E_{ex}(k_{ex})$。与激发到能带的电子和空穴不同，激子对光电导率没有贡献，它们存在于吸收和发射中。对于低介电常数的非金属固体，如惰性气体或碱金属卤化物，激子能可大于 1eV，束缚能可达几十毫电子伏特。振荡强度也较大，反射或吸收光谱以激子系列为主。

二是缺陷的吸收。能隙中两个局域态之间的电子跃迁也很重要，这种能态源于杂质原子、空位或间隙等缺陷。我们已经看到了一些例子，例如 Al_2O_3 中的铬离子或滤光玻璃的各种特性。一般来说，对于这样的情况，发光具有更重要的实际作用，而吸收是最基本的。

玻璃吸收紫外可见光使氧化物离子激发到较高能级，发生本征激发所需的能量阈值可用光学禁带宽度来度量，它表示价带顶和导带底之间的能量之差。由式(7.37) 导出的吸收系数与波长在紫外/可见光区域的关系可用来计算玻璃材料的光学禁带宽度，玻璃光学禁带宽度反映了玻璃的网络结构信息。对于直接和间接光跃迁，由 Mott 和 Davis 提出的应用于无定形材料的模型可定量描述线性吸收系数 (α) 与入射光子能 (E) 的相互关系，表示为式(7.37)，式中光子能量 E 可由式(7.38) 计算。

$$\alpha E = B(E - E_g)^n \tag{7.37}$$

$$E = ch/\lambda \tag{7.38}$$

式中，α 为吸收系数，cm^{-1}；E 为光子能量，eV；B 为常数；E_g 为光学禁带宽度，eV；c 为光速，$3.0 \times 10^8 m/s$；h 为普朗克常数，$4.136 \times 10^{-15} eV \cdot s$；$\lambda$ 为入射光波长，nm。式(7.37) 中指数 $n = 1/2$、$3/2$、2 和 3 分别对应于直接允带、直接禁带、间接允带和间接禁带跃迁。下面介绍一个实例，计算掺 1%（摩尔分数）CeO_2 的 45SiO_2-20Al_2O_3-10CaO-25CaF_2 玻璃受不同剂量 γ 射线辐照后的光学禁带宽度和带尾能隙。此处取 $n = 2$ 能够获得较宽的线性段，表明所研究的玻璃光子跃迁为间接允带跃迁。这与许多类似研究的处理方法一致。由式(7.37)、式(7.38) 变换进一步得到式(7.39)：

$$(\alpha ch/\lambda)^{1/2} = B^{1/2}(ch/\lambda - E_g) \tag{7.39}$$

由式(7.39) 得到 $(\alpha ch/\lambda)^{1/2}$ 与 ch/λ 呈线性关系，将测得的透光率曲线转换成 $(\alpha ch/\lambda)^{1/2}$ 与 ch/λ 的关系曲线 [图 7.3(a)]，将该曲线中斜率最大的线性部分外延在零坐标横轴的截距即为光学禁带宽度 E_g。基础组成 （45SiO$_2$-20Al$_2$O$_3$-10CaO-25CaF$_2$）中添加 1% （摩尔分数）CeO$_2$ 的玻璃试样经受不同剂量的 γ 射线辐照后，其光学禁带宽度的计算图解如图 7.3(a) 所示。玻璃的光学禁带宽度 E_{opt} 会因为形成色心缺陷而发生改变，并在原有带宽之间引入新的能级。图 7.3(a) 显示玻璃辐照后的禁带宽度值有不同程度的降低，表明辐照引起结构中电子能级发生了变化。通过图 7.3(a) 中不同掺杂方式试样的比较可以看出辐照后禁带宽度缩小，进一步增加辐照剂量禁带宽度总体上有缩小趋势，但随剂量增加其缩减幅度较小。

玻璃能带结构中存在带尾能隙 ΔE（Urbach 能），这与玻璃结构的无定形态和存在杂质有关，在此情况下电子的能态不表现为扩展态而表现为局域态。Urbach 能与温度、格子的热振动、诱导无序化、静态无序化、强离子键以及平均光子能有关，无定形材料中 Urbach 能增加的主要因素是静态无序化。能态密度的 Urbach 能可以根据 Urbach、Zanini 及 Tauc 提出的模型进行计算，在一定波长范围内存在如下关系：

$$\ln\alpha = C + E/\Delta E \tag{7.40}$$

式中，ΔE 为 Urbach 能 （带尾能隙），eV；C 为常数；α 为吸收系数，cm^{-1}；E 为光子能量 ［按式(7.38) 计算］，eV。$\ln\alpha$ 项与光子能量 E 存在线性关系，通过线性拟合 $\ln\alpha$-E 得到直线，拟合直线斜率的倒数即为 Urbach 能 ΔE。通过线性拟合求取上述试样不同剂量 γ 射线辐照后 ΔE 的计算图解，如图 7.3(b) 所示。Urbach 能是无序化程度提高的结果，或者与影响能带结构的离子环境多样化有关，玻璃辐照后结构受到损伤，离子环境无序化程度提高。从图 7.3(b) 可以看出，玻璃 $\ln\alpha$-E 拟合直线斜率随 γ 射线剂量增加而减小，即拟合 Urbach 能随射线剂量增加而增加。这是因为 γ 射线使原子价键断开，在玻璃中形成许多结构缺陷，导致网络解聚、硅氧四面体 Q^n 分布变宽，进一步增加了网络结构的无序程度。

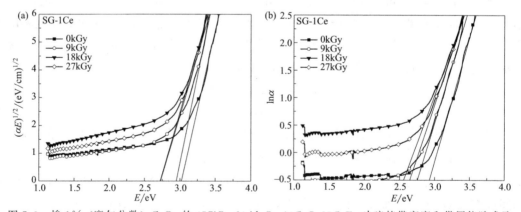

图 7.3　掺 1% （摩尔分数）CeO$_2$ 的 45SiO$_2$-20Al$_2$O$_3$-10CaO-25CaF$_2$ 玻璃禁带宽度和带尾能隙求取

7.1.3　过渡金属掺杂玻璃的吸收光谱

玻璃在短波段的本征吸收是由原子或离子的电子跃迁引起的，长波段的本征吸收是由化学键的振动引起的。如果玻璃在可见光区域是透过的，则它在短波段的吸收带位于紫外区域，在长波段的吸收带位于红外区域。单组分玻璃（如 SiO_2、GeO_2）的电子价带如图 7.4 所示。Si 原子的 sp^3 杂化轨道与 O 原子的三个 p 轨道形成能级分裂，存在强和弱的反键轨道（SA、WA），孤对轨道（LP），以及强和弱的成键轨道（SB，WB）。SA、WA 轨道形成导带，而 LP、SB 和 WB 轨道形成价带，电子跃迁可以在价带和导带之间发生。在共振跃迁的情况下，价带结构可以通过如图 7.4 所示的成键能级和反键能级简并。11.7eV（106nm）处得到的能隙是由于带桥氧的 Si—O 键的成键能级与反键能级之间的电子跃迁，如果存在非桥氧，能级则降到 10.5eV（118nm）。如图 7.5 所示，在 $Na_2O \cdot 2SiO_2$ 玻璃中还在 8.5eV（145nm）处出现一个由含非桥氧的 Na—O 键的电子云跃迁引起的能隙。

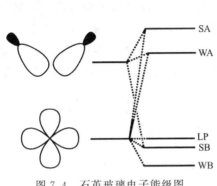

图 7.4　石英玻璃电子能级图

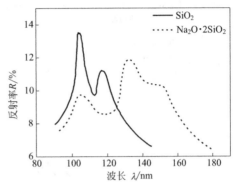

图 7.5　SiO_2 及 $Na_2O \cdot 2SiO_2$ 玻璃的反射光谱

　　玻璃的光学光谱实验研究最初集中在过渡金属掺杂体系，因为这些掺杂离子在具有科技用途的有色玻璃开发中发挥重要作用。这些早期研究只是通过传统光谱手段测定玻璃的光吸收性质，发光性能通常只作粗略的处理，因为直到激光器件的出现，人们才对这些性质产生兴趣。直到 1951 年，Hartmann 和 Lise 才首次根据 Bethe 和 van Vleck 的早期理论成功地解释了（$3d^1$）Ti^{3+} 晶体光谱。此后 Tanabe 和 Sugano 做出了开创性贡献，人们对 3d 光谱特征的解释和计算进行了改进，在此期间的大量研究达到顶峰。

　　Bates 和 Douglas 首次将晶体场（配位场）理论应用于玻璃中部分填充 3d 壳层离子的吸收光谱研究，这被证明是固体光谱学在其它研究领域发展的合理延伸，因为过渡金属离子在玻璃、水溶液和晶体中的吸收光谱实际上是紧密相关的。所谓晶体场理论是指在配合物中，中心离子处于带负荷的配位体（离子或极性分子）形成的静电场中，配位体形成的晶体场对中心离子的电子，特别是价电子层中的 d 电子产生排斥作用，使中心离子的外层 d 轨道能量较高的 e_g 轨道（包括 d_{z^2} 和 $d_{x^2-y^2}$ 轨道）以及能量较低的 t_{2g} 轨道（包括 d_{xy}、d_{xz} 和 d_{yz} 轨道）。t_{2g} 轨道和 e_g 轨道的能量差即为晶体场分裂能，可以由配合物的吸收光谱求得，中心离子 t_{2g} 轨道中的一个 d 电子获得入射可见光的能量，由 t_{2g} 轨道跃迁至 e_g 轨道，这种跃迁称为 d-d 跃迁。

　　正如所预料的那样，过渡金属离子在晶体和非晶材料中的光谱是相互对应的，突出表现在两者的离子能级都能很好地分离出来。例如图 7.6 显示的钠钙硅酸盐玻璃和硅酸盐晶体中的 Mn^{3+}（$3d^4$）光谱与相似水合配合物晶体的光谱比较。从图中可以明显看出，虽然玻璃由于晶化特征降低表现为光谱更宽、消光系数更大并且$^5T_2$峰移向更低的波数，但是玻璃的特征吸收性质与晶体是对应的，这种晶体场化学键是造成玻璃呈紫罗兰色的原因。

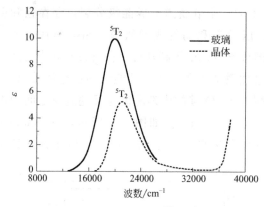

图 7.6　钠钙硅酸盐玻璃中 Mn^{3+}（$3d^4$）的光谱与相似水合配合物晶体的光谱比较

通过比较晶体和玻璃的光谱能够推断出活性离子的平均配位数等，还可以通过拟合吸收峰来获得晶体场强度 E/B。普通玻璃中离子的 E/B 值比晶体中相似配位离子的 E/B 值低 5%～10%。由于含 3d 金属离子，玻璃系统中观测到的峰数量有限，且由于无序化增宽导致精细结构的丢失，因此对上述光谱特征的解释至多是对玻璃系统的平均性质的粗略近似。玻璃中只有少数 3d 离子显示出有用的发光特性。代表性的 3d 离子玻璃光学性能以及表明吸收峰性质的 Sugano-Tanabe 图如图 7.7 所示。

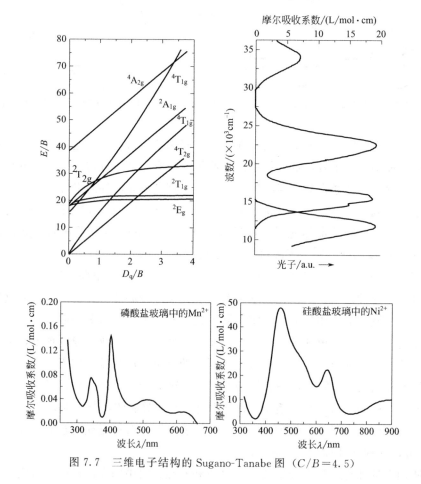

图 7.7　三维电子结构的 Sugano-Tanabe 图 （$C/B=4.5$）

在 3d 系列中的 Cr^{3+} 掺杂玻璃的性能的研究较为详细。在大多数情况下，晶体场强度使 ^2E 和 $^4T_2$ 能态并没有像红宝石那样明显地分开。光谱的分析需要将玻璃结构的无序性即无规则性与场的变异性结合起来。可以将 Cr^{3+} 玻璃的发光光谱分出一个"窄"峰和一个"宽"峰，这两个子峰分别是由高、低场强位 ^2E 和斯托克斯位移 $^4T_2$ 发射引起的。同样地，场强分布导致位点之间跃迁或振荡强度发生变化，这些变化相应地又反映在 Cr^{3+} 玻璃被激发时总发光的非指数衰减中。^2E，$^4T_2$ 能级交错提供额外的光能消耗通道，也从根本上影响玻璃的非辐射弛豫过程。最终结果是，对于目前报道的玻璃系统，Cr^{3+} 玻璃的量子效率普遍较差。值得注意的是，在 $^4T_2$ 带出现的某些结构被认为是由 Fano 反共振引起的。

过渡金属离子使玻璃产生颜色是由于电子的 d-d 跃迁引起的。过渡金属，3d(Sc～Zn)、4d(Y～Cd) 和 5d(Hf～Hg) 在它们的价态（>2）中含有不完全填充的 d 壳层。这种离子（d^1～d^{10}）中电子的角动量（l）和自旋动量（s）结合起来形成能态，这些能态可表示为相应的光谱项符号。最重要的玻璃着色离子 3d 过渡金属离子，l 和 s 动量耦合遵循 Russell-Saunders 耦合或 L-S 耦合，其中 L 的值等于 $l_1+l_2,l_1+l_2-1,\cdots,|l_1-l_2|$，而 S 等于 $\sum s$。L 表示总轨道角动量量子数，它可以有包括 0 在内的 $-L$～$+L$ 的磁量子数 M_L 值，总轨道角动量为 $\sqrt{L(L+1)}$。类似地，S 对应的 $2S+1$ 个磁量子数 M_S 值范围为 $-S$～$+S$（包括 0），总自旋角动量为 $\sqrt{S(S+1)}$。总角动量（轨道＋自旋）由 L 和 S 的矢量和确定，记作 J。因此，过渡金属离子中的 L 和 S 值可以有不同的耦合，根据泡利不相容原理（没有两个电子可以有相同的 L 和 S 值），可产生不同的微观组态。基态（最低能态）遵循洪特最大多重性定则，即基态是 S 取最大值的态，或者是两个态具有相同多重性时最高 L 和 S 值的耦合。从 d^1 到 d^9（由于 L 和 S 都为 0，满壳层电子总是单一 S 态）的所有 d 离子的组态都计算列于表 7.1 中。原子态的表示方法即光谱项符号根据 L 值（$L=0$，1，2，3 等）不同分别称为 S、P、D、F 等状态。光谱项的左上标表示自旋多重性，等于 $2S+1$，右下标表示总角动量 J，其取值为 $L+S$～$L-S$。自由离子态能量或对应于各光谱项的能量用拉卡参数 B 和 C（能量积分）确定。表 7.1 列出了一些较低能量光谱项及其以 B 和 C 表示的能量。电子数增加时，由于 n 个电子等价于 $10-n$ 个空穴，就会出现光谱项对称性。因此，该表将光谱项 d^1 表示为等价于 d^9 以及其它等价的光谱项。还可以注意到，尽管基态存在有限的能量值，但通常认为处于能量为零的状态。另外，相同自旋多重性的能级差一般只需要用 B，不同多重性的能级差一般需要同时使用 B 和 C。

表 7.1　自由离子光谱项间隔

组态	原子态	能量
$d^1 \equiv d^9$	^2D	0
	^3F	0
	^1D	$5B+2C$
$d^2 \equiv d^8$	^3P	$15B$
	^1G	$12B+2C$
	^1S	$22B+7C$
$d^3 \equiv d^7$	^4F	0
	^4P	$15B$

组态	原子态	能量
$d^3 \equiv d^7$	^2G	$4B+3C$
	^2H	$9B+3C$
	^2P	$9B+3C$
$d^4 \equiv d^6$	^5D	0
	^3H	$4B+4C$
	^3_aP	$16B+51/2C-1/2(912B^2-24BC+9C^2)^{1/2}$
	^3_aF	$16B+51/2C-3/2(68B^2+4BC+C^2)^{1/2}$
	^3G	$9B+4C$
	^1I	$6B+6C$
d^5	^6S	0
	^4G	$10B+5C$
	^4P	$7B+5C$
	^4D	$17B+5C$
	^2I	$11B+8C$
	^4F	$22B+7C$

玻璃着色不是由自由离子的能态间跃迁而产生的，而是因为这些离子与玻璃中的其它阴离子形成了配位关系。在氧化物玻璃和含氧酸根离子玻璃中，配位体是氧离子而且常见的配位关系并不唯一，既可以是四面体也可以是八面体。理解氧离子配位影响的最简单方法是把它们当作过渡金属离子周围的八面体或四面体上对称分布的带负电的点电荷，多数情况下根据晶体场理论基础足以解释过渡金属离子的光谱特性。过渡金属离子的 5 个 d 轨道在负电荷形成的八面体场中分裂成两组轨道，因为其中一组轨道，$d_{x^2-y^2}$ 和 d_{z^2} 指向八面体中的氧离子（或负电荷），而另一组 d_{xy}、d_{yz} 和 d_{zx} 轨道则伸展在氧离子之间，避免与氧离子发生紧密的相互作用。如果 d 轨道中存在电子，可以想象当八面体的氧离子从无穷远处被移到它们的平衡位置时，所有轨道都会受到影响，但两组轨道受到的影响程度不同。根据对称性，这两组轨道分别被命名为 e_g 轨道和 t_{2g} 轨道。在多电子过渡金属离子中，这些电子填满分裂的能级要考虑三个因素：① t_{2g} 轨道首先被单独填充；②如果 e_g 和 t_{2g} 之间的能量差（即分裂能，表示为 10Dq）小于电子成对能 Δ（将第二个电子放入同一个 d 轨道所需的能量），则 e_g 能级被填满；③但如果 Δ 大于 10Dq，则电子加倍填充在 t_{2g} 能级。可以看出，在能量分裂等于 10Dq 的范围内，t_{2g} 能级为 −4Dq（标准能态之下）而 e_g 能级为 ＋6Dq（标准能态之上）。因此可以验证，d^{10} 离子的 10 个电子能量总和 $n_1(-4Dq)+n_2(+6Dq)=0$。用这种方法计算的能量可以显示，在考虑了 10Dq 值和 Δ 值后是否存在由于晶体场分裂而产生能量的净增加，由此产生的净能量称为晶体场稳定化能（CFSE）。当一个 t_{2g} 电子被激发到 e_g 能级时，激发能相当于 10Dq，并假设该电子的自旋保持不变。离子的净自旋可在类似于 $(t_{2g}^6, e_g^0) \rightarrow (t_{2g}^5, e_g^1)$ 的情形下发生改变。该跃迁的净自旋值是变化的，属禁戒跃迁。可以注意到，由于跃迁都是从一个 d 态到另一个 d 态的跃迁（$\Delta l = 0$），它们也属于 Laporte（波函数对称）禁戒跃迁。

利用群论考虑光谱项符号在八面体场中的转变行为，可以更好地理解与跃迁和自旋允许跃迁相关联的态。根据轨道的固有对称性，s、p、d、f 轨道进入八面体场时要么不受影响要么分裂。s 轨道和 p 轨道在八面体场中不受影响，d 轨道分裂成两组，它们分别是 e_g 轨道和 t_{2g} 轨道。f 轨道分裂成三组，分别是 a_{2g}、t_{1g} 和 t_{2g}。这是因为轨道形状及其空间相互配置都是由量子数 l 决定的，多 d 电子系统中的轨道分裂同样基于 l。基于总角动量量子数 L 的光谱项符号分裂成组。因此，能量光谱项被转换成如表 7.2 所示的光谱子项。

表 7.2　八面体场中 d^n 光谱项的分裂

光谱项	八面体场中的光谱子项
S	A_{1g}
P	T_{1g}
D	$E_g + T_{2g}$
F	$A_{2g} + T_{1g} + T_{2g}$
G	$A_{1g} + E_g + T_{1g} + T_{2g}$
H	$A_{1g} + A_{2g} + E_g + T_{1g} + T_{2g} + T_{2g}$

这样，可以马上看出一个处于基态的特定离子的能级在八面体场中是如何分裂的。由表 7.1 可知，过渡金属离子的基态只能是 S、D、F，而第一激发态可以是 D、P、H 或 G 态。例如，组态为 d^1 离子（如 Ti^{3+}）的基态是 ^2D，分裂成 ^2E_g 和 $^2T_{2g}$，因此可以预见能发生 10Dq 的单电子跃迁。d^2 和 d^7 离子（如 V^{3+} 和 Co^{2+}）分别有 ^3F 和 ^4F 基态，这些态分裂成 $^3A_2/^4A_2$、$^3T_1/^4T_1$、$^3T_2/^4T_2$ 态，因此可以预见会发生两个自旋允许跃迁：$^3T_1 \rightarrow ^3T_2$ 及 $^3T_1 \rightarrow ^3A_2$。另外，对于原子质量更大的过渡金属，如 4d、5d 和稀土离子，重要特点是 $L+S$ 耦合产生 J（光谱项的右下标）。因此，光谱吸收的起因以及含过渡金属离子玻璃的颜色可归因于晶体场中分裂的能级之间的跃迁。

d-d 跃迁是 Laporte 禁戒的，不同自旋态之间的跃迁也是禁戒的。由于自旋轨道的相互作用，自旋选择定则的条件常常变得宽松。由于存在这种相互作用，自旋角动量和轨道角动量耦合。自旋波函数和轨道波函数没有严格分解，因此自旋禁戒跃迁如单重态/三重态跃迁就可以发生。类似地，由于结构中的过渡金属原子的振动运动总会消除对称性，并产生所谓的振动耦合使得基态和激发态之间的跃迁成为可能，因此，虽然 d-d 跃迁严格地说是 Laporte 禁戒的（因为基态和激发态的波函数都由相同的对称 d 函数形成），但也可以是允许跃迁。自旋跃迁和 Laporte 禁戒跃迁一般都很弱，消光系数为 $0.1cm^{-1}$ 量级。自旋允许但 Laporte 禁戒跃迁的消光系数可达 $10cm^{-1}$ 量级，玻璃中过渡金属离子产生的吸收峰通常非常宽，峰宽约为 $1000cm^{-1}$ 量级。与玻璃中过渡金属离子光谱有关的另一个值得注意的方面是姜泰勒（Jahn-Teller）效应，玻璃中过渡金属离子发生晶体场能级分裂，如果基态是简并的，配位几何会发生变形以消除简并，如 d^1 和 d^9 体系中八面体对称的 Ti^{3+} 和 Cu^{2+} 即为 Jahn-Teller 变形的实例。

添加了 Ni 的硼酸钠玻璃的光谱［图 7.8(c)］随玻璃成分的变化呈现出不同的吸收带。在 425nm 和 770nm 处的吸收带与 $^3A_{2g}(F) \rightarrow ^3T_{1g}(P)$ 和 $^3A_{2g}(F) \rightarrow ^3T_{2g}(P)$ 的自旋允

许跃迁有关，而在 670nm 处的吸收带则与自旋禁戒跃迁有关，$^3A_{2g}(F) \rightarrow ^1E_{3g}(D)$ 是由于离子不在对称中心而发生的 d-p 轨道混合。掺杂氧化铁的硼酸钠玻璃的吸收光谱［图 7.8(a)］在 220nm、250nm、345nm、460nm 处有四个吸收峰，220nm 和 250nm 处的紫外吸收峰可以看作是铁离子的电荷转移峰，另外，它们也被认为是原材料杂质引起的。从 Sugano-Tanabe 能级图给出的 d^5 构型中，在 460nm 和 345nm 处观察到的峰分别归属于 $^6A_{1g}(S) \rightarrow ^4T_{2g}(T)$ 和 $^6A_{1g}(S) \rightarrow ^4T_{2g}(G)$ 跃迁，所观察到的峰是八面体变形环境中 Fe^{3+} 的特征峰。普遍认为 Cu^{2+} 是已知的唯一具有 $3d^9$ 结构的离子。八面体对称的 d^9 系统的能级图仅与八面体 d^1 系统的能级图相反。所有含铜玻璃的光谱至少有一个中心位于 750～850nm 独特的非对称宽峰，该峰的宽化和不对称性可能是由于低对称的配体场组分的分裂造成的［图 7.8(d)］。与水相和结晶铜配合物的光谱比较表明，Cu^{2+} 必须以近似八面体配位的形式存在于玻璃中。图 7.8(b) 中，在约 520nm 处的吸收峰归因于八面体形式的 Co^{2+} 的 $^4T_{1g}(F) \rightarrow ^2T_{1g}(H)$ 跃迁。另外两个位于可见光区约 575nm 和 620～630nm 处的吸收峰与四面体配位内 $^4A_2(4F) \rightarrow ^4T_1(4P)$ 和 $^4A_2(4F) \rightarrow ^4T_1(4F)$ 的跃迁有关。Fe^{2+}、Co^{2+}、Ni^{2+} 和 Cu^{2+} 的跃迁属性、10Dq 和计算的 Racah 参数如表 7.3 所示。

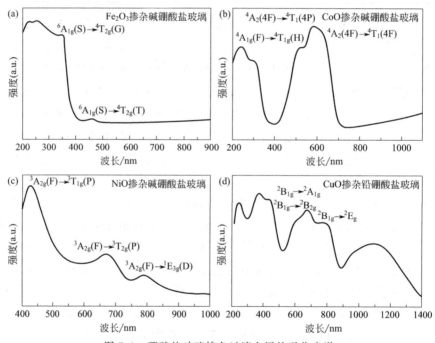

图 7.8　硼酸盐玻璃掺杂过渡金属的吸收光谱

表 7.3　跃迁属性及能量参数

掺杂离子	检测跃迁/cm^{-1}	跃迁归属	计算跃迁/cm^{-1}	晶体场分裂能/cm^{-1}	Racah 参数/cm^{-1}
Fe^{2+}	9300	$^5D_5 \rightarrow ^5D_3$	9300	9300	
	6870	$^4F_4 \rightarrow ^4F_5$	6870	7490	720
Co^{2+}	11040	$^4F_4 \rightarrow ^4F_2$	13880		
	17360	$^4F_4 \rightarrow ^4P_4$	16360		

掺杂离子	检测跃迁/cm^{-1}	跃迁归属	计算跃迁/cm^{-1}	晶体场分裂能/cm^{-1}	Racah 参数/cm^{-1}
Ni^{2+}	6800	$^3F_2 \rightarrow {}^3F_5$	6880	6880	880
	11700	$^3F_2 \rightarrow {}^3F_4$	11450		
	14290	$^3F_2 \rightarrow {}^1D_3$	14910		
	22730	$^3F_2 \rightarrow {}^3P_4$	22360		
Cu^{2+}	11150	$^2D_3 \rightarrow {}^2D_5$	11200	11200	

在可见光区域的高能量一侧（UV 方向），过渡金属离子由于电荷转移跃迁而产生强烈的吸收。电荷可以从金属转移到配体，也可以从配体转移到金属。含 Fe 的玻璃在紫外区同时表现出 Fe^{3+} 和 Fe^{2+} 两个电荷转移吸收。磷酸盐玻璃中 Fe^{3+} 引起的紫外吸收在约 40000cm^{-1} 处出现吸收峰，而在碱硅酸盐玻璃中该峰位置则移至 45000cm^{-1} 处。同样地，Cr^{6+} 也分别在约 27000cm^{-1} 和 30000cm^{-1} 处出现两个电荷转移吸收峰，紫外线吸收的高频截止波长可用关系式 λ_0(nm)$=1240/E_g$(eV)确定，其中 E_g 为（电荷转移）带隙能。因此，过渡金属离子引起的吸收以及由此产生的玻璃的着色是由过渡金属离子所处的位置对称性、配体的性质和 10Dq 值决定的。表 7.4 列出了几种过渡金属离子在氧化物玻璃中的着色情况。

稀土离子产生颜色的原因与过渡金属离子完全相同，稀土也被称为内过渡元素，稀土离子在结晶场中也容易发生能级分裂。然而，由于 f 轨道被深藏在内部，与过渡金属离子相比，它们对配体环境的敏感度较低，受到的影响也相对较小。自由离子的电子占据 (4f)^n 构型的轨道，电子间库仑相互作用导致能态的初始分裂形成 LS 能态。电子能态随后受到自旋轨道耦合的扰动，在适当的条件下，LS 态进一步分裂成类似于拉塞尔-桑德斯 (Russell-Saunders) 近似的 J-多重态。由于许多 4f 电子组合的复杂性，拉塞尔-桑德斯近似通常是不够的。自旋-轨道相互作用可以混合来自不同 LS 能态的 J 个态，这需要引入中间耦合态，表示为：

$$| f^n \{\gamma'S'L'\} J \rangle = \sum_{\gamma SL} c(\gamma SL) \, | f^n \gamma SLJ \rangle \tag{7.41}$$

上式中 $| f^n \gamma SLJ \rangle$ 是具有类似 S 和 L 值 γ 分化态的 Russell-Saunders 态。标记 $\{\gamma'S'L'\}$ 表示多重态中占主导的 Russell-Saunders 态。通过复杂的对角化过程，可以得到合适的系数 c，采用这种方法对三价稀土自由离子态进行了准确的表征。通常 4f 离子态标记为 $^{2S'}L'_J$，如 $^3H_4$、$^3P_0$ 等。该方法偏离 LS 耦合法主要表现在违背朗德间隔规则。

对称性降低导致自由离子态产生额外的分裂。对镧系元素而言，由于活性电子一定程度上受到较高量子壳层屏蔽，外部扰动的影响相对于库仑作用和 LS 相互作用而言较弱。J-多重态按其 $\{\gamma'S'L'\}$ 态发生分裂，分裂的性质决定于晶体场的对称性和强度，并表示为参数 B_q^k。晶体场参数使 J 值混合，并可以改变辐射选择定则。

固体中观察到的稀土可见光区的光学跃迁大部分发生在同一组态的能态之间。考虑宇称奇偶性，这种情况下的电偶极跃迁是禁戒的，除非晶体场为扰动提供一个奇次分量，并将其它组态元素混合到 4f 态中。通过某些简化，Judd 和 Ofelt 提出了一种方便地处理固体中 4f 离子组态内跃迁光谱强度的方法。该近似中，跃迁强度可以写成如下形式：

$$S(aJ:bJ') = e^2 \sum_{t=2,4,6} \Omega_t |\langle f^n \gamma_b S_b L_b J_b \| U^t \| f^n \gamma_a S_a L_a J_a \rangle| \tag{7.42}$$

式中，Ω_t 称为 Judd-Ofelt 参数，可计算单位张量算符 U^t 的约化矩阵元。Ω_t 是奇次宇称晶体场强度和性质的度量，这些参数通常是对实验测得的吸收和发射强度进行拟合而得到的。引入额外的 d 电子后，晶体场中单电子 e 轨道和 t 轨道通过库仑排斥进行耦合，并表示为 SΓ，类似于 4f 构型中的 SL 光谱项，记号 Γ 是表示对称群的本征态群论符号。SΓ 光谱项间隔用 Racah 参数 A、B、C 表示，A 不影响能态间隔，而比率 C/B 对于整个 3d 系列离子几乎是常数，即 B 和 Dq 两个参数决定了 3d 能级光谱项的行为。这种行为通常用 Sugano-Tanabe 图来表示，该图绘制了以 B 为单位的光谱项能量，即 E 与度量场强的 Dq/B 比值的关系曲线（图 7.7）。光谱项标记为 $^{2S+1}\Gamma$，Γ 可以是符号 A、E、T，表示偶次宇称态的下标 g 经常省略。表 7.4 为玻璃中过渡金属和稀土离子产生的颜色。

表 7.4 玻璃中过渡金属和稀土离子产生的颜色

过渡金属离子			稀土离子		
组态	离子	颜色	组态	离子	颜色
d^0	Ti^{4+}	无色	$4f^0$	La^{3+}	无色
	V^{5+}	淡黄～无色		Ce^{4+}	淡黄色
	Cr^{6+}	淡黄～无色	$4f^1$	Ce^{3+}	淡黄色
			$4f^2$	Pr^{3+}	绿色
			$4f^3$	Nd^{3+}	紫粉色
d^1	Ti^{3+}	紫色	$4f^4$	Pm^{3+}	无色
	V^{4+}	蓝色	$4f^5$	Sm^{3+}	无色
	Mn^{6+}	无色	$4f^6$	Sm^{2+}	绿色
d^2	V^{3+}	黄绿色		Eu^{3+}	无色
d^3	Cr^{3+}	绿色	$4f^7$	Eu^{2+}	棕色
d^4	Cr^{2+}	淡蓝色		Gd^{3+}	无色
	Mn^{3+}	紫色	$4f^8$	Tb^{3+}	无色
d^5	Mn^{2+}	淡黄色	$4f^9$	Dy^{3+}	无色
	Fe^{3+}	淡黄色	$4f^{10}$	Dy^{2+}	棕色
d^6	Fe^{2+}	蓝绿色		Ho^{3+}	黄色
	Co^{3+}	淡黄色	$4f^{11}$	Er^{3+}	淡粉色
d^7	Co^{2+}	蓝粉色	$4f^{12}$	Tm^{3+}	无色
d^8	Ni^{2+}	紫褐色		Tm^{2+}	无色
d^9	Cu^{2+}	蓝绿色	$4f^{13}$	Yb^{3+}	无色
d^{10}	Cu^+	无色	$4f^{14}$	Lu^{3+}	无色

图 7.9(a)～(c) 所示为普通玻璃中掺稀土代表性光谱图。除了玻璃不均匀或无序加宽抹去了 J-多重性结构细节产生的影响外，从图中还可以看出，玻璃中的电子跃迁可以

清楚地归因于它们的 *LS* 角动量特征。晶体和非晶材料的光谱存在明显的对应关系，当然，这只不过是 4f 电子屏蔽效果较强导致的结果。图 7.9(a) 中 Nd^{3+} 是玻璃中研究得最充分的 4f 掺杂剂。图中显示了 Er^{3+}(b) 和 Tm^{3+}(c) 的主要激发跃迁。能级图中没有显示出明显的能级结构，但在大多数 4f 掺杂玻璃的不均匀加宽的跃迁中可以看到。

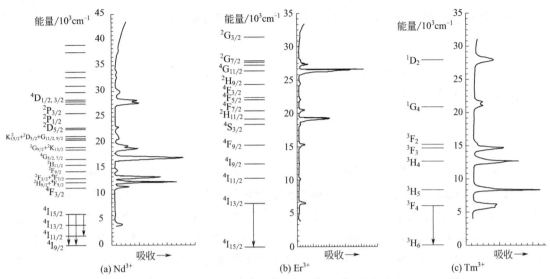

(a) Nd^{3+}　　　　(b) Er^{3+}　　　　(c) Tm^{3+}

图 7.9　玻璃中常见的 4f 离子的吸收光谱和能级

7.1.4　玻璃透光性能的测定

很明显，高透光率是玻璃材料特别是光学玻璃的基本性质，在整个可见光区域乃至可见光以外部分区域都应有较高的透光率。光学玻璃组成（硅、氧、硼、钠、钾、铅、钡、镧等）原子间的化学键很强，要使它们分开，光子能量要高于 3eV，这相当于 400nm 波长的光。玻璃中的杂质成分会引入较弱的化学键并因此导致可见光被吸收，提高玻璃熔制技术及采用高纯原料可保证杂质成分很低。玻璃的另一个本质属性就是玻璃熔体冷却成刚性固体时仍然保留有液体的内部微观结构，这意味着理论上讲，玻璃中不存在晶体或其它任何尺寸的微不均体使光线被阻挡、偏转或散射而降低透明度。

使总透光率（T）降低的影响因素是 Fresnel 反射，与玻璃的折射率有关。评价玻璃熔体的透光性要先消除折射率引起透光率降低的影响，这种影响在玻璃制备中无法消除。因此，规定透光率是指内部透光率 T_i。其定义为离开玻璃体的光通量 I_i 与进入玻璃体的光通量 I_{i0} 之比（图 7.10）：

$$T = \frac{I}{I_0}, T_i = \frac{I_i}{I_{i0}} \qquad (7.43)$$

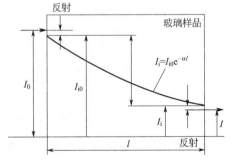

图 7.10　光线通过玻璃时在入射和出射处折射、在玻璃内被吸收后强度下降

采用双光束分光光度计检测玻璃从紫外到近红外的透光率。第一束光通过厚度

通常为25mm的玻璃，第二束光用作光强度的参比光。样品室可放置最大300mm长的样品，可用于内部透光率接近1的精确测定。使用两个单色仪串联而成的装置可获得较高的波长精度，全波长范围为190～3200nm，采用积分球，波长范围缩至200～2500nm，波长间隔可在1nm以内。透光率测定误差在紫外可见光区域优于±0.3%，在近红外区域优于±0.5%。波长检测误差在紫外可见光区域优于±0.08nm，在近红外区域优于±0.8nm。使用反射率因子 $P(\lambda)$ 可将透光率转化为内部透光率：

$$T(\lambda) = T_i(\lambda)P(\lambda) \tag{7.44}$$

多重反射的反射率因子 $P(\lambda)$ 与一定波长下的折射率 $n(\lambda)$ 有关，可根据测定波长范围内的精确折射率数据按下式计算：

$$P(\lambda) = \frac{2n(\lambda)}{n^2(\lambda) + 1} \tag{7.45}$$

光学玻璃的总透光率曲线显示出因束缚原子离子化所形成的急剧向下的吸收边、可见光和近红外区域的高透过平台线、残留水分引起的红外吸收边、3000nm处小的透射窗。光学玻璃不再透过波长超过4500nm的光线，这些光线被吸收后能量转化为束缚原子的振动。图7.11为多数玻璃典型的透光率曲线。玻璃原料杂质含量高会导致曲线在吸收边处的斜率降低，曲线一直延伸至可见光区并使玻璃呈现黄色。对于多数近红外应用，高透光平台线一直延伸到红外区直至出现下降。玻璃熔制时采取干燥措施能大大减少约2700nm处的光吸收，不过会增加成本，而且通常情况下没有必要。一般色散理论指出玻璃的折射率越高，紫外吸收边越接近可见光区。折射率很高的玻璃，特别是无铅玻璃替代品，吸收边进入可见光区域使玻璃呈现淡黄色。

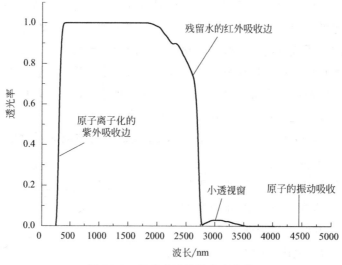

图 7.11　玻璃典型的透光率曲线

分光光度计一般由四部分组成。①合适的光源，可覆盖拟检测的紫外/可见光区域。一般情况下可使用气体灯（如氙灯），或两种不同灯的组合（如钨灯/氙灯）。②合适的样品架，用于放置样品。液体样品置于石英、硼硅酸盐玻璃或丙烯酸塑料制成的比色皿中。

然而，玻璃和丙烯酸塑料因为不能透过紫外线而只能用于可见光范围的检测。固体样品可以放置在适当的支架中，置于分光光度计的光路中用于透光率检测。③色散元件，将光分布到不同的波长。色散元件可以是石英棱镜或衍射光栅，即能够衍射光、具有周期性结构的光学元件。④检测器，透射光的强度用合适的检测器如光电倍增管、多通道阵列（如光电二极管阵列 PDA）或电荷耦合器件（CCD，类似于数码相机）记录。PDA 和 CCD 检测器都使用光敏半导体材料将光转换成电信号，然后由仪器记录下来。

紫外/可见分光光度计可按光谱检测光学系统组成元件的几何配置进行分类。以下两种配置通常用于紫外/可见光谱：扫描式分光光度计和阵列式分光光度计。传统扫描分光光度计的工作原理是检测各单一波长的透光率。首先利用反射光栅将光分散成各单一波长光，光栅旋转分别选择各波长的光使其通过样品池，并记录每一特定波长光的透光率，通过光栅不断旋转改变入射到样品的光波长（即扫描）就得到整个光谱。由于光栅必须由马达机械旋转实现波长变换，扫描型分光光度计完成全谱扫描需要花一定的时间，该扫描过程波长选择的准确性和再现性取决于分光光度计的扫描速度。阵列式分光光度计中，一束由紫外/可见光范围内所有波长光组成的连续光束通过样品，也就是说样品池中的样品同时吸收不同波长的光。透射光被位于样品池后面的反射光栅衍射，这种设计也称为"反向光学"，即光通过样品后才被光栅衍射，随后不同波长的衍射光被导向检测器上，该检测器的长阵列光敏半导体材料能够同时检测透射光束的所有波长。因为这种配置将所有波长同时记录，检测紫外/可见光全光谱通常比传统的扫描分光光度计速度更快。此外，阵列检测器还具有积分功能，可以累积各个测量值以增强信号，从而大大提高信噪比，改善检测光谱的信号质量。阵列式分光光度计提供了一种基于反向光学技术的全光谱快速扫描新方法，无需移动光学部件的稳健设计能确保仪器具备良好的光学性能。积分球是一种空心球，内部涂有硫酸钡，这是一种漫反射白色涂料，在 $450 \sim 900nm$ 之间反射率大于 97%。球体内部被阻挡，以阻挡直接的和第一次反射的光线。积分球被用作均匀辐射源和测量总功率的输入光学元件。通常情况下，灯被放置在球体内部以捕捉任何方向发出的光。

测量吸收光谱的分光光度计通常包括一个连续光源、一个用于白光色散和窄带波长选择的单色仪（图 7.12）。截光器通常是一面旋转镜，其扇区交替地发射和反射光束，这样光电检测器交替地记录通过样品或参比池的光束强度。图中单色器包括一个可旋转的衍射光栅（阴影部分）、两面曲面镜、两面平面镜、调节光谱分辨率的进出口狭缝、PD 光电检测器（光电倍增管或光电二极管）。一束光透过样品，另一束光透过参比（空白）池。用光电倍增管或其它检测器测量两束光的强度用于计算样品不同波长下的吸光度：

$$\Delta A = \lg(I_0/I_s) - \lg(I_r/I_s) = \lg(I_r/I_s) \tag{7.46}$$

式中，A 为样品吸光度；I_0、I_s、I_r 分别为入射光、样品出射光、参比样出射光的强度。测量参比信号可使仪器扣除溶剂和样品池壁的吸光度。正确选择参比样还可以减少浑浊样品散射光损失带来的误差。

光强可以用光电倍增管来测量，光电倍增管是一种带有负电荷的平板或表面（阴极或光电阴极）的真空管，它在吸收光子时释放光电子。阴极涂层材料在较宽的频率范围对光作出响应，放出的光电子获得的动能等于特定频率（$h\nu$）光子的能量与释出电子所需的最

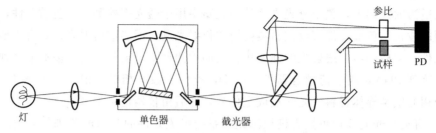

图 7.12　分光光度计的仪器组成示意图

低能量（$h\nu_0$）之差。光电子被管中的电场加速，并被吸引到第二涂布板上（倍增器电极），在此处，碰撞释放的动能释出几个新的电子。这些电子加速运动到第二个倍增器电极上，并溅射出其它电子。经过一系列 6～14 段的重复放大，可以将总电流放大 10^6～10^8 倍，放大倍数取决于管的设计和施加在倍增器电极链上的电压。通过最后的倍增器电极（阳极），电流被传递到放大器，并记录为连续信号或数显脉冲。

光电倍增管在多个数量级下的光强度具有显著的线性特性（图 7.13），但最适用于强度非常低的光。它们的量子效率通常在 0.25 左右，这意味着约有 25% 的光子撞击阴极使阳极产生电流脉冲。高强光下的响应会达到饱和，因为消耗电子提高了阴极上的电势。涂有砷化镓和相关材料的阴极具有更高的量子效率，覆盖的光谱范围非常宽，但与大多数其它常用材料相比，其稳健性较差。光电倍增管的时间分辨率主要受电子到达阳极的路径变化的限制，由于渡越时间的扩展，单光子吸收产生的阳极脉冲的宽度通常为 10^{-9}～10^{-8}s。微通道板光电倍增管的工作原理与普通光电倍增管相同，不同之处在于电子放大步级是沿着小毛细管壁进行的，其渡越时间的延长要小一些，微通道板检测器的阳极脉冲宽度可短至 2×10^{-11}s。光强度也可以用硅、锗或其它半导体制成的光电二极管来测量，这些器件在区与区（N 型和 P 型）之间有结，这些区用其它元素掺杂，分别产生过量的电子或空穴。在黑暗中，电子从 N 型区扩散到 P 型区，而空穴则向相反的方向扩散，形成一个穿过 PN 结的电场。吸收光使额外的电子-空穴对分离，这些电子-空穴在电场作用下扩散，并在元件中产生电流。硅光电二极管的量子效率约为 80%，在较高的光强下运行良好。其时间分辨率通常在 10^{-9}～10^{-8}s 左右，但如果二极管中有源区非常小也可能在 10^{-11}s 左右。

图 7.13　光电倍增管原理示意图

图 7.12 所示的传统分光光度计有几个局限性。首先，给定时间内到达检测器的光只覆盖了很窄的波长段。由于单色器中的光栅、棱镜或镜子必须旋转才能使窗口在检测光谱区域内移动，因此，测得吸收光谱通常需要几分钟，在此期间样品可能会发生变化。此

外，通过缩小单色器的进出狭缝来提高光谱分辨率会减少到达光电倍增管的光通量，从而会增加信号噪声。虽然可以通过对较长时间信号进行平均来提高信噪比，但这使光谱检测变得更慢。有些仪器采用光电二极管阵列同时检测不同波长的光，这在一定程度上克服了上述不足。

图 7.14 为摩尔比组成为 $50P_2O_5\text{-}20B_2O_3\text{-}30ZnO$ 的基础磷酸盐玻璃掺杂 CeO_2、TiO_2 的透光率谱图。由于掺 CeO_2/TiO_2 引入的变价金属离子 Ce^{3+}、Ce^{4+}、Ti^{3+}、Ti^{4+} 会在电子能带中引入新的能级，因此会导致玻璃的透光率谱发生改变。从图中可以看出，掺 CeO_2/TiO_2 使玻璃的吸收边发生不同程度的红移。其中 CeO_2 相比 TiO_2 红移的程度较小，CeO_2 增加时吸收边红移的幅度变化不大，这表明磷酸盐玻璃能够融入较高浓度的 CeO_2 且能使玻璃的光学性质保持基本稳定，这与磷酸盐玻璃网络结构较灵活以及两种价态的铈在其中的吸收波段不同有关。CeO_2 在玻璃的可见光区未产生新的吸收带，因为 Ce^{3+} 和 Ce^{4+} 的壳层电子 4f→5d 跃迁分别在 314nm 和 240nm 处产生吸收，这些光吸收都位于紫外区域。

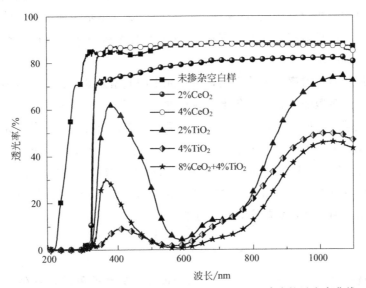

图 7.14　含不同 CeO_2/TiO_2 的 $P_2O_5\text{-}B_2O_3\text{-}ZnO$ 玻璃的透光率曲线

Ti^{3+} 的电子构型为 $3d^1$，能够发生电子能态的 d-d 跃迁。在八面体或四面体场中，^2D 基态分裂为 ^2E 和 $^2T_2$ 态。其中 $^2T_2$ 态进一步分裂为 3 个 $^2B_{2g}$ 态，^2E 激发态进一步分裂为 A_{1g} 和 B_{1g} 态。对于压缩的八面体 d^1 离子，其基态为 B_{2g}。因此在 540nm 和 690nm 处的光吸收可分别归因于 Ti^{3+} 的 $^2B_{2g}\rightarrow^2B_{1g}$ 和 $^2B_{2g}\rightarrow^2A_{1g}$ 跃迁。从图 7.14 中可以看出增加 TiO_2 掺量，这两个吸收峰强度增加，说明 TiO_2 增加时玻璃网络中的 Ti^{3+} 所占份额相应增加。这是因为 TiO_2 在酸性氧化物较多的硼磷酸盐玻璃中除了产生部分 Ti^{4+} 外，更容易形成大量的 Ti^{3+}。Ti^{3+} 和 Ti^{4+} 分别在 500～700nm 范围和紫外区域产生光吸收，因此硼磷酸盐玻璃中掺入 TiO_2 越多，可见光区的透光率就越低，复掺 CeO_2/TiO_2 试样（8% $CeO_2+4\%TiO_2$）由于离子浓度总量增加大而显示最低的透光率。

7.2 玻璃的色散及其测定

7.2.1 色散与光的折射

（1） Snell 折射定律

ISO9802 标准光学玻璃原片规范中的 ISO12123 光学玻璃原片卷定义，折射率为某一波长的电磁波在真空中的传播速度与其在介质中的传播速度之比。从更为实用的观点出发，可将折射率按 Snell 折射定律定义为：

$$n = \frac{\sin\alpha}{\sin\beta} \tag{7.47}$$

式中，n 为介质折射率；α 为真空中光线的入射角；β 为光线在介质中的折射角。角度为光线进入介质时表面某点处的法线与光线前进方向之间的夹角。对折射率不同的两种介质，该定律更为一般的表达式为：$n_2/n_1 = \sin\alpha/\sin\beta$。除非特别说明，玻璃的折射率是指相对于标准空气的折射率，标准空气在 101.3kPa 标准压力下 589nm 波长光线相对于真空的折射率为 1.000272。

色散表示波长对折射率大小的影响，可见光中的蓝紫光区域比红光区域对光学玻璃的折射率影响更大。色散随波长的变化不是线性的，也不是波长的简单函数，实践中为了简单明了地表征玻璃的色散行为，往往采用各种简化的量化指标。第一种就是将蓝光和红光的折射率差定义为平均色散，即夫琅禾费（Fraunhofer）氢光谱中的 F 线 （486nm）与 C 线 （656nm）折射率的差值 $n_F - n_C$。而最常用的描述色散的定量指标是阿贝数 γ_d，该指标表示氢光谱中的 d 线 （588nm）折射率中心值（$n_d - 1$）与平均色散的相对大小。由于分母为平均色散，所以阿贝数越高，色散越低。

$$\gamma_d = \frac{n_d - 1}{n_F - n_C} \tag{7.48}$$

是否应该选择氢光谱中的 d、F、C 线来表征光学玻璃的色散一直存在争议。一些人倾向于采用汞光谱中的 e 线 （546.07nm）、镉光谱中的 C′ 线 （643.85nm）和 F′ 线 （479.99nm）表征光学玻璃的折射率和阿贝数。过去人眼视力光学侧重于采用 d、F、C 线，而仪器光学则侧重于采用 e、C′、F′ 线，调查显示约 1/3 制造商支持使用 d 线，而 2/3 支持使用 e 线，光学玻璃产品目录中可列出两种方法测定的数据。在 ISO10110 光学玻璃元件系列标准中，标准数据采用 e、C′、F′ 线，而在光学玻璃规格的标准中两种方法都作了规定。

通常采用一系列特征波长表征光学玻璃的折射率和色散，这些波长分属于某些化学元素的光谱线，其中大多数存在于夫琅和费观测的太阳光吸收光谱线中，其光谱线的命名符号仍被采用。表 7.5 列出了较准确的常用光谱线波长数据，要得到最准确的折射率数据，需要将尽可能准确的波长值代入谢米尔（Sellmeier）方程式计算，其中加 " * " 的为表征光学玻璃最常用光谱线。

表 7.5　光学玻璃性质表征采用的特征光波长

波长/nm	夫琅禾费命名	元素	波长/nm	夫琅禾费命名	元素	波长/nm	夫琅禾费命名	元素
2325.42		Hg	643.8469	C′	Cd	404.6561	h	Hg
1970.09		Hg	632.8		He-Ne	365.0146	i	Hg
1529.582		Hg	589.2938	D	Na	334.1478		Hg
1060.0		Nd	587.5618*	d	He	312.5663		Hg
1013.98	t	Hg	546.0740*	e	Hg	296.7278		Hg
852.11	s	Cs	486.1327*	F	H	280.4		Hg
706.5188	r	He	479.9914	F′	Cd	248.3		Hg
656.2725*	C	H	435.8343	g	Hg			

（2）部分色散

可见光范围中心波长的折射率以及阿贝数仅仅是描述光学玻璃折射行为的第一次近似，对于高品质光学系统还需要更为精确的表征。与平均色散相关的相对部分色散反映了折射率随部分波长的变化。波长 x、y 下的相对部分色散 $P_{x,y}$ 和 $P'_{x,y}$ 定义为：

$$P_{x,y}=\frac{n_x-n_y}{n_F+n_C}, \quad P'_{x,y}=\frac{n_x-n_y}{n'_F+n'_C} \tag{7.49}$$

最常用的蓝紫光区域部分色散采用 g 线（436nm）和 F 线（486nm），其色散最强，红光区域采用 C 线和 s 线（852nm）。许多光学玻璃的部分色散 $P_{x,y}$ 与阿贝数 γ 近似符合线性关系：

$$P_{x,y}=a_{xy}+b_{xy}\gamma_d \tag{7.50}$$

式中，a_{xy}、b_{xy} 为给定相对部分色散的常数，一些部分色散线性关系式的常数如表 7.6 所示。

表 7.6　部分色散线性关系式的常数

部分色散	a_{xy}	b_{xy}	光波长
$P_{C,t}$	0.5450	0.004743	C 线,t 线
$P_{C,s}$	0.4029	0.002331	C 线,s 线
$P_{F,c}$	0.4884	−0.000526	F 线,e 线
$P_{g,e}$	0.6438	−0.001682	g 线,F 线
$P_{i,g}$	1.72541	−0.008382	i 线,g 线

部分色散与阿贝数符合直线关系的称为正常玻璃，要矫正两种以上波长下的外观颜色，玻璃就不能再符合这一规律。因此需要开发出部分色散偏离阿贝经验规则的玻璃，这种偏离用 $\Delta P_{x,y}$ 来表示。推广的部分色散与阿贝数关系式表示为：

$$P_{x,y}=a_{xy}+b_{xy}\gamma_d+\Delta P_{x,y} \tag{7.51}$$

对色散最准确和最完整的描述是利用色散公式将色散从紫外光扩展至红外光，红外光波长约 2500nm 时大多数玻璃开始显著吸收。色散公式要求能计算宽波长范围内的折射率值，其精确度达到最佳检测设备达到的水平（误差低于 3×10^{-6}）。另外，计算需要采用限制性系数值。以往采用劳伦级数展开式(7.52)代入波长 λ 和光学玻璃目录中所列特定玻璃的系数 $A_0,\cdots,A_5$ 进行计算。该公式的准确度在可见光区为 $\pm 3\times 10^{-6}$，在低于 365nm 和高于 1014nm 的邻近区域的准确度为 $\pm 5\times 10^{-6}$。

$$n^2 = A_0 + A_1\lambda^2 + A_2\lambda^{-2} + A_3\lambda^{-4} + A_4\lambda^{-6} + A_5\lambda^{-8} \tag{7.52}$$

此后随着对更宽波长范围的计算准确度和适用性要求不断提高，劳伦级数公式计算的玻璃色散准确度显得有限。采取将总色散公式导出的三个吸收项代入谢米尔公式(7.53)进行计算，试验表明 $1\mu m$ 以上的计算值准确度高，检测波长之间的中间插值较好。

$$n(\lambda) = \left(\frac{B_1\lambda^2}{\lambda^2 - C_1} + \frac{B_2\lambda^2}{\lambda^2 - C_2} + \frac{B_3\lambda^2}{\lambda^2 - C_3} + 1\right)^{1/2} \tag{7.53}$$

谢米尔公式中的系数可查阅温度 22℃、气压 101.3kPa 下的相关玻璃数据表。给定系数的有效波长范围在 $300\sim 2325$nm 之间，谢米尔公式并不能准确描述有效范围之外的色散，靠近紫外吸收区的折射率增加很快，这样偏差也增加很快。谢米尔公式中的第三项表示 $10\mu m$ 区域的红外吸收段，实际上，$2\mu m$ 后玻璃就开始吸收，超过 $4.5\mu m$ 玻璃强烈吸收。谢米尔公式可看作是用 6 个谢米尔系数作参数在特定有效区域内拟合得到的方程式，其它色散公式由于系数比较少，准确度要低一些或应用范围受限。

当光入射到玻璃表面时，部分反射，部分透射。透射光线产生折射，其特征用玻璃的折射率表示。反射部分由垂直反射率表示，它与光入射到玻璃表面前所经过的介质（n_2）及玻璃折射率（n_1）有关。反射率 R 表示为：

$$R = \frac{(n_1 - n_2)^2}{(n_1 + n_2)^2} \tag{7.54}$$

由于折射率 n_1 本身与频率相关，反射率也与入射光波长相关。如果一种介质为真空或空气 [15℃ 760mmHg 柱（101325Pa）压力下真空中钠光谱中的 D 线（$\lambda = 589.3$nm）的折射率为 1，而同样条件下在空气中的折射率为 1.000275]，反射率可写为 $(n-1)^2/(n+1)^2$（n 为介质的折射率）。

玻璃对高频入射电磁辐射的响应是玻璃中的电子对振荡电场的耦合。因此，折射率与系统的介电常数 ε 有关（对于非磁性材料，玻璃对振荡磁场的响应可忽略）。介电常数本身与频率相关，可以用一个复数表示为：

$$\varepsilon^*(\omega) = \varepsilon'(\omega) - i\varepsilon''(\omega) \tag{7.55}$$

根据麦克斯韦关系式可以看出，在非常高的频率下，$\varepsilon^* = n^2$，因此，折射率 n 本身可以写成一个复数：

$$n^* = n' - i\kappa \tag{7.56}$$

为了方便（和避免混淆），将 n 写成 n'。κ 为消光系数，它对光的衰减作用类似于 ε'' 对电场的衰减作用引起的介电损耗。光在玻璃中的强度衰减或强度本征损耗的总表达式为：

$$L = A\exp\left(\frac{a}{\lambda}\right) + \frac{B}{\lambda^4} + C\exp\left(-\frac{c}{\lambda}\right) \tag{7.57}$$

其中 A、a、B、C、c 是材料相关的常数。上式第一项表示由于电子激发引起的损耗，也就是紫外线吸收边，第二项表示的是瑞利散射引起的损耗，第三项表示红外区域的多声子过程。实际上每个 λ 的电磁波振幅随因子 $\exp(-2\pi k/n)$ 降低。进入玻璃介质的电磁辐射强度的降低符合比尔-朗伯定律 [式(7.9)]。吸收系数 α 可看作与折射率的实部和虚部相关：

$$\alpha = \frac{4\pi\kappa}{\lambda n} \tag{7.58}$$

其中距离相关项取 λ，表示玻璃中入射光的波长。因为 $\lambda n = \lambda(\lambda_0/\lambda) = \lambda_0$：

$$\alpha = \frac{4\pi\kappa}{\lambda_0} \tag{7.59}$$

其中，λ_0 为真空中光的波长。玻璃吸收光线时，真空-玻璃界面的反射率 R 必须将 κ 值考虑在内，R 可以表示为：

$$R = \frac{[(n-1)^2 + \kappa^2]}{[(n+1)^2 + \kappa^2]} \tag{7.60}$$

在极端情况下，给定频率的折射率由 κ 决定，这样 R 趋于一个整数，这种情况发生在金属中，如熔融 Ge。可以注意到非晶和晶状锗在低频率下的反射率都是 38%，而熔融锗的反射率趋于 100%。这是由于 Ge 的局域结构发生了剧烈变化，使得局部配位数从固体的 4 变成金属熔体的 8。介电常数和折射率都是复数，它们的实部和虚部的关系如下：$\varepsilon^* = (n^*)^2 = (n - i\kappa)^2 = (n^2 - \kappa^2) - i2n\kappa$，而 $\varepsilon^* = \varepsilon' - i\varepsilon''$。因而：

$$\varepsilon' = (n^2 - \kappa^2) , \quad \varepsilon'' = 2n\kappa \tag{7.61}$$

几个重要的光学性质的定义：摩尔吸收系数 $\alpha_M = \alpha/c$，其中 c 是吸收物质的浓度（mol/L），这意味着光的吸收是由于存在特定的吸光物质。吸光度（A）和光密度（D）是另外两个量。它们的关系如下：$A = \ln(I_0/I) = 2.303\lg(I_0/I) = 2.303D$（吸光度 A 为无量纲量，但吸收系数 α 的单位是 cm^{-1}，α 增加 $1cm^{-1}$ 相当于损失 $10^6 dB/km$）。由于折射率与波长相关，一些文献中尝试描述 n 与 λ 的函数关系。应用最广泛、最成功的关系式之一是塞勒美尔（Sellemeier）关系式，它给出了波长 λ 下的折射率 n_λ：

$$n^2(\lambda) - 1 = \sum_{i=1}^{n} \frac{A_i \lambda^2}{\lambda^2 - \lambda_i^2} \tag{7.62}$$

式中，A_i 为振子强度；λ_i 为振子波长（玻璃中的电子被认为是具有特征频率 $\nu_i = c/\lambda_i$ 的振子，其中 c 为光速）。通常上式只需一两项（$n=2$）就足以描述光的色散。在可见光区域，折射率色散常用阿贝（Abbe）数 γ 来描述：

$$\gamma = \frac{n_d - 1}{n_F - n_C} \tag{7.63}$$

下标 d、F、C 表示所用光的波长：d 为 He 光谱中的 587.6nm 黄线；F 为 H 光谱中的 486.1nm 蓝线；C 为 H 光谱中的 656.3nm 橙线。材料的介电响应符合克劳修斯-莫索蒂关系：

$$\left(\frac{\varepsilon - 1}{\varepsilon + 2}\right) = \frac{4\pi}{3}\sum x_i\chi_i \tag{7.64}$$

其中，x_i 是单位体积中 i 原子数；原子极化率 χ_i 也包括离子极化率（但不包括偶极的贡献）。一定光学频率下的极化率和相应的折射率之间的关系可以写成：

$$\left(\frac{n^2-1}{n^2+2}\right)=\frac{4\pi}{3}\sum x_i\chi_i \tag{7.65}$$

两边乘以 M/ρ，其中 M 为分子量，ρ 为玻璃的密度。式子右边包含 $\sum(M/\rho)x_i\chi_i=\sum Vx_i\chi_i=\sum N_i\chi_i$，这是总的摩尔极化率且为常数。$N_i$ 为每摩尔材料中的原子数。因此，式(7.65)给出了摩尔极化率 χ_M，可写为：

$$\chi_M=\left(\frac{n^2-1}{n^2+2}\right)\frac{M}{\rho}=\frac{4\pi}{3}\sum N_i\chi_i \tag{7.66}$$

该式为洛伦兹-罗伦兹方程，这个方程可以用极化率 χ 的定义作略有不同的表示。电磁辐射使电子在介质中受迫振荡，辐射的一部分能量以热的形式散失到介质中。受这种辐射振荡场影响的电子数目很大，因此，极化率 χ 可以表示为：

$$\chi=\frac{e^2}{4\pi^2 m}\sum\left(\frac{f_i}{\omega_i^2-\omega^2}\right) \tag{7.67}$$

式中，ω 为辐射频率；ω_i 为第 i 个电子的特征频率；f_i 为其振子强度。因此，通过用上式替换式(7.66)中的 χ 值，洛伦兹-罗伦兹关系就变为：

$$\left(\frac{n^2-1}{n^2+2}\right)\frac{M}{\rho}=\frac{Ne^2}{3\pi m}\sum\left(\frac{f_i}{\omega_i^2-\omega^2}\right) \tag{7.68}$$

式中，N 为阿伏伽德罗常数。n 在金属玻璃中的行为很有趣，金属中电子的特征表现为其等离子体频率，因此，折射率在等离子体频率范围内存在反常色散。随着 ω 的增加，折射率增加，电磁辐射吸收也增加。但当 ω 达到 ω_p 时，介电常数相应地变为负值，折射率就基本上是虚数了。因此介质中没有电磁辐射传播，电磁波被反射。介电常数的色散性质以及折射率与角频率的关系如图 7.15 所示。

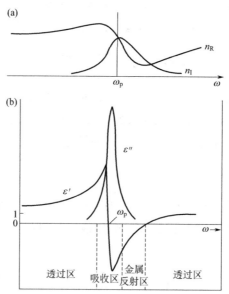

图 7.15　折射率与角频率关系曲线（$n_R=n'$ 为实部；$n_I=\kappa$ 为虚部）(a) 及
介电常数与角频率关系曲线（ε' 为实部，电介质的 ε'' 为虚部）(b)

7.2.2 玻璃光学常数测定

在玻璃的应用中，折射率 n 具有非常重要的意义。n 值取决于玻璃的化学成分和热历史，因为在退火过程中，玻璃的密度会增加，相应地 n 也会增加。采用许多方法能很容易地测量折射率并精确到小数点后面五位。阿贝和普尔弗里奇折射率仪使用简单、方便，还可以在样品和棱镜周围通液体循环测定一定范围内折射率随温度的变化。折射率是根据布鲁斯特定律通过光线在玻璃表面的反射进行测定的。反射光通常比入射光偏振度更高，根据布鲁斯特定律，当 $\alpha + \beta = 90°$ 时偏振最大，其中 α、β 分别为入射角和折射角。测量折射率有好几种方法，如基于棱镜法、浸油法（浸在已知折射率的液体中）和折射率匹配法。所谓的贝克线技术是利用显微镜观察来进行折射率的匹配测定。

（1）V棱镜折射率仪

V棱镜法检测折射率既有较高精确度又适合大量样品的检测，为光学玻璃生产监控及检测报告和后续热处理工艺提供可靠数据，制样过程简单、成本低。测量关键元件是一个有直角V形凹槽和准确折射率已知的玻璃块。样品位于凹槽中，其钝面用浸油制成透明。当样品和V形块的折射率一致时，入射光线将直线通过V形块而不发生偏转。如果试样的折射率高于V形块，光线将偏向系统上方，反之亦然，如图7.16所示。根据测得的偏转角可以计算折射率值。根据折射率定律可得：

$$\begin{cases} n_0 \sin 45° = n \sin(\omega_1 + 45°) \\ n \sin(45° - \omega_1) = n_0 \sin(45° - \omega_2) \\ n_0 \sin \omega_2 = \sin \theta \end{cases} \tag{7.69}$$

根据上述各式可求得：

$$\begin{cases} n = \sqrt{n_0^2 + \sin\theta \sqrt{n_0^2 - \sin^2\theta}} \text{，当 } n > n_0 \text{ 时} \\ n = \sqrt{n_0^2 - \sin\theta \sqrt{n_0^2 - \sin^2\theta}} \text{，当 } n < n_0 \text{ 时} \end{cases} \tag{7.70}$$

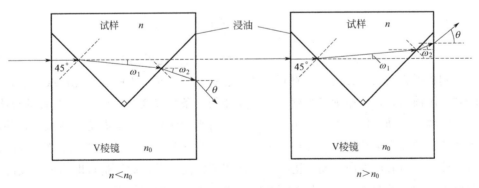

图 7.16　棱镜法测定折射率原理图

（2）棱镜测角仪（最小偏向角法）

如图7.17所示，采用经典的棱镜测角仪可以测得准确度最高的折射率，不需要参比物，只需测得最小偏向角就能测定折射率。波长范围涵盖从真空紫外边界185nm、可见

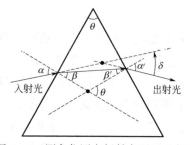

图 7.17　测角仪测定折射率原理示意图

光直至 2325nm 的近红外光区域（许多玻璃在这一波长下又开始吸收光）。折射率的标准测定误差约 $\pm 1 \times 10^{-5}$，色散测定误差 $\pm 3 \times 10^{-6}$。特殊条件下（棱镜面的角度和平整度公差很窄，温度相当稳定），折射率精确度有可能达到 $\pm 1.3 \times 10^{-6}$，色散精确度有可能达到 $\pm 0.7 \times 10^{-6}$。该方法的缺点是需要尺寸相对较大的棱镜（＞35mm×35mm×25mm），平整度和角度精确度要高，另外要求温度非常稳定。因此采用高精度棱镜测角仪成本较高而且比较费时。

棱镜由两平面所构成一夹角 θ，折射率为 n，棱镜浸入折射率为 1 的介质中（如空气），入射光经过两次折射后，相对于入射线偏向一角度 δ 而射出，由 Snell 定律可知：

$$\sin\alpha = n\sin\beta，且 \sin\alpha' = n\sin\beta' \tag{7.71}$$

由于 $\beta + \beta' = \theta$，$\delta = \alpha + \alpha' - \theta$，欲求得最小偏向角，可令：

$$\frac{\mathrm{d}\delta}{\mathrm{d}\alpha} = \frac{\mathrm{d}(\alpha + \alpha' - \theta)}{\mathrm{d}\alpha} = 1 + \frac{\mathrm{d}\alpha'}{\mathrm{d}\alpha} = 0 \tag{7.72}$$

$$\frac{\mathrm{d}(\beta + \beta')}{\mathrm{d}\beta} = 1 + \frac{\mathrm{d}\beta'}{\mathrm{d}\beta} = \frac{\mathrm{d}\theta}{\mathrm{d}\beta} = 0 \tag{7.73}$$

从而 $\mathrm{d}\alpha'/\mathrm{d}\alpha = -1$ 且 $\mathrm{d}\beta'/\mathrm{d}\beta = -1$，式(7.71) 求导得：

$$\cos\alpha \mathrm{d}\alpha = n\cos\beta \mathrm{d}\beta，且 \cos\alpha' \mathrm{d}\alpha' = n\cos\beta' \mathrm{d}\beta' \tag{7.74}$$

则有：

$$\frac{\cos\alpha \cos\beta'}{\cos\alpha' \cos\beta} = 1 \tag{7.75}$$

要使上式成立，势必 $\alpha = \alpha'$，$\beta = \beta'$，故入射角等于出射角时出现最小偏向角 $\delta_{\min}$，于是 $\alpha = (\delta_{\min} + \theta)/2$，$\beta = \theta/2$，代入式(7.71) 得折射率为：

$$n = \frac{\sin\left(\dfrac{\delta_{\min} + \theta}{2}\right)}{\sin\left(\dfrac{\theta}{2}\right)} \tag{7.76}$$

如图 7.18 放置三棱镜，使平行光管、望远镜、三棱镜粗调至如图所示位置，先用肉眼直接找到折射光的大致方向，当看到各种颜色的光谱线时，人眼看到光谱线不动，把望远镜转到人眼前面，再用望远镜观察。对准要测的一条光谱线（如绿线），当转动载物台，棱镜随着载物台转动，使入射角减小，谱线向入射光方向靠拢，偏向角逐渐减小，并转动望远镜跟踪该谱线直至载物台（棱镜）继续沿着同方向转动到某个位置时谱线不再移动，载物台（棱镜）沿着原方向转动，谱线反而向相反方向移动，此转折点即为该谱线的最小偏向角位置。即棱镜台转到某一位置再继续转动，视场中的谱线不再沿着原方向移动，而开始向相反方向移动（偏向角反而变大）。这时把望远镜叉丝对准这个转折处的谱线，转动望远镜使其分划板竖直准线将谱线左右大致平分。记录角位置 φ_1 的两个游标读数 θ_1 和 θ_2。然后使望远镜对准入射光（移去三棱镜，转动望远镜对准平行光管，同样使望远镜竖直准线平分狭缝）读取入射光角位置读数 φ_0。记下两个游标的读数 θ'_1 和 θ'_2，则最小偏向角为：

$$\delta_{\min} = |\varphi_1 - \varphi_0| \text{ 或 } \delta_{\min} = \frac{1}{2}(|\theta'_1 - \theta_1| + |\theta'_2 - \theta_2|) \tag{7.77}$$

将 θ 和测得的 $\delta_{\min}$ 代入式(7.76)计算 n，即可求得玻璃对该单色光的折射率。

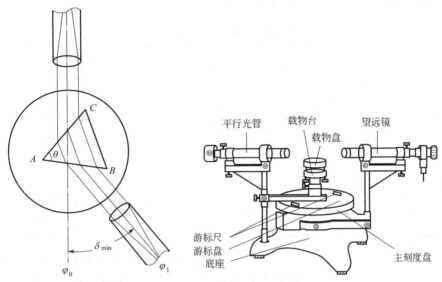

图 7.18 三棱镜分光计测折射率示意图

（3）反射光谱法

如果不能用简单几何形状的玻璃样品直接测量其折射率且玻璃的吸收率高（高 κ 值）时，原则上都可以用测得的宽频率范围内反射光谱来确定其 n 和 κ。分析方法基于 Kramers-Kronig 关系式的应用。因为反射率 $R(\omega)$ 可表示为式(7.60)，又由于 $\varepsilon^*(\omega) = [n^*(\omega)]^2$，量 $(\varepsilon', \varepsilon'')$ 和 (n, κ) 通过 Kramers-Kronig 方程相关联，那么：

$$\begin{cases} n(\omega) = 1 + P\displaystyle\int_{-\infty}^{\infty} \frac{1}{\pi} \cdot \frac{\kappa(\omega')}{(\omega' - \omega)}\mathrm{d}\omega' \\ \kappa(\omega) = 1 - P\displaystyle\int_{-\infty}^{\infty} \frac{1}{\pi} \cdot \frac{n(\omega') - 1}{(\omega' - \omega)}\mathrm{d}\omega' \end{cases} \tag{7.78}$$

其中 P 为积分主部。不难理解为什么 R 要在很宽的频率范围内测量。虽然 n、κ 以及 ε'、ε'' 都可以同时确定，但 Kramers-Kronig 方程式的用途似乎有限，因为在有限的频率范围内测定的反射率数据会导致 n 和 κ 值不真实。

7.3 玻璃的发光性能及其测定

7.3.1 激发光谱与发射光谱

发光在某种意义上与吸收相反，一个简单的两能级原子系统是在吸收一定频率的光子后进入激发态的，这个原子系统可以通过光子的自发发射回到基态，这种退激的过程叫做发光。发光过程要求在电子能带或缺陷结构的电子态中有非平衡的载流子浓度。如果非平衡是由光照射获得的，那么这种辐射复合称为光致发光，然而光的吸收只是激发系统的多种机制之一。如果是通过电子激发方式获得的，比如通过正向偏置一个 P-N 结，那么这种辐射复合称为电致发光。一般来说，荧光是系统被某种形式的能量激发所发出的光。表 7.7 根据激发机制列出了最重要的发光类型。

表 7.7　各种类型的发光

名称	发光机制
光致发光	光
阴极发光	电子
辐射发光	X 射线，α、β 或 γ 射线
热致发光	加热
电致发光	电场或电流
摩擦发光	机械能
声致发光	液体中的声波
化学发光和生物发光	化学反应

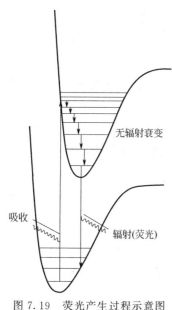

图 7.19　荧光产生过程示意图

基态能量项对应于最高自旋多重性。对于像 Mn^{2+} 这样基态为 ^6S 的离子，只发生弱的自旋禁戒跃迁。在这种情况下，退激也是禁戒的，因此发光不容易发生。此外，激发态和基态用略有不同的势能剖面线（其自身的振动能量多样化）来表征，如图 7.19 所示，辐射吸收导致能级垂直跃迁到一较高的振动态。激发态现在有时间（因为退激态为自旋禁戒）通过耗散部分声子能量进行弛豫（热），降低到多重激发态的最低振动能级，并经历垂直退激，从那里回到基态振动多重态的某一激发态。因此，如果激发态和基态的自旋多重性不同，辐射不仅能量较低，而且即使撤走辐照源，发射仍然存在，这样便形成了磷光。但如果撤走激发辐射后，退激在约 10^{-8} s 内停止，则低能量发射称为荧光（10^{-8} s 通常是激发态寿命时间，足以发生 10^5 振动）。

图 7.20 说明了辐射复合和非辐射复合的几种可能的过程。前三个辐射过程和最后一个非辐射过程属于材料本征过程，而其它几个过程则至少需要有一种杂质。反应 1 和反应 2 一般是效率不高的能带之间复合，反应 3 是激子发光，反应 6 产生供体-受体对光谱。图中标记为 Tr 的俘获中心发光效率可以非常高，因为它们可以首先捕获并局域化一个电子或空穴，然后强烈地增加捕获其它相反电荷的概率以进行辐射复合。最后一种辐射复合对可见光区的激光工艺和有机晶体中的发色团特别重要。非辐射复合通过复合中心或通过俄歇过程进行。复合中心通常是靠近能隙中心的深层杂质能级，俄歇过程中，因复合而释放的能量转移到另一个电子

上，这个电子被激发到能带中一个更高的能态，从那里无辐射地逐步回到基态。

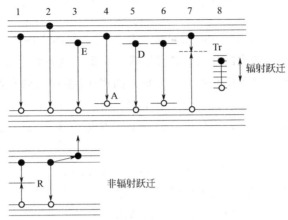

图 7.20　受激电子的辐射和非辐射复合过程

E 为激子，A 为受体，D 为供体，Tr 为捕获中心，R 为复合中心

　　发光材料的发射光谱（也称发光光谱）是指发光的能量按波长和频率的分布。由于发光的绝对能量不易测量，通常测定的都是发光的相对能量，因此在发光光谱图中，横坐标为波长（或者频率），纵坐标为单位波长间隔（或单位频率间隔）里的相对能量（相对强度）。激发光谱是指发光的某一谱线或谱带的强度随激发光波长（或频率）变化的曲线，横轴代表激发光波长，纵轴代表发光的强度。发光材料在指定方向的单位立体角内所发出的光通量称为发光材料在该方向的发光强度，简称光强，单位为坎德拉（cd）。激发光谱反映不同波长的光激发材料产生发光的效果，它表示发光的某一谱线或谱带可以被什么波长的光激发、激发的能力大小，也表示用不同波长的光激发材料时，使材料发出某一波长光的效率。

　　这些光谱变化与稀土离子的弱场近似完全一致。通过对玻璃中稀土离子光谱的分析，可获得一些场参数的平均值。描述激光玻璃的发射截面的一种常用方法是 Judd-Ofelt 理论。用晶体的计算值对式（7.42）中的张量元算符 $|\langle\|U\|\rangle|$ 做合理的假设，Judd-Ofelt 参数 Ω_i 可以从玻璃的各离子的总吸收/发射强度得到。尽管对跃迁强度再次积分能得到 4f 离子性质的平均值，不过已证明通过下式计算出来的截面更为准确：

$$\sigma(\lambda_p) = \frac{8\pi^3 e}{27h(2J+1)} \cdot \frac{\lambda_p}{\Delta\lambda_{eff}} \cdot \frac{(n^2+2)^2}{n} S(aJ:bJ') \tag{7.79}$$

　　其中，λ_p 为荧光峰值波长；$\Delta\lambda_{eff}$ 为有效线宽；n 为玻璃折射率。这些截面值反过来可以作为一般性指数使用或者用于对给定玻璃的总体光学行为进行综合分析。绝大多数研究主要集中在三价稀土离子，特别是涉及 f-f 禁戒跃迁的离子，某些二价稀土的光谱最常见的是 Eu^{2+}、Dy^{2+}，而 Sm^{2+} 只出现在少数非氧化物玻璃中。三价系列离子中的第一组电偶极允许跃迁包含 5d 组态，并且通常超出宿主玻璃的紫外吸收边。唯一例外的是 Ce^{3+}（$4f^1$），其 4f↔5d 跃迁的宽带吸收和斯托克斯位移发射出现在近紫外区。可观察到的跃迁在很大程度上取决于宿主玻璃的性质，已经证明不再被屏蔽的 5d 态对场强非常敏感。

Ce^{3+} 可作为通用紫外光敏化剂用于其它 4f 离子的光学跃迁，也可用于玻璃的太阳光抑制剂。玻璃中的锕系（主要是铀配合物）以及其它重离子如 Bi^{3+} 和 Pb^{2+} 的光谱，大部分都包含相对无特征的宽吸收峰和发射峰。

玻璃中存在的整体和局部振动激发可以发生类似于晶体中的声子-离子（晶格-轨道）过程的相互作用。能级分布内的热化、各种形式的非辐射弛豫和猝灭以及能量转移和扩散都可以在玻璃中观察到，这可能是由于某种形式的声子/振动的调和作用。固体中给定离子的状态数是相对稳定的，或者其荧光发射受到限制，因为非辐射弛豫可以有效地耗散相邻能级之间的能量。长期以来，人们一直认为对于晶体中的 4f 离子这种弛豫速度遵循能隙定律：

$$W_{nr} = W_0(T)\exp(-\alpha\Delta E) \tag{7.80}$$

式中，$W_0(T)$ 取决于宿主晶体和温度；α 是与晶格中最大声子能有关的参数；ΔE 是两能级之间的能量差。对于较强晶格耦合的情形，也导出了类似的表达式。除了玻璃的高频分子振动起主要作用产生弛豫的情况外，玻璃中的非辐射弛豫速率也符合这一关系式。由于非辐射速率与越过该能隙的振动次数成反比，而且分子振动比普通的晶体声子具有更高的能量，所以玻璃中的非辐射速率比晶体中的要快。同样的道理，对于同样的离子，玻璃的发射状态数比晶体的要少。

当玻璃中光学活性离子的浓度增加或引入其它离子时，两个相似或不同离子彼此挨得很近而发生相互作用的可能性就会增加。在某些情况下，强烈的相互作用可能足以形成不同的对或更高级的配合物。相互作用的存在导致发生从激发中心（供体）到非激发中心的非辐射转移，这种类型的转移可以解释在晶体和无序材料中观察到的许多现象，如各种玻璃中常见的 Nd^{3+} 浓度猝灭现象。这些玻璃中某一离子的激发态最终会与未被激发的相邻离子共享形成某些中间态，然后这些中间态以非辐射的方式消耗能量，导致材料的发光效率降低。

如前所述，稀土离子进入玻璃作为网络改性体存在，因此一般不存在简单的配位关系。Levin 和 Block 根据不混溶性观点推断配位数为 6、7 或 9，不过也有证据表明较小的三价稀土离子可以是八面体配位。由于可能存在这些不同配位数的配位关系，同时键角及附近阳离子与相邻中心离子的距离也会发生变化，这种情况再次导致晶体场参数值 B_q^k 无规则扩展。因此，上述消失的 J-重结构可能是由于位点之间的内部重叠分裂差异造成的。由于晶体场参数决定了振子强度，因此稀土掺杂玻璃的发射态荧光寿命也是非指数型的。当玻璃成分发生变化时，可以观察到 4f 玻璃的光谱发生了明显但不很显著的变化。

7.3.2　荧光光谱仪

图 7.21 为常见光致发光测量系统。灯用来激发样品，其后是单色仪（激发单色仪）或激光束。荧光激发光谱和发射光谱通常分别用两个单色仪测量，一个在激发光源和样品之间，另一个在样品和光电检测器之间。发射的光被聚焦透镜 L 收集，并用第二支单色仪（发射单色仪）进行分析，然后再发送到与计算机相连的检测器上。为了测量高分辨率的激发光谱，使用单色仪结合光电倍增管进行发光检测。近年来，随着高灵敏度 CCD 检测器的发展，结合采用多色谱仪与 CCD 相机来实现对发光光谱的多通道检测成为可能。

光致发光过程包括光激发物质的各种弛豫过程。因此，脉冲光激发后的光谱形状、时间相关性以及发光强度随时间的分布是研究激发态动力学的重要信息。仪器可以测量发射光谱和激发光谱两种光谱：①发射光谱中，激发波长是固定的，通过扫描发射单色器来测量不同波长的发射光强度；②激发光谱中，发射单色器可固定在任意发射波长，激发波长在一定的光谱范围内扫描。

对于具有单发色团的分子，激发光谱通常类似于吸收光谱（$1-T$ 的光谱），其中 T 是入射光透光率（$T=I/I_0=10^{-A}$）。因为被激发分子在发出荧光之前将一部分能量以热的形式转移到环境中，因此发射光谱的谱峰向长波方向移动。精确测量荧光激发或发射光谱要求样品被充分稀释，以便只有极少的一部分入射或发射光被试样吸收。测定发射光谱时还需要对光电倍增管和荧光计其它组件的灵敏度与波长的依赖关系进行校正，

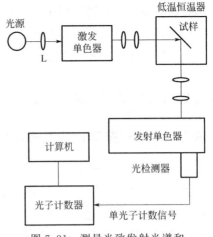

图 7.21　测量光致发射光谱和激发光谱的实验装置

可以通过测量光源灯在已知温度下的表观发射光谱来实现校正。

以如图 7.22 所示的发光材料的三能级结构为例说明测试能获得的光谱示意图。图 7.22(a) 的吸收光谱显示了光子能量 $h\nu_1$ 和 $h\nu_2$ 的两个峰，分别对应于 $0\rightarrow1$ 和 $0\rightarrow2$ 的跃迁（箭头表示每个光谱中所涉及的吸收/发射跃迁）。假设这些能级之间有相似的跃迁概率，激发和发射光谱的性质及其与吸收光谱的关系讨论如下。①可能的发射光谱测定。用能量 $h\nu_1$ 光激发使电子从基态 0 跃迁到激发态 1，激发态 1 被布居。因此，如图 7.22(b) 所示，当激发能固定在 $h\nu_1$ 时［"固定"表示激发单色仪或发射单色仪固定在与此跃迁对应的能量（波长）处］，发射光谱只有一个峰，峰值位于同一光子能 $h\nu_1$ 处。另一方面，当激发能固定在 $h\nu_2$ 时，激发态 2 被布居，可以产生如图 7.22(c) 所示的发射谱。这个发射光谱显示位于峰值能量为 $h(\nu_2-\nu_1)$、$h\nu_1$、$h\nu_2$ 的三个峰，这些峰分别对应于 $2\rightarrow1$、$1\rightarrow0$ 和 $2\rightarrow0$ 跃迁。②激发光谱的测定。

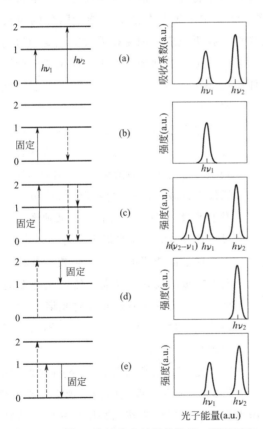

图 7.22　理想三能级荧光材料的能级、跃迁图和可能的荧光光谱

(a) 吸收光谱；(b)、(c) 激发光能量分别为 $h\nu_1$ 和 $h\nu_2$ 的激发下的发射光谱；(d)、(e) 分别检验 $h(\nu_2-\nu_1)$ 和 $h\nu_1$ 发射能的激发光谱

如果将发射单色器设置在固定的能量$h(\nu_2-\nu_1)$，扫描激发单色器，将得到如图 7.22(d)所示的激发光谱，由于该发射只能在能量为$h\nu_2$的光激发下获得，也就是说，在布居能级 2 之后激发。另一方面，见图 7.22(e)，发射能量为$h\nu_1$的激发光谱（1→0 跃迁）类似于吸收光谱［图 7.22(a)］。这是因为在任何一个吸收带进行激发，通过能态 1 的直接布居或激发态的间接布居（通过激发态 2，然后衰变到能态 1）都能产生 1→0 的发射。

7.3.3　稀土掺杂玻璃的发光性能

（1）浓度猝灭效应

典型的 Mn^{2+} 掺杂 PbO-$NaPO_3$ 玻璃的荧光发射光谱中，Mn^{2+} 占据八面体位置，其发射波长为 595nm，这是由于$^4T_{1g}(G)\rightarrow{}^6A_{1g}(S)$。激发光谱包含了所有自旋禁戒跃迁至四重态的对应峰，发射强度也随着 Mn 浓度的增加而减小，这是由于荧光猝灭（自猝灭）的缘故，即辐射跃迁比非辐射跃迁更不可能发生。

许多稀土离子激活的发光材料中，随着发光中心数量的增加，系统的发光强度先是逐渐增加，但是当发光中心浓度达到某个特定值后再继续增加时，系统的发光强度又会突然急剧下降，这个现象就是所谓的浓度猝灭效应，这个特定浓度值也称为发光中心的最佳掺杂浓度。稀土离子本身具有很多能级，在这些能级中出现两两能级对能量匹配的机会很多，因此，离子浓度达到一定程度时就会出现浓度猝灭效应。浓度猝灭效应主要通过离子能级对之间交叉弛豫过程完成。随着系统中发光中心浓度的增加，处于不同位置的两同类发光中心之间的距离减小到一定程度时，受体中心 A 有一对和供体中心 D 相匹配的能级对，可能发生供体中心 D 的一部分激发能通过非辐射弛豫传递给受体中心 A 的不可逆过程。其间，受体中心 A 从基态跃迁到激发态的主发射能级，而供体中心 D 从激发态的较高能级弛豫到较低能级（即主发射能级），这个过程就是交叉弛豫。这个过程在导致激发态高能级发射猝灭的同时，也增加了低能级的粒子布居数，有利于主发射能级的发射，从而导致发光亮度的增加。类似的荧光激发和发射光谱在稀土掺杂玻璃中时常发生。图 7.23 为不同温度热处理的 xMnO-yEu$_2$O$_3$-25ZnO-75GeO$_2$ 玻璃陶瓷 254nm 紫外光激发下的发光光谱。当 $x\geqslant1.0$ 时，玻璃陶瓷呈现出绿光发射，

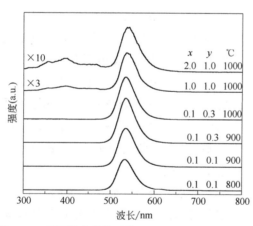

图 7.23　不同温度热处理的 xMnO-yEu$_2$O$_3$-25ZnO-75GeO$_2$ 玻璃陶瓷 254nm 紫外光激发下发光光谱

但强度较弱，因此认为在 $x=1.0$ 时开始发生浓度猝灭。可以认为玻璃基质结晶后，晶界中的 Eu^{3+} 在宿主晶格中聚集成簇，导致发生浓度猝灭效应。

（2）能量传递

当玻璃中的活化离子浓度足够高时，离子通过多极或交换耦合相互作用，导致发生离子-离子能量传递。由于玻璃的无序性，附近位置的离子可能处于不同的物理局部环境中，

它们的光谱性质具有很大的不同。因此，这种传递除了引起能量的空间迁移外，还可能在非均匀加宽的光谱曲线内产生光谱扩散。该行为可以用声子辅助偶极子-偶极子过程来分析，假定所有离子都具有相同的谱线强度。在玻璃中，不同光谱组成的能量传递概率不同。如果这个过程有声子参与，它还有另外一个特征，即传递速率与温度有关，并且在短激发脉冲后，宽带发射会随时间发生红移。玻璃中位点到位点之间的能级结构、辐射和非辐射跃迁概率以及均匀线宽存在着巨大的差异，这些差异通常比在晶体宿主中所遇到的要大得多。因此，这两个离子要么通过共振要么通过声子辅助，跃迁到它们均一线形之内的某个能级。当通过宽带辐射激发时，所有的离子都受到不同程度的激发。在单声子直接过程和多步扩散限制的弛豫过程中，能量传递通常按赋予系统平均速率来处理。然而，弛豫动力学、迁移概率和非均匀线形的时间演化并不能完全用单一参数描述。对于非均匀性程度较大的非晶材料，对传递速率和荧光的时间发展进行定量比较是非常复杂的。作为先决条件，它要求有能级的位置变化图，因为对于多能级系统有可能发生多对共振和声子辅助跃迁。此外，必须考虑这两种跃迁的谱线强度和均匀线宽在位点之间的变化。特定玻璃的位点分布数密度一般是未知的，需要预测谱线与时间的各种依赖关系，例如可以是高斯和洛伦兹态密度。掺杂离子的无规则空间分布可能并不总是适用于某些玻璃。这些复杂性结合在一起使得定量描述玻璃中的能量传递非常困难，因为传递过程的理论处理，包括所有可能的光谱如何变化仍有待研究。

如图 7.24 为磷酸锌玻璃掺杂 Mn^{2+}、Eu^{3+} 的荧光光谱图。其中图 7.24(a) 显示单掺 5%Mn^{2+} 的发射光谱和单掺 2%Eu^{3+} 的激发光谱重叠，重叠区 Eu^{3+} 激发为 $^7F_0 \rightarrow ^5D_{1,0}$ 跃

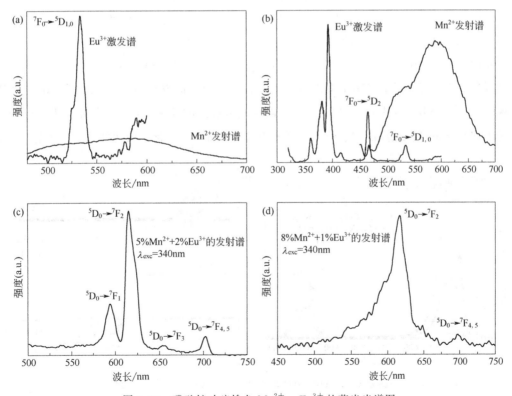

图 7.24　磷酸锌玻璃掺杂 Mn^{2+}、Eu^{3+} 的荧光光谱图

迁。从图 7.24(b) 可以看到，虽然 $^7F_0 \rightarrow {}^5D_{1,0}$ 跃迁的 Eu^{3+} 能量最低，但其能量比 Mn^{2+} 发射的能量高，因此 Mn^{2+} 的能量可以有效地转移到 $^7F_0 \rightarrow {}^5D_{1,0}$ 能级。玻璃基质中同时存在四配位及对称六配位 Mn^{2+} 的绿光和红光发射。这个图显示了 Mn^{2+} 红光发射，发射光谱中可以区分 Eu^{3+} 的两个能级，因此具有显著的能量传递特征。

图 7.24(c) 显示了用激发波长 340nm 激发复掺 5％Mn^{2+} 和 2％Eu^{3+} 玻璃的发射光谱，可以看到，该发射光谱对应于 Eu^{3+} 的发射模式，该发射只有当 Eu^{3+} 通过能量传递被激发才有可能。相比直接激发 Eu^{3+} 的发射，该发射不是很强烈，这主要是因为 Mn^{2+} 发射效率较低，另外，Mn^{2+} 的绿光发射不是很强，而且 Eu^{3+} 的 $^7F_0 \rightarrow {}^5D_{1,0}$ 跃迁的能量最低。Mn^{2+} 发射应该重叠，但由于强度低，图中显示不清晰，实际上，Mn^{2+} 某些能量传递给 Eu^{3+} 有效吸收带。这种能量传递的有效性反映在平均荧光寿命上。从图 7.24(b) 可以看到，六配位 Mn^{2+} 红光发射边缘也与 Eu^{3+} 的 $^7F_0 \rightarrow {}^5D_{1,0}$ 能级重叠，该发射峰也可以将能量传递给 Eu^{3+}。图 7.24(d) 显示了掺杂 8％Mn^{2+} 及 1％ Eu^{3+} 玻璃经 340nm 光激发的发射光谱。在高 MnO 浓度下 Mn^{2+} 主要发射红光，但仍然可以看到有能量传递给 Eu^{3+}，Eu^{3+} 仍然比 Mn^{2+} 发射强度高。

（3）电荷迁移

电荷迁移过程是化合物中离子和离子之间经常发生的物理化学过程，电荷可以由金属离子迁移到阴离子配体，也可以由配位体迁移到金属离子，迁移后体系中的离子电荷有了新的分布，能态也相应地发生改变。稀土离子的电荷迁移带吸收是一种宽带谱，它比 f-d 跃迁的光谱更宽，其半峰宽大约是 f-d 跃迁的光谱宽度的 3～4 倍。在固体中，由于环境作用较强，半峰宽增大，可以达到 $10000 \sim 20000 \text{cm}^{-1}$。通常在吸收光谱和激发光谱中能够发现电荷迁移带的吸收峰和激发峰。

如图 7.25 所示的 $55B_2O_3$-$20CaO$-$10Al_2O_3$-$15La_2O_3$ 玻璃掺杂 CeF_3、Yb_2O_3 说明了这种现象。单掺杂 CeF_3 玻璃中 Ce^{3+} 显示中心在 450nm 的发射峰，这是由于 $5d^1 \rightarrow 4f$ 电子跃迁。Ce^{3+}/Yb^{3+} 共掺玻璃的 Ce^{3+} 发光强度显示很强的猝灭，而 Yb^{3+} 由于 $^2F_{5/2} \rightarrow {}^2F_{7/2}$ 跃迁出现 980nm 处发射峰。当 Yb_2O_3 浓度从 1％增加到 3％时，敏化的 Yb^{3+} 发光先增强

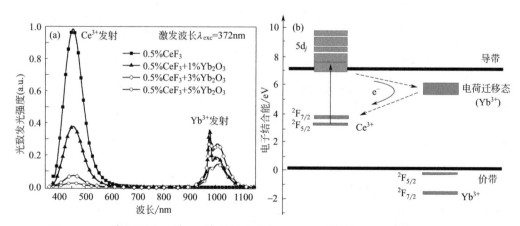

图 7.25 Ce^{3+} 单掺及 Ce^{3+}-Yb^{3+} 复掺玻璃在 372nm Ce^{3+} 激发下的荧光光谱（a）及硼酸盐玻璃中 Ce^{3+} 和 Yb^{3+} 的电子结合能和电子迁移示意图（b）

然后在浓度较高时减弱。可以看出，共掺玻璃中 Ce^{3+} 发光产生较强淬灭而 Yb^{3+} 的发光强度很弱。稀土掺杂玻璃中已观察到几种这样的离子间能量转移现象。共掺杂玻璃的光谱在波长 372nm 激发下，由于 Yb^{3+} 中心内 $^2F_{5/2} \rightarrow {}^2F_{7/2}$ 跃迁，呈现出在 980nm 处明亮的发射峰。为了了解电荷迁移机理，图 7.25(b) 显示 Ce^{3+} 和 Yb^{3+} 的电子结合能。掺杂离子的电子结合能由观测到的电荷（电子）迁移能进行估算，包括：$Ce^{4+} + e^- \longrightarrow Ce^{3+}$ 和 $Yb^{3+} + e^- \longrightarrow Yb^{2+}$，$Ce^{3+}$ 的 4f→5d 吸收，Yb^{3+} 的 $^2F_{7/2} \rightarrow {}^2F_{5/2}$ 吸收，以及宿主玻璃的基本吸收带。从图 7.25(b) 的电子结合能图可以看出，很明显，Ce^{3+} 最低 $5d^1$ 能级能量高于 Yb^{2+} 基态能量，说明 Ce^{3+} (5d) 到 Yb^{3+} 的电荷迁移从能量上讲是可行的。因此，电子激发到 Ce^{3+} 的 $5d^1$ 态并迁移到邻近的 Yb^{3+}，形成 Ce^{4+}-Yb^{2+} 对。这种电子迁移可以通过不同的过程发生，如量子隧穿、轨道重叠或通过导带。

7.3.4 发光效率

我们知道，材料吸收光之后可以发生光致发光。因此，若设光进入材料前的强度为 I_0，通过材料后的强度为 I，发射强度 I_{em} 应与吸收强度成正比，也就是说，$I_{em} \propto I_0 - I$。通常写为：

$$I_{em} = \eta(I_0 - I) \tag{7.81}$$

式中，强度 I_0、I_{em} 和 I 以每秒的光子数表示；η 称为发光效率或量子效率。按这种方式定义的 η 表示发射光子和吸收光子数之比，数值从 0 到 1。在发光实验中，只测量总发射光中的一小部分，这部分光的测量取决于聚焦系统和检测器的几何特性。因此，一般情况下，测量的发射强度 I_{em} 可以用入射强度 I_0 表示为：

$$I_{em} = k_g \eta I_0 \left[1 - 10^{-OD}\right] \tag{7.82}$$

式中，k_g 为几何因子，取决于实验装置（光学元件的排列和检测器尺寸）；OD 为试样的光密度。如果试样光密度低，则上式为：

$$I_{em} = k_g \eta I_0 \times OD \tag{7.83}$$

从式(7.83)可以清楚地看出，发射强度与入射强度呈线性关系，并且与量子效率和光密度呈正比（这只适用于低光密度情形）。量子效率 η 小于 1 表示所吸收的能量中有一部分因非辐射过程而损失，通常这些过程会使样品受热。与 OD 的比例关系仅适用于低光密度情形，表明激发光谱仅重现了低浓度样品的吸收光谱形状。

举例说明一个光致发光实验发光灵敏度。假设实验中，激发源提供波长为 400nm 功率为 100W 的光源。该发光样品可以吸收该波长的光，并以量子效率 $\eta = 0.1$ 发射光。假设 $k_g = 10^{-3}$（即只有千分之一的发射光到达检测器）且最小的可探测强度为每秒 10^3 个光子，确定荧光可以探测到的最小光密度。每个入射光子能量为：

$$ch/\lambda = \frac{6.62 \times 10^{-34} J \cdot s \times 3 \times 10^8 m/s}{400 \times 10^{-9} m} = 4.96 \times 10^{-9} J$$

因此，入射强度为：

$$I_0 = \frac{10^{-4} W}{4.96 \times 10^{-19} J} = 2 \times 10^{14} \text{ 光子}/s$$

实验装置可检测到的最小光密度 OD_{min} 可由式(7.83) 得到：

$$\text{OD}_{\min} = \frac{(I_{em})_{\min}}{\eta I_0 k_g} = \frac{10^3 \text{ 光子/s}}{0.1 \times 2 \times 10^{14} \text{ 光子/s} \times 10^{-3}} = 5 \times 10^{-8}$$

与分光光度计提供的典型灵敏度 $\text{OD}_{\min} = 5 \times 10^{-3}$ 相比，发光测试技术的灵敏度远高于吸收测试技术（灵敏度约为后者的 10^5 倍）。虽然这种高灵敏度是光致发光的一个优势，但必须注意，来自杂质痕量发光元素（与需要的发光中心无关）的信号可能会与应检测的发光信号重叠。

7.3.5　斯托克斯位移和反斯托克斯位移

根据图 7.26(a) 的能级图，对于单一的两能级系统，吸收和发射光谱峰值位于相同的能量值下。一般来说，这是不正确的，发射光谱相对于吸收光谱移向较低的能量，这个位移叫做斯托克斯位移。图 7.26(a) 的两能级系统对应于嵌入在离子晶体中的光学离子。这两个能级分属于光学离子及其处于固定位置（刚性晶格）的邻近离子。然而，固体中的离子会在平衡位置附近振动，所以光学离子与近邻离子的距离不断变化，在平衡位置附近

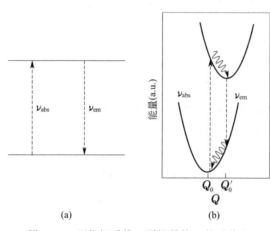

图 7.26　两能级系统（刚性晶格）的吸收和发射能量（a）及显示斯托克斯位移的吸收和发射能（振动晶格）（b）

振动。因此，图 7.26(a) 的每个态应被视为态的连续体，与可能的光学离子-近邻离子的距离有关。假设单独的配位距离为 Q，并且相邻离子作谐波运动，图 7.26(a) 的两个能级变成抛物线，见图 7.26(b)（根据谐振子的势能）。

按照这种方法，基态和激发态的平衡位置可以是不同的，电子发生如图 7.26(b) 所示的跃变可认为分成四个步骤。首先，基态的电子被提升到激发态，而 Q_0（基态的平衡位置）没有任何变化。然后，电子弛豫到电子态内的最小位置 Q_0'，即其激发态的平衡位置。这种弛豫是伴随声子发射的非辐射过程。从这个最小 Q_0' 开始，由激发态到基态产生荧光，距离坐标没有任何变化 $Q = Q_0'$。最后，电子在电子态中松弛到基态的最小值 Q_0。通过这四个过程，在低于 ν_{abs} 的频率 ν_{em} 下出现发射，能量差 $\Delta = h\nu_{ab} - h\nu_{em}$ 是斯托克斯位移的度量。

一旦引入斯托克斯位移，我们就可以更好地理解为什么以每秒吸收和发射光子而不是吸收和发射光子强度（每秒单位面积的能量）来定义量子效率。事实上，有可能存在 $\eta = 1$ 的系统，由于斯托克斯位移，其辐射发射的能量可以比吸收的能量低。被吸收的能量中没有被释放的部分以声子（热）的形式传递到晶格中。

在多能级系统中，也有可能获得能量比吸收的光子能更高的发光，这被称为反斯托克斯或上转换发光，如图 7.27 所示。频率为 ν_{abs} 的两个光子分别从基态 0 和第一激发态 1 被吸收，从而将一个电子提升到激发态 3。然后电子非辐射衰减到能态 2，由此产生反斯

托克斯发光 2→1。因此，可以观察到 $\nu_{abs} < \nu_{em}$，即反斯托克斯位移。反斯托克斯发光一般是一个非线性过程，它与正常发光过程是不一致的。根据公式（7.83），正常发光过程的发射强度与光激发强度 I_0 成正比。

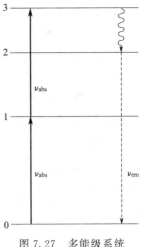

图 7.27　多能级系统

7.3.6　时间分辨荧光

上述内容考虑了每个波长的激发强度是恒定的，也就是说，处理的都是连续波激发。该状态对应于稳态情况（稳态光激发），即输入到激发态的激发中心增加速率等于回到基态的衰减速率，因此发射强度随时间保持不变。相关信息可以在脉冲波激发下得到，这种类型的激发提高了激发态中心 N 的非平稳密度。这些激发中心可以通过辐射（发光）和非辐射过程衰减到基态，并给出衰变-时间强度信号。激发态数的时间演化遵循一个普遍规律：

$$\frac{\mathrm{d}N(t)}{\mathrm{d}t} = -A_T N(t) \tag{7.84}$$

其中，A_T 为总衰减率（或总衰减概率），可表示为：

$$A_T = A + A_{nr} \tag{7.85}$$

其中，A 为辐射率（这样标记是因为它与爱因斯坦自发辐射系数吻合）；A_{nr} 为非辐射率，即非辐射过程的比例。微分方程式（7.84）的解可以得到任意时刻 t 的激发中心密度：

$$N(t) = N_0 \mathrm{e}^{-A_T t} \tag{7.86}$$

式中，N_0 为 $t=0$ 时的受激中心密度，也就是在光脉冲被吸收之后的密度。通过分析发射光的时间衰减，可以通过实验观察到退激过程。事实上，在给定时间 t 的发射光强 $I_{em}(t)$，与单位时间内的退激中心的密度成正比，$(\mathrm{d}N/\mathrm{d}t)_{辐射} = AN(t)$，所以可以写成：

$$I_{em}(t) = CAN(t) = I_0 \mathrm{e}^{-A_T t} \tag{7.87}$$

其中，C 为比例常数，因此 $I_0 = CAN_0$ 为 $t=0$ 时的强度。式（7.87）符合发射强度的指数衰减定律，其寿命由 $\tau = 1/A_T$ 给出。该寿命表示发射强度衰减到 I_0/e 的时间，它可以由线性曲线 $\lg I$-t 的斜率得到。由于 τ 是由脉冲发光实验测得的，所以称为荧光寿命或发光寿命。必须强调的是，这个寿命值给出了总衰减率（辐射率加上非辐射率）。因此方程式（7.85）通常写成：

$$\frac{1}{\tau} = \frac{1}{\tau_0} + A_{nr} \tag{7.88}$$

其中，$\tau_0 = 1/A$，称为辐射寿命，对于纯辐射过程（$A_{nr}=0$）测量的是发光衰减时间。由于非辐射率不等于零，通常情况下 $\tau < \tau_0$。量子效率 η 现在可以很容易地用辐射寿命 τ_0 和发光寿命 τ 来表示：

$$\eta = \frac{A}{A + A_{nr}} = \frac{\tau}{\tau_0} \tag{7.89}$$

由上式可知，如果用独立实验测量量子效率，则可以通过测量发光衰减-时间来确定辐射寿命 τ_0。（从而获得辐射率 A）。

发光衰变-时间测量使用的实验装置类似于图 7.21，但必须用脉冲光源（或者使用脉冲激光），而且检测器必须连接到时敏系统，如示波器、多道分析仪或矩形波串积分器。也可以记录激发脉冲被吸收后不同时间的发射光谱，这种实验方法称为时间分辨发光，对理解复杂发射系统可能有很大的用处。这种技术的基本思想是在一定的延迟时间 t 记录有关激发脉冲在选通宽度 Δt 内的发射光谱，如图 7.28 所示。因此，可以得到不同延迟时间下不同形状的光谱。图 7.29 为结合时间分辨光子计数系统（分辨率约为 50ps）的时间分辨发光测量系统。此外，利用超快扫描相机系统和上转换方法可以获得光致发光的超快（小于 1ps）时间分辨率。

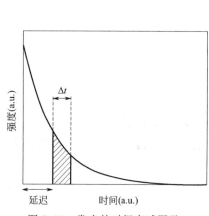

图 7.28 发光的时间衰减图示，
在延迟时间 t 处显示有选通宽度 Δt

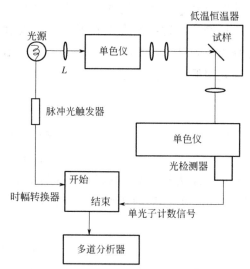

图 7.29 时间分辨发射光谱测量
的实验装置

一个发射系统的发光量子效率是一个重要参量，因为它定义了给定能级的直接辐射退激速率与总退激速率之间的比值［见式(7.89)］。总速率包括其它可能的退激速率，如多声子弛豫、能量转移和浓度猝灭。原则上讲，根据式(7.81)给出的定义，通过测量每一个发射光子需要吸收的光子数，即同时测量吸收和发射强度，就可以由发光实验得到某一发射能级的量子效率。然而，由于发射辐射的散射特性以及确定样品的准确激发体积比较困难，并不常用发光实验来确定量子效率。另一方面，分析多声子弛豫释放的能量对于确定稀释体系（即中心浓度低到足以忽略能量传递和迁移过程的系统）的量子效率非常有用。在此情况下，只有两种方法退激：发光和多声子弛豫。后续过程会导致发热，发热速率可用各种热感技术（量热技术、热折射率梯度、表面变形等）进行监测。

常用于凝聚态物质测量的热敏技术是光-声（PA）光谱，它是基于探测发光系统吸收光脉冲后产生的声波，这些声波是由多声子弛豫过程所传递的热量在整个固体样品和样品附近的耦合介质中产生的。图 7.30 显示了 PA 测量的典型实验布置图。脉冲激光器用作激发源，PA 信号由声学检测器采集，如麦克风或谐振压电转换器（PZT），这些检测器应尽可能靠近样品。后一种检测器的优点是它可以粘在固体样品上，可使声波从固体到检测器顺利传输，然后通过数字示波器对 PA 信号方便地进行放大和记录。声波由一系列的压缩和膨胀运动组成，产生如图 7.30 所示典型形状的振荡 PA 信号。因为声波需要时间到达声学检测器，因此这个信号延迟于激光激发脉冲。

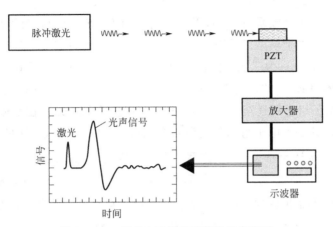

图 7.30　一种 PA 光谱实验装置的布置图

图中谱图为脉冲光照射吸收样品产生的典型 PA 信号

下面根据图 7.31(a) 中简单的两能级系统，简要讨论 PA 光谱测量量子效率的方法。如果激发脉冲被吸收后，激发态 1 达到数密度 N_1，则单位体积 H 释放的热量为：

$$H = N_1 E_{10}(1-\eta) \tag{7.90}$$

式中，$E_{10}=E_1-E_0$，为激发态与基态之间的能量间隔；η 为发光量子效率，释放的热量产生声波信号，其强度 S 与所产生的升温速率成正比，因此有：

$$S = K N_1 E_{10}(1-\eta) \tag{7.91}$$

式中，K 是比例常数，这个常数取决于被激发样品的体积、样品通过空气与声检测器的耦合以及系统的光声响应。因此，可以通过式(7.91) 确定量子效率，前提是 S 测量值已知且 K 和 N_1 事先都已确定。通过测量样品在能量 E_{10} 处的吸收系数，可以简单地确定 N_1：

$$N_1 \approx I_0 \tau_p \alpha_{10} \tag{7.92}$$

式中，I_0 为激发强度（单位面积每秒光子数）；τ_p 为激发脉冲持续时间。然而，式(7.91) 中的常数 K 难以计算，必须用另一种单独的测量方法进行校准。

对于固体中光学中心，建立的一种方法能避免求这个比例常数值，前提是可以通过完全非辐射过程从上一能级［图 7.31(b) 中的能级 2］布居在激发态 1。该方法包括测量光子能量 E_{10} 和 $E_{20}=E_2-E_0$ 对应的两种不同激发波长的光声信号。能量为 E_{20} 的光子激发布居态 2，随后快速地向下非辐射弛豫到发射能级 1，此时量子效率有待确定。因此，激发后的 PA 信号 S_2 具有脉冲强度为 I_0，持续时间为 τ_p 及光子能量为 E_{20}，它们之间的关系可表示为：

$$S_2 = K\alpha_{20}I_0\tau_p(E_{20} - \eta E_{10}) \tag{7.93}$$

利用式(7.91)和式(7.92)可以很容易地求得相同强度和持续时间、光子能量为 E_{10} 的脉冲激发下的 PA 信号 S_1，两种情况的光声信号的比值 S_1/S_2 为：

$$\frac{S_1}{S_2} = \frac{KI_0\tau_p\alpha_{10}(1-\eta)E_{10}}{KI_0\tau_p\alpha_{20}(E_{20}-\eta E_{10})} = \frac{\alpha_{10}(1-\eta)E_{10}}{\alpha_{20}(E_{20}-\eta E_{10})} \tag{7.94}$$

因此，一旦测量了吸收系数 α_{10} 以及 PA 信号的 S_1/S_2 比值，就可以由式(7.94)确定量子效率。当然，这个模型仅适用于高能级（能级2）通过完全非辐射过程布居发射能级1的情形。图7.31(b)为三能级图，需要校准声信号后确定量子效率。该模型最初用于测定氯化钾晶体中 Eu^{2+} 的发光量子效率。Eu^{2+} 在晶体中表现出两个较宽的吸收带，这是由于 $4f^7$ 基态电子组态跃迁至 $4f^65d^1$ 激发电子组态所致。Eu^{2+} 在配体离子 Cl^- 形成的八面体晶体场中，其 $5d^1$ 电子组态分裂为两个能级 t_{2g} 和 e_g。KCl 中 Eu^{2+} 的发射与能量最低激发态（t_{2g}）跃迁至基态（$4f^7$ 构型）有关。因此，此跃迁对应于图7.31(b)中的 1→0 跃迁。激发到较高能级[e_g 或图7.31(b)中的能级2]也因为从 $2(e_g)$ 能级到 $1(t_{2g})$ 能级的完全非辐射弛豫而产生 $1(t_{2g})$→$0(4f^7)$ 发射谱。因此，上述模型可应用于本系统，氯化钾中 Eu^{2+} 发射的量子效率测定值 $\eta=1$。一般来说，找到其它离子在晶体中的完全非辐射能级是可能的，因此该模型可以得到应用。

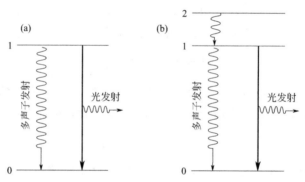

图7.31　两能级系统的能级图，显示两种可能的退激过程（发光和多声子弛豫）(a)；
三能级图，需要校准声信号后确定量子效率 (b)

前述图7.23显示不同温度热处理的 $x\text{MnO-}y\text{Eu}_2\text{O}_3\text{-25ZnO-75GeO}_2$ 玻璃陶瓷254nm 紫外线激发下发光光谱。认为玻璃基质结晶后，晶界中的 Eu^{3+} 在宿主晶格中发生浓度猝灭效应。通过测定 Mn^{2+} 发射平均寿命还可以发现 Eu^{3+} 的激发是由于 Mn^{2+} 的能量传递的结果。含不同 Eu^{3+} 摩尔组成的 Mn^{2+} 640nm 发射光谱（激发波长340nm）的平均荧光寿命如图7.32所示。640nm 的发射避免了 Eu^{3+}、Mn^{2+} 两种离子发射平均寿命的混杂，不过，Eu^{3+} 发射时间非常短，对 Mn^{2+} 发射平均寿命的测定没有干扰。从图中可以看出，Mn^{2+} 的发射平均寿命随 Eu^{3+} 的加入而减少，共掺试样衰减曲线的左侧存在高 Eu^{3+} 含量的非指数衰减行为。另外，测得单掺 Mn^{2+} 玻璃的发射平均寿命为 18.69ms，而 1% Mn^{2+} 分别与 1%、2%、5% Eu^{3+} 共掺杂玻璃的 Mn^{2+} 发射平均寿命分别为 13.37ms、12.91ms 及 12.80ms，这清楚地显示了能量从 Mn^{2+} 传递给 Eu^{3+}，正是能量传递过程导致共掺杂试样的非指数衰减行为。

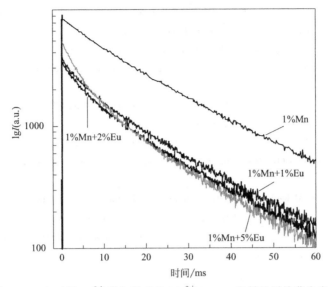

图 7.32　含不同 Eu^{3+} 摩尔组成的 Mn^{2+} 640nm 发射的平均荧光寿命

参考文献

[1]　Hans Kuzmany. Solid-State Spectroscopy（2nd edition）. New York：Springer-Verlag Berlin Heidelberg，2009.

[2]　I. Zschokke（editor）. Optical Spectroscopy of Glasses. Dordrecht：D. Reidel Publishing Company，1986.

[3]　K. J. Rao. Structural Chemistry of Glasses. Elsevier Science & Technology Books，2002.

[4]　J. Garc′a Sol′e，L. E. Baus′a，D. Jaque. An Introduction to the Optical Spectroscopy of Inorganic Solids. West Sussex：John Wiley & Sons Ltd，2005.

[5]　Peter Hartmann. Optical glass. Washington：SPIE press，2014.

[6]　J. David Musgraves，Juejun Hu，Laurent Calvez（Editors）. Springer Hand Book of Glass. Gewerbestrasse：Springer Nature Switzerland AG.，2019.

[7]　Michael. G. Gore（editor）. Spectrophotometry and spectrofluorimetry. New York：Oxford University Press，2000.

[8]　William W. Parson. Modern Optical Spectroscopy. Heidelberg：Springer-Verlag Berlin Heidelberg，2009.

[9]　Alexander D. Ryer. Light Measurement Handbook. Newburyport：Technical Publications Dept. International Light，Inc，1998.

[10]　Yoshinobu Aoyagi，Kotaro Kajikawa. Optical Properties of Advanced Materials. London：Springer-Verlag Berlin Heidelberg，2013.

[11]　干福熹. 玻璃的光学和光谱性质. 上海：上海科学技术出版社，1992.

[12]　田英良，孙诗兵，主编. 新编玻璃工艺学. 北京：中国轻工业出版社，2009.

[13]　王育华. 无机固体光致发光材料与应用. 北京：科学出版社，2017.

[14]　张思远. 稀土离子的光谱学-光谱性质与光谱理论. 北京：科学出版社，2008.

[15]　王晓春，张希艳（主编）. 材料现代分析与测试技术. 北京：国防工业出版社，2010.

[16]　Tomoe Sanada，Hisakazu Seto，Yusuke Morimoto，Kazuhiro Yamamoto，Noriyuki Wada，Kazuo Kojima. Lu-

minescence and long-lasting afterglow in Mn^{2+} and Eu^{3+} co-doped ZnO-GeO_2 glasses and glass ceramics prepared by sol-gel method. J Sol-Gel Sci Technol, 2010, 56: 82-86.

[17] H. Felix-Quintero, C. Falcony, J. Hernandez A, E. Camarillo G, C. Flores J, H. Murrieta S. Mn^{2+} to Eu^{3+} energy transfer in zinc phosphate glass. Journal of Luminescence, 2020, 225: 117337.

[18] Atul D. Sontakke, Jumpei Ueda, Yumiko Katayama, Yixi Zhuang, Pieter Dorenbos, Setsuhisa Tanabe. Role of electron transfer in Ce^{3+} sensitized Yb^{3+} luminescence in borate glass. Journal of Applied Physics, 2015, 117: 013105.

[19] A. M. Abdelghany, H. A. ElBatal, R. M. Ramadan. The effect of Li_2O and LiF on structural properties of cobalt doped borate glasses. Journal of King Saud University-Science, 2017, 29: 510-516.

[20] F. A. Moustafa, A. M. Fayad, F. M. Ezz-Eldin, I. El-Kashif. Effect of gamma radiation on ultraviolet, visible and infrared studies of NiO, Cr_2O_3 and Fe_2O_3-doped alkali borate glasses. Journal of Non-Crystalline Solids, 2013, 376: 18-25.

[21] H. A. ElBatal, A. M. Abdelghany, I. S. Ali Optical and FTIR studies of CuO-doped lead borate glasses and effect of gamma irradiation. Journal of Non-Crystalline Solids, 2012, 358: 820-825

[22] 王振林, 廖思佳, 杜云南, 周明. CeO_2/TiO_2 对 P_2O_5-B_2O_3-ZnO 玻璃的结构和性能的影响. 重庆理工大学学报（自然科学）, 2018, 32 (8): 108-114.

8

玻璃的电性能测试

8.1 概述

玻璃的应用领域还包括电子领域。玻璃在电绝缘材料、大规模集成电路基板、光刻基板以及液晶显示等方面的应用都涉及玻璃的电性能。在室温下，由于硅酸盐网络的结构特征，传统玻璃由于导电性差，通常作为电绝缘体。然而，玻璃网络结构中存在阳离子网络改性体，由于这些离子（首先是碱金属离子）主要以离子方式结合在网络中，它们具有一定的迁移率，因此玻璃也可以具有轻微的导电性。玻璃导电性能是玻璃中的电子和离子输运现象，与玻璃的组成和制备工艺密切相关。光电子相关玻璃并不局限于通常由熔融淬冷法制备、经历了玻璃化转变的玻璃。基于元素周期表设计组成的玻璃材料有两种类型：一种是以二氧化硅为基础的氧化物玻璃；另一种是由第Ⅵ族元素，如 S、Se 和 Te 组成的硫系玻璃。导电材料可以分为电子和离子导电，氧化物玻璃和硫系玻璃都属于电子或离子输运材料，过渡金属（V、W、Fe 等）和碱金属原子（Na、Li 等）与氧化物玻璃的合金化分别产生电子导电和离子导电。

通常情况下，玻璃电性能以在常温下的电学特性起决定性作用，然而玻璃在较高温度下的电学特性也是很重要的，例如玻璃的电熔。电导率是电性能中最具有实际意义的性能。一方面，它控制在环境温度下电气工程中玻璃的使用，另一方面，当玻璃受热温度超过转变点温度之后，玻璃的电阻率急剧下降，达到熔融状态时将成为良导体。电熔玻璃是根据耐腐蚀电极浸在熔体中，利用熔体本身电阻加热熔制玻璃的重要方法，因此玻璃高温电阻率的测定对于电熔工艺和全电熔或电助熔玻璃窑设计显得十分重要。

玻璃作为无机介电材料和绝缘材料是电子和电气工程中不可缺少的功能材料，玻璃作为介电材料，其中的正负电荷受电场驱动以正负电荷中心不相重合的电极化方式表现出电荷的影响。玻璃在电子工业中用作电容元件或绝缘材料时，介电特性特别重要。介电常数、介电损耗因子和介电强度通常决定了这类玻璃的应用特点。环境影响，如温度、湿度和辐射也影响玻璃作为介电材料的使用。因此，有必要测定玻璃在不同材料、电路和使用环境中的介电性能。

玻璃电性能的测试主要依据电性能参数的定义，然后设计合适的电路和器材进行检测。例如测量玻璃导电性能是依据伏安法原理以及电阻率、电导率等物理量的相关定义，可采用直流、交流等多种手段进行测定，介电常数则依据平行板电容的定义进行测定。测量过程中的温度、湿度、电极、频率、电压等都会对实验结果产生影响，因此对实验方法、器材、实验条件的选择都需要根据玻璃材料的组成、状态、应用领域合理确定，数据要结合载流子传输理论、能带理论以及玻璃的结构理论进行正确分析。

8.2 导电性能测试

8.2.1 载流子输运理论

电流要在玻璃中流动必须以某种方式传输电荷。电荷可能以两种方式通过网络格子：要么通过原子核移动，这种情况下发生离子电导（σ_i）；要么通过与某一原子分离后移动到另一个原子，这种情况下发生电子电导（σ_e）。当然，电子和离子导电过程也有可能同时发生。转移数 $t_x = \sigma_X / \sigma_T$ 表示各类载流子的电导（σ_X）占总电导（σ_T）的比例。材料的电导率定义为电流密度（j）与产生该电流密度所需的电场（E）之比，即：

$$\sigma = \frac{j}{E} \tag{8.1}$$

而一般情况下由于 j 和 E 都是矢量，σ 是一个二阶张量，因为玻璃的性质是各向同性的，我们只需要把 σ 看作一个标量。电流密度是单位时间内通过单位面积的电荷，因此，设载流子的电荷 q 为其价态数与单位电荷 e 的乘积，$q = Ze$，速度为 v，且每单位体积有 n 个相同的载流子，则电流密度为：

$$j = nqv \tag{8.2}$$

根据经典自由电子模型可得到速度 v 与电场 E 的关系，导带中电子在电场中将被加速，所以它在任何时间 t 的速度将从其最初的随机值发生改变，速度变化量（Δv）为：

$$\Delta v(t) = at = \frac{Eq}{m}t \tag{8.3}$$

式中，a 为加速度；m 为电子质量（考虑了量子力学因素，更确切地说是有效质量）。但电子在与原子碰撞之前只会经历一段时间的加速并恢复到随机速度。如果两次碰撞之间的平均时间为 τ，则电子的平均速度与时间无关，可表示为：

$$\langle v \rangle = \langle v_0 + v(t) \rangle = 0 + \frac{Eq\tau}{2m} \tag{8.4}$$

结合式（8.1）、式（8.2）、式（8.4），可得到：

$$\sigma = \frac{nq^2\tau}{2m} \tag{8.5}$$

上式一般可表示为：

$$\sigma = nq\mu \tag{8.6}$$

式（8.6）中的 μ 为迁移率，可表示为：

$$\mu = \frac{q\tau}{2m} \tag{8.7}$$

8.2.1.1 电子输运理论

一般来说，固体中的电子输运是由声子控制的。因此，应该讨论两种极端情况：刚性晶格中忽略电子-声子耦合的输运，可变形晶格中载流子伴有晶格畸变的输运。下面简要回顾这些问题在无序固体如玻璃或非晶半导体的理论背景。

（1）刚性晶格中的电子输运

在无序半导体的刚性原子网络中，假设电子（空穴）通过能带（扩展）态和/或局域态运动而不受晶格变形的影响，因此在这种情况下忽略电子-声子耦合。固体中单个原子的电子排布在晶体和无序固体中都是一样的，因此，无序固体在扩展态区域中的电子态密度（DOS）与晶态固体相差不大，可以用三维构型能量的平方根来近似表示。

图 8.1 显示了电子态密度，迁移率边划分出非定域态（E_c 以上和 E_v 以下）以及定域态（阴影区）。发生在无序固体中的电子传导与晶态固体中的类似，通过扩展态（导带能 E_c 以上和价带能 E_v 以下）进行。然而，由于缺少长程有序性，载流子平均自由程达到了原子间距的长度尺度，这可能导致无序固体中的电子输运出现各种异常。缺乏长程有序以及存在悬挂键缺陷分别产生局域带尾态（E_v 和 E_c 之间的阴影区）和局域带隙态。

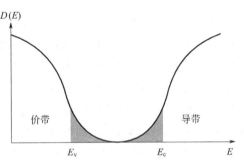

图 8.1　电子态密度 $D(E)$

在相对较低的温度下通过这些局域态发生电子跳跃（或隧穿）输运。电荷载流子跨过能量 E_c 和能量 E_v 时，载流子的性质发生改变，将扩展态和局域态分离开来，称为迁移率边。在 E_c 以上的输运为电子能带导电型，在 E_v 以下的输运为空穴能带导电型。如果载流子在刚性晶格中输运，电子或空穴通过扩展态（导带）输运和/或通过局域态输运。

① 扩展态的电子输运。首先，我们讨论非简并情况下的能带导电。高温 T（接近室温）下高于能量 E_c 的导带（CB）中与温度相关的自由电子数（密度）n 为：

$$n = N_c \exp\left(-\frac{E_c - E_F}{k_B T}\right) \tag{8.8}$$

其中，N_c 为导带的有效态密度；E_F 为费米能级；k_B 为玻尔兹曼常数。由于载流子为电子，由式(8.2)得电导率为：

$$\sigma = en\mu_0 = eN_c\mu_0 \exp\left(-\frac{E_c - E_F}{k_B T}\right) \tag{8.9}$$

式中，μ_0 为微观迁移率。$E_c - E_F$ 可以近似地认为随温度 T 线性变化：$E_c - E_F = E_c - E_F(0) - \gamma T$。其中 $E_F(0)$ 为 $T=0$ 时的费米能级，γ 为温度系数，则电导率为：

$$\sigma = eN_c\mu_0 \exp\left(\frac{\gamma}{k_B}\right) \exp\left(-\frac{E_c - E_F}{k_B T}\right) \equiv \sigma_0 \exp\left[-\frac{E_c - E_F(0)}{k_B T}\right] \tag{8.10}$$

电导是通过能量 $E = E_c - E_F(0)$ 热激活的结果。对于 p 型输运，活化能 $\Delta E = E_F(0) -$

E_v，其中 $E_F(0)$ 介于 E_c 和 E_v 之间。注意，上面的等式取决于玻尔兹曼输运理论，因此依赖于这样的假设：平均自由程比晶格常数大。因此，式(8.10)适用于有序结构（晶态）半导体。当平均自由程达到晶格常数量级时，玻尔兹曼方程失效，其中 σ_0 不能表示为 $eN_c\mu_0\exp(\gamma/k_B)$。

严格地说，对玻璃的指前因子 σ_0 还缺乏正确的理论认识。对于玻璃（金属玻璃）中的简并电子，即费米能 E_F 高于 E_c 时，会发生金属行为的电子输运。当它低于 E_c 时，在低温下可以通过局域态进行输运，零温度下的电导消失。因此，当费米能级穿过迁移率边界时，会发生电导率不连续的现象，即从零到一个有限值。这个电导率有限值称为最小金属电导率 σ_{min}：指前因子等于 σ_{min}，粗略估计在 200S/cm 左右。Mott 提出的最小金属电导率这一著名概念 1980 年初在局域化理论领域被广泛应用。然而，最小金属电导率的概念不再被标度理论和实验结果所支持，其中电导率在零温度下持续趋于零，不过也有证据支持最小金属电导率的概念。

当平均自由程接近晶格常数或载流子之间的平均距离时，载流子输运会发生的现象需要进一步说明。玻璃材料应该满足这一条件，特别是涉及导电系数时。电导率指前因子涉及另一个未知因子（Meyer-Neldel 规则）。因此，对于氧化物和硫系玻璃，最小金属电导率这一概念本身不太重要。当电子传导或离子传导被热激活时，Meyer-Neldel 规则（MNR）或补偿律在玻璃材料的输运过程中起主要作用。对于电阻率较大的无定形金属，根据实验观察，预测其电阻率温度系数（TCR）为负，然而传统金属的 TCR 是正的。这种行为可引入玻尔兹曼方程量子修正的新理论来解释。

② 局域态的电子输运。载流子输运发生在局域态之间，其中局域载流子的隧穿（跳跃）概率支配着电导率。因此，通过局域态的载流子输运与能带导电完全不同。"速率决定过程"机制使电子从低于费米能级的已占据局域态（O）跳跃到高于费米能级的空态（E）。单位时间内跳跃概率为：

$$v = v_0\exp\left(-\frac{2R}{a} - \frac{W}{k_BT}\right) \tag{8.11}$$

其中，R 和 W 分别为态 O 和态 E 之间的空间距离和能量差；a 为局域态的玻尔半径；指前因子 v_0 达到声子频率数量级（$10^{12}s^{-1}$）。注意，因子 $\exp(-2R/a)$ 表示波函数的重叠程度，而 $\exp[-W/(k_BT)]$ 为玻尔兹曼因子。局域载流子在三维空间中的扩散系数可表示为：

$$D = \frac{R^2v}{6} \tag{8.12}$$

利用爱因斯坦关系 $\mu k_BT = eD$ 得到跳跃电导率 σ_h 为：

$$\sigma_h = en_h\mu = \frac{n_h(eR)^2}{6k_BT}v_0\exp\left(-\frac{2R}{a} - \frac{W}{k_BT}\right) \tag{8.13}$$

式中，n_h 为跳跃载流子密度。发生在最近邻位点之间的跳跃称为最近邻跳跃，在相对较低的温度下带尾的电导可以受最近邻跳跃机制的控制。这意味着随着温度的降低，导电路径从能带态移动到带尾态。

低温条件下，由于能带态和带尾态的载流子数量显著减少，E_F 附近可能发生输运。

在所谓的费米玻璃中，费米能级处于局域态，跳跃电子的密度 n_h 可以由 $nE_F/(k_BT)$ 求得，其中 $N(E_F)$ 为 E_F 的态密度。因为在半径为 R 的球形区域内有 $(4\pi/3)R^3N(E_F)$ 个态，因此这些能级间的平均能量差为：

$$W = \left[\frac{4\pi}{3}R^3N(E_F)\right]^{-1} \tag{8.14}$$

因此跳跃距离 R 与能量差 W 相关，跳跃速率达到最大值时 R 即为最佳跳跃距离 R_{opt}。这种由 Mott 提出的机制被称为变程跳跃（VRH）。E_F 附近存在均匀分布的态密度，v 与 $\exp[-(T_0/T)^{1/4}]$（非温度激活过程）成正比，其中 T_0 是与 $N(E_F)$ 值相关的特征温度。这里隐含了单声子过程的假设，其中要求玻尔半径 a 不低于晶格参数（$\approx$ 声子波长）且 W 达到或小于声子能量，否则跳跃速率 v 应该明显较小，这可能发生多声子跃迁，而不是单声子过程。

在外部交流电场中，原子或分子的偶极弛豫可引起能量损失。载流子跳跃类似于偶极弛豫，即式（8.13）中的 eR 相当于电偶极子。复介电常数 $\varepsilon(\omega)$，例如对于电场方向上的德拜响应 $\exp(i\omega t)$，可表示为：

$$\varepsilon^*(\omega) = \varepsilon_\infty + \frac{\varepsilon_s - \varepsilon_\infty}{1 + i\omega\tau} \equiv \varepsilon_1 - i\varepsilon_2 \tag{8.15}$$

式中，ε_s 和 ε_∞ 分别为静态（低频）和背景（高频）的介电常数；τ 为介电弛豫时间。复电导率定义为 $\sigma(\omega) = i\omega\varepsilon_0\varepsilon^*(\omega)$，其中 ε_0 为真空中介电常数。所谓的交流电导率或交流损耗是电导率的实部，即 $\omega\varepsilon_0\varepsilon_2(\omega)$。

阻抗谱有助于了解弛豫时间 τ 内的动力学。假设局域载流子被限制在一对局域态内，称为配对近似（PA），交流（AC）跳跃电导率的一般形式为：

$$\sigma(\omega) = N_p \int \alpha(\tau) \frac{\omega^2\tau}{1 + \omega^2\tau^2} P(\tau)d\tau \tag{8.16}$$

式中，N_p 是对数（偶极子）；$\alpha(\tau)$ 为极化率；$P(\tau)$ 是 τ 的概率分布函数。对无序程度最大的固体来说，当 $P(\tau)$ 正比于 $1/\tau$ 时，$\sigma(\omega)$ 几乎与 ω 成正比。不过需要指出的是，在 PA 近似中 $\sigma(\omega)$ 不能给出直流电导率，因为 $\sigma(\omega)$ 在 $\omega = 0$ 时为 0。在 IS 技术的 PA 近似中，如果直流和交流输运发生的机制相同，$\sigma(\omega)$ 不能解释实验数据。

跳跃交流（和直流）电导的正确方法可以是连续时间无规行走（CTRW）近似。基于 CTRW 的复交流电导率的一种简单形式与直流电导率密切相关，它可以表示为：

$$\sigma^*(\omega) = \sigma(0) \frac{i\omega\tau_m}{\ln(1 + i\omega\tau_m)} \tag{8.17}$$

式中，τ_m 为最大跳跃时间（最小跳变速率的倒数）；$\sigma(0)$ 为直流电导率，由下式给出：

$$\sigma(0) = \frac{n_h(eR)^2}{6k_BT\tau_m} \tag{8.18}$$

注意，式（8.13）中的 R 和/或 W 的值假设是随机分布的，其中最大的 R 和/或 W 导致最大的跳跃时间。

将每次跳跃用等效电路来处理，如图 8.2 所示。对近似使 $\omega = 0$ 时电导率为零，可视

为并联电路 [图 8.2(a)]。另一方面，CTRW 近似将每次跳跃等效为一系列并联的电容和电阻串联而成，如图 8.2(b) 所示。已知一系列跳跃事件序列的总导纳值（以及复电导率）由导纳的最小值所控制。CTRW 近似可以合理地预测直流电导率 [式(8.18)]。

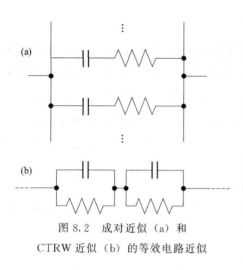

图 8.2 成对近似（a）和
CTRW 近似（b）的等效电路近似

（2）可变形晶格中的电子输运

在晶体和非晶态材料中，额外的电子或空穴可以使可变环境发生畸变。如果载流子在变形晶格中输运，载流子很容易使晶格变形（载流子-声子耦合），伴随这种畸变的载流子会降低其总能量，受这种畸变影响的载流子被称为极化子。当载流子波函数的空间范围小于或相当于原子间或分子间的距离时，称为小极化子（电子-声子强相互作用），否则称为大极化子（电子-声子弱相互作用）。一般小极化子存在于碱卤化物、分子晶体、稀有气体固体和一些玻璃中，在这些介质中发生极子输运。

虽然认为在一些无序材料中，如硫系化合物和过渡金属氧化物玻璃中，小极化子在电子输运中占主导，但这个问题仍有争议。可进一步将极子输运分为两种情况：强耦合或弱耦合。以下讨论这两种可畸变晶格中电子输运的极限情况。

① 载流子-声子强耦合极限。电子在可变形晶格中与光声子和声学声子耦合。首先，我们需要定义绝热条件和非绝热条件这两个概念。绝热条件可以简单的解释为，载流子跟随原子振动，导致载流子跳跃到邻近位点的概率高。非绝热情况意义相反：载流子不能跟随原子振动，因此它的迁移概率比绝热情况小得多。绝热近似无法解释玻璃中的直流和交流导电的总体特性：高温绝热近似中的小极化子的跳跃率不依赖于温度，只是一种不能通过实验观察的热激活过程。因此，下面我们只讨论非绝热过程。

提出的无序固体中强耦合（小极化子）非绝热多声子跃迁速率 Γ 的一个准确表达式为：

$$\Gamma = \left(\frac{J_{ij}}{\hbar}\right)^2 C(T) \exp\left(-\frac{E_{\mathrm{A}}^{\mathrm{op}} + E_{\mathrm{A}}^{\mathrm{ac}} + \Delta/2}{k_{\mathrm{B}}T}\right) \tag{8.19}$$

式中，J_{ij} 和 Δ 分别为电子转移积分、位置 i 与位置 j 之间的能量差；$C(T)$ 是与温度弱相关的函数；$E_{\mathrm{A}}^{\mathrm{op}}$ 和 $E_{\mathrm{A}}^{\mathrm{ac}}$ 分别与光学声子和声学声子有关，并分别由下式给出：

$$E_{\mathrm{A}}^{\mathrm{op}} = \frac{2kT}{\omega_0} E_{\mathrm{b}}^{\mathrm{op}} \tanh\left(\frac{\omega_0}{4k_{\mathrm{B}}T}\right) \tag{8.20}$$

$$E_{\mathrm{A}}^{\mathrm{ac}} = \frac{1}{N} \sum_g \frac{2kT}{\omega_{g,\mathrm{ac}}} E_{\mathrm{b}}^{\mathrm{ac}} \tanh\left(\frac{\omega_{g,\mathrm{ac}}}{4k_{\mathrm{B}}T}\right) \tag{8.21}$$

式中，ω_0 为平均光频率（假设光模有一个小色散）；$\omega_{g,\mathrm{ac}}$ 为波矢 g 处的声学声子能；N 为声子模数；$E_{\mathrm{b}}^{\mathrm{op}}$ 和 $E_{\mathrm{b}}^{\mathrm{ac}}$ 分别为光频声子和声学声子的极子结合能；$\tanh$ 为双曲正切函数；小极化子的非绝热处理要求 $J_{ij} < 0.1\mathrm{eV}$ 模式。

② 载流子-声子弱耦合极限。在弱耦合极限（$k_B T \gg \hbar\omega$）中，局域电子耦合到一种振动模式 ω_c 的多声子跳跃速率 $R(\Delta)$ 为：

$$R(\Delta) = K \sum_{n=-\infty}^{\infty} I_p(z) \cos(p\phi_n) \tag{8.22}$$

其中，K 为具有 ω_c 量级的特征频率；p 为参与的声子数 $[=\Delta/(\hbar\omega_c)]$；$\phi_n$ 为晶格弛豫相位移；$I_p(z)$ 为如下修正贝塞尔函数：

$$I_p(z) = \left(\frac{z}{2}\right)^p \sum_{k=0}^{\infty} \frac{(z^2/4)^k}{k! \; \Gamma(p+k+1)} \tag{8.23}$$

其中 z 由下式给出：

$$z = \frac{2E_b}{\hbar\omega_c} A_n \, \mathrm{cosech}\left(\frac{\hbar\omega_c}{k_B T}\right) \tag{8.24}$$

式中，A_n 为晶格弛豫振幅函数；cosech 为双曲余割函数。在弱耦合极限（$z \approx 0$；例如小极化子结合能），$R(\Delta)$ 为：

$$R(\Delta) \approx \omega_c \frac{\left[\left(\frac{4E_b}{\hbar\omega_c}\right)\left(\frac{k_B T}{\hbar\omega_c}\right)\right]^p}{p!} \tag{8.25}$$

式中，E_b 为声子结合能。当 p 为较大数时，由 Stirling 公式得到：

$$\frac{1}{p!} \approx \frac{1}{\sqrt{2\pi p}} p^{-p} \exp(p) \tag{8.26}$$

利用式（8.27）和式（8.28）：

$$\left(\frac{4E_b}{\hbar\omega_c}\right)^p = \exp\left[\frac{\Delta}{\hbar\omega_c}\ln\left(\frac{4E_b}{\hbar\omega_c}\right)\right] \tag{8.27}$$

$$p^{-p} = \left(\frac{\Delta}{\hbar\omega_c}\right)^{-\frac{\Delta}{\hbar\omega_c}} = \exp\left[-\frac{\Delta}{\hbar\omega_c}\ln\left(\frac{\Delta}{\hbar\omega_c}\right)\right] \tag{8.28}$$

可以将式（8.25）给出的多声子跳跃速率改写为：

$$R(\Delta) \approx \omega_c \exp(-\gamma p)\left(\frac{k_B T}{\hbar\omega_c}\right)^p \tag{8.29}$$

式中，$\gamma = \ln[\Delta/(4E_b)] - 1$，弱耦合极限应满足：

$$G \equiv \left(\frac{4E_b}{\hbar\omega_c}\right)\left(\frac{k_B T}{\hbar\omega_c}\right) \ll 1 \tag{8.30}$$

然而，当指数 p 较大时，即使 $G \approx 1$ 小幅角近似仍然有效。注意 $1/R(\Delta)$ 应等于式（8.18）中的 τ_m，于是可得到弱耦合极限下由式（8.18）给出的直流电导率。

8.2.1.2　离子输运理论

虽然人们对离子导体进行了很长时间的研究，但仍未完全了解无序材料中离子导体的输运机理。由于无序固体中的离子运动与晶态固体中的电子输运存在根本不同，因此还没有一个简单的被广泛接受的模型。离子在低于典型振动频率下的运动可以描述为离子在被势垒隔开的位点之间进行的热激活跳跃。如图 8.3 所示，离子必须克服势垒（虚线）才能跳跃；高频时，局部运动（虚线）产生交流电导率（损耗）。发生直流输运时离子必须跳

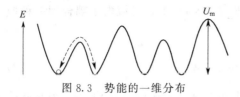

图 8.3 势能的一维分布

过输运路径中的最大势垒 U_m。玻璃中移动离子的势能是无规律的，并在三维空间存在深度和势垒高度上的分布，而图 8.3 只是对其在一维方向的简单描述。

在无序离子导体中，移动离子在短时间范围内表现为亚扩散行为（弥散或异常扩散），在长时间范围内表现为正常扩散。这说明移动离子的均方位移（MSD）为：

$$\langle r^2(t) \rangle = At^\alpha \tag{8.31}$$

式中，A 为常数；短时间范围 $\alpha < 1.0$，长时间范围 $\alpha = 1.0$。MSD 对时间的导数与扩散系数 D 成正比，D 值在短时间范围符合 $t^{\alpha-1}$，而长时间范围取恒定值，与直流电导率有关。随时间变化的扩散系数 $D(t)$ 本身是与频率相关的扩散系数 $D(\omega)$，因此离子电导率取决于外部频率，可假设为：

$$\sigma(\omega) = \sigma(0) + C\omega^s \tag{8.32}$$

其中，$\sigma(0)$ 是扩散系数为常数 D 时的直流电导率；C 是常数；指数 s 小于 1.0，频率相关项源自扩散系数 $D(\omega)$。这种特征可以归因于如图 8.3 所示的势垒的无规分布。式(8.32) 只是一个拟设公式。

根据 CTRW 方法应能给出离子输运过程的非拟设公式。无规势垒模型（RBM），即移动离子跳跃的势垒是无规分布的，与在一定条件下局域电子的 CTRW 相同。基于 CTRW 的离子复电导率 $\sigma_i^*(\omega)$ 为：

$$\sigma_i^*(\omega) = \sigma_i(0) \frac{i\omega\tau_m}{\ln(1 + i\omega\tau_m)} \tag{8.33}$$

式中，$\sigma_i(0)$ 为直流电导率；τ_m 为多次跳跃中的最大跳跃时间。跨越势垒 U 所需的跳跃时间 τ 可表示为：

$$\tau = \tau_0 \exp\left(\frac{U}{k_B T}\right) \tag{8.34}$$

其中，τ_0 为特征时间。已知 τ_0 本身取决于势垒 U，并可表示为下式：

$$\tau_0 = \tau_{00} \exp\left(\frac{-U}{E_{MN}}\right) \tag{8.35}$$

式中，τ_{00} 为常数；E_{MN} 为特征能量（称为 Meyer-Neldel 能量），在热激活过程中这种关系称为 Meyer-Neldel 规则或补偿法则。式(8.33) 中的 τ_m 为式(8.34) 中 τ 在 $U = U_m$（最大势垒）时的最大值。与前述电子输运过程 CTRW 相似，直流离子电导率为：

$$\sigma_i(0) = \frac{N_i(eR)^2}{6k_B T\tau_m H_v} \tag{8.36}$$

式中，N_i 为移动离子数；H_v 为 Haven 比值；R 为跳跃长度。离子输运中，H_v 与输运路径的几何形状有关。应该指出，导出式(8.33) 的 CTRW 方法为零阶近似。式(8.35) 给出的无规则势垒模型（RBM）更准确的解析式为：

$$\ln\tilde{\sigma} = \frac{i\tilde{\omega}}{\tilde{\sigma}}\left(1 + \frac{8}{3} \times \frac{i\tilde{\omega}}{\tilde{\sigma}}\right)^{-1/3} \tag{8.37}$$

式中，$\tilde{\sigma}=\sigma_i^*(\omega)/\sigma(0)$，　$\tilde{\omega}=\omega/\omega^*$ 是适当调整的频率（$\omega^*=1/\tau_m$）。

8.2.2 玻璃的导电性能

导电是电子或离子的输运。当一种物质内部有可移动的自由电子或离子使电流传输成为可能时，该物质就是导电的。这种特性用电导率 σ（有时也使用符号 k 或 λ）来表征。电导率是物质传导电流的能力，它具体表示截面为 $1cm^2$、长度为 $1cm$ 的圆柱体的电导率。这个值用国际单位制表示为 S/m（S 为西门子），然而直到现在，多数情况下人们仍然使用更老的单位，即 $\Omega^{-1}\cdot cm^{-1}$。在国际 SI 单位中，长度以 $1m$ 为基础，因此值相差 100 倍或 0.01 倍。

如果将某导电体置于施加有电势差 V 的两个电极之间，通过该导电体的电流 I 用下式表示：

$$I=V\sigma A/d \tag{8.38}$$

式中，A 为电极面积；d 为电极间距离；σ 等于以立方体形式存在的相应样品物质的电导率。σ 的倒数值为电阻率 ρ，单位为 $\Omega\cdot cm$，σ 的单位为 S/cm$=\Omega^{-1}\cdot cm^{-1}$（$\Omega$ 为欧姆，$1S=1/\Omega$）。式(8.39) 中 R 是长度为 d、横截面积为 S 的材料的电阻。

$$\rho=\frac{1}{\sigma}=\frac{V}{A}\cdot\frac{S}{d}=R\cdot\frac{S}{d} \tag{8.39}$$

玻璃的电导率与温度存在密切关系，很久以前，Gehlhoff 和 Thomas 用电导率 $\sigma=100\times10^{-10}\Omega^{-1}\cdot cm^{-1}$ 时的温度来表征电导率，即所谓的"T_{k-100} 值"（T 单位为℃，习惯上也使用术语 t_{k100}）。钠钙硅（窗户）玻璃，T_{k-100} 为 150～200℃。这个值用于技术玻璃。令人感兴趣的是电导率在较大温度范围内的剧烈变化，由于这个原因，人们曾试图建立如下这样的关系式：

$$\lg\sigma=A-B/T \tag{8.40}$$

式中，σ 为电导率；T 为温度；A、B 为常数。在进一步理论化的基础上，Stevels 得到了类似的电导率与温度的关系：

$$\lg\sigma=A-[B\Delta E/(RT)] \tag{8.41}$$

A 的值随温度和成分而变化。活化能 ΔE 为玻璃组成的函数，传统硅酸盐玻璃活化能约为 84×10^3J/mol，在 50℃ 和玻璃化转变温度 T_g 之间几乎保持恒定。然而，$\lg\sigma$-$1/T$ 曲线在 T_g 附近显示了显著的突变，根据这一原理，可以通过测量电导率测定 T_g。

由于大多数玻璃形成熔体在整个测量温度范围内的电导率远小于 1，因此常用电阻率值来描述玻璃熔体的导电能力。根据最简单但最有效的弗仑克尔液体动力学理论以及 Glesston、Laidler 和 Eiring 提出的速率过程理论，如果温度的变化不影响载流子可能位置之间的势垒高度，离子液体及玻璃的电阻率与温度的相互关系可以用下面的式子描述：

$$\rho=\rho_0\exp[E/(RT)] \tag{8.42}$$

式中，ρ_0 为常数，对应于温度趋于无穷大时的电阻率期望值；T 为热力学温度；R 为理想气体常数；E 为活化能，描述液体或玻璃中载流子两个相邻的可能位置之间势垒高度。为了便于实际应用，可以将式(8.42) 写成对数形式：

$$\lg\rho=\lg\rho_0+0.4343E/(RT) \tag{8.43}$$

该式经常用以下更一般的式子表示：

$$\lg\rho = A + B/T \tag{8.44}$$

式中，A、B 为常数。式(8.44)称为 Rasch-Hinriksen 关系式。该式在保证活化能与温度无关的前提下，准确描述了玻璃化物质在玻璃态下（即具有液体冻结结构的物质）电阻率与温度的关系。不过，该方程也可以成功地描述在足够高的温度下（通常高于 1200～1400℃），熔体电阻率与温度的关系。

根据上述两种液体电导理论，所有液体的 $\lg\rho_0$ 值应近似相等，等于 -2 ± 0.5。很容易看出，对于仅含有一种碱金属离子的所有玻璃（温度在玻璃转变区以下的玻璃形成物质），其电阻率与温度关系中的 $\lg\rho_0$ 与上述理论计算值非常接近。研究表明，将熔体电阻率的温度关系曲线的高温段外推到无穷大温度处，得到的值对于所研究的所有熔体几乎是相同的，这一关系式得到了实验数据的证实。然而，有趣的是，这些数值也非常接近上述两种理论的预测值。

若要将式(8.43)外推到高温状态，则只有当该温度段的活化能与温度无关时，才能得到理论上正确的结果，这实际上是认为熔体的结构与温度无关。同时，对密度、热容量和其它一些性质与温度相关性的研究表明，事实并非如此。熔体的结构随温度的变化而变化，直至达到极高的温度，甚至可能直至熔体的总蒸发温度。因此，可以假设在高温下，熔体的自由体积大到足以忽略纯几何因素影响的程度，从而导致势垒高度进一步增加。因此，在足够高的温度下，可以推断几乎所有玻璃熔体的电阻率随温度的关系都可以用式(8.44)来描述。在较低的温度下，电阻率随温度的这些关系比较复杂，相关文献报道对这种关系的特征存在不同的观点。

然而，根据许多实验数据的分析，至少有一个方程可以成功地描述很宽温度范围内的现有大部分熔体的电阻率数据。该温度范围的最高温度对应于黏度 $10^2\,\mathrm{Pa\cdot s}$，最低温度对应于可测量平衡条件下熔体性质的黏度（即 $10^{12}\sim10^{13}\,\mathrm{Pa\cdot s}$）。该方程与我们熟知的描述熔体黏度-温度关系的 Vogel-Fulcher-Tamman 方程［第 1 章式(1.105)］相似：

$$\lg\rho = A + B/(T - T_0) \tag{8.45}$$

式中，A、B 及 T_0 为常数。从分析成分对熔体电阻率的影响的角度来看，上述高温下熔体电阻率与温度的关系还有另一个显著特征：随着温度的升高，各种熔体的电阻率都趋近于几乎相同的值，这就导致相当一部分熔体的组成与温度的关系呈扇形。对玻璃和熔体来说成分对电阻率的影响是相同的。然而，温度越高，这些影响就越不明显。玻璃电阻率随温度变化的关系式(8.44)或者式(8.45)仅适用于 20～500℃ 和 1000～1450℃ 两个温度范围，这在实际工程中是不够的，因此需要采取适当的方法测试玻璃熔体的电阻率。

8.2.3 玻璃导电性能测量

玻璃电阻的基本测量方法是依据伏安法的原理，测量出加在试样两端的电压和通过试样的电流，根据欧姆定理计算出玻璃的电阻：

$$R = U/I \tag{8.46}$$

式中，R 为测量电极间玻璃熔体电阻，Ω；U 为加载在玻璃熔体上的电压，V；I 为玻璃熔体流过的电流，A。

测量方法可以分为直流电法、交流电法以及低温法、高温法等。低温测量即在固体玻璃上进行，使用棒或片状试样进行测试，其端面需要覆金属涂层，也可以在两端熔合铂丝。用此方法制备的试样可直接连接到测量部位，测试可以用多种直流电法完成，有多种商用仪器可供使用。

由于玻璃中存在电解导电现象，因此可能会出现极化现象。交流电法可以防止极化，但通常这些方法除了仪器更复杂之外，还有一个缺点就是在较低的温度下，玻璃的介电损耗会影响测量。图 8.4 显示了根据 DIN52326 标准检测的玻璃电阻率与温度、频率之间的关系。玻璃"内部"绝缘能力的标准中描述了比电阻率的测定。

在温度高达 100℃ 的情况下，固体玻璃上的电阻测量变得困难，因为块体玻璃的电导率滞后于表面电导率，而表面电导率是由大气水分与玻璃表面的反应决定的。因此，玻璃电阻率依赖于玻璃的组成，特别是在富碱玻璃中表现得更为明显。过去许多研究人员通过研究表面电导率与相对湿度的关系对这个问题进行了探讨，结果表明钠钙玻璃的表面电导率可以因为湿度的升高提高 7 个数量级。Boksay 等人对经充分沥滤过的玻璃的研究原则上讲也证实了这一现象，尽管有些细

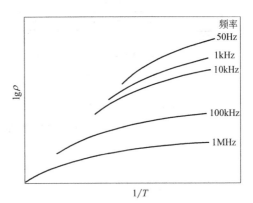

图 8.4 玻璃的电阻率 ρ 与温度 T 和频率的关系

节存在差异或有所补充。值得注意的是浸出表层与未浸出部分的过渡位置明显地显示出电阻最大值。小泽一郎和高田认为其原因在于含水硅酸钠玻璃的混合碱效应，因为他们发现，含水量增加起初提高了电阻近四个数量级，直到摩尔比率 $H_2O：Na_2O > 0.6$ 时电阻值再次下降，而这种比例关系正好发生在上述电阻转变区。从这些现象可以推断，室温下测量玻璃物质的电导率只能在环境保持绝对干燥的条件下才行，或者在真空中更好。特别是玻璃表面必须脱去任何附着的水层，因此普通玻璃的测量温度应在 400℃ 以上。

为了用玻璃的电导率来表征玻璃，Gehlhoff 和 Thomas 提出了在电导率 $\sigma = 100 \times 10^{-10}$ S/cm 时的温度 T_{k-100} 值。由于所有玻璃的电导率都随着温度的升高而增加，所以特定对比温度下的 T_{k-100} 值高，说明电导率低或电阻率高。

对于高温下玻璃的电导率测量，采用的方法是溶液法，其中铂主要用作坩埚和电极材料，而更高的温度下使用钼和钨。由于在这些条件下极化现象非常强烈，因此只能使用交流电方法进行测量。

8.2.3.1 玻璃的体积电阻率

选取无结石、气泡、条纹等缺陷的平板玻璃试样，进行退火处理以消除应力。选取玻璃试样厚度 1～5mm，直径为厚度的 10 倍以上，试样用蒸馏水、无水乙醇清洗、烘干。在两面涂上低温银浆，将被保护电极、不保护电极、保护电极粘贴于表面，在 460～500℃ 加热炉内加热 10min。电极结合牢固后，去除边沿银层，用无水乙醇清洗干净，在表面焊接导线。

采用三电极测量装置测量体积电阻率和表面电阻率的线路图如图 8.5(a) 和图 8.5(b)

所示。测量体积电阻率时，电极 1 是被保护电极，电极 2 为保护电极，电极 3 为不保护电极，使用第三电极来抵消表面效应引起的误差。试样上的被保护电极和保护电极之间保持均匀间隙，间隙要求大于 1mm，被保护电极的直径为 d_1，不保护电极的直径为 d_4，保护电极的外径为 d_3，保护电极的内径为 d_2。图 8.6 为平板状玻璃试样的电极装置示意图，为了使测量精确可靠，建议 $d_1=50mm$，$d_2=60mm$，$d_3=80mm$。测量体积电阻的方法主要有伏安法和惠斯通电桥法。

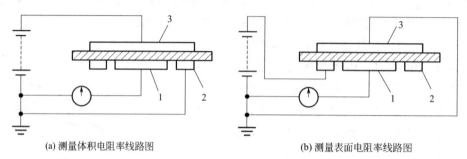

(a) 测量体积电阻率线路图　　　　　　(b) 测量表面电阻率线路图

图 8.5　使用保护电极测量体积电阻率和表面电阻率线路图

1—被保护电极；2—保护电极；3—不保护电极

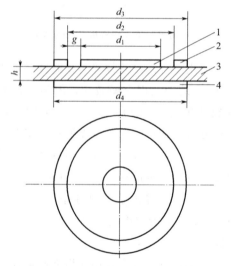

图 8.6　平板试样的电极装置示意图

1—被保护电极；2—保护电极；

3—试样；4—不保护电极

（1）伏安法

采用如图 8.7(a) 所示线路，用直流电压表测量所施加的电压。用电流测量装置测量电流，电流测量装置可以用检流计、电子放大器或者静电计。一般当试样被充电时，测量装置应短路以避免在此期间损坏。检流计应具有高的电流灵敏度且配有通用分流器。试样电阻如式（8.47）所示：

$$R_x = \frac{U}{k\alpha} \tag{8.47}$$

式中，U 为所施加的电压，V；k 为检流计灵敏度，以 A/刻度表示；α 为偏转，以刻度表示。

（2）惠斯通电桥法

采用如图 8.7(b) 所示线路，试样与惠斯通电桥的一个桥臂相连，三个已知桥臂应具有尽可能高的电阻值，它们受到桥臂中电阻器的固定误差的限制，通常电阻 R_B 是以十欧姆级变化的，R_A 用来作平衡调节，而 R_N 在测量过程中固定不变。检测器是一个直流放大器，它的输出电阻比电桥内任何一个桥臂的电阻值都高，试样电阻如式（8.48）所示：

$$R_X = \frac{R_N R_B}{R_A} \tag{8.48}$$

式中，R_A、R_B 及 R_N 如图 8.7(b) 所示。

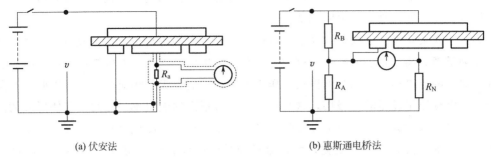

(a) 伏安法　　　　　　　　　　　　(b) 惠斯通电桥法

图 8.7　测量体积电阻率线路图

T_{k-100} 的检测：选取无结石、气泡、条纹等缺陷的玻璃棒，直径 $(8.5\pm0.5)mm$，长度 $(11\pm0.5)mm$。一组 2 个试样，用细金刚砂精细研磨，要求两端面平行并与轴线垂直，最后的长度为 $(10\pm0.1)mm$。试样进行退火消除应力，用蒸馏水和无水乙醇清洗、干燥。两端面涂上低温银浆，在高温炉中加热到 $460\sim500℃$，保温 10min，然后缓慢冷却到室温。表面银层结合牢固，去除边沿银层，再用无水乙醇清洗干净。

利用伏安法或者惠斯通电桥法，将其活动电极和待测试样置于加热电路内，接通电炉电源，调节升温速度，以 $2\sim3℃/min$ 的均匀速度升温，接通测量电源，给试样施加直流电压，测量起点一般低于该玻璃预定 T_{k-100} 的 $30\sim40℃$，保温 10min，开始测量并记录。继续升高炉温，每升高 10℃ 进行一次测量，直至高于玻璃试样 T_{k-100} 的 $30\sim40℃$ 结束试验。

通过测量的多组不同温度（t）下的电流值，通过式（8.49）求解对应的体积电阻率 ρ，通过式 $1/T=1/(t+273)$ 算出对应的 $1/T$，在纵坐标上绘制 $\lg\rho$-$1/T$ 关系图，找出 $\lg\rho=8$ 所对应的 $1/T$，求解出 t，即为该玻璃试样的 T_{k-100}。

$$\rho=\frac{US}{IL} \tag{8.49}$$

式中，ρ 为试样体积电阻率，$\Omega\cdot cm$；U 为所施加的电压，V；I 为实际通过试样的电流，A；S 为试样的截面积，cm^2；L 为试样的长度，cm。

对不同作者发表的电阻率数据进行比较后发现，不同人测得的相同组成熔体的电阻率数据之间可能存在相当大的差异。众所周知，测量高电阻率（例如高于 $10^7\Omega\cdot cm$）通常采用直流电进行测量。当电极上施加恒定电压时，样品的温度是恒定的并且没有发生结构变化，所以通常可以观察到稳态电流，即电流在相当长的一段时间内保持恒定。该电流值可用于计算样品的真实电阻率。然而，实验人员经常遇到这样一种情况，即通过样品的电流随时间而变化。当样品的温度和结构不随时间变化时，导致电流发生这种变化的主要因素有两个，即所谓的热离子极化和电极极化。

第一个因素（热离子极化）与作为载流子的离子周围的势垒高度分布是否足够宽有关。在对电极施加电压的第一阶段，离子可以很容易地越过最低的势垒，这些离子朝着对应电极的方向前进。在越过一些低势垒后，离子出现在高势垒附近，向对应电极进一步移动的速率降低。一段时间后，大多数离子到达靠近高势垒的位置，而与上述势垒分布相关的额外电流指数达到零。因此，开始时总是有一个通常比最终的稳态电流高得多的额外电流。显然，物质的电阻率越高，热离子极化过程越长。如果这种极化不完成，所测得的电阻率值就低于真实（稳态）电阻率值。

第二个因素是电极的极化。这与电极通常（在测量固态离子玻璃形成体物质时）或始终（在测量液态离子物质时）为不可逆电极有关。也就是说，当电极被用作阳极时，它们不提供额外的导电离子，而当电极被用作阴极时，它们不吸收相应的离子。因此，在阳极附近形成电载流子耗尽的阳极层，这些阳极层具有很高的电阻率。因此，即使形成的阳极层非常薄也可以大大减少两个电极之间的电流。很明显，在测试过程的最开始，阳极附近的导电离子浓度没有明显的变化，而且流过样品的电流在误差范围内与稳态电流没有差别。但经过一段时间后，阴极层形成的影响开始显现。测量时间越长，阳极层的电阻应该越高。形成阳极层的时间取决于许多因素（离子浓度、耗尽最活跃离子的阳极层的电阻率等），但最重要的因素是被测物质的稳态电阻率大小。该电阻率越高，形成一定厚度的阳极层所需的时间就越长。与热离子极化的影响相反，电极极化的影响总是增大被测物质的表观电阻率。

上述各类极化导致任何离子导电物质的表观电阻率依赖于测量频率和测量温度。在低频率下，在交流电半周期的时间内可能足以形成阳极层，导致电阻率的增加。随着频率的增加，这种效应会减弱到最终消失。当频率过高时，热离子极化效应开始显现。频率越高，这种效应的影响越大。很明显，两种极化都有其自己的机制，而且对于玻璃研究者来说，好在到目前为止所研究的所有案例中，还没有发现这两种机制的重叠影响。因此，研究者总是能够找到一个合适的频率范围，在这个频率范围内，测量的样品电阻率不依赖于频率，这表明测量的电阻率是真实值。随着电阻率的增加，该频率范围的两端都向低频偏移，电阻率是组分和温度的函数。

测量结果分析的下一步是根据试样电阻的测量值计算电阻率。对于固体玻璃的测试，不难制备具有一定几何形状的试样以满足必要精确度的结果计算。最好的解决方法是使用板状样品，该玻璃板有两个被电极覆盖的相对表面，并为其中一个电极提供一个保护环。这样，保护环环绕的电极与对应电极之间的作用力线垂直于玻璃板表面。保护环还可以防止表面电导对测试结果的影响。在这种情况下，使用式（8.46）计算的结果的精确度可以非常高。

温度高于100℃时（大多数情况下可以忽略表面电导的影响），可以适当选择试样的几何形状和电极，这样即使不使用保护环，使用式（8.46）计算的结果也可以具有足够高的准确度。

8.2.3.2 玻璃高温熔体电阻率

为测量玻璃高温电阻率，首先需要测量玻璃电阻。电阻测量是依据前述伏安法的原理，根据式（8.46）计算出玻璃的电阻，然后按容器法测量玻璃高温熔体电阻率。由于玻璃在高温条件下，呈现熔体特征，具有流动性，因此玻璃高温电阻率测量必须借助于容器，应选取形状规则的容器，材质优选无碱氧化铝制备的刚玉瓷舟，形态呈长方体为佳，以便较好地测量截面尺寸和长度尺寸，必须保证容器水平放置在加热炉内。由式（8.39）知，玻璃熔体电阻率 ρ 可由式（8.50）计算得出：

$$\rho = RS/L = KR \tag{8.50}$$

式中，ρ 为玻璃熔体电阻率，$\Omega \cdot cm$；S 为玻璃熔体截面积，cm^2；L 为玻璃熔体长度，cm；K 为测量容器常数，与容器几何尺寸有关，cm。通过式（8.50）可知，测量玻璃熔体电阻率 ρ，首先需要测量玻璃电阻 R，待测量完成，加热炉冷却后，取出测量容器并测量容器常数 K。容器常数 K 与容器的玻璃熔体截面积 S 和玻璃熔体长度 L 相关。玻璃熔体和容器为并联电阻，当容器绝缘性很好时，可以忽略容器电阻的影响，否则，必须考虑容器电阻对测量的影响。因此优选耐高温无碱氧化物容器，就是为了克服容器电阻的影响。根据式（8.46）和式（8.50），以及容器常数 K，即可测量玻璃熔体在不同高温条件下的电阻，从而计算出玻璃所对应高温条件下的电阻率 ρ。

在测量玻璃形成熔体时，根据测得的试样电阻来计算其电阻率的问题似乎要困难得多。其原因是，绝大多数情况下，用于此类测量的容器类型和电极位置会产生形式相当复杂的作用力线，几乎不能根据容器和电极的几何尺寸来计算结果。因此，应该通过特殊的实验来确定容器常数 K：$\rho = KR$，式中 R 为容纳被测熔体的容器的电阻。这是电化学中常见的测试过程。在这种情况下，使用一种电阻率已知的标准液体，将其放入一个电极位置固定的容器中，标准液体的液位和被测液体的液位应该相同。测量装有标准液体的容器的电阻可以确定容器常数 K，然后用该值来计算其它液体的电阻率。

一段时间以来，这种方法广泛应用于玻璃形成熔体的电阻率测量。标准液体通常采用各种酸的稀溶液。用这种方法得到的容器常数与所用标准溶液的电阻率有关。因此，对每个新容器可确定一个特殊的函数 $\rho = f(R)$，而不是确定某个常数，然后用该函数根据容器电阻的测量值来确定熔体的电阻率。如果假定上述关系式对任何温度下的所有类型的液体都是适用的，这样就可以通过用标准酸溶液所确定的电阻率与容器电阻的关系式来计算各种熔体的电阻率。

然而有观点认为这些设想似乎是错误的。根据相关实验研究，室温下水溶液的电极极化效应要比相同电阻率的高温下玻璃熔体的电极极化效应强得多。用标准水溶液测定容器常数原则上是可能的，但应该在防止电极极化影响的条件下使用，即在能确保测量稳态电阻率的条件下使用。这可以通过增加标准溶液的电阻率（使用更稀的溶液），或者增加测量电流的频率，或者两者结合采用来实现。如果在确保测量稳态电流的条件下，用标准溶液确定了容器常数，在排除了极化影响的前提下，这个常数可以用来计算任意条件下熔体的电阻率。如上所述，在足够宽的频率范围内，通过检查测量值与施加电压的频率是否相关可以检验是否存在极化。确定容器常数的另一种方法是，在这个容器中测量同一玻璃熔体对容器进行校准。该方法的容器是一个充满玻璃熔体的铂坩埚，其中浸入两个铂丝电极。在较大温度范围内进行测量，温度可低至玻璃转变区的下限温度，甚至低于下限温度几百度。因此，多数情况下可以用固体玻璃测量容器电阻，采用测量固体玻璃电阻率的常用方法来测量板状样品（相同玻璃制成），在测定容器电阻的温度下可以确定玻璃的电阻率，从而计算出容器常数。

（1）电位探针测量法

电位探针测量法不需要测量容器常数 K，使用电位探针直接测量玻璃熔体电阻。该法利用玻璃熔体来连接两个容器，外侧 C 为电流电极，内侧 P 为电压电极，如图 8.8 所示。电压由高输入阻抗电压表在电压电极 P 上测定，电流由电极 C 输送，电阻由欧姆定

律 $R=U/I$ ［式（8.46）］测量，U 和 I 分别为测得的电压和电流。于是同样按式 $\rho=RS/L$ 算出电阻率，式中 ρ 为玻璃熔体电阻率，$\Omega \cdot cm$；S 为铂电极在玻璃熔体中的截面积，cm^2；L 为电压电极间的距离，cm。容器选用 Al_2O_3 或 MgO 等低导电特性材料。其中 S 和 L 是高温电阻测量完成后，冷却后在室温下进行测量的，S 通过对冷却后的瓷舟切割，采用米格纸印痕法读取截面积。电位探针直接测量法是一种简便的测量方法，若采用直流电源会产生极化现象，并且槽内会产生容抗影响，因此，为了避免极化现象、降低容抗影响建议采用交流、高频电源。此方法的缺点是，在高温条件下玻璃会与容器材料发生反应而影响电阻率测量结果，且容器形状复杂清洗不方便。

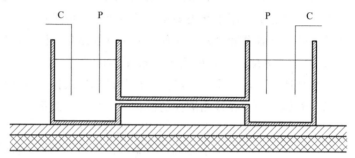

图 8.8　电位探针法直接测量玻璃熔体电阻

（2）交流测量法

前已述及，熔融玻璃在直流电场作用下会产生极化（包括电解）现象，因此需采用交流法，在不同的频率下进行玻璃熔体电阻率测量时，需要确定容器常数 K，因而又可称为间接测量电阻率法。容器常数通常由标准的 KCl 溶液确定，这种方法的测量需要注意以下几个方面：熔融玻璃液在容器中的高度应尽可能和标准溶液 KCl 的高度保持一致；电极先后两次插入容器的位置应尽量保持一致；KCl 溶液和熔融玻璃液的导电离子不完全相同；常温和高温的容器系数也不同。交流法又可分为电桥法和探针法两种，两种方法的测量回路中都包括一套基本类似的耐高温电极系统，在高温下使之浸入盛有玻璃液的坩埚或容器之中，然后加上 800Hz 或更高频率的交流电，使用相应的电性能参数测量仪测量两电极之间的玻璃电阻值，然后按式（8.50）计算玻璃液的电阻率。

电桥法是通过与其装置中的参考电阻相比较来测量熔融玻璃电阻。其测量熔融玻璃电阻的交流电桥如图 8.9 所示。将熔融玻璃放在铂金坩埚里，其中铂金坩埚可以作为一个电极。接通电源，调节可变电阻，当示波器电流为 0 时，说明两端电压降相同，此时可求得玻璃熔体的电阻。交流电桥在其测量臂上由可变电容和电感来平衡熔体电容和导体电感。在采用电桥法测试熔融玻璃电阻率时，为确保测量的精度应尽可能使玻璃液面的高度、电极和坩埚的相对位置以及电极插入深度与确定容器常数时测量标准溶液电阻保持一致，这是影响测量精确性的主要因素。电极的精确位置可以这样确定，先将电极降低，直到其触碰到坩埚底部，随后再向上提拉电极到一个确定高度，当电极碰触熔体表面时，电路的电阻突然下降，以此作为零点，再向下移动至所需深度。用电桥法测量熔体电阻率时需使用交流电源，否则会在电极溶液界面发生极化现象，此外其测量精度还取决于桥臂电阻的精度和示波器灵敏度。

四探针法是将 4 根电极插入被测高温熔体中，故也叫四电极法，其测试玻璃高温电阻率的原理如图 8.10 所示。在测量回路中有一信号发生器，它将产生高频率电流信号，通过电源变压器，加在交流变阻箱及电流电极之间的熔融玻璃待测电阻 R_x 构成的串联回路上。在测量过程中，交流电信号经电流电极通过玻璃熔体组成闭合电路，通过调节变阻箱使电路中的阻抗足够大，使回路中电流接近 0，这样在熔体中就不会产生极化电压，可避免极化电压对玻璃熔体电阻率的影响，使测量结果更加精确。将电阻箱上的电压降与示波器引出电压电极上的电压降进行比较，可求得玻璃熔体电阻，再由标准溶液（KCl 溶液）标定容器常数 K，然后由式(8.50) 就可求得其电阻率。

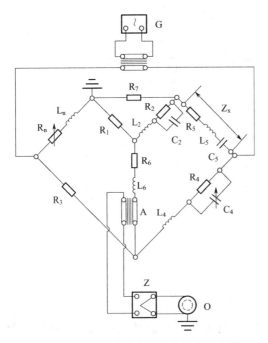

图 8.9　测量熔融玻璃电阻率的交流电桥
A—铂金坩埚；G—交流发电机；R—电阻；
L—电感；C—电容；Z_x—样品阻抗；
Z—放大器；O—示波器

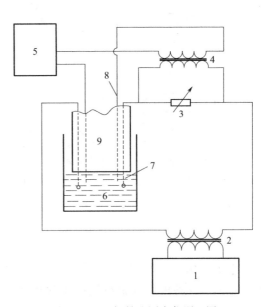

图 8.10　四探针法测定仪原理图
1—信号发生器；2—电源变压器；3—变阻箱；
4—变频变压器；5—示波器；6—刚玉坩埚；
7—电流电极；8—电压电极；9—电极架

8.3　介电性能测试

8.3.1　玻璃中的电极化

玻璃中的电极化主要有四种机制，每一种机制都涉及电荷的短程运动，并对材料的总极化有贡献。这四种极化机制包括：电子极化（Pe）、原子极化（Pa）、取向极化（Po）和界面极化（Pi）。图 8.11 中给出了这些主要极化类型的作用机制原理图以及两种特殊情况。

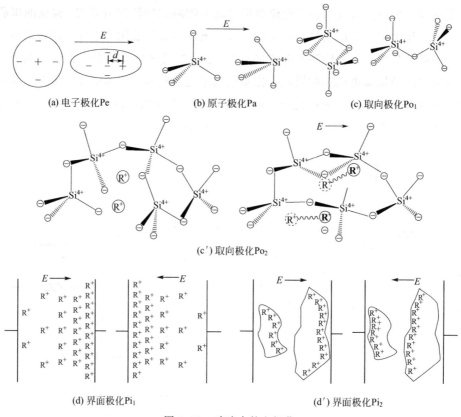

(a) 电子极化Pe　　　　　(b) 原子极化Pa　　　　　(c) 取向极化Po₁

(c′) 取向极化Po₂

(d) 界面极化Pi₁　　　　　　　(d′) 界面极化Pi₂

图 8.11　玻璃中的电极化

电子极化［图 8.11(a)］是由于材料内部离子的价电子云相对于正电荷原子核的移动而产生的。这种极化机制在频率非常高（10^{15} Hz）时发生，即紫外光区域，该极化机制导致光学范围内出现共振吸收峰，如图 8.12 所示。玻璃的折射率大小取决于玻璃内部发生的电子极化。

频率在红外区域时（10^{12} ～ 10^{13} Hz，图 8.12），将发生原子或离子极化。原子极化是指材料中正负离子之间发生相对位移，如图 8.11(b) 所示的［SiO_4］四面体。共振吸收频率与离子之间的键强特征有关，如果玻璃中存在多种离子或者键强存在一定分布，那么红外吸收范围会很宽。

在近红外频率范围内，取向极化对玻璃的介电特性有重要影响。取向极化，也称为偶极极化，涉及离子或分子偶极子的热运动微扰，在外加电场的方向上产生净偶极取向。取向极化机制一般可分为两类。①含有永久偶极矩的分子可沿某一平衡位置对抗弹性恢复力而作旋转运动，这种效应对各种液体、气体和极性固体（如冰和许多塑料）尤其重要。图 8.11(c) 显示了玻璃中这种极化的两个模型，图的左边描述了 Si—O—Si 键在正弦交流电场作用下沿平衡位置的振荡。由于该键在不对称时具有偶极矩，振荡产生取向极化。这种机制的弛豫频率非常高，室温下可达到 10^{11} Hz。图 8.11(c) 右边显示了由于—OH 基团围绕平衡位置振荡而产生类似的取向极化模式（Po₁）。偶极矩同样是由于无规则玻璃网络中 Si—OH 构型的不对称性造成的，这些偶极矩的振荡频率在 $10^{11}\sim10^{12}$ Hz 范围内。②另一种取向极化机制对玻璃在室温下的介电特性有特别重要的影响。它涉及两个等效平衡位置之间偶极子的旋转，正是在其中一个平衡位置的偶极子的自发排列引起了铁电材料的非线性极化行为，这导致了这些材料的介电常数达到 10^{4} 或更多。线性玻璃介质中，取向极化主要是由于带电离子在玻璃离子结构间隙中迁移引起的。图 8.11(c′) 为这种取向极化（Po_2）的原理示意图，包括碱金属离子（R^+）在两个等效位置之间的振荡。离子持续振荡，外加电场使其更可能沿平行于电场方向跳跃。由于离子跃迁的距离较大，室温下极化发生的频率范围为 $10^3\sim10^6$ Hz。由于这种机制涉及的移动阳离子与直流电导率情形相同，因此将其称为"迁移损失"。

最后一种极化机制，即界面或空间电荷极化，是在移动载流子受到物理屏障的阻碍，从而抑制电荷迁移时发生。电荷在屏障处堆积，产生材料的局域极化。当交流电场的频率足够低（<10^{-3} Hz）时，相距 1cm［图 8.11(d) 和 (d′) 左图］的屏障之间就会产生电荷净振荡，从而产生非常大的电容和介电常数（图 8.12）。如果屏障是一种内部特征结构形成体［图 8.11 (d) 和 (d′) 右图］，或者导致界面极化的电荷密度足够大，则对界面极化灵敏的频率范围可以扩展到千周范围（图 8.12）。在这种情况下，可能无法区分取向极化机制（如 Po_1）和界面极化机制（如 Pi_2）的频率响应。

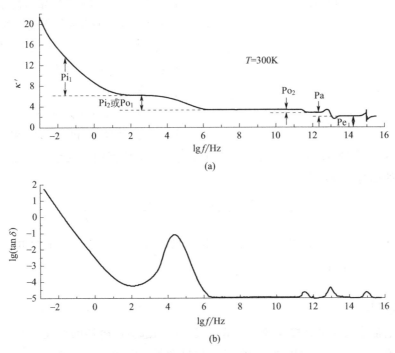

图 8.12　玻璃中的极化机制与电场频率的关系
（a）对荷电常数的影响（代表性 κ' 值）；（b）对损耗角的影响（代表性 $\tan\delta$ 值）

8.3.2　玻璃介电性

如果在电容器的两极板之间放置介质，则其电容 C 与在真空中测量的电容 C_v 相比被提高到：

$$C = \varepsilon C_{\mathrm{v}} \tag{8.51}$$

式中，比例因子 ε 称为介电常数。产生这种效应的原因在于，在电场的影响下，电荷会发生位移。对于一个离子来说，电子的壳层可以变形，整个离子也可以改变它们的位置。受影响的离子的极化率越大，电子的壳层发生变形的可能性就越大。这与折射率有关而且折射率相应地会产生决定性的影响，在频率非常高的情况下，适用于麦克斯韦方程：

$$\varepsilon = n^2 \tag{8.52}$$

当然，这个关系式并不太适合玻璃。例如，二氧化硅玻璃的介电常数约为 4，而 $n^2 = 2.2$。在电容器的极板之间引入玻璃，不仅提高了电容，而且电流和电压之间的相位角也会发生变化。对于真空电容器，相位角的变化相当于 $\pi/2$ 或 $90°$。电流通过玻璃会消耗一些电能，并产生介电损耗，值得注意的是相位角变成小于 $90°$ 的小角度。度量消耗的能量采用这个角的正切值 $\tan\delta$，该值称为损耗系数，等于实部能量与虚部能量的比值。

介电常数描述的是材料与电场之间的相互作用。材料的介电常数（κ^*）等于相对复介电常数（$\varepsilon_{\mathrm{r}}^*$），或复介电常数（$\varepsilon^* = \varepsilon' - j\varepsilon''$）与真空介电常数（$\varepsilon_0$）的比值。相对复介电常

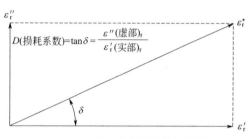

图 8.13　复介电常数矢量示意图

数的实部（$\varepsilon_{\mathrm{r}}'$）表示外部电场有多少电能储存到材料中，对于绝大多数固体和液体来说，$\varepsilon_{\mathrm{r}}' > 1$。相对复介电常数的虚部（$\varepsilon_{\mathrm{r}}''$）称为损耗因数，表示材料中储存的电能有多少消耗或损失到外电场中。$\varepsilon_{\mathrm{r}}''$ 始终 > 0，且通常远小于 $\varepsilon_{\mathrm{r}}'$，损耗因数同时包括介电材料损耗和电导率的效应。

如果用简单的矢量图 8.13 表示复介电常数，那么实部和虚部的相位将会相差 $90°$。其矢量和与实轴（$\varepsilon_{\mathrm{r}}'$）形成夹角 δ。通常使用这个角度的正切值 $\tan\delta$ 或损耗角正切来表示材料的相对"损耗"。

$$\kappa^* = \varepsilon_{\mathrm{r}}^* = \frac{\varepsilon^*}{\varepsilon_0} = \varepsilon_{\mathrm{r}}' - j\varepsilon_{\mathrm{r}}'' = \left(\frac{\varepsilon'}{\varepsilon_0}\right) - j\left(\frac{\varepsilon''}{\varepsilon_0}\right) \tag{8.53}$$

式中，κ^* 表示介电常数；$\varepsilon_{\mathrm{r}}^*$ 表示相对复介电常数；ε_0 表示自由空间介电常数（$= 1/36\pi \times 10^{-9}\,\mathrm{F/m}$）。

8.3.3　检测方法

测量介电常数的方法直接来源于它的定义。适当选择电容器的形式，可以计算其真空电容，通过测量电容，立即求得介电常数。如果在测量电桥上相对于已知空气电容器进行对比测量，可同时确定损耗系数 $\tan\delta$。也可根据谐振频率或谐振电路的阻尼确定电容的方法进行同样的测定，由于可能有多种多样的电路，应查阅相应的技术参考书。需要指出的是，测量过程中应该特别注意选用合适的电极。

当使用阻抗测量仪测量介电常数时，通常采用平行板法。我们知道，电容（C）是导体和介质系统当导体之间存在电势差时，允许存储自由电荷的一种特性，电容是电量 q 与

电位差 V 的比值（$C=q/V$）。电容值总是正的，如果电荷、电势的单位分别用库仑、伏特表示时，则电容单位为法拉。损耗因子（D），也称损耗角正切（$\tan\delta$）。损耗指数（ε''）与相对介电常数（ε'）之比，等于损耗角（δ）的正切值或相位角（θ）的余切值。通常可将电介质看成是电阻 R 和理想的无损耗电容 C 通过并联（p）或者串联（s）而成的等效电路，如图 8.14 所示。

$$D = \frac{\varepsilon''}{\varepsilon'} = \tan\delta = \cot\theta = \frac{X_\mathrm{p}}{R_\mathrm{p}} = \frac{G}{\omega C_\mathrm{p}} = \frac{1}{\omega C_\mathrm{p} R_\mathrm{p}} \tag{8.54}$$

式中，G 为等效交流电导；X_p 为并联电抗；C_p 为并联电容；$\omega = 2\pi f$ 为正弦波形的角频率。损耗因子的倒数是质量因子（Q），有时也称为储能因子。串联和并联电路表示的损耗因子 D 是相同的，可表示为：

$$D = \omega R_\mathrm{s} C_\mathrm{s} = \frac{1}{\omega R_\mathrm{p} C_\mathrm{p}} \tag{8.55}$$

式中，R_s、R_p 以及 C_s、C_p 分别为串联、并联电路的电阻和电容。串、并联单元之间的关系如下：

$$C_\mathrm{p} = \frac{C_\mathrm{s}}{1 + D^2} \tag{8.56}$$

$$\frac{R_\mathrm{p}}{R_\mathrm{s}} = \frac{1 + D^2}{D^2} = 1 + Q^2 \tag{8.57}$$

尽管通常采用并联法等效电路表示具有介电损耗的绝缘材料 [图 8.14(a)]，但有时总有可能将电容 C_s 与电阻 R_s 串联来表示单一频率的电容器 [图 8.14(b)]。

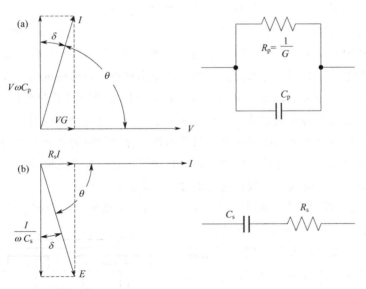

图 8.14　并联电路的矢量图（a）及串联电路的矢量图（b）

8.3.3.1　电极系统

二电极和三电极测量法也称为接触电极法，其原理是通过在两个电极之间插入材料组成一个电容器，然后测量其电容，根据测量结果计算介电常数，如图 8.15 所示。测量前，

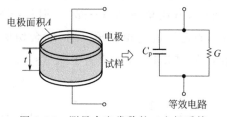

图 8.15 测量介电常数的二电极系统

电极面积 A
电极
t 试样
C_p
G
等效电路

为了使试样与电极有良好的接触，试样上必须粘贴金属箔或喷涂金属层等电极材料，例如在清洁试样两表面涂上银浆并置于马弗炉中升温至 460～500℃保温 10min，再慢慢冷却至室温，这样制备的烧银电极要求表面银层紧密、均匀、导电良好。最后在砂纸上磨去边缘的银层，再用无水乙醇擦拭干净。在实际测试装置中，两个电极安装在夹持介电材料的测试夹具上。阻抗测量仪测量电容（C）和损耗因子（D）的矢量分量，然后由软件程序计算出介电常数和损耗角正切。

$$Y = G + i\omega C_p = i\omega C_0 \left(\frac{C_p}{C_0} - i\,\frac{G}{\omega C_0} \right) \tag{8.58}$$

$$\varepsilon_r^* = \left(\frac{C_p}{C_0} - i\,\frac{G}{\omega C_0} \right) = \frac{tC_p}{A\varepsilon_0} \tag{8.59}$$

式中，Y 为导纳，S；G 为电导，S；ω 为角频率；C_0 为空气介质电容；C_p 为并联电容；t 为试样厚度；A 为电极面积；自由空间的介电常数 $= 8.854 \times 10^{-12}\,\mathrm{F/m}$。

当简单地测量两个电极之间的介电材料时，在电极边缘会产生杂散电容或边缘电容，从而使得测得的介电材料电容值比实际值大。边缘电容会导致电流流经介电材料和边缘电容器，从而产生测量误差。如果没有考虑到空气间隙及其影响，那么可能会产生严重的测量误差。采用薄膜电极接触介电材料的表面，可以减小空气间隙的影响。虽然能获得最准确的测量结果，但需要进行额外的材料制备（制作薄膜电极）。

在介质样品上使用保护电极几乎可以消除边缘电容和对地电容的影响，当结合使用主电极和保护电极时，主电极称为被保护电极。增加保护电极实际上消除了保护电极边缘的边缘电容和杂散电容。如果试样和保护电极厚度超出被保护电极厚度的尺寸大于样品厚度的两倍，而且保护间距很小，那么被保护区域的电场分布就等同于真空介质的电场分布，而这两个静电容之比即为介电常数。此外，保护电极会吸收边缘的电场，限定了活性电极之间的电场，所以在电极之间测得的电容只是由流经介电材料的电流形成的，并可计算真空电容，其精度仅受已知尺寸精度的限制，这样便可以获得准确的测量结果。鉴于这些原因，被保护电极法（三电极）一般作为标准方法，除非另有约定。

图 8.16 为完全被保护和屏蔽电极系统的示意图。虽然保护电极装置通常要接地，但所示布置既可以对测量电极接地也可以不对任何电极接地，以适应所使用的特殊三电极测量系统。如果保护电极接地或与测量电路中的保护端子连接，则被测电容为两个测量电极之间的静电容。但是，如果其中一个测量电极接地，则未接地电极和引线的对地电容与所需的静电容是并联的。为了消除这个误差源，未接地的电极应该用一个与保护电

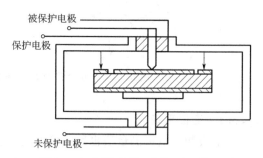

被保护电极
保护电极
未保护电极

图 8.16 固体试样三电极测量单元

极连接的屏蔽装置包围，如图 8.16 所示。保护电极法往往不方便，也不实用，而且频率限制在几兆赫以下，除了这种方法之外，还设计了使用特殊单元和测量程序的技术，这种技术采用两电极测量，准确度可与保护电极测量法的水平相当。

ASTM D150 标准中的平行板法又称为三电极法，选择三电极测量还是二电极测量，实际上是在测试准确度和测试方便性之间作选择。设置保护电极消除了由电路元件引入的一些误差。但另一方面，由于需要给保护电极额外提供电路元件和屏蔽，因而会大大增加测量设备的尺寸，获得最终结果所需的调整次数可能会大大增加。频率超过 1MHz 时，电阻比例臂电容电桥很少使用保护电路。感应比例臂电桥提供保护电极，不需要额外的电路或调整。并联 T 型网络以及谐振电路不提供保护电路。在偏转法中，仅通过额外的屏蔽就可提供保护。使用二电极微电极系统具备三电极测量的许多优点，几乎消除了边缘和对地电容的影响，但可能增加观察或平衡调节的次数。使用二电极也能消除高频下连接线中由串联电感和电阻引起的误差，它可以在几百兆赫的整个频率范围内使用。使用保护电极时，测量的损耗因子可能小于真实值，这是由保护电路中测量电路和保护电极的保护点之间的电阻引起的，该电阻可能源于高接触电阻、导线电阻或保护电极本身的高电阻。在某些极端情况下，损耗因子可能是负的。如果没有保护电极，由于表面漏电耗散因数高于正常值，这种情况最有可能出现负损耗因数。如果存在某些点电容耦合到测量电极上而且电阻耦合到保护点上，那么这些点都可能是造成检测困难的原因。普通保护电阻产生相同的负损耗因数，其值与 $C_h C_1 R_g$ 成比例，其中 C_h 和 C_1 为保护电极电容，R_g 为保护电阻。

8.3.3.2　测量线路

介电常数和损耗的测量方法主要有电桥法、谐振回路法和高频 Q 表法。

（1）电桥法

电桥法是测量介电常数 ε 和损耗 tanδ 广泛使用的方法之一，具有测量范围广、精度高、频带宽等优点。测量频率范围从 0.01Hz 到 150MHz，按频率范围，电桥可分为低频电桥、音频电桥和双 T 电桥等。这里主要介绍西林电桥。西林电桥是一个电阻比例臂电桥，测量原理如图 8.17 所示。电桥在 a、c 点接入信号，信号由频率发生器供给，在 b、d 点连接毫伏表指示电桥平衡。图中 C_x、R_x 表示被测试样的等值并联电容和电阻，R_3、R_4 表示电阻比例臂。试样的等值并联电容 C_x 是用标准电容 C_s 平衡的，试样的等值并联电阻 R_x 是用试样的比例臂上的并联电容 C_4 平衡的。根据交流电桥平衡原理：当 $Z_x Z_4 = Z_s Z_3$（式中 Z_x、Z_s、Z_3、Z_4 分别为电桥中的试样阻抗、标准电容器阻抗、桥臂 3、4 的阻抗），指示器中无电流通过，电桥平衡。将 Z_x、Z_4、Z_s、Z_3 分别代入，通过式（8.60）、式（8.61）可得电容器的 tanδ 和 C_x：

$$C_x = \frac{R_4}{R_3} \cdot C_s \cdot \frac{1}{1+\tan^2\delta} \quad (8.60)$$

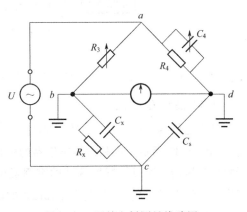

图 8.17　西林电桥测量线路图

$$\tan\delta = \omega C_4 R_4 \tag{8.61}$$

如果 $\tan\delta < 0.1$，则简化为：$\qquad C_x = \dfrac{R_4}{R_3} \cdot C_s \tag{8.62}$

因此，当桥臂的电阻 R_3、R_4，电容 C_4、C_s 都已知时，可求得电容器的 $\tan\delta$ 和 C_x，求出 C_x 后，根据试样与电极的尺寸可计算出材料的相对介电常数 ε_r。

（2）谐振回路法

这种方法是将传感器线圈的等效电感的变化转换为电压或电流的变化。传感器线圈与电容并联组成 LC 并联谐振回路。并联谐振回路的谐振频率如式（8.63）所示，且谐振时回路的等效阻抗最大，$Z_0 = L/(R'C)$（式中 R' 为回路的等效损耗电阻）。

$$2\pi f_0 = \frac{1}{\sqrt{LC}} \tag{8.63}$$

当电感 L 发生变化时，回路的等效阻抗和谐振频率都将随 L 的变化而变化，因此可以利用测量回路阻抗的方法或测量回路谐振频率的方法间接测出传感器的被测值。谐振法主要有调幅式电路和调频式电路两种基本形式。调幅式由于采用了石英晶体振荡器，因此稳定性较高，而调频式结构简单，便于遥测和数字显示。图 8.18 为调幅式测量电路原理框图，由标准电感 L_s 和被测电容 C_x 组成的振荡回路与高频信号发生器（晶体振荡器）耦合，调整信号的频率使回路谐振，此时电压表的指示值最大。由框图可以看出 LC 谐振回路由一个频率及幅值稳定的晶体振荡器提供一个高频信号激励谐振回路。LC 回路的输出电压 U 为：

$$U = I_0 F(Z) \tag{8.64}$$

式中，I_0 为高频激励电流；Z 为 LC 回路的阻抗。可以看出，LC 回路的阻抗 Z 越大，回路的输出电压越大。根据最大输出电压时的电感 L_s 和频率 f，被测电容可按式（8.65）计算：

$$C_x = \frac{1}{4\pi^2 f^2 L_s} \tag{8.65}$$

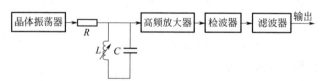

图 8.18　调幅式测量电路原理框图

（3）高频 Q 表法

频率范围为 $10^4 \sim 10^7$ Hz 时，玻璃介电性质可采用 Q 表（品质因数测量仪）测量法测定。如图 8.19 所示，高频信号发生器的输出信号，通过低阻抗耦合线圈将信号发送至宽频低阻抗分压器。通过控制振荡器的帘栅极电压调节输出信号幅度。当调节定位电压表 CB_1 指在定位线上时，R_i 两端得到约 10mV 的电压（V_i）。当 V_i 调节在一定数值（10mV）后，可以使测量 V_c 的电压表 CB_2 直接以 Q 值刻度，即可直接读出 Q 值，而不必计算。

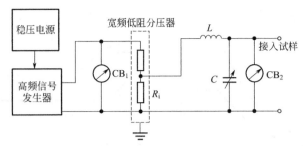

图 8.19　高频 Q 表测量线路图

设未接入试样时，调节 C 使回路谐振（即 Q 值达到最大），谐振电容读数为 C_1，Q 表读数为 Q_1。接上试样后再调节 C 至谐振，谐振电容的读数为 C_2，Q 表读数为 Q_2。由于两次谐振 L、f 不变，所以两次谐振时的电容应相同，即：

$$C_0 + C_1 = C_0 + C_2 + C_x \tag{8.66}$$

式中 C_0 为测试线路的分布电容和杂散电容。代入式(8.51) 可得：

$$\varepsilon = \frac{C_1 - C_2}{C_v} \tag{8.67}$$

而损耗正切为：

$$\tan\delta = \frac{C_0 + C_1}{C_1 - C_2} \times \frac{Q_1 - Q_2}{Q_1 Q_2} \tag{8.68}$$

式中，C_0 为测试线路的分布电容和杂散电容的总和；C_1、Q_1 分别为未接入试样的电容值、Q 值；C_2、Q_2 分别为接入试样后的电容值、Q 值。

介电性质有时非常明显地受到许多因素的影响，介电性质除了与成分密切相关外，也与温度和频率存在相关性。可以肯定的是，升高温度对离子的极化率产生的影响很小，然而阳离子的迁移率会明显增加，这将导致介电常数增加。图 8.20 显示了钠钙硅玻璃的介电常数与测量频率、温度的相关性。

阳离子只能在相对较低的频率下跟随电场运动，这部分介电性在高频时会减少，因此介电常数随着频率的上升而下降。从图 8.21 的示意图可以看出，总损失由 4 个部分损耗组成。①在电场的影响下，网络改性体可以穿过网络运动，从而产生电导损耗。随着温度的下降和频率的升高，迁移量减小，导通电导损失减小（图 8.21 中的曲线 1）。②离子只能随电场作很小的运动，只能跳过最近的势能垒。尤其在低频区域会发生这类弛豫损耗（图 8.21 中的曲线 2）。Higgins 等人利用 $Na_2O\text{-}3SiO_2$ 玻璃，能够建立活化能、平均弛豫时间、这些损耗的弛豫时间分布与相应的力学弛豫值的对等关系。由此可以推断出这是一个离子均匀扩散的过程。③如果频率值较高，则可能与特征振动频率发生共振，从而导致共振损耗。重离子振动较慢，因此共振频率较低（图 8.21 中的曲线 3）。④最后，网络也可能在个别区域开始振动，从而造成变形损耗，这些影响行为主要在低温下发生（图 8.21 的曲线 4）。

使用商用介电温谱仪能自动完成材料的高温介电常数测量。通过变温、变频预先设定，其测量软件可同时测量及输出频率谱、电压谱、偏压谱、温度谱、介电温谱数据，支持 TXT、Excel、Bmp 格式导出。

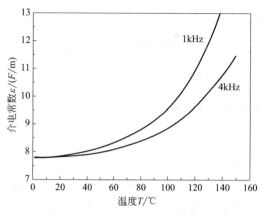

图 8.20　16Na$_2$O-10CaO-74SiO$_2$ 玻璃的
介电常数与温度、频率的关系

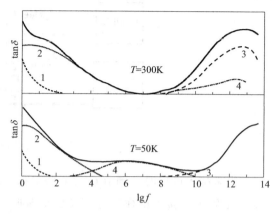

图 8.21　玻璃的介电损耗 tanδ 与频率 f（取对数）
和温度 T 的关系示意图
1—电导损耗；2—松弛损耗；3—共振损耗；
4—变形损耗
实线：总损耗

8.3.4　介电性能测定的影响因素

（1）频率

绝缘材料用于整个电磁频谱，从直流频率到至少 3×10^{10} Hz 的雷达频率。只有极少数材料，如聚苯乙烯、聚乙烯和熔融二氧化硅，它们的介电常数和损耗指数在这个频率范围内几乎是恒定的。如果材料要在某个频率范围内使用，就必须在使用频率范围测量材料的介电常数和损耗指数，或者在该使用频率范围内选择几个适当频率点进行测量。

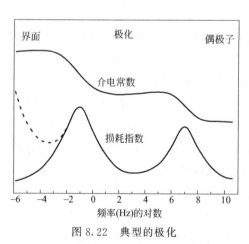

图 8.22　典型的极化

介电常数和损耗指数随频率的变化是由材料中的介电极化引起的。其中最重要的两种极化是极性分子引起的偶极极化和材料中不均匀性引起的界面极化。介电常数和损耗指数随频率的变化方式如图 8.22 所示。当介电常数由原子极化或电子极化决定时，从其最高频率开始，后续每次极化（偶极子或界面）对介电常数的贡献增加，结果介电常数在零频率处达到最大值。每次极化都产生损耗指数和损耗因数最大值，最大损耗指数对应的频率称为该极化的弛豫频率。在这个频率下，介电常数以最大的速率增加，并且极化产生的变化达到总变化的一半，了解这些极化效应通常有助于确定应该用多大的频率进行测量。由自由离子或电子在介电介质中产生的直流电导虽然对介电常数没有直接影响，但损耗因数会随频率反向变化并在零频率处变为无穷大（图 8.22 虚线）。

（2）温度

温度对绝缘材料电性能的主要影响是增加其极化的弛豫频率。弛豫频率随温度呈指数级增长，因此温度从 $6℃$ 升高到 $50℃$ 可以使弛豫频率增大 10 倍。除了原子极化和电子极化引起介电常数的温度系数是负的之外，在较低的频率下，介电常数的温度系数总是正的。温度系数在高频时为负，在某些中频时为零，在频率接近偶极子或界面极化的弛豫频率时为正。损耗指数和衰减系数的温度系数可以是正的，也可以是负的，这取决于测量值与弛豫频率的关系。频率高于弛豫频率时是正的，对于较低的频率是负的。由于界面极化的弛豫频率通常小于 $1Hz$，因此在所有常用的测量频率下，相应的损耗指数和衰减系数的温度系数都是正的。由于电介质的直流电导通常随热力学温度倒数的减小而呈指数增长，由此产生的损耗指数和损耗因数值也会以类似的方式增加，从而导致较大的正温度系数。

（3）电压

除界面极化外的所有介电极化几乎都与存在的电势梯度无关，直到电势梯度达到使材料或其表面空隙中发生电离或击穿时，介电极化才与电势梯度相关。在界面极化中，自由离子的数量会随着电压的增加而增加，从而改变极化程度及其弛豫频率。直流电导也会受到类似的影响。

（4）湿度

湿度对绝缘材料电性能的主要影响是大幅度增加其界面极化程度，从而增加其介电常数损耗指数及其直流电导。湿度的影响是由于材料吸收水分和表面形成电离水膜产生的。后者在几分钟内就可形成，而前者可能需要几天甚至几个月才能达到平衡，特别是对于厚的和相对不透水的材料更是如此。

（5）退化

在工作电压和温度条件下，绝缘材料由于吸湿、表面的物理变化、成分的化学变化及其表面、内部孔隙表面的电离作用，其耐电强度可能退化。一般来说，材料的介电常数和损耗系数都会增大，而且测量频率越低，增大的幅度越大。观察到的任何电性能的变化，特别是损耗因数的变化，都可以作为衡量材料退化和介电强度下降的依据。

如上所述，绝缘材料的电性能与温度、湿度和含水率密切相关，因此通常要详细说明试样历史及其相关测试条件。

8.4 应用实例

8.4.1 硫系玻璃的电导

大多数硫系玻璃（包括非晶态硫化物薄膜）室温附近的直流电导率因活化能 ΔE 而热激活，可由下式表示：

$$\sigma = \sigma_0 \exp\left(-\frac{\Delta E}{k_B T}\right) \tag{8.69}$$

式中，σ_0 为常数，关系式 $\Delta E \approx E_0/2$ 表明能带输运在直流导电中占主导。已知大多数硫系玻璃为弱 P 型材料。电荷缺陷的有效数密度（D^+，D^-）可以使费米能级更接近于价带边缘。根据所谓的 Meyer-Neldel 规则（MNR）或补偿法则，指前因子 σ_0 实际上不是一个常数，而是与活化能 ΔE 有关：

$$\sigma_0 = \sigma_{00} \exp\left(\frac{\Delta E}{E_{MN}}\right) \tag{8.70}$$

式中，E_{MN} 称为 Meyer-Neldel 特征能量；σ_{00} 为常数。图 8.23 显示了一些硫系玻璃的 MNR 实例。指前因子 σ_0 本身就是活化能 ΔE 的函数。MN 能量（E_{MN}）的值为 40～50meV 左右。

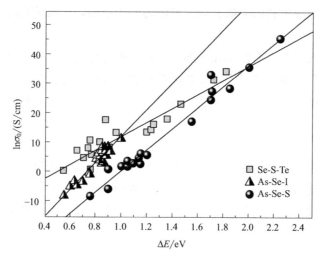

图 8.23　几种硫族化物玻璃系统的指前因子 σ_0 与 ΔE 关系图

再考虑交流输运，双极化子越过势垒 W 的跳跃时间为：

$$\tau = \tau_0 \exp\left(\frac{W}{k_B T}\right) \tag{8.71}$$

其中，τ_0 为特征时间（约 10^{-12} s）；W 为电荷中心之间的库仑势能，与位点距离 R 相关。因此，这个过程称为相关势垒跳跃（CBH）模型。由式（8.16）得到双极化子跳跃的交流电导率实部为：

$$\sigma(\omega) = \frac{\pi^3}{6} N_T^2 \varepsilon_0 \varepsilon_\infty \omega R_\omega^6 \tag{8.72}$$

其中，N_T 为缺陷电荷数；$\varepsilon_0 \varepsilon_\infty$ 为背景介电常数；R 为 $\omega\tau = 1$ 处的跳跃距离（位点距离 R）。由于已知 R_ω 近似随 ω^{s-1}（$s < 1$）变化，$\sigma(\omega)$ 与 ω^s 成比例，在射频范围内通过实验观察到。

由 CBH 模型估算的 N_T 大于其它缺陷波谱的导出值。此外，CBH 模型基于成对近似（PA），预估为 $\sigma(0) \rightarrow 0$，这与实验结果相差甚远。如果直流电导率 σ_{DC} 决定于能带输运，则总电导率可由 $\sigma(0) + \sigma_{DC}$ 之和得到。如果直流和交流的贡献是相同的，即直流电导率决定于双极化子跳跃，现有的 CBH 模型可能不是一种合适的方法。采用 CTRW 近似似乎可以克服 PA 的上述缺点。基于 CTRW 的交流电导率的简单表达式如式（8.17）所示。在高频区式（8.17）也预测 $\sigma(\omega) \propto \omega^s (s < 1.0)$。结果表明，交流电导率与直流电导率 $\sigma(0)$ 直接相关。上述方程适用于直流和交流输运受控于相同跳跃机制的情形。

如图 8.24 所示，采用 CTRW 方程（即考虑了双极化子的无规行走）以及 PA（CBH 模型）对 As_2Se_3 玻璃的同样实验数据进行分析。虚线表示 CBH 模型的预测结果。将实验数据按式（8.72）进行拟合可以得到 $N_T = 2.4 \times 10^{19} \mathrm{cm}^{-3}$。

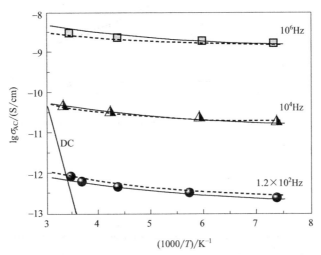

图 8.24 As_2Se_3 玻璃在不同频率下交流电导率的温度相关性

8.4.2 氧化物玻璃电性能

氧化物玻璃通常是绝缘体。然而，当引入过渡金属或碱金属到氧化物玻璃中时，许多玻璃表现出导电性质。这种玻璃称为过渡金属氧化物玻璃，它具有较高的电导率，电导以电子输运过程为主，而含碱金属（如锂、钠等）的氧化物玻璃则具有离子输运的性质。实验上，过渡金属氧化物玻璃（TMOGs）表现出半导体行为，电导率范围在 $10^{-11} \sim 10^{-2} \mathrm{S/cm}$。直流电导率的活化能随着温度的降低而逐渐降低。在 $300 \sim 500K$ 之间的 See-beck 系数一般是 N 型值约为 $200 \mu V/K$（几乎与温度无关），表明载流子数量与温度无关。从这些特征可以得出结论：在过渡金属氧化物玻璃中小极化子在电子输运中占主导。

$80V_2O_5$-$20P_2O_5$ 体系的直流电导率与温度的关系（图中球形点）如图 8.25 所示。在 V-P-O 系统中，电子从 V^{4+} 跳到 V^{5+} 可以主导电荷输运（V 位点间的相互转换）。假设形成小极化子，用式（8.18）～式（8.21）计算直流电导率与温度的关系。声学声子态密度约为 $g(\omega) \propto \omega^2$，截止（德拜）频率为 ω_D，一般使用平均光学声子频率 $\omega_0 = 3\omega_D$。德拜频率是其中一个重要的物理参数，它决定了曲线的形状：图 8.25 中的曲线（a）、（b）、（c）依次是 $\omega_D = 3.1 \times 10^{13} \mathrm{s}^{-1}$、$8.2 \times 10^{13} \mathrm{s}^{-1}$、$1.3 \times 10^{14} \mathrm{s}^{-1}$ 的计算结果。计算所需的其它物理参数取 $E_b^{ac} = E_b^{op} = 0.7 \mathrm{eV}$，$\Delta = 0.03 \mathrm{eV}$，$n_h = 1 \times 10^{21} \mathrm{cm}^{-3}$，$R = 0.4 \mathrm{nm}$（钒离子的平均位点距离）。该理论与实验数据［曲线（b）］吻合较好，求得电子转移积分 $J_{ij} = 1.2 \mathrm{eV}$。另外两条曲线（a）和（c）仅用于参数灵敏度的比较。

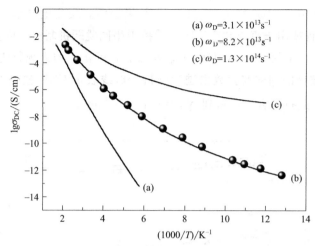

图 8.25　$80V_2O_5\text{-}20P_2O_5$ 玻璃直流电导率与温度的关系

参考文献

［1］　L. D. Pye，H. J. Stevens，W. C. LaCourse（Editors）. Introduction to Glass Science（1st edition）. New York：Plenum Press，1972.

［2］　J. David Musgraves，Juejun Hu，Laurent Calvez（Editors）. Springer Hand Book of Glass，Gewerbestrasse：Springer Nature Switzerland AG.，2019.

［3］　Horst Scholze. Glass：nature，structure，and properties. New York：Springer-Verlag New York，Inc.，1991.

［4］　Werner Vogel. Glass Chemistry（2nd edition）. Berlin：Springer-Verlag Berlin Heidelberg，1994.

［5］　L. David Pye，Angelo Montenero，Innocent Joseph（editors）. Properties of glass-forming melts. Boca Raton：CRC Press Taylor & Francis Group，2005.

［6］　田英良，孙诗兵（主编）.新编玻璃工艺学.北京：中国轻工业出版社，2009.

［7］　ASTM-D150. Standard Test Methods for AC Loss Characteristics and Permittivity（Dielectric Constant）of Solid Electrical Insulation. West Conshohocken：ASTM International，2004.

［8］　田英良，王伟来，相志磊，李永明，苏崚，王博，王为.玻璃熔体高温电阻率测试方法与实践.玻璃与搪瓷，2019，47（2）：37-41.

［9］　伍洪标（主编）.无机非金属材料实验.北京：化学工业出版社，2002.

［10］　K. Tanaka，K. Shimakawa. Amorphous Chalcogenide Semiconductors and Related Materials. New York：Springer-Verlag Inc.，2011.

［11］　A. Ganjoo，K. Shimakawa. Estimation of density of charged defects in amorphous chalcogenides from a. c. conductivity：Random-walk approach for bipolarons based on correlated barrier hopping，Philos. Mag. Lett.，1994，70：287-291.

［12］　K. Shimakawa. On the mechanism of dc and ac transport in transition metal oxide glasses，Philos. Mag. B，1989，60：377-389.

9

玻璃微纳米压痕/划痕试验

9.1 概述

　　玻璃是脆性材料，因此，玻璃的断裂行为通常是由环境因素而不是由形成玻璃网络结构的化学键固有强度决定的。玻璃的断裂强度随玻璃的表面处理、化学环境和测量方法的不同而不同。作为脆性材料，玻璃也很容易受到热冲击的破坏。玻璃的其它力学性能是其固有的本征属性，弹性模量是由玻璃中的化学键和网络结构决定的，玻璃的硬度是键强和结构中原子的堆积密度的函数。

　　玻璃的强度主要取决于产生裂纹的内部缺陷，缺陷的存在是玻璃实际力学强度远低于理论强度的原因。这些缺陷可能存在于玻璃本体中（如澄清留下的小气泡和结晶相），也可能存在于玻璃表面（如玻璃在使用过程中与其它物体接触后产生的微裂纹等）。玻璃缺陷的产生可能发生在生产过程本身，也可能在后处理和使用过程中发生。玻璃在生产过程中要经历复杂的热机械过程，如在不同的温度下与器具接触（玻璃和器具之间可能存在热梯度），而在使用中，接触通常是等温的（玻璃和接触物都处在室温下）。玻璃与外物之间的接触超过一定的阈值就偏离弹性域，形成不可逆形变和裂纹，从而导致玻璃表面出现缺陷，玻璃强度显著降低。根据文献，一般考虑两种条件下的接触模型：钝性接触和锐性接触。钝性接触假设玻璃在球状物体作用下发生弹性变形直至脆性断裂，而锐性接触则假设玻璃在尖锐物体作用下发生弹塑变形而最终断裂。对于非晶态玻璃来说，一般不应随意使用"塑性"的说法，"塑性"在此特指不可逆。低于玻璃化转变温度，玻璃在小体积范围内受到很大应力作用时会发生塑性或非弹性变形。玻璃在锐性接触条件下其变形区受到材料周围体积的弹性约束，其硬度大小通常为 GPa 数量级。

　　微纳米压痕/划痕试验仪适用于接触法的力学性能测试，而且压痕技术适用于表征脆性材料（如玻璃、陶瓷等）的断裂行为，是用于确定材料的断裂参数（韧性和亚临界裂纹生长特征）和分析脆性接触损伤问题（侵蚀、磨损）简单、经济和有效的方法，在过去的二十年中，随着仪器设备的发展，它们的应用范围得到了扩展，这些仪器设备可以连续测量加载下的压头深度。仪器压痕是一种灵敏度高的实验技术，可以直接从载荷-位移数据中求得亚微米以下尺度的材料力学性能（如弹性模量和硬度）。除了金属材料和有机高分子材料外，该技术被广泛应用于研究玻璃、增韧陶瓷的断裂行为、材料涂层、残余应力和材料的摩擦学行为。特别是玻璃材料，常规的力学性能测试的制样尺寸要求高、试样整体破坏性大、不容易进行微观力学性能的检测及其与玻璃结构的关系研究。微纳米压痕/划痕试验可以在很小试样上进行大量的多种复杂试验，对试样的损伤小，可以对试验过程进行数据采集，便于数据的分析和模拟以及性能与结构、组成和工艺的关系研究。

大多数纳米压痕仪都是载荷控制型，即受控施加一个作用力，然后读取力作用下产生的位移。一般通过电磁线圈或压电元件的膨胀将载荷施加到压头轴上，位移通常用电容变化或电感信号进行测量。微纳米压痕/划痕试验仪的位移分辨率可达到纳米级、载荷分辨率最高可达到纳牛（nN）。这为玻璃等脆性材料的显微力学性能的表征提供了强大的工具。采用接触法的力学性能测试仪器通常使用球形压头产生钝性接触，而锐性接触则使用锥形或金字塔形压头。此外，划痕测试通过探针在与玻璃接触过程中产生横向运动，从而产生摩擦力。这些测试方法可以模拟真实的玻璃与其它固体重交叉接触状态。理解纳米压痕首先要了解固体之间的接触机理。

9.2 接触力学

9.2.1 球形压痕法

最有影响的接触系统是 19 世纪末 Hertz 首先研究的球形压头在平面样品表面的压痕接触，如图 9.1 所示。Hertz 确定了用荷载、球形压头半径和弹性模量按式(9.1) 计算接触半径 a：

$$a^3 = \frac{3}{4} \times \frac{PR}{E^*}$$

(9.1)

式中，P 为载荷；R 为球形压头半径 R_1 和样品半径 R_2 的折合半径，并由式(9.2) 计算（对于平面样品 $R_2 \to \infty$）；E^* 为压头和样品的折合弹性模量，并由式(9.3) 计算。

$$\frac{1}{R} = \frac{1}{R_1} + \frac{1}{R_2}$$

(9.2)

$$\frac{1}{E^*} = \frac{1-\nu_1^2}{E_1} + \frac{1-\nu_2^2}{E_2}$$

(9.3)

式中，E_1、E_2 分别为压头和样品的弹性模量；ν_1、ν_2 分别为压头和样品的泊松比。由这些公式可得到另一个重要关系式，即表面形变位移 h 与形变点到对称轴距离 r 之间的关系式：

$$h = \frac{1}{E^*} \cdot \frac{3P}{4a} \left(1 - \frac{r^2}{2a^2}\right); r \leqslant a$$

(9.4)

综合上述两式可得到压头和样品在 $r = 0$ 处压头尖端压入样品的深度 h：

$$h^3 = \left(\frac{3}{4E^*}\right)^2 \frac{P^2}{R}$$

(9.5)

从而
$$h = h = \frac{a^2}{R} \qquad (9.6)$$

则载荷 P 可用压入深度 h 表示为：

$$P = \frac{4}{3} E^* R^{1/2} h^{3/2} \qquad (9.7)$$

P 除以接触面积得到平均压力 p_m 为：

$$p_m = \frac{P}{\pi a^2} = \left(\frac{4E^*}{3\pi}\right) \frac{a}{R} \qquad (9.8)$$

试样的最大张应力 σ_m 出现在接触圆处：

$$\sigma_m = \frac{1}{2}(1 - 2\nu) p_m \qquad (9.9)$$

最大剪应力 τ_m 位于表面下加载方向深度为 $0.5a$ 处：

$$\tau_m = 0.48 p_m \qquad (9.10)$$

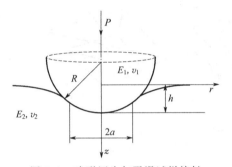

图 9.1 球形压头与平滑试样接触
问题的几何关系和符号

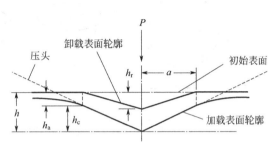

图 9.2 锥形压头与平滑试样
接触问题的几何关系和符号

9.2.2 锥形压痕法

刚性圆锥形压头、角锥形压头（维氏压头、立方锥形）以及具有更一般的面积 $A_c = \pi a^2 = \pi h^2$ 且忽略压头边影响的自相似压头在载荷 P 作用下压入样品（图9.2），P 与接触圆半径之间的关系用半锥角表示为：

$$P = \frac{\pi a^2}{2} E^* a \cot\alpha \qquad (9.11)$$

式中，α 为半锥角；E^* 为折合模量；a 为接触圆半径，可用半锥角 α 和压入深度 h 表示为：

$$a = \frac{2h}{\pi} \tan\alpha \qquad (9.12)$$

样品的自由表面在压头下的位移为：

$$h(r) = \left(\frac{\pi}{2} - \frac{r}{a}\right) a \cot\alpha ; r \leqslant a \qquad (9.13)$$

因此载荷 P 与压入深度 $h(r=0)$ 的关系为：

$$P = \frac{2}{\pi} E^* h^2 \tan\alpha \qquad (9.14)$$

上述接触力学方程式适用于压头与样品之间完全弹性接触情形。理论上讲，无限锐利的锥尖能够保证一旦压头与样品接触就发生塑性变形，因而根据这些方程可以预见锥尖处将不可避免地形成应力奇点。实际上，压头尖端半径不可能无限小以至于接触初始阶段与球形压头的情形类似。除圆锥形压头外，其它锥形压头可采用等效半圆锥角 α 进行分析，实际压头与具有等效圆锥角的圆锥压头有相同的面积/深度比值。

微纳米压痕试验中还需要用到其它各种压头，常用压头的外形几何尺寸如图 9.3 所示。玻璃试验中一般采用金刚石材质的压头，各类压头的接触面积、截距修正因子、几何修正因子参数如表 9.1 所示。接触力学中，不仅要确定接触面积与接触圆深度之间的关系，而且要确定载荷与特定形状的压头压入试样总深度之间的关系。根据上述接触力学基本分析方法，各种具有理想形状的压头的压痕面积和载荷与接触深度的关系的计算公式如表 9.1 所示。

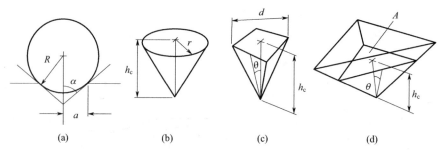

图 9.3　球形压头（a），锥形压头（b），维氏压头（c），
勃氏（Berkovich）压头（非标度）（d）的压痕参数

表 9.1　各类压头的接触面积、截距修正因子、几何修正因子

（所列的锥形压头的半角为压头中轴线与锥面的夹角）

压头类型	接触面积 A	载荷 P	半锥角 $\theta/(°)$	等效半锥角 $\alpha/(°)$	截距修正因子 ε	几何修正因子 β
球形	$2\pi R h_c$	$P=\dfrac{4}{3}E^{*}R^{1/2}h_c^{3/2}$	N/A	N/A	0.75	1
圆锥	$\pi h_c^2\tan^2\alpha$	$P=\dfrac{2E^{*}\tan\alpha}{\pi}h_c^2$	α	α	0.727	1
勃氏（三棱锥）（Berkovich）	$3\sqrt{3}h_c^2\tan^2\theta$	$P=\dfrac{2E^{*}\tan\alpha}{\pi}h_c^2$	65.27	70.3	0.75	1.034
维氏（Vickers）	$4h_c^2\tan^2\theta$	$P=\dfrac{2E^{*}\tan\alpha}{\pi}h_c^2$	68	70.3	0.75	1.012
努氏（Knoop）	$2h_c^2\tan\theta_1\tan\theta_2$	$P=\dfrac{2E^{*}\tan\alpha}{\pi}h_c^2$	$\theta_1=86.25$ $\theta_2=65$	77.64	0.75	1.012
立方锥	$3\sqrt{3}h_c^2\tan^2\theta$	$P=\dfrac{2E^{*}\tan\alpha}{\pi}h_c^2$	35.26	42.278	0.75	1.034
圆柱	πa^2	$P=2aE^{*}h_c$				

9.2.3　接触刚度

接触刚度是纳米压痕试验数据分析中的一个非常重要的物理量。以圆锥形压头在平面

样品上的弹性接触为例，根据 Sneddon 方程，载荷与压头位移的关系为式(9.14)，该式对 h 求导可得到斜率 dP/dh（接触刚度）：

$$\frac{dP}{dh} = 2\left[\frac{2}{\pi}E^*\tan\alpha\right]h \tag{9.15}$$

由上式代入式(9.14) 得到：

$$P = \frac{1}{2} \times \frac{dP}{dh}h \tag{9.16}$$

即弹性加载的载荷-位移曲线上任一点的斜率两倍于比值 P/h，在 $r=0$ 处，压头位移与接触圆半径的关系为：

$$h = \frac{\pi}{2}a\cot\alpha \tag{9.17}$$

而接触圆面积 $A = \pi a^2$，从而得到：

$$\frac{dP}{dh} = 2E^*a \tag{9.18}$$

亦即：

$$E^* = \frac{1}{2} \times \frac{dP}{dh} \times \frac{\sqrt{\pi}}{\sqrt{A}} \tag{9.19}$$

上述两式适用于任意轴对称压头（如球形、圆锥形、圆柱形）的弹性接触，这样压头与试样的折合模量可用接触刚度和接触半径计算。接触刚度可由试验测定，接触半径可通过接触圆深度 h_c 和压头形状求得。

9.3 纳米压痕仪器

9.3.1 纳米压痕试验仪规格

纳米压痕技术的发展促进了纳米压痕试验仪器的开发以及世界竞争市场的形成。许多大学、研究机构以及企业质量控制实验室都配备此类仪器。特别在半导体工业中，人们需要采用该仪器研究各种薄膜的力学性能。这些仪器通常使用电感或电容位移传感器来测量压入深度。典型的纳米压痕测试仪器，或称"纳米压痕仪"，其深度分辨率小于 0.1nm。

纳米压痕仪通常为载荷控制型设计，最大载荷通常可控制在毫牛顿范围内，最小载荷小于 $1\mu N$（微牛顿）。仪器的最低载荷是其重要参数，仪器规格中说明的最低载荷非常重要，指出了实际样品测试时能够设置的最小载荷范围。在最低载荷下运行时，压入的深度取决于试样的力学性能。力的分辨率可达几纳牛顿，力和位移的分辨率并不是最重要的，因为在测试过程中分辨率会受到仪器的本底噪声的限制，所以更为重要的是仪器所处的机、电、热环境。实验中力的施加方式可以通过压电元件的膨胀、线圈在磁场中的运动或静电来施加载荷。纳米压痕仪最常见的规格说明如下：

① 最小接触力。最小接触力通常受仪器本底噪声和测试环境的限制，这个值应该尽可能低，以使初始压入的相关测量值误差达到最小化。

② 力分辨率。力分辨率决定了仪器能够检测到的最小力变化。大多数仪器厂商会在

其系统中采用 16 位模数转换器（ADC），仪器的理论分辨率可以用量程除以 2 的 ADC 宽度次方来确定。例如，50mN 量程及 16 位 ADC 的理论分辨率为 $50\text{mN} \div 2^{16} = 750\text{nN}$。有些厂商进一步将这个值除以一个因子，该因子等于读数平均值的平方根。因此，一些厂商所提供的分辨率值结合了多次读数平滑效果以及对结果和 ADC 宽度进行平均。理论分辨率通常不是衡量仪器性能的最现实依据。

③ 力的本底噪声。仪器规格中的本底噪声是决定系统可获得的最小接触力的最重要因素。本底噪声之上的分辨率增加只能说明对噪声进行了更精确的测量。本底噪声一般受仪器所在环境的限制，通常厂家提供的本底噪声仅代表在理想实验条件下获得的噪声。

④ 位移分辨率。位移分辨率通常是通过将最大位移电压读数除以数据采集系统的比特数得到的。

⑤ 位移本底噪声。位移测量系统中的本底噪声将决定最小可用压痕深度。位移本底噪声是衡量仪器性能的重要指标之一。

⑥ 最大数据点数。最大数据点数是指单个测试可以采集的最大数据点数。数据点越多，力-位移曲线上的突变点及其它特征的分辨率越好。数据采集速率对大的数据组也很重要，因为只有尽可能快地采集数据，才能使热漂移产生的误差达到最小。

⑦ 数据采集速率。这是指仪器采集力和位移数据有多快。数据采集速率应尽可能高，以便缩短测试时间，从而最大限度地减小热漂移造成的误差。

⑧ 可变加载速率。某些试样材料的力学性能取决于加载速率。仪器这种改变加载速率的能力有助于研究材料在不同加载速率下的力学性能，如有些材料可能需要在缓慢加载后再快速卸载。

⑨ 无人值守操作。这是指仪器按程序控制自动采集一个测试点或一组测试点数据而测试期间不需要人员操作的能力。

⑩ 样品定位。这是仪器能够控制压头在样品测试点准确定位的能力。大多数仪器配置光学旋转编码器允许 $\pm 0.5\mu m$ 定位分辨率，有些仪器则配置线性跟踪编码器允许 $\pm 0.1\mu m$ 定位分辨率。应区别定位分辨率和定位精度的不同，虽然编码器可能有一定的分辨率，但其定位的实际可重复性和绝对准确度通常要比名义分辨率大一些（其值大约是名义分辨率的两到三倍）。

⑪ 检视区域。这是指在记录压头和光学显微镜位置关系的同时，压头和显微镜在样品移动的 XY 平面上能够到达的区域范围。

⑫ 测试区域。这是由样品台最大移动范围确定的压头可达到的测试区域尺度。这对于大型样本（如硅片）测试非常重要，这个区域可能比可检视区域大。

⑬ 行程。这是样品台在 X 或 Y（或 Z）方向的移动范围。根据仪器构造的不同，由于要跨越压头轴线和显微镜观察轴线之间的距离，行程可能要超出测试区域或可检视区域。

⑭ 共振频率。这是指仪器的固有共振频率，取决于仪器的重量以及安装弹簧和减震器的特性。高共振频率使仪器不易受到机械环境的干扰，同时，较高的共振有利于进行高频动态测量。然而，高共振频率也可能在压头压入过程中深度突然迅速变化时带来一些问题。如果样品而不是压头在振荡，可以用低共振频率系统进行高频动态测量。

⑮ 热漂移。如果仪器周围环境温度没有严格控制在一定范围内，热漂移几乎是不可避免的。大多数仪器都配有高隔热性外壳，在某些情况下还可以采用动态温度控制。

⑯ 稳定时间。这是仪器启动后稳定所需的时间。通常稳定时间取决于测试系统的热特性，稳定时间短有利于提高测试设备的使用效率。

⑰ 压痕时间。这是仪器完成一个从加载到完全卸载的典型压痕周期所需的平均时间。纳米压痕仪应该能够在一两分钟内完成一次压痕。

⑱ 压头更换时间。这是操作人员更换压头所需的时间。这个时间不应超过 1min，以便在进行不同类型测试需要使用不同压头时，最大限度地方便操作人员使用仪器。

⑲ 加载步幅。典型纳米压痕仪可以采取多种方式加载。以平方根增幅加载可近似均匀地测量深度变化，而以线性增幅加载可以提供恒定的加载速率。

⑳ 恒应变率。恒应变率测试涉及如何应用载荷按照预定的关系对深度进行测量。一些纳米压痕仪可通过设定加载速率使试样材料内部产生恒定的应变率，这种功能可能对黏弹性材料或表现出蠕变性的材料很重要。

㉑ 地形图。原位地形图是提供压痕前的表面扫描用于准确定位，也可以在完成压痕后提供即时的形貌图用于测量残余压痕的尺寸。这种成像可以用配置的原子力显微镜附件来完成，原子力显微镜可以作为仪器装置的另一个试验台，也可以作为原位装置。另外，压头尖端可以用作成像探针，通过压头扫描或样品格栅式移动生成样品表面的地形图。

㉒ 动态性质。这是测量在正弦或其它振荡载荷下的表面响应。这项技术对测量材料的黏弹性具有重要意义。这种方法通常包括对压头或试样施加振荡运动，采用锁定放大器测量力和位移信号的相位和振幅。

㉓ 高温试验。测量材料在使用温度下的力学性能有时是很有意义的。一些纳米压痕仪可以在 $-30\sim+750$℃的温度范围内对小尺寸样品进行测试。高温下可能需要提供保护气氛以防止压头材料氧化。

㉔ 声发射测试。该功能通过安装在压头或试样上的声学麦克风记录测试中的非线性变化，如薄膜破裂或脱层。

9.3.2　仪器构造

纳米压痕测试仪的作用是将受控载荷施加到与试样表面接触的有精确形状的压头上。在准静态压痕试验中，载荷按一系列步骤施加到某一最大值，然后卸载。在此过程中的力和压头的压入深度（也称为位移）被记录下来，然后对数据进行分析以确定需要测定的力学性能。当然，加载方式以及力和位移的测量方法上存在多种选择。纳米压痕试验仪经过多年的发展，其主要结构部件如下。

（1）加载机构

给压头加载的最简单、最准确的方法是施加自重。自重加载仪器常成为标准硬度测试仪的基础。如果测试所在地的重力常数已知，那么载荷可由压痕前后校准的自重质量来确定。这种方法不能用于纳米压痕的原因是加载曲线不是连续平滑的曲线，特别是在初始接触点。大量程自重硬度计一般有阻尼机构，使重量缓慢下降到表面以避免过冲，但这种机构不适合于纳米压痕测试中使用的力的范围。一种连续加载方法是使用液体，比如在桶里装满水。虽然这是一个很好的想法，但这种布置的实际应用有困难，所以没有商用纳米级仪器能够采取这种方式进行加载。

纳米压痕中一种常见的加载方法是使用电磁加载线圈。压头安装在压头轴上，压头轴由弹簧支撑以防止侧向移动，轴的上端为永磁体或电磁铁。电流通过线圈所产生的磁场与永磁体相互作用，推动压头轴移向试样使压头与试样表面接触。从理论上讲，施加的载荷与线圈中的电流成正比。这种布置的优点是制造成本很低，施加的载荷可按需要达到相当高的力值。不过，这种加载方式也有几个缺点，首先线圈可能会产生相当大的热量，从而改变其电阻。其次，加载线圈产生较大的磁场，这在某些测试情况下可能不能满足测试要求。另外，直流加载线圈由于装置的电感高而不容易控制，根据楞次定律会产生电的相互作用，因此很难精确地控制发生的物理过程。摆锤设计是一种有代表性的线圈驱动加载机构，较好地解决了上述问题。

另一种加载方法是利用两块或三块平行板之间的静电吸引（图 9.4）。该方法避免了电感带来的相关问题，可以实现精确控制，但是这种方法的加载范围限制在约 30mN 以内，这使得这类仪器只适合于低载荷测试，但是对更高载荷的测试能力受限。

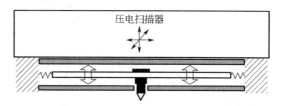

图 9.4　Hystron® 系列仪器基于静电吸引的组合传感器加载装置

还有一种方法是利用 PZT 压电陶瓷元件的膨胀。这类加载机构在纳米定位应用中比较常见，该元件随施加在其表面的电压产生膨胀或收缩。这种执行机构较典型的是用金属框架将片状材料包住而构成的，通过弯曲产生机械放大并与加载装置相连。虽然 PZT 材料的尺寸会受到温度和湿度的影响，但是采用闭环控制系统可以完全消除对加载机构的影响。其主要缺点是这类加载装置的成本高。

压头安装在压头轴的末端，一般可直接拆卸，或者安装在摆上（如图 9.5 所示）。压头轴可以是相当坚固的，也可以是细长的。一般来说，工业设计的共同特点是任何机构最薄弱的环节往往涉及人机交互作用。因此，为了适应人的机械操作，压头轴必须比较坚固才能承受更换压头时的机械动作、样品台运动过程中与试样的意外碰撞等。另一方面，对于高共振频率测试（这对压头轴振动的动态测试很重要），压头轴的质量要轻。压头轴还要求具有轴向刚性以尽量减小柔度误差。同样重要的是，压头轴应在径向上具有一定的刚度，这样可以在复合材料的硬颗粒附近进行划痕和压痕试验。在实践中，压头轴的材质可以选用从不锈钢到陶瓷棒的多种材料。

（2）力的检测

在加载和卸载过程中，需要精确测量施加在压头上的作用力。许多压痕仪实际上并不直接使用力传感器来测量压痕作用力，而是通过测量施加到加载机构上的电流或电压来确定压痕力的大小。这类仪器压头上的实际作用力是通过从测得的总电流中减去压头轴支撑弹簧变位所需的电流（或电压）得到的。实际上，加载机构与力传感器是结合在一起的。如果需要对仪器进行载荷校准，首先要将深度传感器归零，然后将砝码悬挂在压头轴上，调整线圈中的电流使压头轴回到深度传感器的零位置，仪器绘制不同砝码下压头轴位置重新归零所需的额外电流曲线，即完成仪器的力校准。因此给磁铁线圈施加电压使其产生所需电流，从而给压头施加特定作用力，线圈中的总电流等于支撑弹簧变位所需电流与样品受力所需电流之和。测试表明，这种测力方法与使用砝码校准方法效果相同。

　　虽然这个方法看起来很简单，但还是有一些困难。电磁机构的加载线圈中的电流是力大小的衡量指标，通过的电流取决于施加的电压和线圈的电阻，而线圈的电阻又与线圈的温度相关。精确测量电流很难，特别是使用计算机接口时，而且如前所述，电流可能会受到楞次定律产生的自感应电压的影响，特别是动态加载时影响

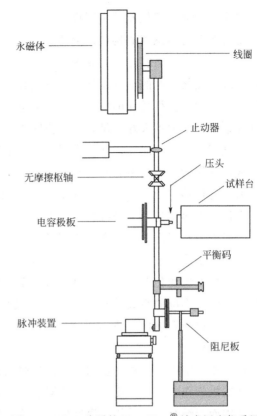

图 9.5　MLL 公司的 NanoTest® 纳米压痕仪采用电磁加载机构和电容式位移传感器

更大。此外，如果试样发生蠕变，则施加在压头上的载荷很可能会下降，因为线圈中的部分电流将用于克服更大的支承弹簧变位，但显示的载荷值（即线圈中的电流）仍将保持不变。除非有适当的机制来克服这些问题，否则该方法中力的间接读数值可能会出错。

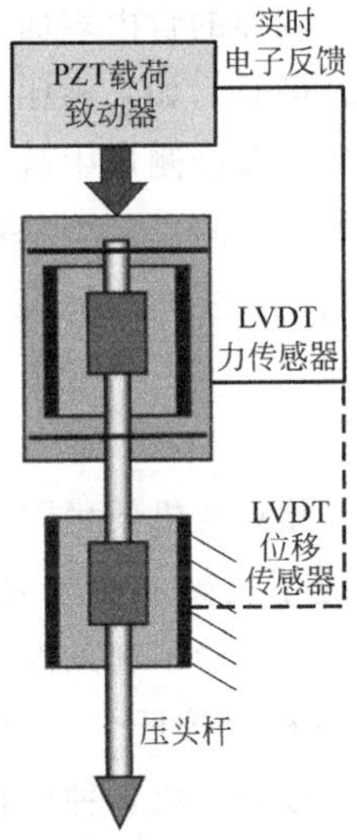

　　一些纳米压痕仪有专门的力传感器，其输出就是对施加给压头作用力的直接测量（见图 9.6）。在此情况下，由于力传感器的输出可以与用户设定值进行比较，并根据其差值控制独立执行机构的动作，因而可实现真正的作用力闭环反馈控制。此外，还可以获得力传感器和位移传感器的独立、直接和可跟踪的标定结果。

（3）深度检测

　　深度（或位移）传感器用来测量压头对试样表面的压入深度。虽然深度基准零点是试样的自由表面，但在这一点几乎不可能使传感器的零点归零，因为压头必须以某种方式探测样品表面的位置，而这本身会导致样品表面产生小的变形或初始压入。压头必须从其静止位置移动所谓的工作距离与样品表面接触。工作距离通常约 $100\mu m$，不过某些情况下的工作距离可能

图 9.6　IBIS® 纳米压痕仪：独立的加载机构、力传感器和位移传感器

要小得多，这取决于仪器的不同设计。

常见的深度传感器的构造是由两或三个平板电容器组成的系统。采用交流电桥电路，根据测得的传感器电容比较容易确定两个平行板之间的距离，不过电桥的调节可能需要考虑零件尺寸变化产生的电容差异。尽管这种测量原理很简单，但仍需要解决一些应用中的实际问题。为了获得最佳的信噪比，要求电容器极板要大，中间要留有小的间隙。这两个条件在纳米压痕中不太好满足，因为板间小间隙占用了工作距离，而且板越大，装置越容易受到气流的影响。此外，还要求板是完全平整和平行的。在某些情况下，极板用镀膜玻璃制成，如果操作不当很容易破碎。

另一种位移测量方法是使用 LVDT（线性变量差动变压器）测量。在某些方面，该方法类似于电容传感器测量法，不同之处在于利用线圈的电感变化而不是板间电容。LVDT 具有亚纳米分辨率，线性响应范围约为毫米，由于内芯（连接到压头轴）穿过外部线圈，如果设备过载也不可能发生破损。LVDT 传感器对外部强磁场很敏感，但只有在外部磁场发生变化时才受到有害影响。LVDT 采用交流激励波形驱动，输出的交流信号振幅与中心零位的距离呈线性关系。一般采用锁相放大器提取输出电压随位置的变化值，然后通过计算机接口进行采样。LVDT 不需要定期调整，提供的传感器校准在许多年内可保持稳定。

纳米压痕中用于位移测量的零点或参照点必须是未变形试样的自由表面。多数纳米压痕仪选取机架作参照，深度测量传感器的参照物为仪器的机架。当力传感器以初始接触力与试样表面接触时，仪器依据深度传感器读数确定试样表面的绝对位置。在初始接触力作用下不可避免地会产生微弱的压痕，通过接触点处载荷位移曲线的赫兹（Hertzian）拟合可计算出压入深度。相反，若仪器以试样表面作参照，通过压头上的另一探头（通常是环绕压头的一个环或管）与表面接触，而实际压头的深度传感器参照点是从该第二探头的位置获取的。这种方法属于差动测量法，其优点是可以对测试过程中试样的热胀冷缩以及机架柔度进行补偿。该方法中的零点是参比探头的初始压入深度而不是试样的自由表面。该方法要求每次压痕实验参比探头与样品表面的接触保持洁净、稳固、可靠。如果参比探头不断沉入试样中，例如当参比探头上的力过大、试样太软时，那么后续深度测量中就会出现一个不断变化的参照点。参比探头载荷过高可能导致试样在压痕测试点附近发生不良变形，而如果参比探头载荷过低，则由于粗糙接触及表面污染物的影响，探头与试样表面的接触可能不稳定。

（4）机架结构

如前所述，大多数纳米压痕测试仪的测试以机架作为参照点，因此只有机架稳固才能使因机架柔度产生的误差减至最小。这样似乎可以认为只要准确确定了机架的实际柔度，那么柔性机架也应该能满足试验要求。但从计量的角度来说，最好是将试验不利条件最小化以尽可能减小柔性修正。因此，尽管一些仪器材质为铝（弹性模量相对较低），载荷机架通常用花岗岩或铸铁制成，而且花岗岩因尺寸稳定性好、密度大、可加工成各种形状而受到一些厂家的青睐，然而机械敲击会产生回声。另一方面，铸铁本身具有阻尼特性，而且密度也非常大，当机架结构悬在橡胶或防振气垫桌等柔性底座上时，可以起到减震的作用。除了选择好材料外，通过使用肋板、支柱和设计合理的型材来降低加载方向的柔度以确保机架几何设计最优化也很重要。

（5）试样定位

试样定位通常与试样 XY 平面内的压痕位置有关。在纳米压痕试验中，最好将压痕压在形貌尺寸小于 $1\mu m$ 的表面上，这样具有一定的准确性和可重复性。压头在 XY 平面内通常是固定不动的，需要通过移动压头下面的样品来完成定位。

一般来说，XY 平面内样品定位可以是开环也可以是闭环。开环样品台一般使用步进电机驱动丝杠旋转，丝杠上有一个进给螺母与安装在直线滑块上的样品台板相连接。运动控制器发送脉冲到步进电机，但是通常没有反馈机制来监控有多少脉冲产生了实际的线性运动。进给螺母间隙、漏失脉冲等导致定位不准确。如果设备运行一段时间，步进电机也会在测试环境中产生热量。鉴于这些原因，基于直流电机或 PZT 定位器的闭环系统能实现更好的控制。

闭环定位系统中，在样品台的运动部分安装有位置编码器，运动控制器监控实际的运动并驱动步进电机或者直流电机，从而使样品台移动到预定的目标位置。编码器最准确的方法是线性跟踪。在该方法中，将精细光栅铺设在与样品台等长的线性条带上。当样品台通过时，光学设备读取横线的运动。运动机构中的任何间隙会得到自动修正，因为它对决定电机驱动的轨道分割进行计数。运动控制器通常给驱动信号提供比例、积分和微分（PID）逻辑，使振荡和超调达到最小化，并同时考虑运动摩擦的影响。

使用旋转编码器的编码方法不太精确但完全能满足要求。在这种编码器中，刻线被蚀刻在码盘的周边，光学计数器测量通过的刻线数，编码器轮子为圆形，通常安装在丝杠上。因此，如果丝杠螺距已知，则旋转编码器的计数可以解码为样品台的直线运动。也有少数仪器设计为将编码器安装在驱动电机的尾部，驱动电机一般通过减速箱连接丝杠。应该优先考虑将编码器直接安装在丝杆上，因为误差的唯一来源是螺距以及进给螺母的间隙。

样品的常用检测面积约为 $50mm \times 50mm$，这样会留有足够的空间放置样品进行完整的测试。然而，需要注意的是样品测试区域不一定与显微镜下所观察的区域相对应。样品台的轴向平移必须保证有足够的移动范围使压头轴和显微镜镜头都能到达预定的 $50mm \times 50mm$ 样品检测区域。有些仪器使用原位压头扫描成像技术提供非常精确的定位功能，提供高分辨率定位时，样品台的 XY 轴移动范围一般最多在几十微米左右。

Z 轴定位也很重要，特别是对于表面高度不同的样品。在某些情况下（如多个试样同时测定），仪器受到样品表面相对于压头针尖高度的限制，要求测定的所有样品高度一致（或高度差在几微米内）。一般方法是把样品架倒放在一个平面上，这样所有的样品待测表面都是对齐的，然后把它们夹紧，这样样品之间的高度差异都推移到各样品的底部。该技术的缺点是连续多次夹紧（特别是铝支架）可能使固定不可靠，因为支架侧面相对于紧固螺钉变得更加突出。多年的经验表明，最可靠、最稳定、最方便的样品固定方法是使用磁性样品架，这样仪器的 Z 轴应该能够通过软件设置成适应不同高度（高度差可达几毫米）的样本。

在纳米压痕测试中，样品台的 XY 轴面结构非常重要。一些仪器使用的是光学仪器供应商的现存产品，虽然这些设备的定位能力可能很好，但这些产品并不总是针对低机械柔度设计的。在纳米压痕试验中，样品台机构实际上承受着压痕试验的压力，产生的偏斜即便是在纳米尺度范围对测试的影响也是很关键的，因此必须使这种偏斜达到最小化。

（6）成像

在试样被测试前和测试后通常要用到纳米压痕的成像功能。应用中要求在样品表面的某一准确的位置进行压痕，这就先要用显微镜观察表面，然后选择需要压痕的位置坐标值。最常见的成像方法是使用×20 或×40 物镜的光学显微镜。显微镜观察台由不同放大倍数的镜筒组成，镜头的准中心和准焦点可调。潜望镜型的光学器件一般不能提供压痕试验所需的足够准确定位。自上向下观察的显微镜需要对样品台进行准确定位，因为需要移动到显微镜位置的是样品而不是压头。

一些仪器提供了用压头作为扫描或成像探头的原位成像方法，这种定位方法最精确而且在某种意义上是原子力显微镜（AFM）成像的一种替代方法。然而，需要说明的是AFM 是一种成像设备，它带有一个柔性悬臂探头，可以在接触或"非接触"振动模式下扫描样品最表层。而纳米压痕仪是一种特制的压痕仪，它给探针提供足够载荷，导致样品发生塑料变形，也就是说，它主要用于压入样品。把压头作为原位成像探头，由于成像和压痕在刚度上分属于两种相反的极端情况，因此如果试图达到其中一个目的，则另一个目的就要相应作出让步。

系统中的数码相机用于图片制作，其实际分辨率并不像显微镜镜头的质量那么重要，因为多数图像不太可能被放大到像素化很明显的大图片。

另有一些仪器提供专用 AFM 作为设备附件，该配件用途大，但价格较贵。AFM 不仅可以用于一般的成像，而且还可以用于压痕后试样变形的高分辨率成像，从而拓展了压痕仪的功能。其中的关键问题是定位，纳米压痕测试产生的压痕通常为微米级，需要通过压头与 AFM 位置关系校准获得完美图像，定位校准必须准确、可重复性好。此外，如果AFM 系统还提供样品表面原位光学成像便于观察扫描前和扫描过程中的样品表面，则给测试工作带来极大的帮助。AFM 的最低规格要求扫描范围达到 XY 面内约 $50\mu m \times 50\mu m$ 且 Z 轴向约 $2\mu m$。

（7）划痕试验

摩擦学是材料科学中有关磨损的一个分支。摩擦试验仪所用的载荷通常比较高（大约 $5\sim20N$），载荷施加在直径几毫米的球性摩擦副（通常为 WC 材料）上。摩擦学试验和静态压痕试验的本质区别在于压头相对于试样是否运动，通常摩擦学试验的压头固定在力臂上，试样在下面旋转，压头在试样上磨出凹槽，这就是所谓的"销盘试验"。旋转样品台上的试样以一定的速度旋转，施加的载荷线性增加或保持稳定。这类仪器以半定量的形式测量磨损和附着力。磨损和附着力并不是材料的性质，它们是加载方式和测试参数共同产生的结果。摩擦学试验与压痕试验有一定的联系，因为两者都涉及探头或针尖对试样表面的加载。然而，压痕试验的特点是测定硬度、弹性模量和断裂韧性的绝对值，它所测定的是材料的性质。因为纳米压痕仪也可以用来做划痕测试，所以自然会将其用于有限的摩擦学试验中。通常情况下，划痕试验需要使用 XY 轴对样品台定位让试样在压头下作线性运动。

在仪器设计上要求压头轴能够承受侧向力而不发生断裂。虽然侧向力一般不是很大，但划痕试验中发生破坏性意外碰撞的可能性要比正常静态压痕试验或显微镜下移动样品台时大得多。划痕试验的特殊性在于测量横向或侧向力：试验时用弹簧加载台安装试样，其中位移传感器测量侧向偏移，因此实际上是测量力。另一种方法是测量压头轴的侧向偏移，通过压头位置的杠杆作用，测得侧向力。在划痕试验的横向移动过程中，压头的法向载荷可以保持恒定也可以是线性增加的。另外，可以用低载荷对表面进行预扫描测量试样表面的倾斜度，然后将表面倾斜引起的深度变化从位移传感器输出数据中扣减，从而得到划痕的实际压入深度。

9.4 纳米压痕试验技术

尽管纳米压痕测试仪已经发展成熟，但是应用该仪器开展测试工作需要具备足够的试验技术和条件。测试过程对温度变化引起的热膨胀以及测试过程中的机械振动极为敏感，因此务必保证试样和仪器处于热平衡状态。例如，在压痕开始之前，处理试样或压头需要合理地延迟试验开始时间，以避免测试期间由于热胀冷缩在位移测量中引入误差。如果长时间试验引起热漂移，那么应该对漂移进行量化分析并进行适当的修正。实际压痕试验中需要注意的具体事项总结如下。

9.4.1 仪器结构与安装

在正常试验室条件下，纳米压痕仪应该隔绝温度变化、振动和噪声。仪器上安装的外壳具有特殊设计，可将仪器的热和电磁干扰减少到最小。如果压痕深度非常低（<100nm），可能需要安装振动主动控制装置。

纳米压痕仪的加载柱和基座应该是重型结构，可以减少机械振动的传递达到减震目的，并具有很高的柔度，减少反作用力对位移读数的影响。压头通常安装在由轻质高强材料制成的轴上，以最大限度地降低柔度并最大限度地提高系统的共振频率，提高共振频率对动态压痕试验很重要。

将试样固定在金属底座上，再将金属底座用螺栓固定到样品架上，样品架依次固定到样品台上。样品台运动通常由电动轴控制，其分辨率或步长小于 $0.5\mu m$。样品台通常需要精确定位以便压头能在非常小的测试点如颗粒上产生压痕。样品台的移动采用比例、积分和微分增益进行伺服控制，可以通过设置达到最精确的定位。通常使用光学旋转式或线性跟踪编码器。编码器安装在轴驱动的丝杠上，高品质滚珠螺母驱动将旋转运动转化为样品台的直线运动，螺母间隙可以忽略不计。通过仪器操作软件可对压头下的试样进行自动定位。

9.4.2 压头

金刚石压头虽然很硬，但也很脆，因此很容易折断。鉴于金刚石结构的晶态特性，金刚石的力学性能随检测方向的不同而不同，文献提供的金刚石模量值范围约为 $800\sim1200GPa$。分析纳米压痕试验数据时，通常使用的模量值约为 1000GPa，泊松比为 0.07。

压头必须保持绝对干净，没有任何污染物。将金刚石压头压入致密的聚苯乙烯中，可以最有效地清洁压头。聚苯乙烯中的化学物质可以用作污染物的溶剂，聚苯乙烯本身提供了机械清洗作用而且不太可能使压头折断。压头本身应牢固地附着在压头轴上并将其柔度降到最低。

测试时压头的选择是很重要的，选择压头应根据试验者想通过压痕试验获取什么样的数据信息。对于几何形貌相似的压痕，如用维氏（Vickers）和勃氏（Berkovich）压头的压痕试验，试样材料的典型应变只取决于压头的有效半锥角 α。角度越尖，材料的应变越大。根据 Tabor 公式，锥形压头的典型应变 ε 为：

$$\varepsilon = 0.2\cot\alpha \tag{9.20}$$

采用维氏和勃氏压头的压痕，应变约为 8%。如果需要材料产生更大的应变，例如，测定断裂韧性需产生裂纹或其它现象，那么可能需要更锋利的针尖，立方角压头的典型应变约为 22%。尖锐型压头形成压痕时与试样一接触就使试样材料产生塑性（忽略针尖的修圆效应），这对于薄膜的测试是有利的，因为薄膜的硬度测定要求不能受基体的影响。球形压头提供了从弹性到弹塑性响应的渐进过渡。典型应变随荷载的变化情况如下：

$$\varepsilon = 0.2\frac{a}{R} \tag{9.21}$$

用球形压头测量硬度时，获得完全扩展的塑性区是很重要的。在金属中，产生塑性区相当于 a/R 大于 0.4。球形压头压痕试验中产生的应变变化可以检测试样的弹性和弹塑性能及其应变硬化特性。

9.4.3 样品安装

试样必须放置在压头轴对应的范围内，并在装样过程中绝对要以最小的柔度牢牢固定。通常，试样是用一层非常薄的胶水固定在硬质基座或样品架上，一般用蜡或黏合剂（氰基丙烯酸乙酯类胶水，即 502 胶水），也可使用磁铁、真空吸盘或弹簧夹等固定装置。

典型纳米压痕仪的测试范围上限通常为微米级，因此，如果要测许多压痕，样品表面必须与平移轴平行。通常若样品台移动 10mm，仪器允许的平行偏离度为 $25\mu m$。如果制样时进行了表面抛光，则材料表面的性能可能会发生改变（见第 9.7.12 节）。在有划痕、夹杂物或孔隙的样品表面进行压痕试验会产生难以预测的不合理结果。

9.4.4 工作距离和初始压痕

典型的纳米压痕仪只能测量有限位移量程内的压痕深度，超过位移量程，则采集不到深度数据。因此，有必要确保位移测量系统的全量程都用于试样压入深度的测量，而不是用来移动压头从初始位置到与试样表面接触，只有这样才能获得更大的有效深度量程。例如某压痕仪的位移量程为 $50\mu m$，如果试验开始后压头从初始位置靠近到与试样表面接触所移动的距离为 $40\mu m$，那么剩下的位移量程能测定的深度最大值只有 $10\mu m$。仪器的测量头在压头距离样品表面 $100\mu m$ 左右之前能以较大步幅移动，$100\mu m$ 就是所谓的"工作距离"，工作距离能确保压头在最终靠近试样表面并压入试样时产生高分辨的位移。

一旦将测量头设置到使压头处于工作距离处，就可以使压头以最小的接触力接触试样表面，该位置将成为后续位移读数的参照点。最小接触力是衡量纳米压痕仪性能的一个重要指标。无论最小接触力有多小，都会压入试样表面一定的深度，最终数据分析时必须加以修正。当然，如果初始接触压入深度太大，则压头有可能穿透所要测量的表面层或薄膜。在某些方面，仪器规格参数中的最小接触力是区分纳米压痕仪和显微压痕仪的标准。

　　一些纳米压痕仪可以让压头以非常低的速度靠近试样，直到单独的力传感器检测到预设的初始接触力时停止，此时就给样品施加了初始接触力。另一些纳米压痕仪通过振动压头轴来监测接触"刚度"，并在振幅突然减小时给出提示。这个过程可以独立于操作者之外从而实现自动化控制，初始接触力一般在 $5\mu N$ 内或更少。

9.4.5　试验周期

　　典型的纳米压痕测试周期包括一个加载过程和一个卸载过程，但是可以有很多变化。可连续加载直到达到最大载荷，或者以系列小增量加载。也可在每增加一定载荷时按程序控制进行分部卸载以便测定接触刚度（dP/dh），这对于测量模量或硬度随压入深度的变化很重要。接触刚度也可通过在载荷信号上叠加一个小振荡运动进行测定。

　　压痕试验可以设置成载荷控制或深度控制模式。在载荷控制模式下，用户设定最大试验载荷（通常以 mN 为单位）及要使用的载荷增量或步幅，载荷增量级数通常可以设置为平方根或线性级数，平方根级数提供等间距的位移读数。在深度控制模式下，用户需设定最大压入深度。应该指出的是，大多数纳米压痕仪实质上都是载荷控制型装置，但如果采用反馈回路，可以从力传感器或位移传感器获取信号，那么就可以实现真正的载荷和深度控制。纳米压痕仪通常允许在每次载荷增量和最大载荷处停顿或保载一段时间。每次载荷增量处保载可使仪器和试样在系统读取深度和荷载值之前稳定下来。最大载荷下的保载数据可用于测量试样内部的蠕变或仪器测试过程中的热漂移。热漂移的保载测试最好在压

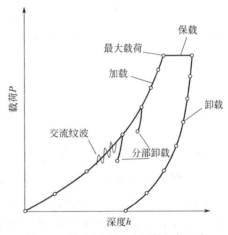

图 9.7　纳米压痕测试周期的各要素

痕试验结束时进行，采用低荷载以尽量减少试样蠕变的影响。图 9.7 总结了一个典型测试周期中加载、保载和卸载过程。

9.5　纳米压痕分析方法

　　压痕试验仪可以检测压头压入样品深度与载荷的函数关系，该技术广泛应用于薄膜力学性能的测试中。当使用低载荷进行压痕试验时，直接观察压痕会变得很烦琐，不仅需要专门的仪器，如原子力和/或透射电子显微镜，而且很费时。纳米压痕试验仪可以对压痕试验过程中的载荷和压头位移进行实时的数据记录，加载/卸载响应呈现在载荷-位移曲线

上。因此，从加载-卸载曲线中直接求取力学性能显得十分重要。该测试的过程是对样品首先加载到最大值 $P_{\max}$ 并保载一段时间后再卸载到零载荷，如图 9.7 所示，当试样产生不可逆变形时，加载和卸载曲线是分离的（只有弹性变形在卸载时会恢复）。

多数压痕试验仪是载荷控制型。压头固定在一个处于磁场中的线圈上，控制线圈中的电流就可以控制作用力的大小。由于存在焦耳效应，必须考虑仪器的热漂移。压头的位移采用电容传感器进行控制。压头分为锐型和钝型两类，锐型压头通常采用三棱锥勃氏压头，它比四棱锥维氏压头能更好地确定接触面积 A_c，两种压头的长宽比相同（$A_c = 24.5 h_c^2$，其中 h_c 为接触深度）。球形钝压头用于确定整体应力-应变曲线。

载荷作用下的变形截面轮廓如图 9.8 所示。在力 $P_{\max}$ 的作用下，锥形压头压入试样深度 h_m，试样和压头的接触深度 h_c，即压头上部在 B 点与试样接触，试样在接触区域周围发生弹性变形。假设卸载完全是弹性的，则周边表面恢复到初始位置，如图 9.8 中的 A 点所示。载荷作用下的平均压力可以采用著名的 Oliver & Pharr、Field & Swain 分析方法从载荷-位移曲线中求取得到，这两个分析方法有一些局限性。首先，两种方法的一个主要假设是卸载时仅存在弹性恢复。严格来讲，这对于很小的压痕和表现出黏弹性的薄膜而言实际情况可能并非如此。其次，该方法是基于弹性接触问题的求解，而卸载前接触条件涉及塑性变形。最后，接触点附近的材料可能会出现大量堆积或下沉，而接触投影面积要么被低估，要么被高估，从而导致硬度值存在误差。

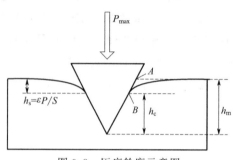

图 9.8　压痕轮廓示意图

9.5.1　Oliver & Pharr 法

弹性模量和硬度是材料力学性能中最重要的两个物理性质。微纳米压痕试验中，金刚石压头压入样品中的深度随着加载的进行得到实时检测，获得的载荷-位移曲线表现出典型的弹塑性加载和随后的弹性卸载。根据卸载数据采用弹性接触公式可以确定试样的弹性模量和硬度，即使接触存在塑性变形，也可利用载荷-位移曲线的弹性卸载数据确定接触深度（如图 9.9 所示）。实际压头通常可以看作等效圆锥压头。根据式（9.13）得：

$$h_e = h(r=0) = \frac{\pi}{2} a \cot\alpha \tag{9.22}$$

$$h_a = h(r=a) = \left(\frac{\pi}{2} - 1\right) a \cot\alpha \tag{9.23}$$

$$h_{\max} = h_c + h_a = h_c + \frac{\pi - 2}{\pi} h_e \tag{9.24}$$

于是根据式（9.16）可得到：

$$h_{\max} = h_c + 2\left(\frac{\pi - 2}{\pi}\right)\frac{P}{\mathrm{d}P/\mathrm{d}h} \tag{9.25}$$

式中，h_e 为实际压头卸载过程中的弹性位移；h_a 为完全加载时从接触边缘到试样表面的距离；h_c 为接触深度；h_{max} 为最大载荷下从原始试样表面压入的深度。

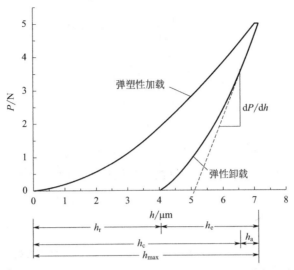

图 9.9　利用载荷-位移曲线的弹性卸载数据确定接触深度

　　尽管多数纳米压痕试验仪是载荷控制型，但通常的作图方法是将载荷画在纵轴而将位移画在横轴。确定接触深度需对载荷-位移曲线进行校正，分析曲线确定硬度和弹性模量的时候，事先要对仪器刚度和压头形状（面积函数）进行校正。纳米压痕试验中常用三棱锥形勃氏压头，根据压入的最大深度可按下式计算接触深度：

$$h_c = h_{max} - \varepsilon \frac{P}{dP/dh} \tag{9.26}$$

　　因子 ε 取决于压头形状，只要 h_c 按式(9.26)求得，就可以根据压头的几何形状参数按表 9.1 确定接触面积 A，因而弹性模量 E 可按式(9.19)计算，而硬度 H 按下式计算：

$$H = \frac{P}{A} \tag{9.27}$$

9.5.2　Field & Swain 法

　　上述 Oliver & Pharr 法利用卸载曲线在载荷最大值处的切线斜率，并结合等效圆锥压头接触弹性方程的导数确定接触圆的深度。另一种替代方法根据接触弹性方程直接利用卸载数据进行计算，该方法由 Field & Swain 最先提出用于球形压头，不过该方法也可以应用于其它形状的压头，如图 9.10 所示。根据 Hertzian 球形压头的接触弹性方程式(9.4)：当 $r=0$，$h=h_e$ 得到式(9.28)；在 $r=a$，$h=h_a$ 时得到式(9.29)。

$$h_e = \frac{1}{E^*} \times \frac{3}{4} \times \frac{P}{a} \tag{9.28}$$

$$h_a = \frac{1}{E^*} \times \frac{3}{4} \times \frac{P}{a} \times \frac{1}{2} \tag{9.29}$$

　　因此 $h_a = h_e/2$，$h_{max} = h_c + h_a$，再取载荷 P_t 和 P_s 两点，如图 9.10(b) 所示，由式(9.7) 求得：

$$h_e = h_t - h_r = \left[\left(\frac{3}{4E^*}\right)^{2/3} \frac{1}{R^{1/3}}\right] P_t^{2/3} \tag{9.30}$$

$$h_s - h_r = \left[\left(\frac{3}{4E^*}\right)^{2/3} \frac{1}{R^{1/3}}\right] P_s^{2/3} \tag{9.31}$$

求得比值
$$\frac{h_t - h_r}{h_s - h_r} = \left(\frac{P_t}{P_s}\right)^{2/3} \tag{9.32}$$

解 h_r 得
$$h_r = \frac{h_s (P_t/P_s)^{2/3}}{(P_t/P_s)^{2/3} - 1} \tag{9.33}$$

h_r 为残余压痕深度，可从试验数据中获得，则 $h_c = h_t - h_a = h_t - h_e/2 = h_t - (h_t - h_r)/2 = (h_t + h_r)/2$，求得 h_c 后，就可以按前述同样方法确定 H 和 E^*。

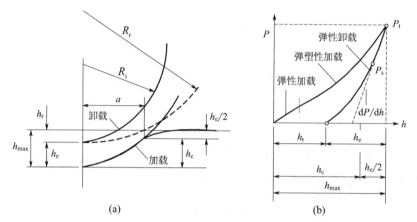

(a)　　　　　　　(b)

图 9.10　完全加载和完全卸载时球形压头和试样表面几何关系示意图 （a） 及弹塑性加载后进行弹性卸载时的载荷与位移关系曲线 （b）

9.5.3　任意形状压头

根据 Sneddon 弹性接触方程式，对于锐楔式压头而言，卸载斜率理论上符合平方法则。不过这一假设基于圆锥形压头和锥形压痕之间的接触，其中假设残余压痕的边部是平直的。试验表明残余压痕的边部实际上是向上的弯曲面，卸载曲线斜率符合幂函数关系：

$$P = C_e (h_{max} - h_r)^m \tag{9.34}$$

式中，C_e 是一个取决于试样力学性能以及压头与试样表面残余压痕相对接触角的因子；h_r 为残余压痕的深度；m 为待定幂指数，反映了卸载的几何形状并受塑性区存在的影响。这样弹性接触被视为发生在任意形状的光滑压头和平直半空间之间（即从概念上理解为残余压痕的形状转移到压头上，这样锥形压头与残余压痕曲面之间的接触等效于曲面压头与平直面之间的接触，如图 9.11 所示），压头可以描述为式(9.35)，其中 B 和 n 是常数 [注意，$n=1$，$B=\cot\alpha$ 相当于圆锥压头，而 $n=2$ 相当于球形压头且 $B \approx 1/(2R)$]。

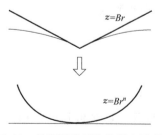

图 9.11　任意形状压头的概念示意图

$$z = Br^n \tag{9.35}$$

弹性接触方程表示为：

$$P = \frac{2E^*}{(\sqrt{\pi}B)^{\frac{1}{n}}} \cdot \frac{n}{n+1} \cdot \left(\frac{\Gamma(n/2+1/2)}{\Gamma(n/2+1)}\right) h^{1+\frac{1}{n}} \tag{9.36}$$

式（9.36）中的 h 是从 h_r 到 h_{max} 的弹性位移，即 h_e。令 $m = 1 + \frac{1}{n}$，将式（9.34）对 h 求导得到：

$$\frac{dP}{dh} = mC_e(h - h_r)^{m-1} = m\frac{P}{(h - h_r)} = m\frac{P}{h_e} \tag{9.37}$$

因为 $dP/dh = 2aE$［式（9.18）］，而 $h_a = h_e - h_c$，式（9.26）中的参数 ε 可表示为：

$$\varepsilon = \left(1 - \frac{1}{\sqrt{\pi}} \cdot \frac{\Gamma(n/2+1/2)}{\Gamma(n/2+1)}\right)\frac{1+n}{n} \tag{9.38}$$

式中，Γ 为伽马函数，且 $\Gamma(x) = \int_0^\infty e^{-t}t^{x-1}dt$，令 $h_a = \frac{\varepsilon}{m}h_e$，则同样得到式（9.26）。

9.5.4 能量法

用载荷-位移数据确定的接触面积来估计弹性模量和硬度的一个最大局限性是：该方法无法令人满意地解释压痕周围材料的堆积。绕过这一局限性的一个很有用的压痕分析方法是基于压痕能量的相似律。卸载曲线下的面积表示弹性形变释放的能量（即恢复能）U_e，载荷-位移曲线包围的面积表示塑性形变损失的能量 U_p，两者之和即为压头压入能 U_t，已知对于圆锥压头，载荷-位移曲线的加载部分遵循平方律：

$$P = C_p h_{max}^2 = C_e(h_{max} - h_r)^m \tag{9.39}$$

式中，C_p 为常数，取决于压头的锥角和试样的弹塑性质，平方律源于接触点的几何相似性。式（9.39）有时被称为 Kick 定律。卸载响应表示为式（9.34），最大载荷时，两式相等可得到：

$$P_{max} = C_p h_{max}^2 = C_e(h_{max} - h_r)^m \tag{9.40}$$

对式（9.39）从 $h=0$ 到 h_{max} 积分得压痕过程的总功 U_t 为：

$$U_t = C_p\frac{h_{max}^3}{3} \tag{9.41}$$

在 h_{max} 到 h_r 范围内对卸载响应曲线积分，可得样品对压头做功的弹性能 U_e 为：

$$U_e = \int_{h_r}^{h_{max}} C_e(h - h_r)^m dh = C_e\frac{(h_{max} - h_r)^{m+1}}{m+1} \tag{9.42}$$

塑性变形所做的功为：

$$U_p = U_t - U_e = C_p\frac{h_{max}^3}{3} - C_e\frac{(h_{max} - h_r)^{m+1}}{m+1} \tag{9.43}$$

式（9.43）除以式（9.41）得到 U_p/U_t 的比值，并用式（9.40）表示比值 C_e/C_p 得：

$$\frac{U_p}{U_t} = 1 - \frac{3}{m+1}\left(1 - \frac{h_r}{h_{max}}\right) \tag{9.44}$$

基于锥形压头有限元计算分析，$h_r/h_{max}>0.4$ 时式 (9.44) 中 U_p/U_t 与 h_r/h_{max} 之间的关系与压头锥角及试样材料的性质无关，可以表示为：

$$\frac{U_p}{U_t}=1.27\left(\frac{h_r}{h_{max}}\right)-0.27 \tag{9.45}$$

结合式 (9.44) 可知，幂指数 $m=1.36$。而半锥角 $60°<\alpha<80°$ 的锥形压头的 U_e 与比值 H/E^* 之间近似线性关系为：

$$\frac{H}{E^*}=\kappa\frac{U_e}{U_t} \tag{9.46}$$

常数 κ 取决于压头的角度，对于半角 $70.3°$ 的锥形压头约等于 5.3。由 $E^*=\frac{1}{2}\times\frac{dP}{dh}\times\frac{\sqrt{\pi}}{\sqrt{A}}$ 及 $H=P/A$，比值可表示为：

$$\frac{E^{*2}}{H}=\left(\frac{dP}{dh}\right)^2\frac{\pi}{4P_{max}} \tag{9.47}$$

由于 P_{max} 和 dP/dh 为试验值，可从载荷-位移曲线的最大值处读取。对载荷-位移曲线积分得到 U_e 和 U_t 的值。于是由式 (9.46) 和式 (9.47) 可以得到 E^* 和 H 的值：

$$A=\frac{1}{\kappa^2}\cdot\frac{4}{\pi}P_{max}^2\left(\frac{dh}{dP}\right)^2\left(\frac{U_t}{U_e}\right)^2 \tag{9.48}$$

$$E^*=\kappa\frac{\pi}{4}\left(\frac{dP}{dh}\right)^2\frac{U_e}{U_t}\frac{1}{P_{max}} \tag{9.49}$$

$$H=\kappa^2\frac{\pi}{4}\left(\frac{dP}{dh}\right)^2\left(\frac{U_e}{U_t}\right)^2\frac{1}{P_{max}} \tag{9.50}$$

可以看出，上述方程都不需要从卸载曲线估算接触面积，从而避免了有关压痕附近堆积的问题。然而，参数 κ 是一个常数，需要用已知标样进行校正。此外，压头几何形状的修圆和其它局部变化意味着还需要对 κ 进行面积函数校正。

9.6 玻璃微纳米力学性能

9.6.1 硬度

硬度度量表面对接触载荷的塑性抵抗能力，即表面对永久变形的抵抗能力。大多数试验是用维氏金刚石锥形压头进行测量。当维氏金刚石四棱锥压头的载荷超过塑性阈值，可以用载荷与压痕投影面积 A_p 之比确定硬度值 H（平均压力），压痕面积可用光学显微镜观察压痕对角线求得。较大的平均压力（较大的硬度）意味着试样在接触载荷作用下具有较高的抗塑性变形能力。过去硬度按压头的实际表面而不是投影表面计算，这样硬度值通过一个几何因子和平均压力相关联。例如，对于维氏压头，维氏硬度是 $0.927H$（为平均压力的 92.7%）。压痕试验按载荷范围分为宏观压痕、微观压痕和纳米压痕。因为包括玻璃在内的很多材料都存在压痕尺寸效应（ISE，即多数情况下硬度随载荷增加而下降），所以只有在相同载荷范围内的硬度值才具有可比性。需要注意的是，不同载荷范围的压痕试验采用不同方法确定压痕面。宏观和微观压痕试验的压痕面通常是卸载后用光学显微镜确定，这一面积称为 A_p（如上所述的投影面积）。纳米压痕的压痕观察较为烦琐，其硬度也为载荷和接触投影面积 A_c 的比值，但其中投影面积由加载-卸载曲线确定。微纳米压痕法从载荷-位移曲线获得载荷 P 和接触深度 h_c，求出压痕面积即可按式(9.27)得到硬度值。

各种玻璃的显微硬度值如表 9.2 所示，尽管不同成分玻璃的形变有很大的不同，但其显微硬度值并没有随成分的不同而显示出明显差异。然而，永久形变的特性仍有争议，这与玻璃的品种、温度和应变速率有关。在室温下，所谓的反常玻璃（如熔融石英）表现出体积致密化，而正常玻璃表现出剪切流动。在非晶半导体（α-Ge）的压痕中，甚至可以观察到析晶相变。

正常玻璃中含有碱金属和碱土金属网络改性体使得玻璃中形成非桥氧，形成非均匀剪切段。一些学者提出，根据 Greaves（1985）修正的无规则网络理论，剪切作用将优先发生在富改性体区和富硅区之间的边界处。非均质流动产生非牛顿黏塑性，这一概念存在于塑性领域，这也解释了尽管在非周期性结构中不应使用位错的概念，但"可塑性"一词仍可用在玻璃上。道格拉斯（1958）认为，当玻璃试样开始受力时，金刚石下的压力会非常高，玻璃黏度会降低（属于非牛顿流体）并发生流动，直到金刚石压头压入足够深以至于载荷不足以使玻璃黏度下降到发生"流动"。另外，玻璃表面的结合水似乎也对玻璃的力学响应产生影响。与此相反，反常玻璃含有很少的网络改性体离子，玻璃网络连接程度高而阻止非均匀流动。此外，压痕使玻璃网络中的硅氧键发生弯曲和转动但不发生断键，导致玻璃被压实（或致密化）。

表 9.2　各类玻璃的显微硬度

玻璃	显微硬度/GPa
石英玻璃	7.0～7.5
铝硅酸盐玻璃	5.4～5.9
硼硅酸盐玻璃	5.8～6.6
钠钙硅玻璃	5.4～6.6
铅硅酸盐玻璃	4.5
铝磷酸盐玻璃	3.2

Kennedy 等人报道了不断增加网络改性体后氧化硅玻璃硬度的变化。与弹性模量 E 随碱的变化类似，对于 Dietzel 场强较低的改性体（即与氧的相互作用较弱的改性体），氧化硅玻璃的软化更为明显。而非均质剪切流是体积不变、压实型的流动，顾名思义会导致体积减小。

9.6.2　弹性模量

低载荷下，单向施加持续增大的拉伸载荷所产生的变形为弹性变形，脆性材料如玻璃、陶瓷等完全表现为这种特性。仅在弹性区间内加载的试样卸载后，试件恢复到原来的尺寸，其尺寸无永久性变化，因此弹性特性是指变形过程具有可逆性。玻璃材料能观察到真正的弹性行为，这种特性就可以用众所周知的胡克定律来表示，该定律将应变 (x) 作为载荷（或应力）的线性函数。所施加的应力和应变之间的关系可以表示为：

$$P = kx \tag{9.51}$$

式中，k 值取决于材料类型以及试样的尺寸（如长度 l、截面积 A）。两边除以试样的截面积 A 可得到：

$$\frac{P}{A} = \frac{kx}{A} = \frac{kl}{A} \cdot \frac{x}{l} = E \frac{x}{l} \tag{9.52}$$

$E = kl/A$ 为弹性模量，E 与硬度 H 不同，是描述材料弹性或刚性的基本性质。常用玻璃的弹性模量和泊松比如表 9.3 所示。

表 9.3　常用玻璃的弹性模量和泊松比

玻璃类型	弹性模量 $E/10^{10}$ Pa	泊松比 υ
钠钙硅玻璃	6.76	0.24
钠钙铅玻璃	5.78	0.22
铅硅玻璃	8.42	0.25
高铝玻璃	5.39	0.28
硼硅玻璃	6.17	0.20
高硅氧玻璃	6.76	0.19
石英玻璃	7.06	0.16
微晶玻璃	12.04	0.25

纳米压痕试验法从载荷-位移曲线的卸载曲线最大载荷处求取该点的斜率，并根据接触深度计算压痕面积，再按式(9.19)求得试样和压头的折合弹性模量，如果已知压头的弹性模量和试样、压头的泊松比就可以按式(9.3)由折合模量换算试样的弹性模量。

9.6.3　断裂韧性

压痕裂纹随着载荷的增加而趋于稳定是其主要特征之一。韧性材料断裂韧性试验中，测量梁式试样的直裂纹是常规方法，而这种方法对于脆性材料的断裂韧性试验很难进行，如果要这样做通常导致样品完全破坏。压痕法测定材料断裂韧性相比其它许多传统方法具有很大的优势，试验可直接在试样表面进行，无需在试样上预制裂纹或缺口，只需要试样表面平整光滑，不要求试样形状规整。此外，压痕裂纹只需要一个小的表面测试区域，在一个样品的表面通常可以试验多个压痕，因此不需要制备大件试样。该方法特别适用于脆性材料断裂韧性的测定，鉴于这些原因，通过压痕试验获得裂纹长度数据来测定断裂韧性是一个测定玻璃材料断裂韧性的好方法。

一般来说，这种测定方法的关键点在于测量从压痕角开始沿试样表面向外的径向裂纹长度，如图 9.12 所示。Palmqvist 注意到裂纹长度 l 随压痕载荷呈线性变化，Lawn、Evans 和 Marshall 建立了不同的关系式，处理了完全形成的中位/径向裂缝，并发现比值

$P/c^{3/2}$（其中 c 为从接触中心到径向裂纹末端的长度）为常数，其值取决于试样材料。断裂韧性（K_c）由下式计算：

$$K_c = k\left(\frac{E}{H}\right)^n \frac{P}{c^{3/2}} \tag{9.53}$$

式中，k 为修正常数；P 为压痕的最大载荷；E 为试样材料的弹性模量；H 为试样材料的硬度。k 等于 0.0161 而 $n=1/2$，$c=l+a$。此后进行了各种其它研究，Anstis 等确定了 $n=3/2$ 和 $k=0.0098$。Laugier 总结前人的实验结果并确定：

$$K_c = x_v (a/l)^{1/2} \left(\frac{E}{H}\right)^{2/3} \frac{P}{c^{3/2}} \tag{9.54}$$

当 $x_v=0.015$ 时，径向模型和半便士模型对裂纹长度与载荷的关系作出了几乎相同的预测［注意公式(9.53)和式(9.54)之间的相似性］。试验证明 $(a/l)^{1/2}$ 在玻璃（中位/径向）和陶瓷（径向）之间变化不大。该结果的意义在于一般不可能从可见裂纹长度推断出存在完全形成的中位/径向裂纹，而且不透明的材料需要对试样进行切片才能完全了解特定材料的裂纹特征。

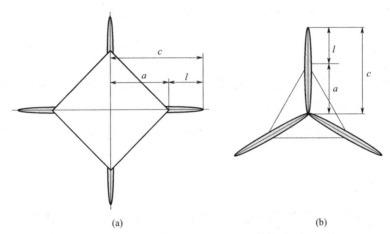

(a)   (b)

图 9.12　维氏压头（a）和勃氏压头（b）的裂纹参数裂纹长度 c
是从试样表面的接触中心到裂纹末端的长度

绝大多数使用压痕技术测定断裂韧性都是用维氏金刚石角锥体压头。这个压头的形状是一个正方形底金字塔，相对面角度为 136°。然而，勃氏压头的优点显得越来越重要，特别是在超微压痕试验中，金字塔形的面更可能相交于一点而不是一条线。然而，尽管有这个优点，但缺乏对称性给确定试样的韧性带来一些问题，因为半便士状裂纹不再能连接压痕的两个角。Ouchterlony 研究了从中心加载形成的膨胀星裂纹发生径向断裂的性质，确定了应力强度因子的修正系数来解释所形成的径向裂纹的数量。

$$k_1 = \sqrt{\frac{n/2}{1 + \dfrac{n}{2\pi}\sin\dfrac{2\pi}{n}}} \tag{9.55}$$

正如 Dukino 和 Swain 所提出的，这种修正与观察到的勃氏压痕裂纹图有关。$n=4$（维氏）和 $n=3$（勃氏）的 k_1 值之比是 1.073，因此勃氏压头形成的径向裂纹长度（从压痕中心到裂纹尖端）应为维氏压头相同 k_1 值时的 $1.073^{2/3} = 1.05$ 倍。Laugier 表达式可以表示为：

$$K_c = 1.073 x_v (a/l)^{1/2} \left(\frac{E}{H}\right)^{2/3} \frac{P}{c^{3/2}} \tag{9.56}$$

其中因子 1.073 由式（9.55）按 $n = 4$，$n = 3$ 算得，因子 x_v 与压头形状有关。虽然使用立方锥压头有助于在低载荷下形成相对较大的裂纹，但在小体积样品中形成的压痕非常小，很难直接测量裂纹尺寸。Field 等针对这些不利条件，提出了一种测量断裂韧性的仪器方法。该方法基于材料破裂伴随着压痕深度的增加，如载荷-位移响应曲线所示，这一深度突变被认为是压头接触点以下的塑性区边界处中位裂纹成核的信号。确定最大实际压入深度（有深度突变）和预期压入深度（没有深度突变，根据 $P \propto h^2$ 关系确定）之间的差值，来计算上式中的裂纹长度值 l。对于不同类型的压头，测定断裂韧性可分别按如下公式进行计算：

维氏压头 $$K_c = 0.015 (a/l)^{1/2} \left(\frac{E}{H}\right)^{2/3} \frac{P}{c^{3/2}} \tag{9.57}$$

勃氏压头 $$K_c = 1.073 \times 0.015 (a/l)^{1/2} \left(\frac{E}{H}\right)^{2/3} \frac{P}{c^{3/2}} \tag{9.58}$$

立方锥压头 $$K_c = 0.036 \left(\frac{E}{H}\right)^{2/3} \frac{P}{c^{3/2}} \tag{9.59}$$

压痕法在确定断裂韧性方面非常有用，特别是当玻璃试样体积很小时。事实上，径向裂纹在"塑性"区引起的残余应力场中传播，在从试验到测量裂纹长度之间的时间内可能会发生亚临界裂纹的扩展或老化，由于裂纹随着时间的延长而扩展，因此在使用压痕法时应将这些因素考虑在内。

9.6.4 脆性指数

压头接触玻璃超过某个载荷阈值时可能发生不可逆的变形，即塑性变形和/或断裂。有关玻璃的这一响应的一个重要指标是由 Lawn 和 Marschall 提出的脆性指数，即硬度（H）和韧性的（K_c）比值：

$$B = H / K_c \tag{9.60}$$

这一比例反映了材料塑性变形模式和脆性变形模式之间的竞争。值得注意的是，该指标并不依赖于弹性变形模式（与弹性模量的相关性）。不同玻璃及金属铁的 B 值计算如表 9.4 所示。

表 9.4　不同玻璃的硬度、断裂韧性和脆性指数（金属 Fe 数据列入作为比较）

玻璃	硬度 H/GPa	断裂韧性 K_c/MPa$^{1/2}$	脆性指数 B/$\mu m^{-1/2}$
熔融硅	7.0	0.7	10
钠钙硅玻璃	5.8	0.7	8.2
硼硅酸盐玻璃	6.2	0.7	8.8
铁	5	50	0.1

脆性指数单位为 $\mu m^{-1/2}$，因此 B^{-2} 为长度量（事实上，以下 $120B^2$ 是相关的长度量）。Lawn 和 Evans 指出脆性与引发中位径向裂纹的临界载荷密切相关。载荷阈值为：

$$F_c = \lambda_0 K_c B^{-3} \tag{9.61}$$

而裂缝临界尺寸可写为：

$$c_c = \mu_0 B^{-2} \tag{9.62}$$

式中，λ_0 和 μ_0 为几何常数（$\lambda_0 = 1.6 \times 10^4$，$\mu_0 = 120$）。根据表 9.4 的数据，玻璃和 Fe 的临界载荷分别为 0.02N 和 800kN 左右。因此，降低 B 将使临界载荷大幅增加。脆性恰好是玻璃制造中非常重要的属性之一，因为这个参数控制玻璃的表面损伤。因此，减小脆性指数 B 能给玻璃装配强度和使用性能带来好的影响。如上所述，硬度和韧性与测量的尺寸 a 和裂纹尺寸 c 有关（见图 9.12）：

$$H = \frac{F}{2a^2} \tag{9.63}$$

$$K_c = \chi \frac{F}{c^{3/2}} \tag{9.64}$$

其中，χ 是弹塑性比 E/H 的函数。这些方程合并解得：

$$\frac{c}{a} = \left[2^{3/4} \times \frac{H}{K_c} \times \frac{\chi}{H^{1/4}} \right]^{2/3} F^{1/6} = \left[2^{3/4} \times \frac{\chi}{H^{1/4}} \right]^{2/3} F^{1/6} B^{2/3} \tag{9.65}$$

$$\frac{c}{a} = \omega F^{1/6} B^{2/3} \tag{9.66}$$

Sehgal 等认为普通玻璃的前因子 ω 的变化范围很小[$(2.2 \sim 2) \times 10^4 Pa^{-1/4}$]。他们研究了大量玻璃来确定比值 c/a，并使用比值 c/a 作为脆性指数。事实上，这两个脆性指数指标是相关的：

$$B = \kappa F^{-1/4} \left[\frac{c}{a} \right]^{3/2} \tag{9.67}$$

如果研究涉及的载荷范围小，与载荷的相关性可以忽略。Sehgal 等阐述了改变玻璃成分（特别是硅含量）可以显著改变玻璃的脆性。

9.6.5　摩擦磨损性能

给压头增加侧向运动就可将压痕技术推广到划动接触试验，该技术可以监测摩擦力，称为划痕试验。压痕技术考虑两种接触几何，通过球面接触可以研究弹-脆性转变，而尖锐的划动接触产生弹性-塑性-脆性行为。图 9.13 为玻璃动态显微压痕试验的典型划动模式，在维氏压头以恒定速率线性侧向划动过程中，对压头施加不断增加的法向载荷，可以发现玻璃的特征损伤模式。随着法向载荷的增加，依次出现的损伤模式包括塑性变形（模式Ⅰ）、微裂纹及剥落（模式Ⅱ）和微磨损（模式Ⅲ）。径向（Ｖ形）裂纹是出现在较低载荷下韧性模式之上首次出现的裂纹。随着载荷的增加，侧向裂纹和中位裂纹到达表面并形成剥落碎片，此处中位裂纹扩展到材料内部，而侧向裂纹出现在深度位于所谓的塑性区的近表面处。作为玻璃耐划痕的定量测量方法，对划痕试验过程中首次发生瞬时裂纹的分析如图 9.14 所示。该分析记录了表观摩擦系数与划动位移的关系。可以观察到在划痕过程中，随着法向载荷的增加，摩擦系数都有近似稳定地或线性地增长。在某个阶段，这种稳定的变化会被突然出现的裂纹打断，划痕图片中微磨损的开始点对应于摩擦系数-位移图中非连续突变点。除了微磨损开始点，从图 9.14 数据中还可以进一步检测到划痕特征。首先，根据摩擦系数分析和划痕照片之间出现的偏差可以确定剥落开始点。说明与法向压痕相似，卸载过程中出现初始径向（V 形）裂缝，即当划动探针通过划痕特定点后开始出现径向裂纹。因此这种破裂发生点不能通过原位检测探测到，不过它可能在摩擦系数-位移图上形成较弱的不自然的特征变化。微磨损开始点是基于原位摩擦系数图中出现的突变点，并借助显微照片具体确定。

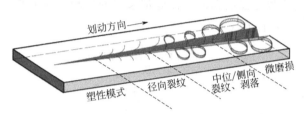

图 9.13　典型的玻璃上划痕模式

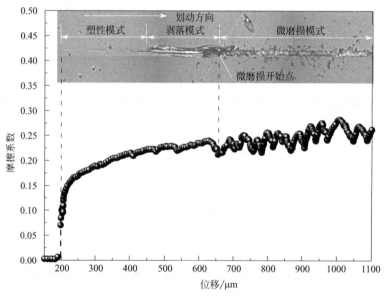

图 9.14　石英玻璃划痕试验表观摩擦系数的变化及划痕形貌

　　此外，划痕试验既可以采用单接触，也可以采用多接触试验，这样可以观察到球形压头划痕轨迹上有一系列未闭合的环形裂纹。玻璃使用过程中要考虑的一个重要因素是玻璃对反复划擦的响应，这种性能对玻璃后加工中磨边具有重要意义。当重复划擦次数增加时，可观察到玻璃从韧性开裂到被切削的变化，划擦的临界次数取决于玻璃的种类和施加的载荷。

　　玻璃的划痕试验出现的上述各种现象取决于各种各样的试验参数，包括划动速率、压头（探针）相对于划动方向的几何形状、施加的法向力、玻璃表面状况、环境气氛和湿度、试样表面存在的碎片或杂质，水扩散到玻璃有可能改变其表面行为。湿度水平被认为是最重要的环境条件参数之一，如图 9.15（a）所示，它对划痕的影响很大。随着湿度的增加，所有的划痕模式过渡都倾向于在较低的载荷下出现。特别是 0％湿度时，在加载过程中会出现较大的表面下侧向裂纹。这种现象随湿度增加而减小，不同湿度水平下的压痕试验出现同样磨损行为的比例较低，环境湿度对动态划痕试验的影响较大。锐利或光滑压头的几何形状会改变划痕轨迹界面处的形貌。图 9.15（b）所示为两种不同压头形状的三种划痕模式下过渡载荷的变化。锐利压头形状，如维氏、勃氏或立方锥，引入开口裂纹分离模式，其张应力垂直于裂纹平面。在单调增加载荷作用下，表观摩擦系数相当稳定，划痕模式的过渡出现得较早。相反，光滑压头形状涉及界面高接触压力，导致表观摩擦系数不稳定。剪切机制会优先起作用，并导致出现高载荷磨损模式。加卸载差异与材料的局部状态有关。一方面划痕模式过渡时的加载出现在弱裂纹网络向强裂纹网络的转变点，另一方面划痕模式过渡时的卸载出现在强裂纹网络向弱裂纹网络的转变点，因此，两者是有区别的。

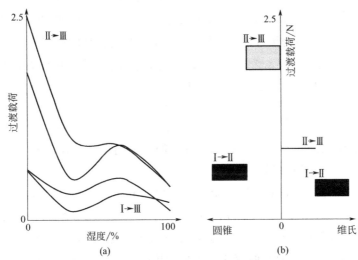

图 9.15　维氏压头划痕试验的过渡载荷与湿度的关系（a）
及 65％湿度划痕试验的过渡载荷与压头的关系（b）

9.6.6　残余应力

玻璃陶瓷的形状发生改变或制造过程中的温度梯度过大都会产生残余应力。玻璃残余应力是玻璃制品经受剧烈的、不均匀的温度变化形成的永久热应力。某些情况下，人为引入残余压应力是为了通过压应力对裂纹扩展的抑制作用而使材料的力学性能得到改善。无论残余应力的来源是什么，它对构件的使用性能起着重要的作用。许多技术已被用于残余应力的测定，但每种方法都有一定的局限性。例如，X 射线或中子衍射技术只能有效地应用于晶体材料。双折射法或光弹性技术仅限于透明材料，而电应变仪在区分残余应力和总应力方面的能力有限。自 20 世纪 30 年代以来，人们就提出了压痕法作为测量或检测表面残余应力的方法，文献中报道了很多种方法，例如检查出现在接触圆边缘的堆积形状，某些情况下出现的压痕形状与无应力压痕的偏差可以提供试样内部残余应力的大小和类型的一些信息；测量引发压头锥体裂纹的临界载荷，可以确定脆性材料表面残余应力的大小和方向；通过比较应力试样和无应力试样的断裂应力，可以估算有效残余压应力和残余张应力等。但似乎没有一种固定的测量方法适用于所有的材料，以下就几种常用方法总结如下：

方法 1：测量尖锐压头在脆性固体上产生的中位裂纹的尺寸，以此确定回火产生的残余应力水平。Chaudhri 等报道了按下式确定残余应力水平 σ_R：

$$\sigma_R = \frac{\chi(P^* - P)}{1.16c^2} \tag{9.68}$$

P^*、P 分别为残余应力作用下钢化玻璃和退火玻璃产生相同裂纹半径 c 的载荷。对于维氏压头，式中的 χ 为：

$$\chi = \frac{1}{\pi^{3/2}\tan68°} \tag{9.69}$$

方法 2：载荷-位移响应曲线的形状与理想形状的偏差也可以用于表征残余应力，但试验表明，由于残余应力对这种偏差影响太小而不能准确测量。虽然其它研究一般也指出压应力状态下比无压力状态在最大载荷 P_{max} 时的深度值 h_{max} 较小，但在张应力状态下 h_{max} 较大。Lee 等证明，薄膜的残余应力可以通过比较有应力和无应力试样的载荷-位移曲线的差异来定量确定。对于给定的压入深度，无应力状态的载荷 P_O 与张应力、压应力状态在该深度下的载荷 P_R 之差表示为 $\Delta P = P_O - P_R$，则残余应力的大小可以按下式计算：

$$\sigma_R = \frac{\Delta P}{A} \tag{9.70}$$

式中，A 为接触面积。虽然式(9.70)计算的应力随压头载荷的减小而减小，但与圆片曲率法比较显示出良好的相关性。

方法 3：Taljat 等将用球形压痕试验得到的载荷-位移响应特征与通过有限元计算得到的特征进行了比较，有限元计算中可以控制引入不同程度的残余应力。该方法认为对于弹性接触，试样中的任何残余应力都会改变赫兹（Hertz）接触下的应力分布，从而引起最先发生屈服时压痕应变（a/R）的变化。当平均接触压力近似等于材料屈服应力的 1.1 倍时，赫兹应力场中出现首次屈服。如果再加入双轴残余应力，在屈服开始发生时有：

$$p_m = 1.1(Y - \sigma_R) \tag{9.71}$$

式中，p_m 为平均接触压力；Y 为屈服应力。该式与赫兹方程［式(9.8)］结合可以得到：

$$\sigma_R = Y - \left(\frac{4E^*}{3.3\pi}\right)\frac{a}{R} \tag{9.72}$$

如果 Y 和 E^* 以及屈服开始时的 a/R 都已知，由方程可确定 σ_R。与较宽 E、Y、残余应力范围的有限元分析结果对比表明，弹性恢复参数 h_r/h_{max} 与特定 E/Y、$2h_t/a_t$ 值下的残余应力有独特的相关性，此处 a_t 为按原始试样自由表面测得的压头半径。Taljat 等对该方法进行了进一步发展，对于球形压头的压痕试验，作出平均接触压力 p_m 与参数 Ea/Y_R 在转变区的关系曲线图，获得的纵轴数据被抵消一部分，抵消量相当于施加的双轴应力大小，因此有：

$$p_m + \sigma_R = C\sigma_F \tag{9.73}$$

式中，σ_F 是流动应力，等于屈服应力与残余应力之差（$\sigma_F = Y - \sigma_R$）。因此如果在转

变区不同 p_m 值下进行试验，约束因子 C 是变化的，σ_R 就可以确定。该方法需要用已知应力状态的备用试样进行校准，以确定试验材料类型在转变区 C 随 p_m 的变化方式。不过，该方法的优点是不需要事先知道屈服应力 Y 的值。

方法4：弯曲试样。薄膜应力测试使用最广泛的方法不是纳米压痕测试，而是测量薄膜沉积前后结构的曲率半径。残余应力通常由 Stoney 方程确定：

$$\sigma_f = \frac{E_s}{1-v_s} \cdot \frac{t_s^2}{6t_f}\left(\frac{1}{R}-\frac{1}{R_0}\right) \tag{9.74}$$

式中，σ_f 为薄膜中应力；E_s 和 v_s 为基体的性质；t_s 是基体厚度；t_f 薄膜厚度；R_0 为初始曲率半径；R 为试样的最终曲率半径。

方法5：为了确定压痕周围的残余应力，首先必须在无应力材料上进行压痕试验，压痕的应力强度因子可以由式（9.54）得到。x_v 是一个无量纲的常数，可由式（9.75）计算：

$$x_v = \xi_0 (\cot\theta)^{2/3} \tag{9.75}$$

式中，ξ_0 为无量纲常数，取决于形变特性；θ 为压头半角。

在残余应力的影响下，施加与无应力状态相同的压痕载荷（P），裂纹增加导致新的裂改平衡长度（c_R）增加，在平衡状态下，裂纹将经受复合应力强度，K_c 变为：

$$K_c = x_v \left(\frac{E}{H}\right)^{1/2}\left[\frac{P}{c_R^{3/2}}\right] \pm \psi\sigma_R c_R^{1/2} \tag{9.76}$$

结合式（9.53）（$n=1/2$）和式（9.76），残余应力（σ_R）可由式（9.77）计算：

$$\sigma_R = K_c\left[\frac{1-(c/c_R)^{3/2}}{\psi c_R^{1/2}}\right] \tag{9.77}$$

式中，ψ 为裂纹几何因子，对于径向-中位裂纹，假设退火后的表面裂纹为半圆形，其值为 1.24；c 为无应力材料裂纹长度；c_R 为残余应力影响下的裂纹长度。基于另一种断裂力学方法，采用应力强度因子叠加的类似方法测量钢化玻璃的近表面残余应力，并计算了双层齿科陶瓷的局部残余应力。该方法采用具有表面残余应力的梁承受弯曲载荷。对于深度为 a、半轴宽为 b 的半椭圆裂纹，等效的半圆形裂纹尺寸 $c_R = (ab)^{1/2}$。由式（9.78）计算半圆裂纹边界处的应力强度因子：

$$K_I = \left(\frac{2}{\pi^{1/2}}\right)\left[\sigma_A c_R^{1/2} Y_F(\theta) - \sigma_R c_R^{1/2} Y_R(\theta)\right] \tag{9.78}$$

其中，σ_A 为最大张应力；$Y_F(\theta)$ 为与弯曲载荷相关的裂纹边界相关因子；$Y_R(\theta)$ 为与残余应力场相关的裂纹边界修正因子。完全载荷下的 $Y_F(\theta)$ 很容易得到，而残余应力场中的 $Y_R(\theta)$ 为1。残余应力按式（9.79）计算：

$$\sigma_R = \frac{(2/\pi^{1/2})\sigma_A c_R^{1/2} Y_F(\theta) - K_I}{Y_R(\theta)(2/\pi^{1/2})c_R^{1/2}} \tag{9.79}$$

上面介绍的方法是基于断裂力学原理来确定玻璃表面的残余压应力。这两种方法的相似之处在于它们都涉及应力强度因子的叠加。对于压痕裂纹，使用维氏压头在中等载荷下产生永久压痕，从每个压痕角开始的径向裂纹长度近似相等。残余应力是通过将残余应力场的压痕裂纹长度与相同载荷下无应力材料的压痕裂纹长度进行比较确定的。因此，周围有张应力场的材料裂纹比无应力材料的要长，而压应力场下的裂纹比无应力材料的要短。

对于带有表面压痕裂纹的四点弯曲，施加的载荷导致弯曲应力分布，由于应力的叠加最大张应力（σ_A）位于试样表面，在这种情况下，裂纹尖端的临界应力强度因子将比无应力材料的大，该方法可用于表面残余应力的测定。对于压痕法来说，了解材料内部的残余应力分布很重要，该方法用于研究初始压痕裂纹周围的残余应力分布。然而，压痕技术需要高质量的抛光试样和高度平整的表面，否则就不能正确地测量裂纹长度。总之，压痕法计算的残余应力与基于表面裂纹诱导、四点弯曲和裂纹分析的显微镜观察法计算的残余应力有很好的一致性。因此，压痕法可以作为一种确定脆性材料（如玻璃和玻璃陶瓷）有效残余应力值的简化方法，但需要在严格控制的条件下使用。

方法 6：根据压痕载荷-深度曲线测定残余应力。压痕载荷-深度（P-h）曲线包含了试验材料变形行为的大量信息。该曲线不仅可用于分析材料的弹性模量、硬度、加工硬化指数、断裂韧性等力学性能，还可用于确定材料的主要残余应力。理论和试验研究都表明，残余应力对纳米压痕的 P-h 曲线和力学性能有显著影响。根据压痕 P-h 曲线确定残余应力的方法有多种。

Suresh 和 Giannakopoulos 开发了一种用尖锐压头测定表面残余应力的通用方法。该方法基于相同材料在无残余应力和有残余应力两种条件下压痕接触面积存在差异进行检测。通过理论分析，Suresh 和 Giannakopoulos 指出，在存在残余压应力的情况下，材料压痕的真实接触面积大于原始接触面积，而残余张应力的实际接触面积小于原始接触面积。这种差异反映在有、无残余应力材料的压痕加载曲线上（图 9.16）。有压应力的材料与无压应力的材料相比，压头需要更大的力才能压入相同的深度，而有张应力的材料压头则只需要更小的力。根据存在残余应力时接触压力的不变性，压入相同深度时，有残余应力材料的实际接触面积 A_c 与无残余应力材料的实际接触面积 A_0 之比和残余应力之间的关系可推导为：

残余张应力：
$$\frac{A_c}{A_0} = \left(1 + \frac{\sigma_R}{H}\right)^{-1} \tag{9.80}$$

残余压应力：
$$\frac{A_c}{A_0} = \left(1 + \frac{\sigma_R \sin\gamma}{H}\right)^{-1} \tag{9.81}$$

式中，γ 为压头锥形面与试样接触面之间的角度。采用逐步分析法从 P-h 数据中提

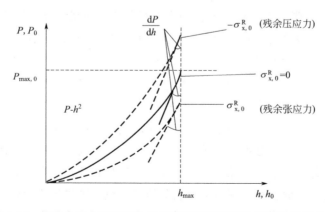

图 9.16　有残余应力和无残余应力表面的压痕载荷-深度曲线示意图

取弹性残余应力信息。研究表明，上述方法可以成功地用于估算人工应变钢试样以及硅衬底上类金刚石和金涂层的双轴表面应力。这种方法的局限性在于需要有无残余应力的标准样品，但这通常不容易得到。另外，这种方法用于很软材料存在困难，因为软质材料的压痕由塑性变形占主导而弹性残余应力对接触面积的影响相对较小。

方法 7：这种测量残余应力的方法是使用钝球形压头。Taljat 和 Pharr 认为球形压痕比尖锐压头的压痕对残余应力的影响更敏感。他们发现，在小载荷弹性接触和大载荷完全塑性接触之间的过渡阶段，即所谓的弹塑性过渡阶段，压痕载荷-深度曲线受残余应力的影响是可以测量的，如图 9.17 所示。Swandener 等人对双轴拉伸和压缩产生了预定应力水平的铝合金进行球形纳米压痕试验，他们发现纳米压痕的载荷-位移曲线因为张应力影响向较大的压入深度偏移，而因为压应力的影响向较小的压入深度偏移。基于这些观察结果，Swandener 等人开发了两种利用球形压头测量残余应力的分析方法。第一种方法是基于屈服开始时测量的深度或接触半径受到应力的影响，这种影响可以用赫兹接触力学来分析。对于球形压痕，其残余应力与接触半径的关系 σ_R 为：

$$\frac{\sigma_R}{\sigma_y} = 1 - \frac{3.72}{3\pi}\left(\frac{E_r a}{R\sigma_y}\right)_0 \tag{9.82}$$

式中，R 为压头半径；a 为接触半径；σ_y 为屈服应力。显然，如果能得到屈服应力的独立估计值，那么就可以根据 $[E_r a/(R\sigma_y)]_0$ 的试验测定值按式(9.82) 确定残余应力，计算方法是将试验数据 h_f/h_{max} 和 $E_r a/(R\sigma_y)$ 外推至 $h_f/h_{max}=0$。Swandener 等提出的第二种方法是基于硬度与屈服应力的 Tabor 经验公式，即：

$$H = \kappa\sigma_y \tag{9.83}$$

式中，κ 为约束因子。如果材料存在残余应力，试验观察表明上式应修改为：

$$H + \sigma_R = \kappa\sigma_y \tag{9.84}$$

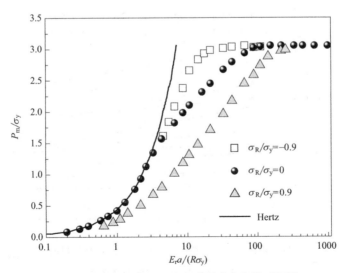

图 9.17　残余应力对平均压力影响的有限元预测

如果可以通过已知应力状态的标准试样试验建立 $\kappa\sigma_y$ 随 $E_r a/(R\sigma_y)$ 的变化关系，由于硬度可以通过压痕试验测量得到，那么就可用式(9.84)确定残余应力。应用上述两种方法的局限性在于，第一种方法要求单独测量材料的屈服应力，而第二种方法要求具备已知应力状态的标准试样。材料测试中，这些信息可能不容易获得，因此需要进行额外的测试来确定材料的屈服应力或标准试样的应力状态。用这些方法测量薄膜残余应力的尝试也表明，由于表面粗糙度和基体效应等因素的影响，这些方法几乎不可能在实际中应用。

方法 8：该方法是基于残余应力对纳米压痕卸载曲线的影响。从涂层和块体材料的纳米压痕试验中可以观察到，残余应力对压痕的弹性恢复有明显的影响。Xu 和 Li 通过大量的有限元模拟，系统地研究了残余应力对纳米压痕弹性恢复的影响。他们发现 h_e/h_{max} 弹性恢复参数与 σ_R/σ_y 比值具有线性关系，见图 9.18。导出了一个简单的方程如下：

$$\frac{h_e}{h_{max}} = -\alpha \frac{\sigma_R}{\sigma_y} + \beta \tag{9.85}$$

式中，α 和 β 是常数，β 是 $\sigma_R = 0$ 时的 h_e/h_{max} 比值，α 只与比值 E/σ_y 有关而与材料的应变硬化行为无关，也就是：

$$\alpha = 10.53 \left(\frac{E}{\sigma_y} \right)^{-1.25} \tag{9.86}$$

在式(9.85) 和式(9.86) 的基础上，提出了一种根据纳米压痕的弹性恢复估算残余应力的新方法。结合三点弯曲标准试验技术，采用纳米压痕成功地确定了机械抛光熔融石英样条的表面残余应力。这种方法的优点是不需要知道标准样品的应力状态，也不需要知道待测材料的任何特定力学性能。然而，由于该方法要求准确测定比值 h_e/h_{max}，因而表面粗糙度等试验因素可能会在从压痕卸载曲线上确定 h_e/h_{max} 比值过程中引入较大误差。此外，如图 9.18 所示，h_e/h_{max} 比值对残余应力的敏感程度与材料的 E/σ_y 比值成反比，这也限制了该方法在具有高 E/σ_y 比值的软质材料测试中应用。

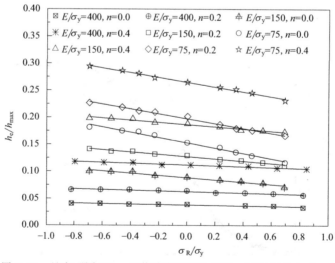

图 9.18　具有不同 E/σ_y 比值和应变硬化指数 n 时材料的 h_e/h_{max}

比值和 σ_R/σ_y 比值之间的线性关系

方法 9：该方法利用 Suresh 理论模型使用尖锐压头来测量材料表面残余应力和残余塑性应变。该方法假设残余应力和残余塑性应变在至少比压痕大几倍的深度下是等双轴的、均一的，并假设残余应力对材料的硬度无影响，其假设模型为如下矩阵关系式所示：

$$\begin{bmatrix} \sigma_R & 0 & 0 \\ 0 & \sigma_R & 0 \\ 0 & 0 & 0 \end{bmatrix} = \begin{bmatrix} \sigma_R & 0 & 0 \\ 0 & \sigma_R & 0 \\ 0 & 0 & \sigma_R \end{bmatrix} + \begin{bmatrix} \sigma_R & 0 & 0 \\ 0 & \sigma_R & 0 \\ 0 & 0 & -\sigma_R \end{bmatrix} \tag{9.87}$$

当材料中存在残余压应力时，固定载荷得到残余应力 σ_R 的计算公式为：

$$\sigma_R = \frac{H}{\sin\theta} \left(\frac{h_0^2}{h^2} - 1 \right) \tag{9.88}$$

式中，θ 为锥形压头表面与接触材料表面的夹角，对于勃氏压头，$\theta = 24.7°$；H 为测得的玻璃硬度值；h_0 为无应力试样的压痕深度；h 为同样载荷下表面有压应力的试样的压痕深度。

最近，量纲分析被用来寻找压痕参数如硬度、刚度和材料压痕堆积以及一些未知参数，如残余应力、屈服应力和弹性模量之间的基本关系。为了建立这些基本关系，进行了大量的有限元模拟。确定了这些基本关系后，就可以利用这种关系用逆向分析法来估计残余应力。显然，这些基于量纲分析和逆向分析的方法不需要标准样品进行参比。虽然这些方法的应用没有先决条件，但通过有限元模拟在特殊边界条件下建立的基本关系将限制这些方法的应用，而且也没有对这些方法进行直接的验证。

9.6.7 强度威布尔统计分析

确定玻璃的力学性能需要了解缺陷的总体情况，而缺陷总体需要通过统计方法来确定。威布尔（Weibull）统计学方法常用来表征脆性材料如陶瓷、玻璃、固体催化剂等的断裂强度的统计学变化。基于"最薄弱环节理论"，材料中最严重的缺陷将决定强度，类似于一根链条中如果某个最薄弱环节失效，那么整个链条就断裂。最严重的缺陷不一定是最大的缺陷，因为它的严重程度还取决于它的位置和方向。事实上，强度取决于最高应力强度因子下的缺陷。考虑体积 V 的玻璃，该体积由大量的体积元 dV 组成，体积元类似于链条中的链环，每个体积元 dV 都有相应的强度。当任意一个体积元失效时，由于施加的应力而导致试样断裂。当一个体积元包含一个大于临界尺寸的缺陷时就失效，临界尺寸取决于当时施加的应力的大小。一个体积元在应力 σ_a 的失效概率与该体积元包含的大于或等于临界尺寸的缺陷概率相关。

考虑到缺陷分布在试样中，类似于链条中任意一个链环断裂会导致整个链条失效，而整个链条不失效必须是所有单个链环都能抵抗断裂，可以假设任意两个不失效独立事件发生的概率是各自概率的乘积。设任意选取样本的体积为 V，若将选取的体积再扩大一点为 $\Delta V(\Delta V \to 0)$，$P_s(V, \sigma)$ 是给定体积 V 抵抗应力 σ（不失效）的概率：

$$P_s(V + \Delta V, \sigma) = P_s(V, \sigma) \cdot P_s(\Delta V, \sigma) \tag{9.89}$$

$$P_s(V + \Delta V, \sigma) = P_s(V, \sigma) + \frac{dP_s(V, \sigma)}{dV} \Delta V \tag{9.90}$$

以上两式相等可得到：
$$\frac{dP_s(V, \sigma)}{P_s(V, \sigma)dV} = \frac{P_s(\Delta V, \sigma) - 1}{\Delta V} \tag{9.91}$$

当 $\Delta V \rightarrow 0$ 时 $\dfrac{dP_s(V,\sigma)}{P_s(V,\sigma)dV} = \lim\limits_{\Delta V \rightarrow 0} \dfrac{P_s(\Delta V,\sigma)-1}{\Delta V} = P'_s(0,\sigma) = -f(\sigma)/V_0$ (9.92)

式中，$f(\sigma)$ 为应力 σ 的风险函数；V_0 为单位体积。上式积分得：

$$\ln P_s(V,\sigma) = -\int_V \frac{f(\sigma)}{V_0} dV \tag{9.93}$$

威布尔提出了以下风险函数：

$$f(\sigma) = \begin{cases} \left(\dfrac{\sigma-\sigma_u}{\sigma_0}\right)^m & \sigma \geqslant \sigma_u \\ 0 & 0 \leqslant \sigma \leqslant \sigma_u \end{cases} \tag{9.94}$$

式中，m 是威布尔模数；σ_u 是破裂概率为零时的应力，对于玻璃这样的脆性材料 $\sigma_u = 0$。于是：

$$f(\sigma) = \left(\frac{\sigma}{\sigma_0}\right)^m \tag{9.95}$$

分别考虑应力不均匀和均匀两种情况对式（9.93）进行积分。首先考虑均匀张应力，如单向张应力玻璃纤维。材料失效概率为：

$$F(V,\sigma) = 1 - P_s(V,\sigma) = 1 - \exp\left[-\frac{V}{V_0}\left(\frac{\sigma}{\sigma_0}\right)^m\right] \tag{9.96}$$

这是威布尔概率最常用的形式。参数 m 称为威布尔模数，表示强度分散；σ_0 表示强度水平，相当于失效概率为 63.2% 时的断裂应力。该值与 $\sigma_m = \sigma_0 \Gamma(1+1/m)$ 分布的平均强度 σ_m 密切相关，其中伽马函数 $\Gamma(x) = \int_0^\infty e^{-t} t^{x-1} dt$。威布尔参数 m、σ_0、σ_u 可由试验确定，所得结果可用于预测相同表面条件下，处于不同应力分布下的其它试样材料的失效概率。在实际应用中，通过对试验数据进行适当的分析，可以得到威布尔参数。将式（9.96）进行变换，可得式（9.97）：

$$\ln\{-\ln[1-F(V,\sigma)]\} = m\ln\sigma - m\ln\sigma_0 + \ln(V/V_0) \tag{9.97}$$

作出 $\ln\{-\ln[1-F(V,\sigma)]\}$-$\ln\sigma$ 曲线图，该曲线可以有任何曲率就意味着 σ_u 不等于零。可以对 σ_u 的不同估计值进行试验，直到得到曲线最接近直线。强度数据服从威布尔分布没有特别的原因，因此即使有三个可调参数，也不可能完全画出直线图。对于一组试样，失效概率 $F(V,\sigma)$ 可表示为施加应力下失效的试样数 (i) 与总试样数 (N) 的比值。要得到 $\ln\{-\ln[1-F(V,\sigma)]\}$-$\ln\sigma$ 曲线，给大量试样（N 个）逐渐增加应力 σ_u，在适当的应力区间，记录失效试样的数量 (i)，则该应力下的失效概率可估计为：

$$F(V,\sigma) = \frac{i}{N} \tag{9.98}$$

式（9.98）称为"估计量"，通常不直接使用该式，因为它在统计上不太准确。最简单、最常见的估计量是中位秩公式：

$$F(V,\sigma) = \frac{i}{N+1} \tag{9.99}$$

另有一些常用的中位秩估计量，例如：

$$F(V,\sigma) = \frac{i-0.5}{N} \tag{9.100}$$

$$F(V,\sigma) = \frac{i - 0.3}{N + 0.4} \qquad (9.101)$$

精确的估计量公式还需要进行研究。例如按 $F(V, \sigma) = i/(N+1)$ 计算可能会使试验测量值偏向一个较低的威布尔模数值。另一方面,根据失效概率分布可以研究材料失效应力分布的数学期望 $E(\sigma)$,由数学原理可知:

$$\begin{cases} E(\sigma) = \displaystyle\int_{-\infty}^{\sigma} \sigma\rho(\sigma)\mathrm{d}\sigma \\ \rho(\sigma) = \dfrac{\mathrm{d}F(V,\sigma)}{\mathrm{d}\sigma} = \dfrac{mV}{\sigma_0 V_0}\left(\dfrac{\sigma}{\sigma_0}\right)^{m-1}\exp\left[-\dfrac{V}{V_0}\left(\dfrac{\sigma}{\sigma_0}\right)^m\right] \end{cases} \qquad (9.102)$$

由上可得:

$$E(\sigma) = \frac{V\sigma_0}{V_0}\Gamma\left(1 + \frac{1}{m}\right) \qquad (9.103)$$

实际应用中假设 $V = V_0$。首先选择中位秩并利用式(9.97)左边项算出序数 1,2,3,…,N 的 y 轴数据点,再将测得的 N 个强度值按从小到大顺序排列取自然对数得到 x 轴数据点,依次与前面 y 轴数据点对应组成 N 个坐标点。用软件在 x-y 坐标系中绘出这些点,再进行线性拟合,根据该直线的斜率和截距即可确定 Weibull 函数中的未知参数 m 和 σ_0。如图 9.19 为硼铝硅酸盐玻璃及其玻璃陶瓷的勃氏压头微纳米压痕硬度的 Weibull 统计分析。其中玻璃陶瓷和玻璃的 Weibull 模数分别为 11.36578 和 15.8516,σ_0 分别为 8.49GPa、6.74GPa。

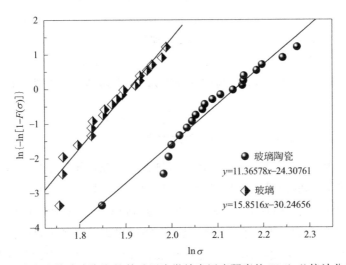

图 9.19　玻璃及其玻璃陶瓷的勃氏压头微纳米压痕硬度的 Weibull 统计分析实例

非均匀张应力是指应力在材料体积内是变化的,失效概率变为:

$$F(V,\sigma) = 1 - P_s(V,\sigma) = 1 - \exp\left[-\int_V \frac{f(\sigma)}{V_0}\mathrm{d}V\right] = 1 - \exp\left[-\frac{1}{V_0}\int_V \left(\frac{\sigma}{\sigma_0}\right)^m \mathrm{d}V\right] \qquad (9.104)$$

由于 σ 在材料内是变化的,对上式积分需要知道应力场。

9.7 纳米压痕试验的影响因素

在传统的压痕试验中，最大载荷作用下压头与试样之间的接触面积通常是根据卸载后残余压痕的尺寸来计算的。残余压痕的大小被认为与满载荷时的接触面积相同，但实际上压痕深度显然会因为弹性恢复而显著降低。亚微米级残余压痕采取直接成像测量通常比较烦琐，因此方便的做法是：直接测量压头加卸载时的载荷-位移（压入深度）后，再根据这些测量数据确定接触投影面积用于计算硬度和弹性模量。但在实践中，这一测量过程可能会带来各种误差。其中最严重的误差表现为深度测量存在偏差，其它产生误差的原因包括测试过程中环境的变化和压头形状的改变。除此之外，还有一些与材料相关的问题也影响结果的有效性，其中最严重的是压痕尺寸效应、堆积与下沉现象。这些因素对纳米压痕试验的影响程度是一个不断研究的课题，以下分述最常见的误差来源及其解决办法。

9.7.1 热漂移

在纳米压痕试验中可以观察到两种类型的漂移行为。第一种是由于材料塑性流动引起的试样内部的蠕变，蠕变最明显的表现是：压头压入试样中保持载荷恒定，而深度读数在增加。恒定载荷下测得的深度变化与样品蠕变几乎无法区分的另一个原因是热胀冷缩导致仪器的尺寸发生了变化。这种深度变化给压入深度的实际读数引入了热漂移误差。如果在压痕试验的某点测出恒定载荷下深度读数随时间的变化率，就可以据此计算热漂移率并相应地调整整个试验的深度读数。Feng 和 Ngan 研究确定了在什么条件下热漂移对弹性模量计算值的影响可以忽略不计，认为如果从测试开始到卸载开始之间的总时间 t_h 满足式(9.105)（式中 S 为接触刚度，P 为卸载速率），那么热漂移对弹性模量计算值（用卸载曲线分析计算）的影响最小。

$$t_h \approx \frac{S}{|P|} h_c \qquad (9.105)$$

纳米压痕试验中通常不考虑的一个特殊的热漂移来源是压痕塑性区域内的生成热。计算表明，试样材料内部的温升可能相当大（$\approx 100℃$），但材料体积很小，试样的线性尺寸的任何变化都小于总压入深度的 0.1%，因此完全可以忽略。然而，试样内部的局部高温可能会影响材料的黏度和硬度，在某些情况下可能值得进一步考虑这一因素。

为了修正热漂移，一些纳米压痕仪允许在最大载荷处或从最大载荷卸载结束处保载一段时间以采集一系列数据点。计算热漂移应该使用最终卸载增加处保载时的数据，因为这些采集的数据是在较低的载荷下完成的，在这种情况下材料内部不太可能发生蠕变，特别是对于球形压头的情形。如果要考虑试样材料蠕变特性的影响，在最大载荷下保载更为合适。对保载期内的载荷-位移数据进行线性回归可获得热漂移率。然后根据实际测试中记录的时间对所有深度读数按热漂移率进行修正。检验修正效果的方法是，按热漂移率对热漂移数据进行计算，如果修正效果好，数据应该收缩成或非常接近于一个单点。

9.7.2 初始压入深度

微纳米压痕测试中，理想的压头位移测量基准是基于试样自由表面的水平线。然而实际应用中，在进行位移测量之前压头必须先与试样表面接触，也就是试验时有必要让压头与试样表面实际接触后建立一个位移测量的基准点。这个初始接触深度要尽可能小，并且经常将接触力设置成仪器可获得的最小力，一般 $1\mu N$ 量级的初始接触力是可以达到的。

然而无论初始接触力有多小，压头都会压入到原始试样的自由表面下相应深度处，如图 9.20 所示，初始接触载荷 P_i 产生初始压入深度 h_i。因此，从这个基准面进行的所有后续位移测量都将因为这个小的初始压入深度而产生误差，载荷 P 下的所有深度读数 h 必须用 h_i 进行修正。

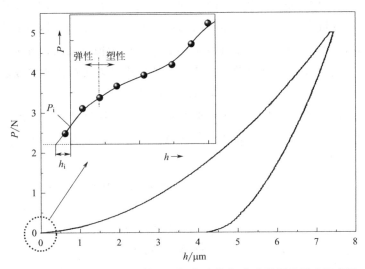

图 9.20　玻璃压痕试验初始压入深度对载荷-位移数据的影响示意图

球形压头接触试样表面时，可假定加载曲线中的前几个加载数据点仅使试样发生弹性变形，这样就有可能使用赫兹方程来模拟这些初始数据点。赫兹方程预测弹性响应的载荷和压入深度之间的关系为：$h \propto P^m$，其中对于球形压头 $m = 2/3$，对于圆柱形平冲头压头 $m = 1$，对于锥形压头 $m = 1/2$。初始接触载荷 P_i 处存在初始深度 h_i。初始加载过程为弹性响应，压痕仪器测量 P 和 h 时，每个载荷下的压入深度 $h' = h + h_i \propto P^m$。因此，

$$h = kP^m - h_i = kP^m - kP_i^m \tag{9.106}$$

式中，k 是一个常数，其值取决于压头的几何形状。对于初始弹性响应，比如根据一个典型试验的前五个左右的数据点得到了 h 和 P 的一系列值，并据此得到 P_i 值，但 m 和 k 项是未知数。一旦 m 和 k 的值被确定，初始压入深度 h_i 可以计算为：

$$h_i = kP_i^m \tag{9.107}$$

由式（9.106）可知，h 与 $P^m - P_i^m$ 的关系应该是斜率为 k 的直线，对于线性响应，调整变量 m 和 k 关系的最简单方法是对等式两边取对数，这样可使斜率为 1，于是：

$$\lg h = \lg k + A\lg(P^m - P_i^m) \tag{9.108}$$

式中，$A=1$。如果 m 和 k 选择正确，那么 $\lg h$-$\lg(P^m-P_i^m)$ 直线的斜率 $A=1$。注意，试验数据中的第一个数据点 $h=0$，$P=P_i$ 不包括在拟合过程中，因为不可能取零的对数。

如前所述，通常压头以仪器的最小载荷与试样表面进行初始接触，在这种情况下，检测仪器的分辨率一般地达到了极限，因此，施加在压头上的实际载荷可能与用户的设定值差别很大。当仪器进入更稳定的工作状态时，实际载荷与设定值之间的差别随着负载的增加而减小。为了使仪器在最低荷载 P_i 时的误差达到最小，首先通过将 m 设为 $m=2/3$ 调整 P_i 来优化直线 $\lg h_{max}$-$\lg(P^m-P_i^m)$ 的斜率 A，直到式（9.108）中的斜率 A 尽可能接近于 1。尽管还不能估计 h_i 的值，但这个初始拟合可减小 P_i 记录值误差的影响。

将调整后的初始接触力 P_i 以及 P 和 h 的实测值根据式（9.108）作图，不断改变 m 值，直到斜率 A 尽可能接近 1。其截距为 k 值，h_i 值可由式（9.107）确定。这样修正的深度 $h'=h+h_i$。分析中必须谨慎选择所使用的初始数据点个数，假设材料为弹性响应，必须保持在弹性范围内，否则反映塑性变形的数据会影响拟合结果，此时关系 $h\propto P^m$ 就不适用了。另一种方法是根据幂律关系使用非线性最小二乘法对初始加载数据进行拟合：

$$P=k(h+h_i)^m \tag{9.109}$$

式中，k、m 和 h_i 未知；P 和 h 为试验数据。注意，用这种方式表示，式（9.109）中的 m 与关系式 $h\propto P^m$ 中的 m 互为相反数。计算结果表明，该方法与式（9.108）所述方法得到的结果非常相近。

对于勃氏压头的完全塑性接触，可采用压头载荷和压入深度之间的平方根关系［式（9.110）］，只需对数据进行二次多项式拟合，式中 P 为载荷，h 为压入深度，H 为硬度，E^* 为折合模量，θ 为压头半锥角，β 为几何修正因子（见表 9.1）。要注意如果针尖钝化导致产生初始弹性响应，可以采用上述第一种方法。

$$h=\sqrt{P}\left\{\left(3\sqrt{3}H\tan^2\theta\right)^{-\frac{1}{2}}+\left[\frac{2(\pi-2)}{\pi}\right]\frac{\sqrt{H\pi}}{2\beta E^*}\right\} \tag{9.110}$$

9.7.3　仪器柔度

典型压痕仪的深度测量系统记录的压头压入试样的深度中包含了加载过程中仪器由于反作用力产生的位移，该位移值与载荷成正比，一般情况如图 9.21 所示。加载框架的位

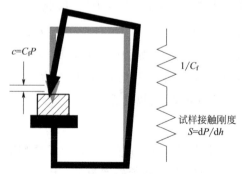

图 9.21　压痕试验中反作用力产生的载荷框架挠度影响示意图

移 c 由深度测量系统测量，并计入压头压入试样的深度。挠度的大小与载荷成正比，必须将其从深度读数中扣减才能得到压头对试样的真实压入深度。

加载装置的柔度 C_f 定义为挠度除以载荷。压痕试验测得的卸载刚度 $\mathrm{d}P/\mathrm{d}h$ 来自试样和仪器的响应。仪器的柔度 C_f 包括加载机架、压头轴和试样固定产生的柔度。压头材料的柔度，$1/S$，包括在折合模量 E^* 中，其中接触

刚度 S 可通过式 $dP/dh = 2E^* a$ 变形得到。试样/压头组合与载荷框架可视为串联的弹簧，在此情况下，各部分的柔度直接相加得到仪器测得的总柔度 dh/dP：

$$\frac{dh}{dP} = \frac{1}{S} + C_f \tag{9.111}$$

对于勃氏压头，压痕面积 $A = 24.5 h_c^2$，由式（9.19）可得到：

$$\frac{dh}{dP} = \sqrt{\frac{\pi}{24.5}} \cdot \frac{1}{2\beta E^*} \cdot \frac{1}{h_c} + C_f \tag{9.112}$$

对于球形压头，$A = 2\pi R_i h_c$，则有：

$$\frac{dh}{dP} = \left[\frac{1}{2\beta E^* R^{1/2}} \right] \frac{1}{h_c^{1/2}} + C_f \tag{9.113}$$

式中，β 为几何修正因子（见表 9.1）。对于球形压头，求 C_f 值的最常用方法是测得弹塑性材料在一系列最大压痕深度下的弹性卸载数据，作出 dh/dP 对 $1/h_c^{1/2}$（勃氏压头则对 $1/h_c$）的曲线图。该线性曲线的斜率与 $1/E^*$ 成比例，其截距直接给出仪器柔度 C_f。典型曲线实例如图 9.22 所示，低载荷条件下获得的数据的不确定性误差较高，会由于杠杆效应极大地影响了 C_f 的确定。

经验表明，h_c 较低时的数据误差显著影响拟合线的斜率，从而在柔度估算中引入较大的误差。最好舍去数据中的一些初始数据点，以便利用其余数据获得最佳线性拟合，也可以通过减少低深度数据的权重进行加权分析。由于用这种方法估算的柔度值依赖于压头的面积函数，因此需要通过迭代过程得到一个收敛值。

在压痕试验的常规数据分析中，计算 E^* 之前可将仪器柔度 C_f 从 dh/dP 的测定值中扣除。另外，由于仪器柔度引起的位移与载荷成正比，可以对压痕深度 h'（已对初始接触进行了校正）按下式进行修正，从而得到进一步修正的深度 h''：

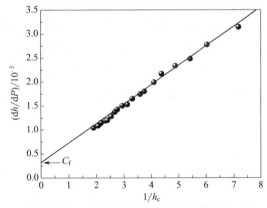

图 9.22　dh/dP 与 $1/h_c$（勃氏压头）或 $1/h_c^{1/2}$（球形压头）关系的示意图

$$h'' = h' - C_f P \tag{9.114}$$

另一种测试仪器柔度的方法是用尖端半径较大的球形压头在同一位置重复加载，测试一系列试样材料。重复加载可最大限度地减少表面状态（如粗糙度及其它不规整性）的影响。使用较大压头（$R \approx 200\mu m$）采用高载荷更容易观察柔度的影响，并使压头的尖端效应（如尖端的非理想几何形状）最小化。由于加载轴线位移与载荷成正比，在载荷 P 作用下，远离压痕处的两个固定点之间总弹性位移 δ 为：

$$\delta = \left[\frac{3}{4E^*} \right]^{2/3} P^{2/3} R^{1/3} + C_f P \tag{9.115}$$

位移 δ 和负载 P 由压痕仪测得。对于任意两个载荷 P_1 和 P_2 产生的挠度 δ_1 和 δ_2，

由式(9.115)可得到 C_f。需要注意的是，该计算过程不需要知道试样材料的模量或硬度。

$$C_f = \left[\frac{\delta_1 - (P_1/P_2)^{2/3} \delta_2}{P_1 - (P_1/P_2)^{2/3} P_2} \right] \tag{9.116}$$

9.7.4 压头几何形状

纳米压痕测试中，压头下接触深度 h_c 处的接触面积是由压痕几何图形确定的。表9.1中给出的面积均假设压头具有理想的几何形状，实际上这是不可能的。另外，金刚石压头的晶体各向异性也会影响压头的形状。实际测试中需考虑压头的非理想几何形状这一因素，因此有必要对表9.1所列的方程用校正因子进行修正，以确定深度 h_c 的实际接触面积。给定 h_c 值的实际接触面积用符号 A 表示，理想接触面积用 A_i 表示（由表9.1计算），所用的修正系数为 A/A_i。目前的常规做法是采用间接法确定面积函数，其步骤是在已知弹性模量 E^* 和泊松比的标准试样上通过改变最大载荷进行一系列压痕试验。如果 E^* 已知（体现压头和试样的弹性特性），则每一载荷下的实际接触面积由 $dP/dh = 2E^* a$［即式(9.18)］给出，则：

$$A = \pi \left[\frac{dP}{dh} \cdot \frac{1}{2\beta E^*} \right]^2 \tag{9.117}$$

式中包含几何修正因子 β。用标准样品每次测试的 A 和 h_c 值为确定面积函数或校准表提供数据。将面积函数表示为实际面积 A 与理想压痕面积 A_i 的比值通常较为方便。压头尖端不可避免地会产生钝化现象，这将导致在低深度值时出现较大的 A/A_i 比值。修正后的硬度和模量分别由下式确定：

$$H = \frac{P}{A} \left[\frac{A_i}{A} \right] \tag{9.118}$$

$$E^* = \frac{dP}{dh} \cdot \frac{\sqrt{\pi}}{2\beta\sqrt{A}} \cdot \sqrt{\frac{A_i}{A}} \tag{9.119}$$

式中包括了几何修正因子 β。应该注意的是球形压头的接触面积正比于 R。因此，举例来说，如果压头的名义半径是 $5\mu m$，且在某一特定 h_c 值时的面积修正是 0.8，则在该 h_c 值时的压头有效半径是 $4\mu m$。A/A_i 值大于1表示压头的半径大于其标称值，对于给定载荷，在计算中使用未校正的数据会导致硬度值偏高。A/A_i 值小于1表示实际接触面积小于理想值，即压头半径小于其标称值。如果不进行校正，这将导致硬度值偏低。面积修正可以用多种数学形式表示为深度 h_c 的函数，常用的表达式是：

$$A = C_1 h_c^2 + C_2 h_c + C_3 h_c^{1/2} + C_4 h_c^{1/4} + \cdots \tag{9.120}$$

式中第一项表示压头的理想面积函数 A_i（其中 A_i 是 h_c 的函数，如表9.1所示；勃氏压头 C_1 为24.5）。这样可以计算出比值 A/A_i。

9.7.5 堆积与下陷

弹性材料压痕试验中，通常样品表面被压头压向里面和下面并发生下陷。当压头与试样的接触涉及塑性变形时，材料可能会在压头周围下陷或堆积。对于给定的压入深度

$h_{\max}$，不同材料的实际接触面积可能与压头压入部分的横截面积有很大的不同，同时预期接触深度 h_c 与没有堆积或下陷时的 h_c 也存在很大的差异。堆积或下陷可用堆积参数进行量化，堆积参数用接触深度 h_c 与总深度 $h_{\max}$ 的比值表示，如图 9.23（a）所示。研究表明，载荷-位移曲线中的加载与卸载斜率比值与 $h_r / h_{\max}$ 存在独特的关系。

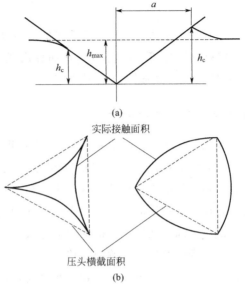

图 9.23　相同压入深度 $h_{\max}$ 时，堆积和下陷对实际接触面积的影响

（a）剖视图；（b）俯视图

非应变硬化材料（例如应变硬化金属），可以观察到塑性区呈半球形，在接触圆半径之外与表面很好地会合。因为大部分的塑性变形发生在压头附近，可以预料这些材料存在压痕堆积。对于一些玻璃和陶瓷，塑性区通常包含在接触圆的边界内，而弹性变形在距离压头较远处扩展以适应压痕体积，这样更可能发生下陷。堆积和下沉对接触面积的影响如图 9.23（b）所示，给接触面积带来的误差可达 60%。如果用于校正面积函数的标准试样与被测试样的力学行为不同，则堆积和下陷会对压头面积函数的测定产生不利影响。

Choi 等提出了考察堆积、下陷以及压头针尖修圆影响的方法，该方法中的接触深度 h_c 表示为压头最大深度 $h_{\max}$、堆积深度 h_{pile}、针尖钝化 Δh_b 以及表面的弹性挠曲 h_d 之和，亦即：

$$h_c = h_{\max} + h_{\text{pile}} - h_d + \Delta h_b \tag{9.121}$$

对于等效圆锥压头，其接触面积为：

$$A = \pi \tan^2 \alpha (h_{\max} + h_{\text{pile}} - h_d + \Delta h_b)^2 \tag{9.122}$$

由于接触的几何形状相似，接触深度 h_c 与总深度 $h_{\max} + \Delta h_b$ 的比值是一个常数 f：

$$f = \frac{h_c}{h_{\max} + \Delta h_b} = \frac{h_{\max} + h_{\text{pile}} - h_d + \Delta h_b}{h_{\max} + \Delta h_b} \tag{9.123}$$

因而接触面积可表示为：

$$A = (\pi \tan^2 \alpha) f^2 (h_{\max} + \Delta h_b)^2 \tag{9.124}$$

假设硬度 H 为常数（即忽略钝化针尖处的弹性变形），则由于 $H = P/A$，可以将载荷 P 表示为深度 h_c 的函数：

$$P = \pi (\tan^2 \alpha) H f^2 (h_{\max} + \Delta h_b)^2 \tag{9.125}$$

钝化深度 Δh_b 是根据加载数据中载荷对深度的平方所作曲线的截距求得的。根据式（9.19），其中卸载曲线的斜率表示为：

$$\frac{\mathrm{d}P}{\mathrm{d}h} = \beta \frac{2}{\sqrt{\pi}} E^* \sqrt{A} \tag{9.126}$$

式中 β 为引入的几何修正因子。将式(9.125)对 h_{max} 求导得到 dP/dh，结合考虑式(9.124)和式(9.125)，参数 f 可以表示为：

$$f = \frac{\beta}{\pi \tan\alpha} \cdot \frac{E^*}{H} \tag{9.127}$$

已证明比值 E^*/H 与能量比值 $U_e/(U_p + U_e)$ 呈线性关系[式(9.46)]，这样可由载荷-位移试验曲线算出因子 f [从而算出式(9.122)中的 A 值]。一旦 A 值被确定，那么 H 和 E^* 就可以用通常方法进行计算。

9.7.6 压痕尺寸效应

在均质、各向同性材料中，人们期望测量的硬度和模量是唯一的，然而由于各种原因，试验结果往往导致硬度和/或模量随压痕深度不同而变化。所观察到的这些效应实际上是材料行为的真实反映，这是由于样品表面存在非常薄的异质表面层，其力学性能与体材料相比具有本质的不同，或由于试样制备和抛光过程中产生了残余应力和应变硬化。压头和试样之间存在摩擦也被证明会导致压痕尺寸效应。最常见的压痕尺寸效应可能是有关压头面积函数的误差导致的，特别是在压痕深度值非常小的时候。然而，即使这些影响达到最小，通常仍然可以观察到某些材料存在压痕尺寸效应，例如理论上各向同性的非晶态固体。

在具有压痕尺寸效应的材料中，塑性流动条件不仅取决于应变，而且还取决于材料中可能存在的应变梯度的大小。这种梯度存在于应力场迅速变化的地方，例如裂纹尖端附近，压痕应力场中也存在大量的应变梯度。一般来说，这些材料的压痕硬度随着压痕尺寸的减小而增加，这是由于塑性区内位错成核造成的。位错的产生有两种方式：一种是由于统计原因引起的，另一种是由于压头的几何形状引起的。前者称为统计存储位错，后者称为几何必须位错，其形式为位错圆环，如图 9.24 所示。

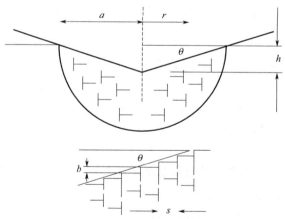

图 9.24　锥形压头形成的塑性区几何必须位错，塑性区包含在接触圆内

位错的存在有助于提高材料的有效屈服强度，而这反过来又意味着硬度的增加。Nix 和 Gao 的研究表明，在圆锥形压头的接触圆内的塑性区域形成的几何必须位错的数密度为：

$$\rho_g = \frac{3}{2bh}\tan^2\theta \tag{9.128}$$

式中，b 为伯格斯矢量；θ 为压头与样品自由表面形成的锥角，如图 9.24 所示。式（9.128）的意义在于几何必须位错的密度 ρ_g 随压痕深度 h 的减小而增加。这使得硬度 H 用无几何必须位错的硬度 H_o 来表示：

$$\frac{H}{H_o} = \sqrt{1 + \frac{h^*}{h}} \tag{9.129}$$

式中，h^* 是表征硬度与深度依赖关系的长度，其本身取决于 H_o 和 ρ_g。H^2-$1/h$ 曲线的斜率确定 h^* 的大小，而截距确定 H_o 的值。式（9.129）的意义在于，它表明压痕尺寸效应在本征硬度 H_o 值较低的材料中表现得更为明显。硬质材料的压痕尺寸效应很小，而软质材料，特别是晶态材料中，会产生显著的压痕尺寸效应。几何必须位错可以用压痕附近存在应变梯度来解释。因为压痕深度减小，应变梯度变得更大，由这些位错引起的屈服强度的增加变得更加明显。由位错产生的压痕尺寸效应取决于这些位错是材料内部的充分位错源。

试验测得许多体系玻璃的低载荷区显微硬度值随载荷的增加而增大或者减小。这种压痕载荷或尺寸对显微硬度的影响，是由于压痕过程中的加工硬化、加载引发塑性变形、压痕弹性恢复、塑性变形带间距以及畸变区效应等现象导致的结果，造成压痕载荷或尺寸效应的确切原因尚需进一步研究。在低载荷下，压头只能压入表面附近。但随着载荷的增加，压入深度增大，超过一定限度后，压头穿透表面，内部区域的体密度可能与表面密度不同。对于不同的玻璃体系，往往载荷低于某一值存在明显的尺寸效应，而载荷高于某一值则硬度等力学性能保持稳定，因此存在发生压痕尺寸效应的临界载荷，测试时要在不同载荷下进行一系列试验确定合理的载荷范围。同时试样压痕前的表面抛光也可能是压痕尺寸效应的一个原因，因为表面抛光会导致与表面相邻的材料产生塑性变形和裂纹。玻璃试样打磨抛光后最好进行二次退火热处理以消除表面尺寸效应的影响。

9.7.7 表面粗糙度

纳米压痕中，表面粗糙度是一个非常重要的问题。由于接触面积是通过测量压入深度间接获得的，所以实际表面的自然粗糙度会在测定压头与试样间的接触面积时引入误差。一般来说，表面粗糙度表示为表面粗糙高度及其在表面上的空间分布。表面粗糙度可以用粗糙度参数 α 进行量化表示：

$$\alpha = \frac{\sigma_s R}{a_0^2} \tag{9.130}$$

式中，σ_s 第一近似值等于最大粗糙高度；R 为压头半径；a_0 为相同载荷 P 下光滑表面的接触半径。注意 α 间接取决于施加在压头上的载荷。α 也与第二个参数 μ（摩擦系数）结合使用来表征表面粗糙度。Johnson 发现，$\alpha > 0.05$ 的表面粗糙度对弹性接触方程有效性的影响较显著。表面粗糙度的总体影响是通过增加接触半径使平均接触压力降低而产生的。因此，对于给定的压头载荷 P，压入深度减小，计算出的复合模量 E^* 也减小。

式（9.130）表明表面粗糙度参数随压头半径 R 的增大而增大，随压头载荷的减小而增大。因此，球形压头上的载荷小，表面粗糙度可能是一个重要的影响因素。而尖锐压头，例如针尖半径为 100nm 的勃氏压头，表面粗糙度的影响就不那么严重了。Joslin 和 Oliver 提出了一种新的材料性能参数，即 H/E^2 比值，作为一种衡量材料抵抗塑性变形能力的度量，该参数通过测量接触刚度（$\mathrm{d}P/\mathrm{d}h$）得到，并且对表面粗糙度的影响不太敏感。

9.7.8 修圆

纳米压痕试验中最常用的压头是三面金字塔形金刚石勃氏压头。在实际应用中，这种压头并不是完美尖锐型，其尖端半径约为 100nm。只要压头形状能很好地用面积函数表示，模量测量受针尖圆角的影响就不会太大。因此，实际压头被准确模拟成如图 9.25 所示的圆锥形压头，圆锥形的侧面与球形尖端在深度 h_s 处相接。半锥角为 α 的锥体，其球形尖端与锥平面交汇处的深度 h_s 表示为：

$$h_s = R(1 - \sin\alpha) \tag{9.131}$$

因此，当 $h_{max}/R < 0.058$ 时，圆角半径为 R 的勃氏压头（等效半锥角 70.3°）的加载应与球形压头的加载相同，仅当 $h_{max}/R \gg 0.058$ 时才接近于尖锐压头的加载。介于两者之间的中间状态就发生球锥压痕，所以实际压痕不同于球形压痕和理想尖锐锥形压痕这两种情况。在大多数情况下，修圆的影响可通过压头面积校正函数进行校正。

如果 Δh 表示压头尖端截尾（尖端修圆与理想针尖的最短距离，见图 9.25），测量 h_{max} 和 h_c 会因 Δh 产生误差。随着压入深度 h_{max} 增大，该误差的显著性减小。对于测得的 h_c，根据压头几何形状计算的接触面积是 A_i，但是由于尖端修圆，实际的接触面积 A

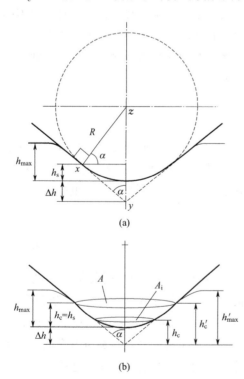

(a)

(b)

图 9.25 球锥形压头的几何形状及其压痕

值较大。两者之比就是面积函数 A/A_i。因此，如果此时假设面积函数校正只对尖端修圆起作用，那么随着 h_{max} 的增大，Δh 变得相对较小而且面积函数 A/A_i 趋近于 1。因为任意 h_c 值下的面积函数 A/A_i 都可以通过试验测量，因此可以计算出修圆半径。如图 9.25(b) 所示，h_c 值是通过试验得到的，不进行任何修正，相应的接触面积 A_i 可用表 9.1 中公式 $A_i = \pi h_c^2 \tan^2\alpha$ 计算。但因为尖端修圆的缘故，真实的或实际的接触面积 A 比该值大，可由下式计算：

$$A_i = \pi h_c'^2 \tan^2\alpha \tag{9.132}$$

A 与 A_i 的比值为 h_c 值处的面积函数 A/A_i：

$$\frac{A}{A_i} = \frac{h_c'^2}{h_c^2} \tag{9.133}$$

因为 h_c 由试验测得，A/A_i 由实测面积函数得到，h_c' 值可由截尾深度求得：

$$\Delta h = h'_c - h_c \tag{9.134}$$

式中

$$h'_c = \sqrt{h_c^2 \left(\frac{A}{A_i}\right)} \tag{9.135}$$

从图 9.25(a) 中三角形 xyz 的几何关系看出，尖端半径 R 可用截尾 Δh 和半锥角 α 表示为：

$$R = \Delta h \left(\frac{\sin\alpha}{1 - \sin\alpha}\right) \tag{9.136}$$

对于典型的勃氏压头，使用该方法测量的新压头针尖半径通常在 $75 \sim 200$nm 范围内，对于用过的压头则上升到 $200 \sim 350$nm。然而最近研究表明尖端半径不是衡量尖锐压头有效性的好指标，相反，引入塑性深度的概念能更真实地描述压头在低载荷范围测试中的适用性，低载荷测试要求锐利针尖能在尽可能低的深度处诱导产生完全塑性区。

9.7.9　塑性深度

纳米压痕测试中特别重要的是压头的特性，这些特性不仅包括精确的几何形状，而且包括（对于锐利压头而言）针尖半径。传统上，压头针尖半径一直作为衡量特定压头的品质及其是否适合薄膜测试的指标。如果要在材料中以尽可能小的压入深度诱导充分发展的塑性区，这就要求尖端半径很小。尖端半径并不是衡量尖锐压头的一个很好的品质因数，因为使用前述方法计算的半径会受到其它不规则几何形状因素的影响。压头针尖的锐度本质上是它在低载荷下在试样材料中产生完全塑性区的能力，因为这是测量硬度的首要条件。对于圆锥压头的弹性接触，平均接触压力为：

$$p_m = \frac{E^*}{2} \cot\alpha \tag{9.137}$$

p_m 与载荷无关，其意义在于，模拟分析中假设平均接触压力被限制在硬度值 H 以内。然而，如果按上式 E 和角度 α 计算的平均接触压力低于指定的硬度值 H，那么就属于完全弹性接触。弹性方程给出了平均接触压力值，即使在压头尖端存在应力奇点。对于圆锥压头，平均接触压力与载荷无关，如果低于规定的硬度值 H，则必须假定载荷-位移响应是完全弹性的，所有载荷下的残余深度为零。

这就对锐利压头的质量提出了必要的标准，测量硬度 H 需要形成完全塑性区。为了获得一个完全发展的塑性区，要求公式(9.137)给出的弹性接触的平均接触压力 p_m 的极限值等于或大于 H。对于熔融石英，可以取代表值 $E^* = 69.7$GPa，$H = 9.65$GPa，$\alpha = 70.3°$。按式(9.137)计算 p_m 的极限值为 12.5GPa。因此可以得出结论，用具有理想形状的 Berkovich 压头测量这种材料的硬度是可靠的。那么 p_m 极限值等于这种材料的硬度时，α 临界值是多少？由式(9.137)可知，对于熔融石英，$p_m = 9.65$GPa 时，等效半锥角的临界值为 $74.6°$。

达到完全形成塑性区的接触深度是评价压头针尖质量的根本要求。局部锥面角 α 从名义值（接触深度大的条件下测量）增加到临界值（在针尖修圆附近）的接触深度是评价针尖质量的度量指标。然而，这个 α 临界值取决于试样材料的 E^*，因此衡量针尖质量与试样材料有关。由面积函数数据按下式求出有效半锥角：

$$\tan\alpha = \sqrt{\frac{A}{A_i}}\tan 70.3° \qquad\qquad (9.138)$$

由临界半锥角 $\alpha = 74.6°$ 可得到 $A/A_i \approx 1.7$。从面积函数数据中找到对应的 h_c 值，这个 h_c 的临界值称为"塑性深度"。值得注意的是，压头的实际针尖是尖的还是圆的并不重要，唯一重要的是，无论压头的形状如何，它都要在待测材料中形成完全塑性区。因此，与对针尖半径或截尾影响的主观评估相比，勃氏压头质量更现实的评价标准是参比已知模量和硬度的标准试样的接触深度。由于熔融石英是测定面积函数最常用的标准试样，因此熔融石英的塑性深度可作为测量压头尖端锐度的标准。塑性深度取决于标准试样的材料。由于熔融石英常用于测量面积函数数据，因此可作为压头质量测评的优选标准样品，然而，如果希望为特定的样品选用特定的压头，那么根据样品的 E/H 比值可知，塑性深度可能确实比熔融石英数据预测的要低。例如，用典型勃氏压头测定蓝宝石样品时，与预期相反的是，由于 E^* 值较大，其塑性深度比基于熔融石英样品预测的要低。

9.7.10　残留应力

本章 9.5 节所述微纳米压痕试验数据分析方法假设了试样材料在压痕试验之前原本是无应力的。然而由于工艺（温度诱导）和表面加工（抛光冷加工）等原因，许多试样材料都可能存在应力（压应力或张应力），残余应力的存在会影响纳米压痕试验的结果。Tsui、Oliver 和 Pharr 研究了残余应力对纳米压痕试验结果的影响，研究中将大体积的铝合金试样弯曲，从而引入了受控应力并进行常规的纳米压痕试验。结果表明，在压应力状态下硬度与无应力状态相比有所增加，张应力状态下硬度较无应力状态下有所下降。有人提出，这种硬度的变化是由材料内部的初始屈服状态引起的。由弹性卸载斜率确定的弹性模量呈现出类似的变化趋势，但模量的变化要大得多，试样从存在张应力到存在压应力的模量变化可达 10%。这种变化是由于压应力材料中堆积效应较大，根据卸载数据估算接触面积时出现了误差。接触刚度随外加应力变化不明显，如果用光学方法测量真实接触面积，计算得到的弹性模量和硬度在有压应力或张应力时都不变。

与上述相反，Kese 等对钠钙硅玻璃进行了类似的研究，测量了维氏大压痕附近的弹性模量和硬度的变化（使用勃氏压头和多点 Oliver & Pharr 法结合 AFM 图像确定面积）。他们发现离维氏压痕边缘越近，模量和硬度降低越多，而那里的双轴应力（径向压应力和轴向张应力）很高。另外，对于单轴应力场，接触刚度随着压应力的增大而增大，随着张应力的增大而减小，导致残余张应力下的弹性模量比压应力下的低。然而，他们的模量结果是基于 25mN 恒载给出的，但接触刚度取决于压痕深度，因此应在此基础上进行比较。钠钙玻璃的弹性模量依赖于残余应力状态的确切原因被认为是键角畸变的结果。

本章 9.6.6 节介绍了从微纳米压痕测试数据获得残余应力的多种方法。当压头从最大载荷卸载时，开始无应力的试样也会产生残余应力。塑性区一旦形成，残余应力就会稳定地存在于那里。在卸载过程中，试样材料试图恢复其最初的形状，但由于塑性区域的存在而受阻，由加载引起的弹性应变被卸载过程中其它不同的应变所代替。卸载过程中产生的弹性应变如果大到足以能满足材料的屈服标准，则可产生反方向的塑性。一般卸载数据分析都假定变形是纯弹性的，然而问题是塑性区残余弹性应变的存在是否影响弹性卸载的特性。要回答这个问题，可以考虑在残余压痕处用压头重新加载。将压头重新加载到最大荷载时，如果是弹性变形，则除了方向相反外，加载应等效于将压头从最大负荷卸载。为了确定残余应力是否显著，Fischer-Cripps 进行了有限元计算并借此以弹塑性方式用锥形压头进行加卸载，在形成的变形几何形状基础上另外再进行加载。其效果是捕捉残余压痕的变形，通过将变形降为零来消除残余应力，然后以该几何形状为基础进行新一轮弹塑性压痕试验。结果表明，残余应力的存在对重新加载曲线的形状没有影响，即重新加载曲线与保留有残余应力的原模型的重新加载曲线相同。

9.7.11　摩擦和黏附

微纳米压痕测试中的一个有趣问题是表面力、摩擦和附着力对接触性质的影响。压头与试样之间的界面摩擦对球形接触的压力分布和 z 轴向的位移影响不大，但对径向应力分布有显著影响。当压头接近试样表面时，压头和试样之间的表面力是否会影响载荷-位移曲线的形状以及根据其计算的力学性能是一个需要探讨的问题。纳米压痕测试仪的灵敏度如果高，附着力影响会在采集的压头接触试样前后的试验数据中表现出来。

由于与纳米压痕相关的载荷和挠度非常小，因此表面力可能会对所涉及的接触力学和计算得到的材料性能有影响。与刚性球面压头和平面之间的表面黏附相关的作用力为：

$$P_A = -2\pi R \Delta 2\gamma \tag{9.139}$$

式中，$\Delta 2\gamma$ 为总黏附功，表示为 $\gamma = \gamma_1 + \gamma_2 - 2\sqrt{\gamma_1 \gamma_2}$（式中 γ_1 和 γ_2 分别为压头和试样的表面能）。压头上的作用力除了载荷 P 外，还有 P_A。可以简单地解释为：当考虑表面力时，表示的硬度 $H = P/A$ 要低一些，因为对于测得的压痕面积 $A = \pi a^2$，实际硬度应为：

$$H = \frac{P + P_A}{\pi a^2} \tag{9.140}$$

P 和 P_A 的比值为：

$$\frac{P}{P_A} = \frac{P}{\pi \Delta 2\gamma R} = \frac{1}{3} \times \frac{a}{R} \times \frac{\sqrt{E^* a}}{\sqrt{\pi \gamma}} \tag{9.141}$$

式中，a 为接触圆半径；a/R 为压痕应变，决定了接触尺度。对于特定的接触，$E^* a$ 的值决定了黏附力是否显著。随着 $E^* a$ 变小，黏附力 P_A 变大。因此，如果接触面很大，对于柔性很大的表面，黏附力很显著。对于 E^* 较大的情况，很小接触的黏附力也会很大。由上面的方程可以看出，P_A 取决于表面状况和接触的几何形状而不是施加的载荷。当施加的载荷 P 相对于 P_A 较小时，对测量的硬度和弹性模量的影响较大。特别是基于原子力显微镜（AFM）的纳米压痕，施加的载荷大小通常为 pN 至 nN 范围，影响就更显著了。

9.7.12　样品制备

从第 9.7.7 节可以看出，表面粗糙度是纳米压痕测试的一个重要问题。为了提高试样的质量或改善试样的表面状况，通常的做法是对试样进行抛光处理。样品抛光是一项技术性很强的工序，需要相当小心和有一定的经验，以达到可接受的效果。

微纳米压痕试验要求试样上下两面保持平整和平行，试验室制备玻璃的浇注模具（金属或石墨模具）要有足够的表面平整度和光洁度，这样可以大量减少后续的打磨抛光工作量。玻璃抛光前要用 SiN 或 SiC 砂纸从粗到细逐级打磨，再对打磨平整后的表面进行抛光。抛光通常是将样品与旋转的抛光盘接触来完成的，抛光盘上固定浸透有混合抛光剂的垫子，抛光剂一般是在润滑剂中混入悬浮微粒，可以是微纳米级的氧化铈粉体加适量水调至膏状。抛光时需要逐步减小抛光剂粒度，并在中途彻底冲洗以尽量减少对试样的污染。$1\mu m$ 抛光剂通常能达到镜面光洁度。

抛光过程的一个重要影响，是由于应变硬化或冷加工对样品表面产生改性。抛光过程使试样材料表面产生大量变形，并且经常造成不必要的压痕尺寸效应。Langitan 等发现，抛光脆性材料产生的缺陷大小大约是抛光剂名义粒度的一半。考虑到韧性材料中塑性区域的扩展尺寸，因此有理由认为抛光对试样表面的影响深度与抛光剂公称粒度大小相同。

9.8 应用实例

采用熔融冷却法熔制成分为 $72SiO_2$-$3Al_2O_3$-$10Na_2O$-$10K_2O$-$5CaO$（摩尔比）的基础玻璃。保持基础玻璃组分固定，按基础组分的一定摩尔比掺入 CeO_2 和 TiO_2，以 $Ce(a)Ti(b)$ 表示样品编号，其中 a、b 分别表示在基础玻璃组分上另掺入的 CeO_2 和 TiO_2 的摩尔分数。采用英国 MML 公司纳米压痕试验仪测定玻璃力学性能，采用勃氏金刚石压头进行压痕试验。测试前玻璃试样经过打磨抛光，为了消除抛光产生的表面残余压应力，试样放入马弗炉中在接近 T_g 温度下退火 30min 后慢慢冷却至室温。由于玻璃材料的脆性，其硬度和弹性模量应在低载荷下测定以免压痕锥角处产生裂纹扩展影响结果。硬度和弹性模量测定的最大载荷设定为 500mN，加卸载速率 5mN/s，最大载荷处的保载时间 30s。根据 Oliver & Pharr 分析法，采用式(9.19) 计算玻璃弹性模量，采用式(9.27) 计算玻璃的硬度。硬度和弹性模量测定后，再进行断裂韧性测定。断裂韧性在高载荷条件下测定以在压痕锥角处产生可见裂纹，通过仪器自带的光学显微镜对压痕进行原位观察，测量裂纹长度，按式(9.58) 计算材料的断裂韧性。本例中，断裂韧性测定的载荷设定为 5N，加卸载速率为 50mN/s。测定三个点后结果取平均值。

以 $Ce(0)Ti(0)$ 为例的典型载荷-位移曲线如图 9.26 所示。图 9.26(a) 表明 500mN 低载荷下压痕无锥角裂纹，而图 9.26(b) 显示载荷提高到 5N 可在三角锥的尖端产生裂纹扩展。前者能按式(9.27) 和式(9.19) 计算得到相对准确的硬度和弹性模量值，而通过后者则可按式(9.58) 计算得到玻璃的断裂韧性值。各试样的力学性能检测结果列于表 9.5 中。

如表 9.5 所示，单掺 CeO_2 会降低玻璃的硬度和弹性模量但会提高其断裂韧性 K_{IC}，而且增加 CeO_2 浓度其效果更显著。适量单掺 TiO_2（如 1%，摩尔分数）能改善玻璃的力学性能，不过 TiO_2 掺入量加倍则使硬度和弹性模量的提高受到抑制而使断裂韧性有所增加。另外，总体而言玻璃单掺 TiO_2 比单掺 CeO_2 具有较高的硬度、弹性模量以及适度的断裂韧性。值得注意的是，恰当的复掺 CeO_2/TiO_2 会同时改善上述力学性能，如试样 $Ce(1)Ti(1)$ 复掺 1%（摩尔分数）CeO_2 和 1%（摩尔分数）TiO_2 具有最大硬度、弹性

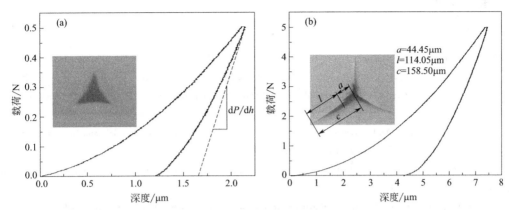

图 9.26　试样 Ce(0)Ti(0) 分别在最大载荷为 500mN(a) 及 5N
(b) 下的压痕试验载荷-位移曲线及相应的压痕图

模量以及合适的断裂韧性。因此通过综合调节，以适当的比例复掺 CeO_2 和 TiO_2 可能会使玻璃获得最佳的硬度和弹性模量以及适当的断裂韧性，从而改善掺杂玻璃的力学性能。不过，在较高的 CeO_2/TiO_2 摩尔比掺入条件下，硬度和弹性模量值与基础玻璃持平，而且断裂韧性也升高。

　　掺杂引起的玻璃结构变化往往反映在玻璃力学性能的变化上。力学性能随掺杂玻璃的结构演变而变化表现在两个方面：首先，由于氧化铈的引入使得非桥氧增加而引起网络解聚占主导，因此增加铈含量会加剧断网和结构松弛；其次，钛有利于强化硅氧四面体网络的连接程度，一定程度上能提高网络结构致密度。解聚的网络抵抗外压的能力下降但有助于抑制微裂纹的扩展从而提高玻璃的断裂韧性，而玻璃致密度高时情况则相反。因此掺铈引起网络结构松弛，导致玻璃的硬度和弹性模量下降而断裂韧性增加。另外，掺钛引起网络连接程度提高并保持一定水平的较高级结构基团，同时质量大的金属离子的填充效应使得网络致密度得到提高，这些因素导致硬度和弹性模量提高而断裂韧性则有所下降。对于复掺 CeO_2 和 TiO_2 的硅酸盐玻璃而言，力学性质的变化是上述两种相反作用机制的综合反映。

表 9.5　掺不同含量 CeO_2/TiO_2 玻璃的显微力学性质

试样	硬度/GPa	弹性模量/GPa	断裂韧性/MPa·m$^{1/2}$
Ce(0)Ti(0)	7.60±0.695	85.52±1.97	0.104±0.013
Ce(2)Ti(0)	7.31±0.47	82.78±0.17	0.221±0.018
Ce(4)Ti(0)	6.54±0.57	75.43±7.60	0.179±0.019
Ce(0)Ti(1)	7.76±1.12	83.28±3.23	0.155±0.013
Ce(0)Ti(2)	7.42±0.10	80.53±1.20	0.183±0.008
Ce(1)Ti(1)	10.18±0.04	101.81±0.32	0.195±0.047
Ce(3)Ti(1.5)	7.60±0.49	91.95±4.54	0.239±0.004
Ce(5)Ti(2)	7.61±1.15	101.56±7.61	0.265±0.029

参考文献

［1］ Eric Le Bourhis. Glass mechanics and technology. Weinheim：WILEY-VCH Verlag GmbH & Co. KGaA，2007.

［2］ Anthony C. Fischer-Cripps. Nanoindentation（3rd Edition）. London：Springer New York Dordrecht Heidelberg，2011.

［3］ Anthony C. Fischer-Cripps. The IBIS Handbook of Nanoindentation. Forestville：Fischer-Cripps Laboratories Pty Ltd. ，2005.

［4］ Fuqian Yang，James C. M. Li（Editors）. Micro and Nano Mechanical Testing of Materials and Devices. New York：Springer Science＋Business Media，LLC，2008.

［5］ Anthony C. Fischer-Cripps. Introduction to Contact Mechanics（2nd edition）. New York：Springer Science＋Business Media，LLC，2007.

［6］ Elham Moayedi，Lothar Wondraczek. Quantitative analysis of scratch-induced microabrasion on silica glass. Journal of Non-Crystalline Solids，2017（470）：138-144.

［7］ J. David Musgraves，Juejun Hu，Laurent Calvez（Editors）. Springer Hand Book of Glass. Gewerbestrasse：Springer Nature Switzerland AG. ，2019.

［8］ 田英良，孙诗兵主编. 新编玻璃工艺学. 北京：中国轻工业出版社，2009.

［9］ Denis Jelagin，Per-Lennart Larsson. On indentation and initiation of fracture in glass. International Journal of Solids and Structures，2008（45）：2993-3008

［10］ Chuchai Anunmana，Kenneth J. Anusavice，John J. Mecholsky Jr. Residual stress in glass-Indentation crack and fractography approaches. Dental materials，2009（25 ）：1453-1458.

［11］ 董美伶，金国，王海斗，朱丽娜，刘金娜. 纳米压痕法测量残余应力的研究现状. 材料导报 A：综述篇，2014，28（2）：107-113.

［12］ Zhenlin Wang，Laifei Cheng. Effects of doping CeO_2/TiO_2 on structure and properties of silicate glass. Journal of Alloys and Compounds，2014，597：167-174.

10

玻璃的缺陷检测

10.1 概述

　　玻璃在制备过程的各个阶段中，会由于原材料质量、熔制过程的工艺制度波动以及成型、退火等经历的热历史产生各种缺陷。通常所说的玻璃缺陷是指玻璃体内所存在的、引起玻璃体均匀性破坏的各种夹杂物，如气泡、结石、条纹、结瘤等可见缺陷，但从广义的角度来看，玻璃的缺陷也包括影响玻璃性能的内部各种不均匀性，如内应力、光学畸变、膨胀系数差异等。根据玻璃制品的用途不同，对玻璃的缺陷程度有不同的要求，并进而划分出不同的产品等级。对于普通建筑和日用玻璃，缺陷会造成透光性能以及力学性能下降。对于光学玻璃，极小的缺陷也可能造成成像质量降低。因此玻璃在出厂前，必须进行缺陷检测，并根据检测结果分析玻璃缺陷形成的原因、提出改进措施。玻璃的缺陷检测对于提高玻璃制品的产量和质量具有重要意义。

　　玻璃缺陷检测是指利用各种物理、化学手段对玻璃中存在的与主体玻璃不一致的各种不均匀性的测量。检测方法除了人工肉眼观察外，也包括使用各种仪器设备的化学分析、物理检验，如偏光显微镜观察、密度和折射率测定，X射线荧光分析、电子显微镜、电子探针等。本章重点介绍玻璃气泡、结石、条纹和结瘤以及内应力、光学均匀性的检测分析。

10.2 玻璃的不均匀性缺陷

10.2.1 气泡

　　玻璃熔制过程中在原料颗粒之间以及熔体中泡核之间的空隙中会形成大气泡。除了用于某些灯具和装饰用玻璃外，气泡会给玻璃带来视觉误差，因此必须消除玻璃熔体中的大气泡。在熔制过程的澄清阶段，由于气体和液体在澄清温度下存在密度差产生浮力，大气泡可以被去除。然而，决定玻璃是否适合微结构或光学应用的是玻璃中存在的小气泡（即泡核）的数量。大气泡升起，澄清过程中上升的大气泡与小气泡聚集导致浮力增加，这使得小气泡能够更快地运输到熔体表面，如图10.1所示。

图10.2清楚地显示了气泡上升过程中对高黏性玻璃熔体做功，导致了气泡变成椭圆形，澄清不良的玻璃中常会观察到这种方式变形的气泡。在冷却的玻璃中出现准圆形气泡是由于二次熔融。气体在熔体中的溶解度与温度有关，它随着温度的降低而增加，这导致在熔体冷却过程中非常小的气泡消失。然而，由于高温熔化的玻璃中气体溶解度较低，所以如果玻璃再次受热，看起来没有气泡的玻璃又开始形成泡核。在这种条件下形成的泡核非常小，浮力不会导致小气泡向上运动，因此气泡保持完美的圆形。在此阶段不会形成更大的气泡来带出这些泡核。二次熔融发生在温度控制不佳的玻璃供料设施处，即在熔窑和成型设备之间的连接处或在玻璃片的热合过程中产生。对于用玻璃制备微结构制品，大气泡通常不是问题，因为它们在玻璃生产过程中往往已经被去除掉，或者通过质量控制环节把关作为残次品回收。然而，小气泡通常是肉眼看不见的，所以实际应用中有可能使用含有泡核的玻璃片。泡核通常只能在高分辨率显微镜下才能被发现，因此有必要在使用前对玻璃进行严格的气泡缺陷检测。

图10.1　澄清过程中玻璃液中的气泡

10.2.2　条纹和结瘤

条纹主要是由于熔制过程中原材料的均化不完全以及熔窑壁耐火材料熔入玻璃液中形成的。由于在熔制过程中原料混合不足，以及熔化的玻璃和周围的耐火材料之间发生反应，玻璃熔制的初始阶段产生的熔体在化学组成上是非常不均匀的。因此，玻璃液澄清之后需要对玻璃熔体的化学成分进行均化，如果玻璃均化不好就进行成型，就会在玻璃中形成化学不均体。玻璃熔体局部化学组成变化会影响玻璃制品的所有性能，在窗玻璃中，这种局部化学不均匀性会导致肉眼可见的明显缺陷，如条纹或结瘤。条纹和节瘤是玻璃主体内存在的异类玻璃夹杂物，属不均匀性缺陷。这些区域的化学成分与主体玻璃不同，从而导致局部的折射率短程变化。历史上黏土坩熔制法生产玻璃时，条纹表现为不到1mm厚的细丝状［图10.3(a)］，低黏度玻璃浇注形成湍流状条纹［图10.3(b)］。采用现代熔窑工艺生成玻璃，其中的条纹外观已变成沿着玻璃带牵引方向的延伸带，在玻璃条中呈带状条纹［图10.3(c)］，显示出同样尺寸范围内的折射率周期性变化。条纹和结瘤呈不同程度的凸出，相互渗透，分布在玻璃内部或表面。有的呈条状、线状、纤维状或

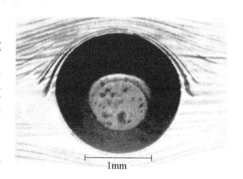

图10.2　玻璃熔体中气泡上升过程中形成
的带条纹状包覆层的变形气泡

似疙瘩凸出（条纹），有的呈滴状并保持原有形状的异类玻璃（节瘤）。条纹颜色有无色、绿色或棕色。玻璃容器中的"条纹"和"线道"会因为膨胀系数不均匀产生的应力可能导致玻璃强度下降，甚至自行破裂。通常用于透光的玻璃要求比容器玻璃更加均匀，因为玻璃内部较小差异可能引起光学畸变。

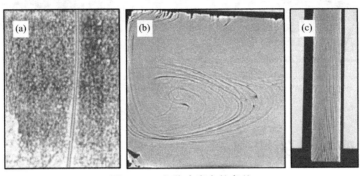

图 10.3　光学玻璃中的条纹

玻璃熔制过程中不断增加的熔体流动可通过拉长条纹和结瘤而将其破坏，同时增加它们与周围主体玻璃之间的接触面积，从而增加扩散速率，有利于玻璃的均化。条纹和结瘤越长越窄，就越不容易被发现。如果条纹和结瘤的厚度低于可见光的波长，肉眼就看不见它们，这对于窗玻璃来说可能不会产生严重影响，但对于光学玻璃或用于微结构器件的玻璃肯定不行。熔体层流对条纹伸长的影响如图 10.4 所示。图 10.4(a) 为均化不良在玻璃断面形成的条纹，图 10.4(b) 为均化改善情况下形成的条纹。

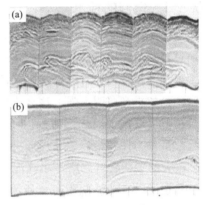

图 10.4　熔体层流对条纹伸长的影响

10.2.3　结石

玻璃液在冷却过程中的扩散速度减慢，在熔窑冷却部的死角会发生部分析晶，出现反玻璃化倾向，甚至出现失透。这种出现于玻璃中的结晶夹杂物，是玻璃中最严重的缺陷，影响外观并造成损害。结石在温度变化时产生界面应力引起裂纹或炸裂，一般其大小形状不一，往往和结节、线道伴随出现。根据结石的成因可分为配合料结石、耐火材料结石、析晶结石以及其它各种结晶夹杂物。图 10.5 为反玻璃化形成结石缺陷的例子，显示了玻璃内部和玻璃表面析出的晶体。其中，图 10.5(a) 为钠钙硅玻璃中的失透 $Na_2O \cdot 3CaO \cdot 6SiO_2$ 晶体，图 10.5(b) 为玻璃表面的鳞石英晶体。

玻璃中的气泡和结石在光学系统中将使光线产生散射而减弱玻璃的透光性。气泡和结石（包括结晶体及密集条纹的中心点在内）可以有各种不同的形状。当光线束由玻璃体射到气泡、结石与玻璃体的界面时，即被这些不规则取向的界面向各方向反射而损失，并使成像质量降低，所以特别在与光度相关的光学系统中，希望玻璃中不存在这种散射源。因此在光学玻璃出厂前，必须将检验出的玻璃中气泡和结石作为质量指标之一。

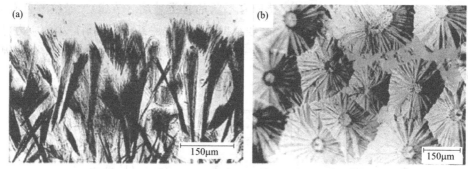

图 10.5 玻璃中的结石缺陷

10.3 玻璃缺陷的检测

10.3.1 气泡的检测

气泡的检验装置可以非常简单,只需将玻璃放置在黑布上,在旁边用灯光照明,检验者通过目测与参比试样对比,确定一定体积中气泡的大小和数量,如有必要,可以使用工作距离长的显微镜检查以增加准确度。这种装置比较敏感,几微米的气泡也可以被清楚地观察到。如果光照明太强,这么小的夹杂物尺寸可能会被高估。要确定光学玻璃中的气泡夹杂物,可以按 $100mm^3$ 体积内所有夹杂物的横截面积总和进行确定,用单位体积中的气泡数量作为评判指标。非球形夹杂物的横截面积可以按最大长度和宽度相乘计算,小于 0.03mm 的夹杂物可忽略,小气泡很少被观察到。

检查气泡的仪器如图 10.6 所示,被检验的玻璃试样,其中的气泡由照明设备从底部照明,照明器由 300~500W 的强光光源、聚光灯及可开启的活动狭缝组成。人眼直接从侧面观察。样品后面放置黑色平滑的屏,此时气泡在玻璃中即形成明显的发出光亮点而被发现。

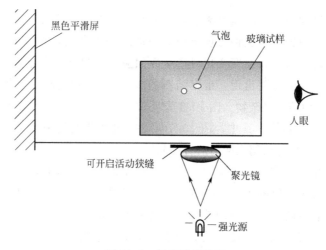

图 10.6 气泡检测装置

为了判断气泡形成的原因，除观察制品中气泡的大小和位置等外观外，还需要了解气泡内各种气体的含量，两者结合才能更准确地判断气泡成因。要做深入的判断必须借助必要的气泡检测技术。通用的气泡分析技术一般分为固相法、气相法、气固相结合法。固相法主要针对泡内有固液相的气泡，气相法主要针对主成分为气相的气泡，气固相结合法主要针对气泡内既有液固相又有气相的气泡。

气相法的原理是通过对气泡内气体成分分析，并检测气泡内的压力，利用气体溶解原理来判断气泡产生的原因和位置。所利用的分析仪器有色谱仪、质谱仪。生产实际中一般采用大型质谱仪来对气泡成分进行检测，目前专门用于气泡检测的气泡仪是大型四极质谱仪。为了能增加气体检出限，气泡仪的真空度要求达到 $100Pa$，可检测最小直径约 $0.1mm$ 的气泡。玻璃气泡分析仪由样品预处理系统、入口装置和质谱仪三部分组成。在计算机系统的控制下，三部分相互配合，成为一个有机的整体。样品预处理系统的任务是对玻璃气泡样品进行加热、抽真空处理。入口装置包括一个样品室和其它管道等附件，其用途：一是将外部气体注入样品室，进行系统的校正；二是提供气泡样品入口和击破气泡的相关装置，以及承接气泡气体的容器。质谱仪是气泡分析仪的核心部分，它由离子发生器、四极质量过滤器、探测器等组成，气泡测试的一系列过程在此进行。其测试过程为：细棒状的玻璃气泡样品经过预处理系统加热排水分、抽真空处理之后被装入样品室中；计算机控制敲击棒和相应阀门，将样品中的气泡击破；系统根据释放出的气体压力设定信号放大器的电压；气体从样品室进入质谱腔中，离子发生器的灯丝发射电子将气体分子轰击成带正电的离子；各种离子经过一系列电棱镜之后聚焦在四极质量过滤器的入口处，调节过滤器的频率让某一质电比（质量/电荷）的离子选择性地通过，其它离子被拒绝；探测器测量离子束流的强度；放大器将强度信号放大，再经模数转换之后，所得数据传给计算机处理；计算机将收集到的数据扣除背景和空白之后，进行碎片因子处理、敏感因子处理和归一化处理，最后得到气体成分测试报表。

固相法是利用一定的分析手段，分析气泡内的固相和液相以及气泡壁的成分来判断气泡的成因，所使用的分析仪器主要有：拉曼光谱、电子探针、扫描电镜能谱等。熔窑不同部位产生的气泡往往会带有形成原因的痕迹，固相法就是通过检测气泡壁的这些残留痕迹来判断气泡成因的。

气固相综合法是气泡成因非常复杂时采用固相与气相分析共用的方法，该方法使用时要求一部分样品气泡的显微结构有固相夹杂。

10.3.2 结石的检测

检查玻璃中结石一般采取如下几种方法：

（1）用肉眼或放大镜观察

最好用体视显微镜对试样先作宏观前观察，具体可以从结石周围的形态、结石的颜色、结石的外观轮廓等方面根据经验进行分析判断。实验观察前的制样有多种方法，例如试样小，可直接进行观察。如果试样较大，可采取粉末法、薄片法观察。

（2）岩相分析法

利用偏光显微镜，以岩相学的分析方法对玻璃结石的分析鉴定是最有效的方法。它通过对结石矿物光学性质的测定以判定结石矿物的名称、结石的来源。偏光显微镜分析通常采用矿物薄片，分析的步骤如下：肉眼观察大致确定结石来源，初步判断可能有的矿物→切割结石部位磨制成 0.03mm 的岩石薄片→单偏光镜下观察。通过观察结石及玻璃相的颜色、多色性、各种不同晶体的形态、晶形的完善程度、晶体的分布情况及晶体的解理、突起等级、折射率值范围等一般可完成结石的鉴定。有时候还要用正交镜观察结石矿物的干涉色、消光类型、消光角、延性、双晶等。对于个别矿物可作轴性、光性测定。对于某些镜下不易区分的矿物，也可以采用油浸法直接分析结石粉末，观察其晶体形态，在单偏光镜下观察晶形及贝克线的移动情况以确定结石的折射率值，进而定出矿物名称。

（3）化学分析法

直径较大且用岩相分析难以作出判定的黑点和外来夹杂物结石，运用化学分析的方法进行定性或定量分析是行之有效的，能较便捷地判定其性质和来源。而对其它料粉结石，采用岩相分析和化学分析相结合的方法，也能使判断更具有科学性和准确性。采取玻璃及其结石中不同金属离子对相关化学试剂的不同显色反应，判断玻璃和结石中的成分变化，从而分析可能的结石矿物及其来源。

应用电感耦合等离子体原子发射光谱（CP-AES）能对玻璃结石中的常量元素及微量元素进行定量测定，与基体玻璃的光谱相对比，然后根据组成的不同及熔炉的实际状况分析结石的种类及形成原因。把玻璃中的结石与玻璃尽量分离，并研细成粉末。其中结石粉末用氢氟酸、王水和高氯酸加热溶解并过滤。不溶于酸的白色沉淀物质，用碱溶剂溶解。溶样也可以采取微波消解的办法，例如采用浓度为 $70\%HNO_3$、$50\%HF$ 另加少许硼酸制成混合溶液，将 0.5g 试样用几毫升混合溶液在 $120\sim200℃$、400psi（1psi＝6894.76Pa）压力下的微波消解炉中溶样。两部分溶液分别都作光谱分析，与基体玻璃的光谱相对比，然后根据组成的不同及熔炉的实际状况分析结石的种类及形成原因。

（4）X 射线物相鉴定

将玻璃中的结石分离出来，磨成粉末进行 X 射线衍射分析，根据谱线的特征峰和强度进行物相鉴定，可以确定结石的矿物类型及其组成。其缺点是需要较大、较多的试样。

（5）电子显微镜和电子探针能谱分析

应用扫描电镜可观察玻璃相中结晶细小、晶形不明显的结石。采用扫描电镜选区 X 射线能谱分析结石相微区元素及其分布，根据化学成分判断结石的种类及其来源。

10.3.3　条纹和结瘤

（1）视觉观察法

条纹和结瘤本身属于异类玻璃，是玻璃均匀性差的表现。玻璃的不均匀性可以采取视觉检测，并辅以成像记录。一种特别有用的方法是通过纹影技术对最终产品的截面进行检查——例如从玻璃瓶上切取的环形截面或从平板玻璃带上取下的条带（图 10.7）。在偏振光下甚至可以看到源自粗糙的非均匀结构的应力图形。

彩色建筑玻璃上的色差条纹通常在视觉上可见，但可能与玻璃的折射率或密度的变化有关（图 10.8）。平板玻璃中的光学畸变是由条纹引起的，可以通过对着"斑马板"看玻璃观察到，"斑马板"构成一个平行黑白条纹的明亮背景。

图 10.7　具有不同程度内部不均匀性的平板玻璃条纹　　图 10.8　含有色差线条的试样条纹图

（2）莱弗勒技术

莱弗勒技术是一种特别有用的化学侵蚀方法，不仅可以检测条纹和线道，而且可以推断出它们与玻璃基质的化学偏差，进而推断出它们的成因。将待检查的玻璃切片研磨、抛光，然后用合适的试剂进行化学侵蚀。经光学干涉测量法检验，可以观察到不均体比周围的玻璃溶解得更快或更慢。与已知的富含氧化硅、氧化铝或其它特定组分的玻璃侵蚀速率进行比较，通常有可能推断出缺陷的可能来源。图 10.9 中，纹影技术（图中右边）和莱弗勒技术（图中左边）都说明了在两个平板玻璃样品中存在不同程度的不均匀性。同样测试方法应用在激光棒中的情形如图 10.10 所示。其它技术通过确定含缺陷的玻璃粉末样品中给定性质的分布（如折射率）来判断非均匀性。

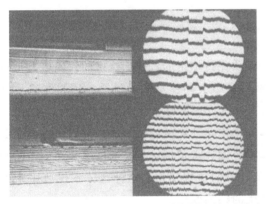
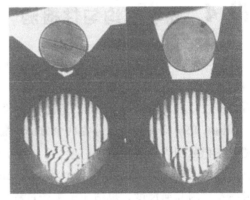

图 10.9　通过条纹图和干涉图观测到的平板玻璃中　　图 10.10　从条纹图和干涉图观察到的激光棒中

不同程度的不均匀性　　　　　　　　　　　　　　　不同程度的不均匀性

（3）阴影成像法

条纹内折射率变化很小而且侧向伸长也很小，阴影成像法只需要一个点光源灯和一个屏幕（图 10.11）等简单器材，不需要复杂精密的光学元件就能进行检测。待测样品必须抛光，但只需适度的表面平整度，远低于实际光学抛光平整度。

该装置包括 100W 短弧高压汞灯、针孔光圈、旋转台样品架、白色不透明投影屏。没有试样时，投影屏上的照明图案显示为不变光亮区。将内有条纹的试样放置到光束中，可看到条纹在投影上显示为灰或黑色的直线或曲线图案。

阴影成像法的缺点是仅通过视觉比较来确定条纹质量。过去条纹等级与美国国家标准技术研究所（NIST）提供的标样进行比对。根据已经过期的军用标准 MIL—G—

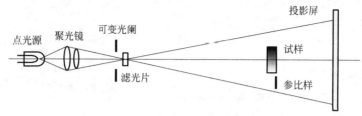

图 10.11　毫米级距离的阴影成像装置

174B，条纹质量可分为 A、B、C、D 四个等级。这些标样很久以前已停止提供，黏土坩埚熔制生产法已不再使用。这些标样所代表的条纹类型已不复存在。条纹等级与评价光学系统中条纹影响的物理量无关。鉴于此，肖氏公司（SCHOTT）将条纹规格由 A～D 等级换成波前畸变等级。

SCHOTT 标样用高空间分辨率和高灵敏度干涉仪进行检测，将 A、B、C、D 等级试样分别确定为波前畸变约为 10nm、15nm、30nm、60nm。当前采用内含人造条纹的玻璃板作为参比标样，将这些人造条纹制成具有不同厚度和宽度的玻璃板上的涂层间隙。根据阴影对比度对波前畸变大小及其结构宽度的定量检测方法也得到了开发利用。

10.4　光学不均匀性检测

均匀性一词通常是指材料在体积范围内的性质保持恒定的特征。这里的性质可以是材料的任意性质，乃至于材料本身。玻璃的局部瑕疵中会存在不同的材质，例如气泡或结石。不过目前多数情况下所说的玻璃的均匀性是指光学材料中折射率的均匀性。

通常光学均匀性可以分为两个方面：整体光学均匀性和条纹。整体光学均匀性是在更宽的体积范围内描述折射率的变化，这里的体积范围通常是指从几毫米范围到光学元件的整个直径范围，而条纹是指 1mm 到 0.1mm 及以下的短程变化。这种区分不仅适用于折射率变化的几何尺度，也适用于生产过程中产生的缺陷变化。

光学检测及其对光学应用的影响评估采用波阵面畸变这一指标能更好地表征玻璃的光学均匀性，亦即采用平面波阵面的畸变影响而不是折射率的差异。准直平行光可看作一系列沿光传播方向前进的波阵面（图 10.12），当一个这样的波阵面接触到完全均匀的玻璃片时，它将透过玻璃而不产生畸变，唯一影响是因玻璃具有折射率而传播速度变慢。如果玻璃的内部折射率比外部高，波阵面中心将强烈滞后，从而在离开玻璃时波阵面发生弯曲。

条纹导致玻璃短程折射率变化，波阵面因光路不同导致滞后不同，从而发生畸变，同时产生光的衍射。短程距离内的折射率梯度会加剧这一现象，玻璃制品折射率的变化会导致波阵面滞后，因此波阵面不再平整而是扭曲变形，滞后变化 ΔW 可用式（10.1）计算：

$$\Delta W = nd \tag{10.1}$$

式中，n 为折射率；d 为玻璃的厚度。该式适用于光线仅透过玻璃一次的情形。实际上，波阵面是用反射式干涉仪进行检测的，这种情况下光线透过玻璃两次，需要添加因子2：

$$\Delta W = 2nd \tag{10.2}$$

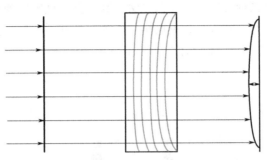

图 10.12　玻璃不均匀引起的波前畸变

玻璃板中心折射率高，波阵面在中间滞后

　　光学均匀性检测需要使用高灵敏干涉仪，制样成本高而且要求保持环境稳定，同时操作熟练程度也要求高。检测受到的影响要非常小，一般来说，检测低于100nm的波前畸变，各种影响带来的误差可能会高于测得的波前畸变值。通常采用斐索（Fizeau）干涉仪进行光学均匀性检测（图10.13）。

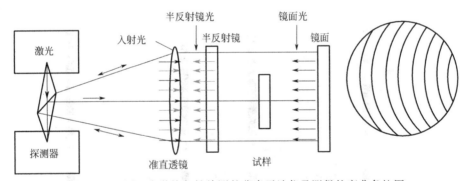

图 10.13　用于光学均匀性检测的斐索干涉仪及测得的弯曲条纹图

　　激光的干涉光（一般是632nm氦氖激光）通过发散光准直器，产生的平行光一部分被半透明斐索镜反射，一部分透过。自动准直镜反射的透射光再次通过准直镜后与半透明镜反射的光在光检测器上发生干涉。轻轻调节各镜面至所有条件完好时，镜面之间的均匀介质会形成系列竖直干涉条纹。而如果在干涉仪中放入均匀性差的玻璃将产生弯曲且局部扭曲的条纹。

　　可用不同方法从扭曲条纹图中获得波前畸变。采用设计先进的干涉仪结合计算机有助于获得高空间分辨率、高灵敏度并降低环境影响（如振动的图像）。温度应尽可能保持稳定，待测样品应与环境达到充分热平衡。由于折射率与温度相关，玻璃中温度波动会造成玻璃非本征光学不均匀性。例如，20mm厚的N-BK7玻璃片温度波动0.3℃会产生80nm波前畸变（双通过），这相当于均匀度为H4级的折射率变化。

有两种不同的方法用于光学玻璃板的均匀性检测。第一种为油浸板法（图 10.14）。试样放置在两块抛光板之间并用无光泽表面研磨至合适平整度，板面平整度至少达到 50nm。将折射率匹配的油填充在试样与油板之间的间隙中，以此来补偿试样平整度缺陷及表面粗糙度。为了测得试样的光学均匀性，先测得油板试样的波前畸变，再扣减只有浸油板时的波前畸变。第二种方法为试样抛光法，其完整测试需要测得四个波前畸变。试样的前后表面必须抛光，对平整度的要求取决于干涉仪的动态范围。完整测试包括试样前后面的反射以及有试样、没有试样时自动准直镜反射的波前。该方法有时也称作 Schwider 法（图 10.15）。

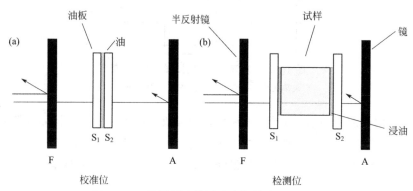

图 10.14　油浸板法检测玻璃板的光学均匀性

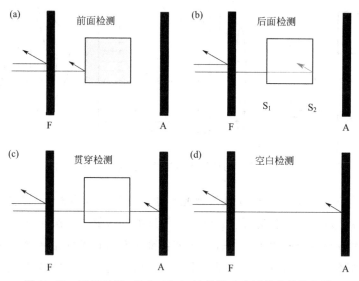

图 10.15　试样抛光（Schwider）法检测玻璃板的光学均匀性

油浸板法的优势在于制样成本低，而且一旦进行了校正，每个试样仅需一次检测。缺点在于使用浸油会引入误差，如折射率不匹配、温度影响大以及油膜的均匀性差（气泡、边缘效应等）。高折射率浸油有毒，因此该法仅限于低折射率玻璃的测量。

试样抛光法避免了浸油带来的问题，可以检测所有折射率的玻璃样品，因而更为准确。然而，该法制样成本高，检测需要较长时间而且检测期间所有条件必须保持稳定。新型干涉仪无需楔角、也无需调节试样就能分离试样前后表面的波面。任何情况下都不可能检测玻璃试样最边缘的波前畸变，因此有必要搞清楚边缘约几毫米区域内是否存在无效数据。

10.5 内应力引起的光学不均匀

10.5.1 应力光学常数的测定

玻璃中都存在一些残余永久机械内应力，这取决于玻璃的热历史。应力产生各向异性，这样在透明材料如玻璃中可以观察到极光。光学玻璃中的机械应力产生双折射。均匀的各向同性玻璃在非等轴应力作用下会发生折射率的变化，并与光相对于应力方向的极化角有关。设想一束极光垂直于应力方向射入玻璃。如果偏振方向与应力方向平行，折射率将改变 $\Delta n_{/\!/}$（图 10.16）；相应地，如果偏振方向与应力方向垂直，折射率将改变 $\Delta n_{\perp}$：

$$n_{\perp} = n + \Delta n_{\perp} = n + \frac{\mathrm{d}n_{\perp}}{\mathrm{d}\sigma}\sigma \tag{10.3}$$

两束垂直偏振光通过厚度为 d 的玻璃产生的光程差 Δs 为：

$$\Delta s = \left[\left(n + \frac{\mathrm{d}n_{/\!/}}{\mathrm{d}\sigma}\sigma\right) - \left(n + \frac{\mathrm{d}n_{\perp}}{\mathrm{d}\sigma}\sigma\right)\right]d = (K_{/\!/} - K_{\perp})\sigma d = K\sigma d \tag{10.4}$$

$K = K_{/\!/} - K_{\perp}$ 称为应力光学常数，其单位为 MPa^{-1}，实际使用的单位常采用 $10^{-6}\mathrm{MPa}^{-1}$ 或 $0.1\mathrm{nm} \cdot \mathrm{MPa}^{-1}/\mathrm{cm}$。

应力光学常数的检测方法如下：用四刀刃加载装置在试样中引入给定机械应力（图 10.17）。卤素灯发出的平行偏振单色光垂直于应力方向透过负载的试样，偏振方向与应力方向成 45°角。透镜将灯的影像聚焦到 CCD 相机的接收器上。产生的双折射即寻常光和非寻常光之间的相差用下述方法检测：①根据贝雷克（Berek）补偿法用旋转补偿器进行补偿；②根据条纹间隔确定（条纹频率法）。

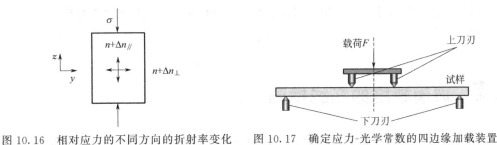

图 10.16 相对应力的不同方向的折射率变化　　图 10.17 确定应力-光学常数的四边缘加载装置

波长从 436nm 到 1014nm，应力-光学系数检测的不确定性为±5%。光学元件由于应力双折射引起的非均匀性不能得到补偿。折射率取决于光线进入玻璃的位置、入射角以及偏振。因此必须将玻璃的非均匀性降低到不显著影响光学系统应用的水平。对于直径小于30mm、厚度小于5mm的小透镜，不必担心应力双折射，因为应力非常小。而对于较大的元件，如果有严格的规格要求就应该考虑应力双折射。大透镜以及直径或最大边缘长度大于100mm、厚度超过20mm，对应力双折射的严格规定显得很重要。

10.5.2　双折射的检测

检测应力双折射的常用方法为 de Senarmont/Friedel 法（图10.18）。该方法的详细描述见于 ISO11455 标准。波长为 λ、与应力方向的偏振角为 45°的光线透过厚度为 d 的玻璃试样后成为椭圆偏振光。四分之一波片将椭圆偏振光转换回线性光，但相对于入射光偏振方向进行了旋转。旋转角 α 与双折射成正比并可通过检偏镜确定。采用测得的应力光学常数 K 由旋转角 α 按式(10.5) 计算应力：

$$\sigma = \frac{\alpha\lambda}{180} \cdot \frac{1}{Kd} \tag{10.5}$$

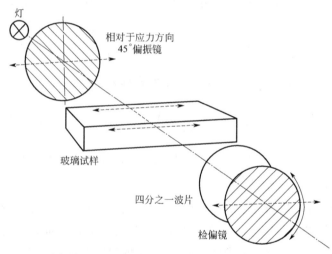

图 10.18　de Senarmont/Friedel 双折射检测法

为了简化分析，通常在靠近边缘的位置进行检测，边缘处应力矢量的径向分量趋于零而只有正切分量才有效。过去，这种检测非常烦琐，只能在玻璃片选定的位置进行检测。目前商用仪器的装置通过一次较短的测试过程就能对玻璃片的整个截面进行检测，空间分辨率高而且双折射准确度高。

10.6　玻璃缺陷的在线检测

生产的玻璃产品应无缺陷，并要满足客户规定的规格要求。因此，对制品进行缺陷检查是至关重要的环节。玻璃的检测可以在线上进行，也可以离线进行，这取决于生产的产品类型。在线检测系统通常用于生产玻璃容器和浮法玻璃的所有生产线（见图 10.19 中玻璃在线检测系统示意图），并可以试验对 100%的生产量进行检测。设计这些系统用来控制玻璃缺陷的存在（气泡、结石、夹杂物等），控制产品的厚度（尤其是浮法玻璃）及检测产品中残余应力的存在（由于退火不良、存在夹杂物、瓶中壁厚分布不均匀等原因）。如果产品出现缺陷或超出规定的规格将自动被拒绝。根据残次品的不同缺陷性质，拒收的玻璃可能被回收利用或不作为原料的配合料。在自动在线检测的同时，检验员通常会以一定的频次对样品进行人工脱机检测。正确地鉴定缺陷性质和发生频次可以确定缺陷的来源（例如原料制备、熔制、澄清或成型过程中出现的问题），并据此对生产工艺进行改进。

浮法玻璃由于与锡槽中的辊接触，玻璃带的边缘通常会累积更多的应力和缺陷，并在切割线上去除。钢化玻璃面板经常在热处理后进行额外的检查，以检测潜在的硫化镍结石，因为 NiS 结石太小导致在线检验无法检测到，这类缺陷可能引起钢化玻璃的自发破损。

研发高效的玻璃缺陷检测设备有很大意义。运用机器视觉技术，研发出玻璃缺陷检测系统，作用于玻璃生产线上，以提高生产效率和检测质量。由玻璃生产线上的面阵 CCD 相机获取玻璃的实时照片，回传至计算机上进行缺陷检测。首先读取目标图片，再对目标图片进行预处理以提高图像质量，使图像缺陷更加明显。接下来进行缺陷检测，同时确定缺陷的大小、位置等信息，为缺陷分类提供依据。最后，通过缺陷特征对其分

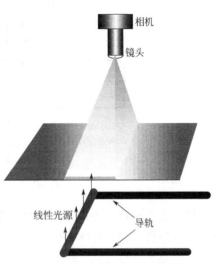

图 10.19 玻璃生产线上的在线
扫描检测系统示意图

类。缺陷检测流程为：图像获取→图像预处理→缺陷检测→缺陷分类。

为了保证缺陷检测算法的准确性，必须预先处理图像，降低噪声影响，提高图像质量。图像预处理中包括灰度转换、滤波等操作。这一系列操作实现了降噪的作用，并且减少了图像模糊以及图像损失的可能性，可以更真实地还原图像原本的面貌。接着对图像进行二值化处理，通过自动设定合适的阈值将缺陷和背景分离开，再对缺陷的轮廓进行提取和筛选。通过对缺陷进行分析，得到缺陷位置、大小等信息，利用量化的特征信息可以对缺陷进行分类。

图 10.20 描述了 3C（计算机、通信、家电）玻璃元件缺陷检测的整个过程。目标图像可由全景相机直接捕捉，也可由在线扫描相机逐步扫描。然后将扫描信息组合成完整的图像。通过图像预处理技术，降低了噪声和背景的影响，突显了缺陷区域。此外，图像分割和特征提取可以降低计算复杂度，获得有效的缺陷信息。最后输出识别结果，由分类器进行识别。

在图像采集过程中，由于受到成像设备和外部环境的干扰，相关数字图像往往含有噪声。数字图像降噪的过程称为图像去噪，常用的方法有均值滤波、形态滤波和小波滤波。此外，借助图像增强方法，放大了图像中不同目标特征之间的差异，抑制非兴趣特征，从而提高了图像的判读和识别效果。图像增强方法主要分为频域增强和空间域过滤两大类。

前者利用图像变换来发现更多的特征，简化处理流程。例如，低通滤波器通常用于降噪，而高通滤波器用于锐化边缘和细节。后者包括线性滤波器和非线性滤波器，主要通过建立模板对图像进行卷积。

　　图像分割将图像分割成若干具有独特属性的特定区域，并从背景中选择感兴趣的对象。图像分割可以有效地降低计算复杂度，使缺陷信息更加突出。玻璃构件的图像分割方法主要分为基于阈值的、基于区域的、基于边缘的和基于特定理论的等几种类型。

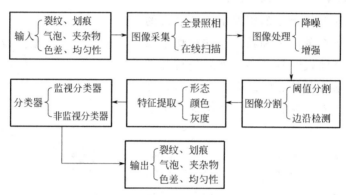

图 10.20　玻璃元件缺陷检测工艺流程

　　特征提取和特征选择是图像处理的重要组成部分，对后续的图像分类有着重要的影响。由于图像数据具有样本较少、维数较高的特点，有必要对图像特征进行降维，以便仅从图像中提取有用信息。特征提取最重要的特点是"可重复性"，同一场景下的不同图像应该提取相同的特征。在 3C 玻璃元件的缺陷检测中，特征提取一般包括颜色、形态、灰度等。

　　分类器的作用是对离散数据进行分类。在视觉检测领域，对图像的特征信息进行分类，找出缺陷目标。根据确定数据集标签是否需要人工干预，将分类器分为监视分类器和非监视分类器。在玻璃元件检测过程中，经常采用监视分类器。常用的监视分类器是 Naive 贝叶斯分类器（NBC）、K 最近邻（KNN）、人工神经网络（ANN）与支持向量机（SVM）。

参考文献

[1]　Dagmar Hulsenberg，Alf Harnisch，Alexander Bismarck. Microstructuring of Glasses. New York：Springer-Verlag Berlin Heidelberg，2008.

[2]　Peter Hartmann. Optical glass. Washington：SPIE press，2014.

[3]　L. D. Pye，H. J. Stevens，W. C. LaCourse（Editors）. Introduction to Glass Science（1st edition）. New York：Plenum Press，1972.

[4]　干福熹等. 光学玻璃. 北京：科学出版社，1964.

[5]　田英良，孙诗兵（主编）. 新编玻璃工艺学. 北京：中国轻工业出版社，2009.

[6]　J. David Musgraves，Juejun Hu，Laurent Calvez（Editors）. Springer Hand Book of Glass. Gewerbestrasse：Springer Nature Switzerland AG.，2019.

[7]　Wuyi Ming，Fan Shen，Xiaoke Li，Zhen Zhang，Jinguang Du，Zhijun Chen，Yang Cao. A comprehensive review

of defect detection in 3C glass components. Measurement，2020（158）：107722.

[8] 苗永菲，游洋，李赵松，黎红军，宋康，侯朝云.基于机器视觉的玻璃缺陷检测技术.电子设计工程，2020，28（8）：85-88.

[9] 徐国辉，曹钦存.玻璃结石的显微结构快速分析法.福建建材，2003，1：15-17.

[10] 胡向平，杨斌，何蓉，沈义梅，李建新，孟繁艳.利用 ICP-AES 分析光学玻璃中的结石.玻璃，2018，316：30-34.

[11] 侯军英.浅谈化学分析在玻璃结石鉴定中的应用.玻璃，2004，177：45-52.